REPETITORIUM
DER
FUNKTIONENTHEORIE

Steffen Timmann, Hannover

Binomi Verlag **Am Bergfelde 28, 31832 Springe**

Telefon **05105 6624000**
Telefax **05105 515798**

E–Mail **verlag@binomi.de**
Internet **www.binomi.de**

Druck BWH GmbH Medien Kommunikation

Zu beziehen beim Verlag oder im Buchhandel

ISBN–10: 3–923 923–56–2

ISBN–13: 978–3–923 923–56–4

Hannover 9/07

Vorwort

Das vorliegende *Repetitorium der Funktionentheorie* ist für Physik-, Mathematik- und Ingenieur-Studenten gedacht zum Gebrauch während des Studiums und zur Prüfungsvorbereitung. Es deckt in etwa den Stoff einer Einführungsvorlesung in die Funktionentheorie einer Veränderlicher ab.

Auf den ersten 130 Seiten findet man eine Zusammenstellung der wichtigsten Definitionen und Sätze. Sie werden ergänzt durch Methoden, Kochrezepte und Beispiele. Es wurde versucht, das Buch so unabhängig wie möglich zu schreiben, ohne seinen Umfang zu sprengen. Ca 400 Aufgaben mit Lösungen füllen die restlichen 200 Seiten.

Das Funktionentheorie Repetitorium schliesst sich in Gestaltung und Inhalt an die Repetitorien der Analysis und der Differentialgleichungen an, die seit 1991 vom gleichen Verfasser und im gleichen Verlag erscheinen. Die dort im Vorwort gemachten Bemerkungen gelten auch für dies Repetitorium, insbesondere der Hinweis, dass ein Repetitorium keine systematische Einführung in das betreffende Teilgebiet der Mathematik ist, sondern eine komprimierte Zusammenfassung von Ergebnissen und Definitionen. Für Beweise verweise ich auf die Lehrbücher des Literaturverzeichnisses im Anhang, manche finden sich auch unter den Übungsaufgaben.

Hannover, den 1.8.2007

Inhaltsverzeichnis

Teil I
Theorie

1 Komplexe Zahlen

1.1 Definition

Das Standardmodell der komplexen Zahlen

Reelle Zahlen kann man sich als Punkte einer Geraden, komplexe Zahlen als Punkte einer Ebene vorstellen. Genauer:

Definition:
Die Paare $(x, y) \in \mathbb{R}^2$ reeller Zahlen x, y bilden zusammen mit den durch

$$(x,y) + (u,v) := (x+u, y+v) \tag{1}$$
$$(x,y) \cdot (u,v) := (xu - yv, xv + yu) \tag{2}$$

definierten Operationen einen (kommutativen) Körper. Er heißt der Körper $\mathbb{C}$ der komplexen Zahlen.

Üblicherweise identifiziert man die reellen Zahlen $x \in \mathbb{R}$ mit den Punkten $(x, 0)$ auf der x-Achse. In diesem Sinne ist $\mathbb{C}$ ein *Oberkörper* von $\mathbb{R}$.

Genauer: Die Abbildung $\varphi\colon x \mapsto (x, 0)$ ist ein injektiver Körperhomomorphismus von $\mathbb{R}$ in $\mathbb{C}$. Insbesondere gilt $\varphi(x) + \varphi(y) = \varphi(x+y)$ und $\varphi(x) \cdot \varphi(y) = \varphi(x \cdot y)$. Man sagt "$\mathbb{R}$ *wird durch* φ *in* $\mathbb{C}$ *eingebettet*" und schreibt meist $\mathbb{R}$ statt $\varphi(\mathbb{R})$ und x statt $(x, 0)$.

Für $i := (0, 1)$ gilt $i^2 = (-i)^2 = -1$.

Jede komplexe Zahl $z \in \mathbb{C}$ lässt sich eindeutig in der Form $z = (x, y) = x + iy$ mit reellem x und y schreiben (sog. *cartesische Darstellung*). *Realteil* $x =: \mathsf{Re}\, z$ und *Imaginärteil* $y =: \mathsf{Im}\, z$ heißen die *cartesischen Koordinaten* von z.
Auch der Imaginärteil ist eine reelle Zahl!

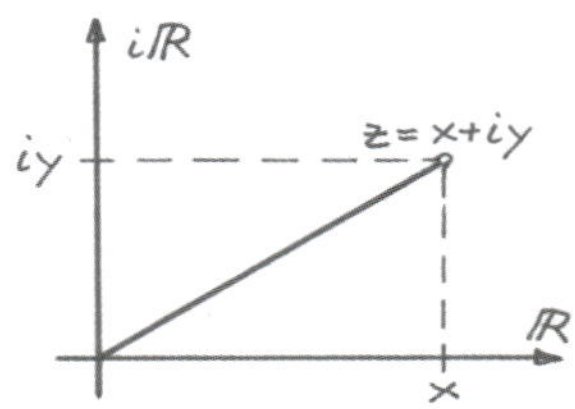

Es ist $z = \mathsf{Re}\, z + i\, \mathsf{Im}\, z$ und es gilt:

$$z = w \iff \mathsf{Re}\, z = \mathsf{Re}\, w \text{ und } \mathsf{Im}\, z = \mathsf{Im}\, w.$$

Das multiplikativ Inverse von $z = x + iy \neq 0$ ist

$$z^{-1} = \frac{1}{z} = \frac{\overline{z}}{|z|^2} = \frac{x - iy}{x^2 + y^2} . \tag{3}$$

Die x-Achse heißt *reelle Achse* $\mathbb{R}$, die y-Achse die *imaginäre Achse* $i\mathbb{R}$ von $\mathbb{C}$.

Algebraische Charakterisierung

> *Satz:*
> Es gibt bis auf Isomorphie nur einen algebraischen Erweiterungskörper zweiten Grades von $\mathbb{R}$, nämlich den Körper $\mathbb{C}$ der komplexen Zahlen.

Algebraisch ist $\mathbb{C}$ nur bis auf Isomorphie eindeutig bestimmt. In Aufgabe 7.1.A finden Sie einen zu $\mathbb{C}$ isomorphen Körper von Matrizen.

Tieferliegender ist der

> *Satz von Frobenius:*
> Es gibt bis auf Isomorphie nur einen endlich dimensionalen echten kommutativen Erweiterungskörper von $\mathbb{R}$, nämlich $\mathbb{C}$.

D.h.: Ist $\mathbb{K} \supset \mathbb{R}$ ein kommutativer Erweiterungskörper von $\mathbb{R}$ mit $\mathbb{R} \neq \mathbb{K}$ und $\dim[\mathbb{K} : \mathbb{R}] < \infty$, so ist $\dim[\mathbb{K} : \mathbb{R}] = 2$ und $\mathbb{K}$ ist isomorph zu $\mathbb{C}$. Die Quaternionen bilden einen nichtkommutativen Erweiterungskörper der Dimension 4 über $\mathbb{R}$. Die rationalen Funktionen oder die meromorphen Funktionen bilden unendlich dimensionale kommutative Erweiterungskörper von $\mathbb{R}$.

1.2 Rechnen in $\mathbb{C}$

In $\mathbb{C}$ kann man (mit '+' und '·') rechnen wie in jedem anderen Körper. Insbesondere gelten alle Regeln, die direkt aus den Körperaxiomen folgen, wie z.B. die Binomialformel und die Formel für die endliche geometrische Reihe. Eine Liste der Körperaxiome finden Sie z.B. in [RA1] Abschnitt 1.1.4.

Dagegen kann $\mathbb{C}$ nicht angeordnet werden, d.h. es gibt keine lineare Ordnung '$<$' auf $\mathbb{C}$ derart, dass die Monotonieaxiome

$$x < y \implies x + z < y + z \quad \text{und} \quad x < y,\ z > 0 \implies xz < yz \tag{1}$$

für Addition und Multiplikation erfüllt sind. In angeordneten Körpern gilt nämlich $1 > 0$, $-1 < 0$ und $x^2 := x \cdot x \geq 0$ für alle x. Also kann $\mathbb{C}$ wegen $i \cdot i = -1 < 0$ nicht angeordnet werden.

Aus Ungleichungen wie z.B. '$a < b$' folgt in der Funktionentheorie stets $a, b \in \mathbb{R}$.

1.2.1 Komplexe Konjugierung

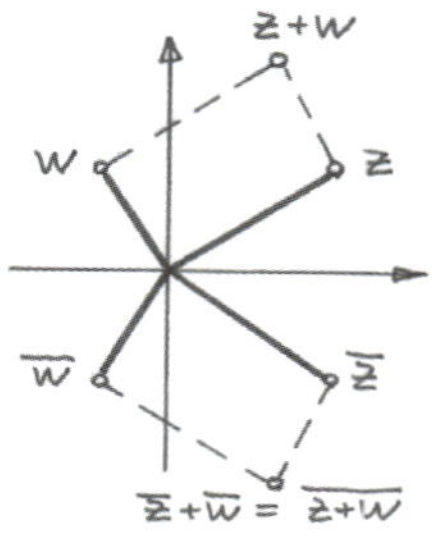

Ist $z = x + iy$, $x, y \in \mathbb{R}$, so heißt $\overline{z} := x - iy$ die zu z *konjugiert komplexe* Zahl.
Geometrisch entspricht die Konjugierung der Spiegelung an der x-Achse.
Die Konjugierung $\{z \mapsto \overline{z}\}$ ist ein Körperautomorphismus von $\mathbb{C}$, d.h. es gilt
$\overline{z + w} = \overline{z} + \overline{w}$ und $\overline{z \cdot w} = \overline{z} \cdot \overline{w}$ für alle $z, w \in \mathbb{C}$.

Der Körper der reellen Zahlen besitzt außer der Identität keinen Automorphismus. $\mathbb{C}$ besitzt unendlich viele Körperautomorphismen. Die komplexe Konjugierung ist nur einer davon. Allerdings gilt: Ein Körperautomorphismus von $\mathbb{C}$, der $\mathbb{R}$ punktweise fest lässt, ist notwendig die Identität oder die komplexe Konjugierung. Siehe dazu Aufgabe 7.1.C.

Rechenregeln: Für $z, w \in \mathbb{C}$ gilt:

$$\begin{array}{rclcrcl}
\overline{z \pm w} & = & \overline{z} \pm \overline{w} & \quad & \overline{z \cdot w} & = & \overline{z} \cdot \overline{w} \\
\overline{z/w} & = & \overline{z}/\overline{w} \quad (w \neq 0) & & \overline{(\overline{z})} & = & z \\
z + \overline{z} & = & 2\operatorname{Re} z & & z - \overline{z} & = & 2i \operatorname{Im} z \\
\overline{z} = z & \Longleftrightarrow & z \in \mathbb{R} & & \overline{z} = -z & \Longleftrightarrow & z \in i\mathbb{R}
\end{array}$$

1.2.2 Betrag und Argument, Polarkoordinaten

Definition:
Der *Betrag* $|z|$ einer komplexen Zahl $z = x + iy \in \mathbb{C}$ $(x, y \in \mathbb{R})$ ist der gewöhnliche euklidische Betrag des Vektors $(x, y) \in \mathbb{R}^2$, also der Abstand von z zum Ursprung 0 :

$$z| := \sqrt{x^2 + y^2}\ ; \quad |z|^2 = x^2 + y^2 = z \cdot \overline{z}\ .$$

Rechenregeln: Für $z, w \in \mathbb{C}$ gilt:

$$\begin{array}{ll}
|z| \geq 0 & |z| = 0 \iff z = 0 \\
|z \cdot w| = |z| \cdot |w| & |z| = |\overline{z}| \\
\left|\dfrac{z}{w}\right| = \dfrac{|z|}{|w|} & \dfrac{1}{z} = z^{-1} = \dfrac{\overline{z}}{|z|^2} \quad (z \neq 0) \\
\big||z| - |w|\big| \leq |z + w| \leq |z| + |w| & |z| \geq |w| - |z - w| \\
|\operatorname{Re} z| \leq |z| & |\operatorname{Im} z| \leq |z| \\
|z/\overline{z}| = |\overline{z}/z| = 1 \quad (z \neq 0) &
\end{array}$$

Mit Hilfe des Betrages $r := |z|$ lässt sich jede komplexe Zahl $z = x + iy$ in der Form

$$z \;=\; r(\cos\varphi + i\sin\varphi) \;=\; r\,\mathrm{e}^{i\varphi}$$

mit $r, \varphi \in \mathbb{R},\ r \geq 0$ darstellen *(Eulersche Formel)*. Zur komplexen Exponentialfunktion siehe 2.6.1.

Jede derartige reelle Zahl φ heißt ein *Argument* von z, geschrieben $\varphi = \arg z$. Betrag und Argument heißen die *Polarkoordinaten* von z.

Im Gegensatz zum Betrag ist das Argument einer komplexen Zahl nicht eindeutig definiert. Für $z \neq 0$ ist es nur bis auf ganzzahlige Vielfache von 2π bestimmt. Für $r, s > 0,\ \varphi, \psi \in \mathbb{R}$ gilt

$$r\,e^{i\varphi} = s\,e^{i\psi} \iff r = s \text{ und } \varphi = \psi + 2k\pi \text{ für ein } k \in \mathbb{Z}\,. \tag{2}$$

$z = 0$ besitzt jede reelle Zahl als Argument. In manchen Büchern wird allerdings für die komplexe Zahl 0 kein Argument definiert.

Für $z = x + iy = r\,e^{i\varphi},\ x, y, r, \varphi \in \mathbb{R},\ r > 0$ gelten die

Umrechnungsformeln:

$$x = r\cos\varphi \qquad r = \sqrt{x^2 + y^2}$$

$$y = r\sin\varphi \qquad \tan\varphi = y/x \quad (*)$$

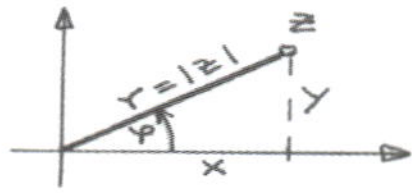

Achtung ! Gleichung $(*)$ ist mit Vorsicht zu genießen. Einmal ist sie für $x = 0$ sinnlos. Zum anderen ergibt sich der richtige Winkel immer erst durch Überprüfen des Quadranten, in dem der betrachtete Punkt liegt. Die Winkel φ und $\varphi + \pi$ haben denselben Tangens. Das Vorzeichen von x oder y liefert den richtigen von den beiden.

Für $z \neq 0$ gibt es ein eindeutig bestimmtes Argument ϕ mit $-\pi < \phi \leq \pi$. Dieser Winkel $\phi =: \operatorname{Arg} z$ heißt auch *Hauptwert des Arguments* von z.

Als *Winkel zwischen zwei komplexen Zahlen* $z = x + iy,\ w = u + iv \neq 0$ definiert man

$$\sphericalangle(z, w) \;:=\; |\operatorname{Arg}(z/w)| \;=\; \arccos\frac{xu + yv}{|z| \cdot |w|}\,. \tag{3}$$

Aus den Additionstheoremen von sin und cos folgt

$$\begin{aligned} r\,e^{i\varphi} \cdot s\,e^{i\psi} &= \big[r(\cos\varphi + i\sin\varphi)\big] \cdot \big[s(\cos\psi + i\sin\psi)\big] \\ &= rs\,\big[\cos(\varphi + \psi) + i\sin(\varphi + \psi)\big] \\ &= rs\,e^{i(\varphi + \psi)}\,. \end{aligned} \tag{4}$$

D.h. geometrisch bewirkt die Multiplikation mit der komplexen Zahl $w = s(\cos\psi + i\sin\psi)$ eine Streckung um den Faktor $s = |w|$ und eine Drehung um den Winkel $\psi = \arg w$.
Für Quotienten und Konjugierte komplexer Zahlen gelten die Rechenregeln:

$$\frac{r\,e^{i\varphi}}{s\,e^{i\psi}} = \frac{r}{s}\,e^{i(\varphi - \psi)} \quad ; \quad \overline{r\,e^{i\varphi}} = r\,e^{-i\varphi}$$

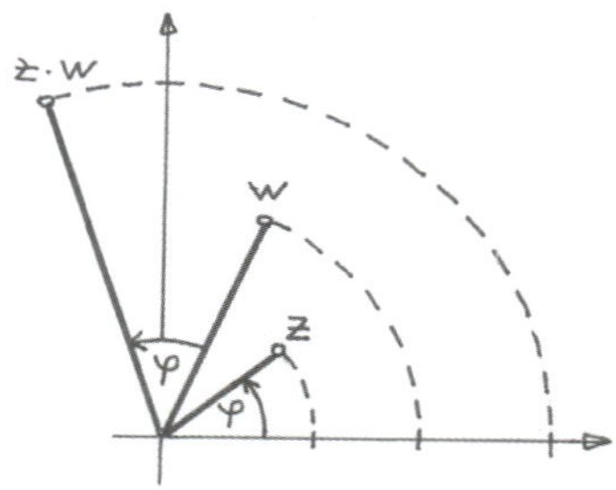

Auf Grund dieser einfachen Regeln sind Polarkoordinaten für die Multiplikation komplexer Zahlen besser geeignet als cartesische.

1.2.3 Potenzen und Wurzeln

Potenzen:

Komplexe Zahlen werden zweckmäßig in der Polarkoordinatendarstellung potenziert. Für $z = r\,e^{i\varphi} = r(\cos\varphi + i\sin\varphi)$ gilt *(Formel von Moivre)* :

$$z^n = \left(r\,e^{i\varphi}\right)^n = r^n\,e^{in\varphi} = r^n(\cos n\varphi + i\sin n\varphi)\,. \tag{5}$$

Natürlich kann man z^n auch in cartesischen Koordinaten mit Hilfe der in jedem Körper gültigen Binomialformel berechnen (deutlich ungünstiger).

Potenzfunktionen mit beliebigen Exponenten werden mit Hilfe von Exponentialfunktion und Logarithmus definiert (siehe 2.6.4). Man setzt

$$z^w := e^{w\log z} \quad \text{für } z \neq 0\,. \tag{6}$$

Wurzeln:

Zu jeder komplexen Zahl $w = r\,e^{i\varphi} \neq 0,\ r,\varphi \in \mathbb{R},\ r > 0$ gibt es genau n verschiedene komplexe Zahlen z mit $z^n = w$, die sog. n-ten *Wurzeln* von w. Und zwar sind dies die Zahlen

$$z_k := \sqrt[n]{r}\,e^{i(\varphi+2k\pi)/n)} = r^{1/n}\left[\cos\left(\tfrac{\varphi}{n} + k\tfrac{2\pi}{n}\right) + i\sin\left(\tfrac{\varphi}{n} + k\tfrac{2\pi}{n}\right)\right] \tag{7}$$

mit $k = 0, 1, \ldots, n-1$ *(Formel von Moivre)*.

Dabei ist $r^{1/n} = \sqrt[n]{r}$ die eindeutig bestimmte positive reelle n-te Wurzel von $r > 0$.
$w = 0$ besitzt natürlich nur $z = 0$ als einzige n-te Wurzel. Für $w \neq 0$ bilden die n verschiedenen n-ten Wurzeln die Ecken eines regelmäßigen n-Ecks mit dem Nullpunkt als Mittelpunkt. Sie haben alle den gleichen Betrag $r^{1/n}$ und gehen durch Drehung um $\alpha = \frac{2\pi}{n}$ ineinander über.

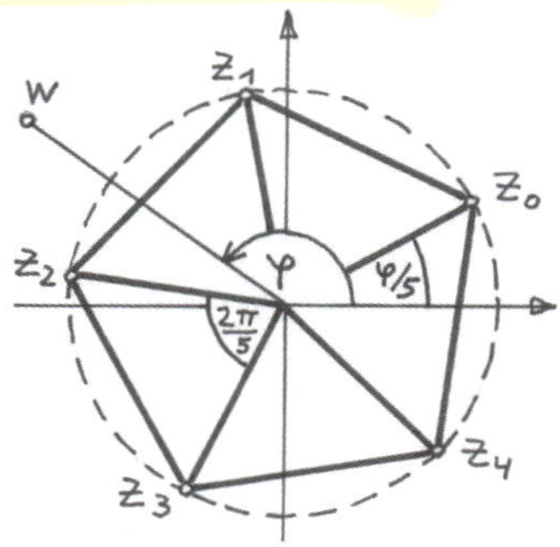

$\sqrt{w}$ ist im Komplexen nicht wie im Reellen eindeutig definiert. In $\mathbb{C}$ bezeichnet $\sqrt{w}$ irgendeine der beiden Quadratwurzeln von w.

Die n-ten Wurzeln von $w = 1$ heißen die n-ten *Einheitswurzeln*:

$$\varepsilon_{n,k} := e^{i2k\pi/n} = \cos\left(k\tfrac{2\pi}{n}\right) + i\sin\left(k\tfrac{2\pi}{n}\right)\,,\quad k = 0, 1, \ldots, n-1 \tag{8}$$

Die n-ten Einheitswurzeln bilden eine zyklische Gruppe der Ordnung n.
Ihre erzeugenden Elemente heißen *primitive* n-te Einheitswurzel.

Primitive n-te Einheitswurzeln sind also solche, deren Potenzen alle n-ten Einheitswurzeln durchlaufen. $\varepsilon_{n,k}$ ist genau dann primitiv, wenn $\mathrm{ggT}(n,k) = 1$. Sicher ist $\varepsilon_{n,1} = e^{2\pi i/n}$ primitiv.

Quadratwurzeln in cartesischen Koordinaten:

Die beiden Quadratwurzeln von $w := u + iv \neq 0,\ u, v \in \mathbb{R}$, sind

$$z_{1,2} = \pm \begin{cases} \sqrt{\frac{1}{2}(u + |w|)} + i\frac{v}{|v|}\sqrt{\frac{1}{2}(-u + |w|)} & \text{für } v \neq 0 \\ \sqrt{|w|} = \sqrt{u} & \text{für } v = 0,\ u > 0 \\ i\sqrt{|w|} = i\sqrt{-u} & \text{für } v = 0,\ u < 0 \end{cases} \tag{9}$$

Für $p, q \in \mathbb{C}$ gilt wie im Reellen die Formel:

$$z^2 + pz + q = 0 \iff z = -\frac{p}{2} \pm \frac{1}{2}\sqrt{p^2 - 4q}\ . \tag{10}$$

Dabei ist $\sqrt{p^2 - 4q}$ eine der beiden Quadratwurzeln von $p^2 - 4q$.

1.3 Geometrisches

Die komplexen Zahlen sind Punkte der reellen Ebene $\mathbb{R}^2$. Ebene Punktmengen lassen sich daher mit komplexen Zahlen beschreiben. Wir geben ein paar Beispiele, weitere siehe Aufgabe 7.2.B.

Gerade

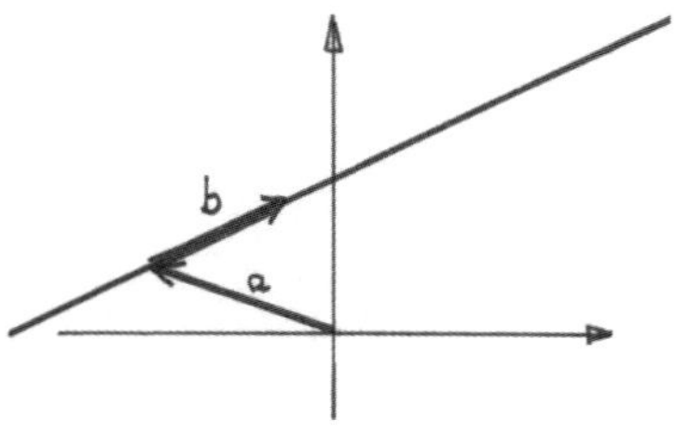

$g = \{\, z = a + tb\,;\ t \in \mathbb{R} \,\}$

Halbebene

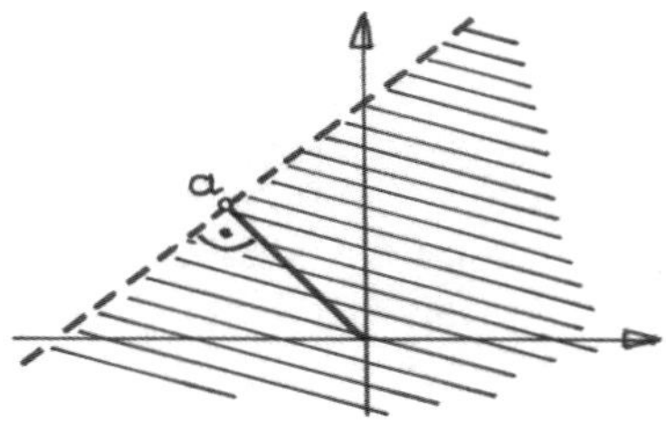

$H = \{\, z\,;\ \mathsf{Re}\,(z/a) < 1 \,\}$

Parallelstreifen

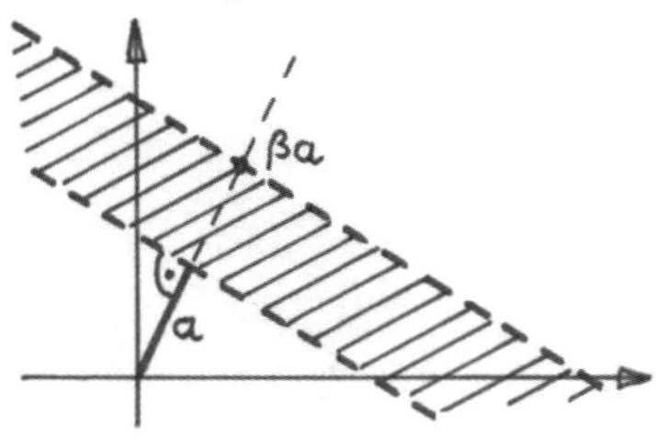

$S = \{\, z\,;\ 1 < \mathsf{Re}\,(z/a) < \beta \,\}$

Kreis

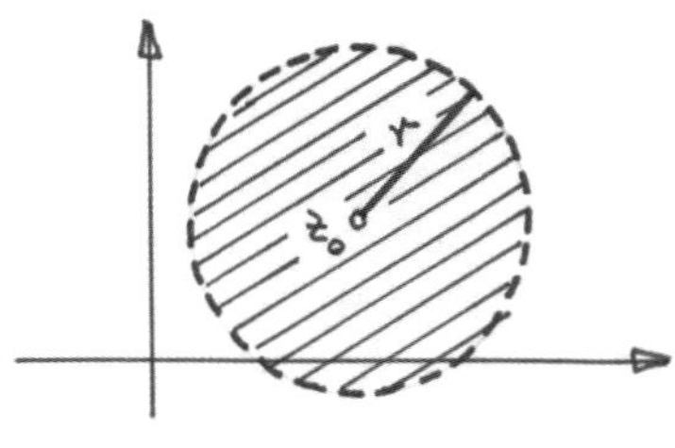

$B_r(z_0) := \{\, z\,;\ |z - z_0| < r \,\}$

Einheitskreis

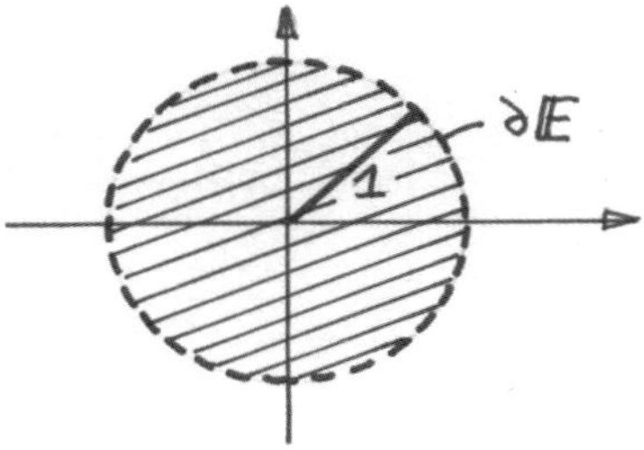

$\mathbb{E} := \{ z \in \mathbb{C} ; |z| < 1 \}$
$\partial\mathbb{E} := \{ z \in \mathbb{C} ; |z| = 1 \}$

Kreisring

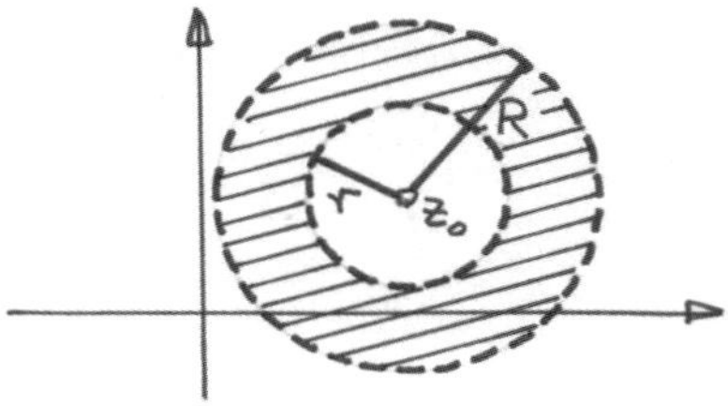

$A(z_0, r, R) := \{ z ; r < |z - z_0| < R \}$
$(0 \leq r < R \leq \infty)$

Strahl

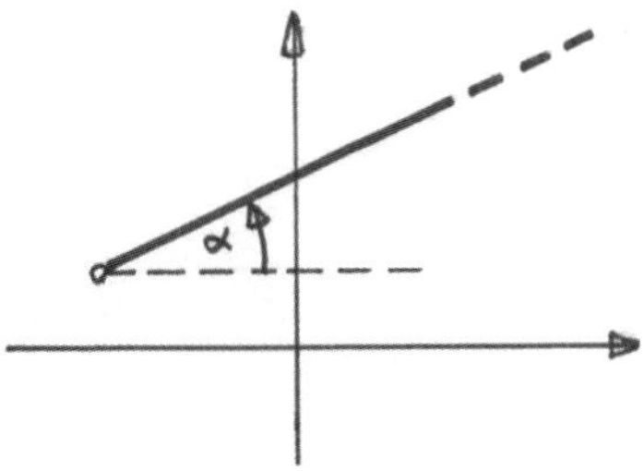

$s := \{ z ; \arg(z - z_0) = \alpha \}$

Winkelraum

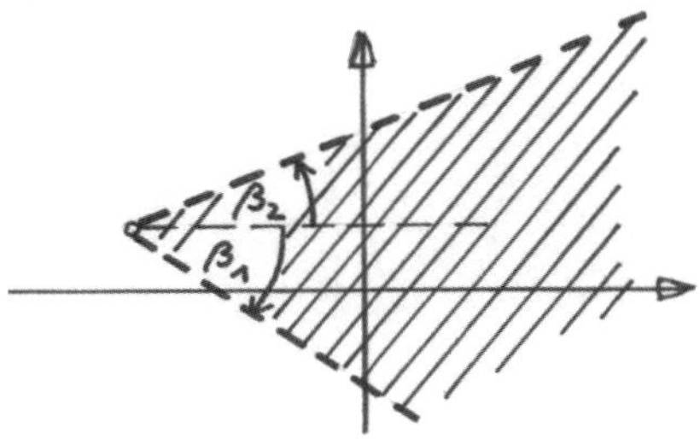

$W := \{ z ; \beta_1 < \arg(z - z_0) < \beta_2 \}$

Ellipse

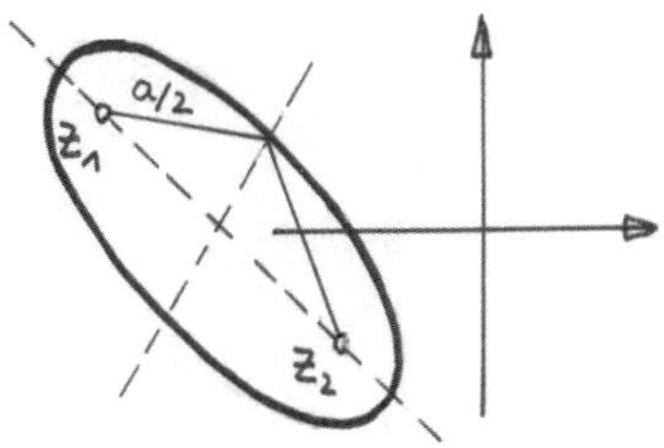

$E = \{ z ; |z - z_1| + |z - z_2| = a \}$
$(0 < |z_1 - z_2| < a)$

Hyperbel

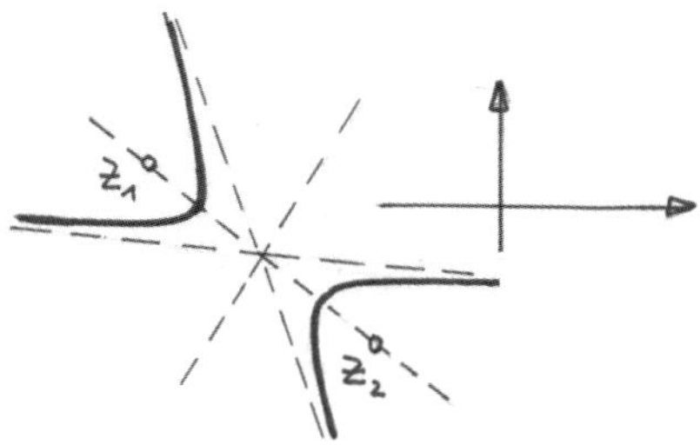

$H = \{ z ; \big||z - z_1| - |z - z_2|\big| = a \}$
$(0 < a < |z_1 - z_2|)$

1.4 Die komplexe Zahlenkugel

1.4.1 Erweiterte Ebene $\widehat{\mathbb{C}}$

Es ist zweckmäßig, die Zahlenebene $\mathbb{C}$ um einen zusätzlichen Punkt $\infty \notin \mathbb{C}$ zu erweitern.

> *Definition:*
> $\widehat{\mathbb{C}} := \mathbb{C} \cup \{\infty\}$ heißt *erweiterte Zahlenebene.*
> $\widehat{\mathbb{R}} := \mathbb{R} \cup \{\infty\}$ heißt auch *erweiterte reelle Gerade.*
> Eine Teilmenge $U \subset \widehat{\mathbb{C}}$ heißt *Umgebung* von ∞, wenn U den Punkt ∞ und das Äußere $\{|z| > r\}$ einer Kreisscheibe enthält.

Dadurch wird (zusammen mit der euklidischen Topologie auf $\mathbb{C}$) eine Topologie $\widehat{\mathfrak{T}}$ auf $\widehat{\mathbb{C}}$ definiert. $\widehat{\mathbb{C}}$ ist mit dieser Topologie ein zusammenhängender, kompakter Hausdorff-Raum (die sog. *Ein-Punkt-Kompaktifizierung* von $\mathbb{C}$).

Die Topologie $\widehat{\mathfrak{T}}$ ist eine metrische Topologie. Sie wird durch die chordale Metrik χ (siehe Abschnitt 1.4.3) erzeugt.

Zu metrischen Räumen siehe Abschnitt 1.5.1, zur Definition von Topologien siehe auch [RA2 6.1.1].

∞ ist keine komplexe Zahl. $\widehat{\mathbb{C}}$ ist kein Körper. Es ist aber sinnvoll, die Rechenoperationen zumindest teilweise auf $\widehat{\mathbb{C}}$ fortzusetzen. Man definiert:

1) $\infty + z := z + \infty := \infty$ für alle $z \in \mathbb{C}$
2) $\infty \cdot z := z \cdot \infty := \infty$ für alle $z \in \widehat{\mathbb{C}} \setminus \{0\}$
3) $\dfrac{z}{\infty} := 0$ für alle $z \in \mathbb{C}$.
4) $\dfrac{z}{0} := \infty$ für alle $z \in \widehat{\mathbb{C}} \setminus \{0\}$.

Nicht definiert werden Ausdrücke der Form $\infty \pm \infty$, $0 \cdot \infty$, $\dfrac{\infty}{\infty}$, $\dfrac{0}{0}$.

1.4.2 Stereographische Projektion

Ein geometrisches Modell der erweiterten Ebene erhält man durch die *stereographische Projektion.* Sei

$$S := \left\{ (\xi, \eta, \zeta) \in \mathbb{R}^3 \,;\, \xi^2 + \eta^2 + \left(\zeta - \tfrac{1}{2}\right)^2 = \tfrac{1}{4} \right\} \tag{1}$$

die Kugeloberfläche im $\mathbb{R}^3$ mit Mittelpunkt $\left(0, 0, \frac{1}{2}\right)$ und Radius $\frac{1}{2}$.
S heißt auch *(Riemannsche) Zahlenkugel.*

Vom *Nordpol* $N := (0,0,1)$ der Zahlenkugel S wird $S \setminus \{N\}$ bijektiv auf die Ebene $E := \{\, (x,y,0)\,;\, x,y \in \mathbb{R}\,\}$ projiziert. Identifiziert man E mit $\mathbb{C}$, $(x,y,0)$ mit $x+iy$, so entspricht dieser geometrischen Projektion die Abbildung

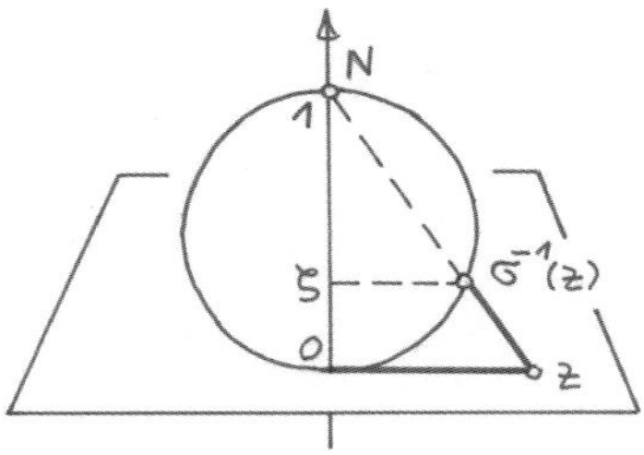

$$\sigma \;:=\; \begin{cases} S\setminus\{N\} \to \mathbb{C} \\ (\xi,\eta,\zeta) \mapsto \dfrac{\xi+i\eta}{1-\zeta} \end{cases} \tag{2}$$

Durch $\sigma(N) := \infty$ wird σ zu einer bijektiven Abbildung der ganzen Zahlenkugel S auf die erweiterte Zahlenebene $\widehat{\mathbb{C}} = \mathbb{C} \cup \{\infty\}$ fortgesetzt.

Für die Umkehrabbildung σ^{-1} gilt:

$$\sigma^{-1}(\infty) \;=\; (0,0,1) \quad , \quad \sigma^{-1}(z) \;=\; \frac{1}{1+|z|^2}\,\big(\mathsf{Re}\,z, \mathsf{Im}\,z, |z|^2\big)\ . \tag{3}$$

Wir werden häufig die erweiterte Ebene mit der Zahlenkugel identifizieren und beide mit dem Symbol $\widehat{\mathbb{C}}$ bezeichnen.

Achtung: In vielen Lehrbüchern wählt man als Modell der Zahlenkugel die Einheitssphäre $\big\{\,(\xi,\eta,\zeta)\,;\, \xi^2+\eta^2+\zeta^2 = 1\,\big\} \subset \mathbb{R}^3$ und projiziert diese vom Nordpol $(0,0,1)$ auf die Ebene. Die Transformationsformeln sind dann:

$$\widetilde{\sigma}(\xi,\eta,\zeta) = \frac{\xi+i\eta}{1-\zeta}\ ; \quad \widetilde{\sigma}^{-1}(z) \;=\; \frac{1}{|z|^2+1}\,\big(2\,\mathsf{Re}\,z, 2\,\mathsf{Im}\,z, |z|^2-1\big)\ .$$

Eigenschaften der stereographischen Projektion

1. Die stereographische Projektion $\sigma\colon S \to \widehat{\mathbb{C}}$ ist bijektiv. Sie bildet die im Nordpol gelochte Zahlenkugel $S\setminus\{(0,0,1)\}$ bijektiv auf die komplexe Ebene $\mathbb{C}$ ab.

   Insbesondere wird der Kugeläquator auf den Einheitskreisrand $\partial\mathbb{E}$ abgebildet.

2. σ und σ^{-1} sind Isometrien bzgl der chordalen Metrik χ auf $\widehat{\mathbb{C}}$ und der euklidischen Metrik auf der Kugel $S \subset \mathbb{R}^3$, d.h. für $z,w \in \widehat{\mathbb{C}}$ gilt

$$\chi(z,w) \;=\; \big\|\,\sigma^{-1}(z) - \sigma^{-1}(w)\,\big\|\ . \tag{4}$$

   σ und σ^{-1} sind daher stetig (und damit Homöomorphismen) bzgl der entsprechenden Topologie $\widehat{\mathfrak{T}}$ auf $\widehat{\mathbb{C}}$ und der durch die euklidische Topologie erzeugten Relativtopologie auf $S \subset \mathbb{R}^3$.

3. σ und σ^{-1} sind winkeltreu, d.h. σ und σ^{-1} erhalten die Winkel zwischen differenzierbaren Kurven bzw ihren Tangenten. Beweis siehe Aufgabe 7.4.A.

4. σ und σ^{-1} sind *kreisverwandt*, d.h. sie bilden Kreise auf Kreise ab. Beweis siehe Aufgabe 7.4.B.

   Dabei sind *Kreise in* $\widehat{\mathbb{C}}$ definiert als Kreise in $\mathbb{C}$ oder Geraden in $\mathbb{C}$ zusammen mit dem Punkt ∞. Die letzteren 'entarteten' Kreise heißen auch *Geraden in* $\widehat{\mathbb{C}}$. Kreise in S sind nicht-triviale Schnitte von Ebenen mit der Kugelfläche S.

   Unter der stereographischen Projektion entsprechen die Geraden in $\widehat{\mathbb{C}}$ bijektiv den Kreisen in S durch den Nordpol $N = (0,0,1)$.

1.4.3 Chordale Metrik

Der euklidische Abstand $d(\vec{x},\vec{y}) := \|\vec{x}-\vec{y}\| = \left(\sum_{k=1}^{3}(x_k - y_k)^2\right)^{1/2}$ auf der Zahlenkugel S induziert mit der stereographischen Projektion die sog. *chordale Metrik* $\chi(z,w)$ in $\widehat{\mathbb{C}}$. Man definiert

$$\chi(z,w) := \|\,\sigma^{-1}(z) - \sigma^{-1}(w)\,\| \qquad \text{für } z,w \in \widehat{\mathbb{C}} \tag{5}$$

und erhält

$$\chi(z,w) = \frac{|z-w|}{\sqrt{1+|z|^2}\,\sqrt{1+|w|^2}} \qquad \text{für } z,w \in \mathbb{C} \quad \text{und} \tag{6}$$

$$\chi(z,\infty) = \frac{1}{\sqrt{1+|z|^2}} \qquad \text{für } z \in \mathbb{C}\,. \tag{7}$$

Auch die Formeln (6) und (7) ändern sich natürlich, wenn man ein anderes Modell der Zahlenkugel wählt.

Die chordale Metrik χ ist eine Metrik auf $\widehat{\mathbb{C}}$. Sie erzeugt auf $\mathbb{C}$ die gleiche Topologie wie die euklidische Metrik $d(z,w) := |z-w|$.

Zu metrischen Räumen siehe Abschnitt 1.5.1. Für Aufgaben zur stereographischen Projektion siehe Abschnitt 7.4.

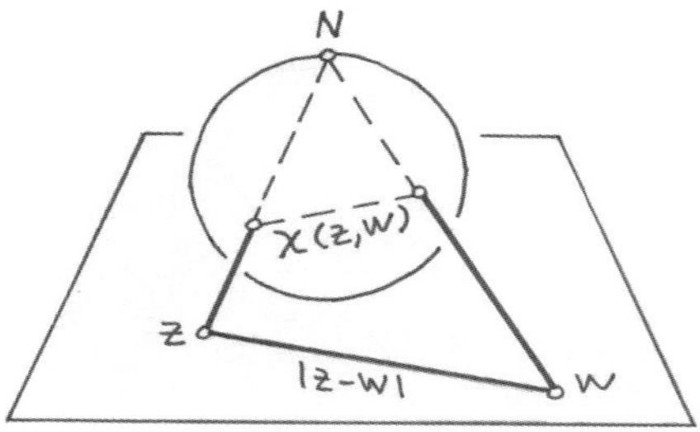

1.5 Topologisches

Zur Definition der topologischen Grundbegriffe siehe z.B. Kapitel 6 aus [RA2]. Hier werden nur die wichtigsten wiederholt.

$\mathbb{C}$ ist mit der euklidischen Norm $|z| := \sqrt{x^2+y^2} = \|(x,y)\|$ ein zweidimensionaler normierter Vektorraum über $\mathbb{R}$. Insbesondere ist er ein metrischer Raum mit der sog. *euklidischen* Metrik $d(z,w) := |z-w|$ und damit ein topologischer Raum.

$\widehat{\mathbb{C}} = \mathbb{C} \cup \{\infty\}$ ist mit der *chordalen Metrik* $\chi(z,w)$ (siehe Abschnitt 1.4.3) ein kompakter metrischer Raum.

Auf $\mathbb{C}$ sind die Metriken d und χ äquivalent, d.h. sie erzeugen dort die gleiche Topologie.

Wenn nichts anderes gesagt ist, arbeiten wir in $\mathbb{R}$ und $\mathbb{C}$ stets mit der euklidischen, in $\widehat{\mathbb{C}}$ mit der chordalen Metrik bzw Topologie.

1.5.1 Metrische Räume

Definition:
Sei X eine nicht leere Menge. Eine Abbildung $d\colon X \times X \to \mathbb{R}$ heißt *Metrik* oder *Abstand* auf X, falls für alle $x, y, z \in X$ gilt

(1)	*Positivität*	$d(x,y) \geq 0$
(2)	*Definitheit*	$d(x,y) = 0 \iff x = y$
(3)	*Symmetrie*	$d(x,y) = d(y,x)$
(4)	*Dreiecksungleichung*	$d(x,z) \leq d(x,y) + d(y,z)$

Ein *metrischer Raum* (X,d) ist eine nicht-leere Menge X zusammen mit einer *Metrik* d auf X.

Sei (X,d) ein metrischer Raum und $\emptyset \neq M \subset X$. Dann ist auch M mit der Einschränkung $d|_{M\times M}$ ein metrischer Raum (sog *Relativraum*).

$$\operatorname{diam} M := \sup\{\, d(x,y)\,;\, x,y \in M \,\} \tag{1}$$

heißt der *Durchmesser* von M. Evt ist $\operatorname{diam} M = \infty$. Meist definiert man $\operatorname{diam}\emptyset := 0$.

Ist $\operatorname{diam} M < \infty$, so heißt M *beschränkt*, andernfalls *unbeschränkt*.

Der Abstand zweier nicht-leerer Teilmengen A, B eines metrischen Raumes (X,d) und der Abstand eines Punktes a zu einer Menge $B \neq \emptyset$ sind

$$d(A,B) := \inf\{\, d(a,b)\,;\, a \in A,\ b \in B \,\}\ ,\quad d(a,B) := d(\{a\},B)\ . \tag{2}$$

Es ist $d(A,B) = d(B,A)$ und $d(A,B) = 0$ falls $A \cap B \neq \emptyset$.
Der Abstand zweier disjunkter, auch zweier abgeschlossener disjunkter Mengen kann Null sein. Dagegen ist der Abstand einer kompakten und einer dazu disjunkten abgeschlossenen Menge stets positiv (siehe z.B. [RA2] 6.4.1.B).

Offene Mengen, innere Punkte, Umgebungen

Sei weiterhin (X,d) ein metrischer Raum. Man definiert

1. *ε-Umgebungen:*
   Ist $\varepsilon > 0$ und $x \in X$, so heißt $B_\varepsilon(x) := \{\, y \in X\,;\ d(x,y) < \varepsilon \,\}$ *ε-Umgebung* von x.

2. *Umgebungen, innere Punkte:*
   Eine Teilmenge $U \subset X$ heißt *Umgebung* von x und x heißt *innerer Punkt* von U, wenn U eine ε-Umgebung von x enthält.

3. *Inneres:*
   $M^0 := \{\, x\,;\ x$ ist innerer Punkt von $M \,\}$ heißt *Inneres* oder *innerer Kern* von M.

4. *Offene Mengen:*
   Eine Teilmenge $M \subset X$ heißt *offen*, wenn sie nur innere Punkte enthält, also wenn sie mit jedem $x \in M$ auch eine ε-Umgebung von x enthält.

   $\emptyset$ und X sind stets offen.

   Offene Punktmengen $D \subset \mathbb{C}$ heißen auch *Bereiche.*

   $M \subset X$ ist genau dann offen, wenn $X \backslash M$ abgeschlossen ist.

5. *Erzeugte Topologie:*
   Das System der offenen Mengen eines metrischen Raumes (X,d) bildet eine Topologie $\mathfrak{T}_d$ auf X. D.h. beliebige Vereinigungen und endliche Durchschnitte offener Mengen sind wieder offen und die leere Menge und der ganze Raum gehören zu $\mathfrak{T}_d$. Man nennt $\mathfrak{T}_d$ die von der Metrik d *erzeugte Topologie.* Topologische Begriffe in metrischen Räumen beziehen sich immer auf diese Toplogie.

6. *Umgebungen von Mengen:*
   $U \subset X$ heißt *Umgebung* einer Teilmenge $M \subset X$, wenn U eine offene Obermenge von M enthält.

   Ist M nicht leer und $\varepsilon > 0$, so heißt $B_\varepsilon(M) := \{\, x \in X\,;\ d(x,M) < \varepsilon \,\}$ eine *ε-Umgebung* von M.

   Eine Umgebung einer Menge M muss nicht notwendig eine ε-Umgebung von M enthalten. Z.B. ist $\left\{\, x+iy \in \mathbb{C}\,;\ |y| < \frac{1}{1+x^2} \,\right\}$ eine (offene) Umgebung der reellen Achse $\mathbb{R}$, die keine ε-Umgebung von $\mathbb{R}$ enthält.

Häufungspunkte, isolierte Punkte, diskrete Mengen

Häufungspunkte einer Menge:
Sei (X, d) ein metrischer Raum und $M \subset X$.
Ein Punkt $x \in X$ heißt *Häufungspunkt* von M, wenn jede ε-Umgebung von x einen von x verschiedenen Punkt aus M enthält.

Ist x Häufungspunkt von M, so enthält jede ε-Umgebung von x auch unendlich viele Elemente vom M und x ist Häufungswert (sogar Grenzwert) einer Folge von Elementen aus $M \setminus \{x\}$.

Die Menge der Häufungspunkte von M wird oft mit M' bezeichnet. M' ist stets abgeschlossen. Natürlich kann M' leer sein.

Isolierte Punkte:
Ein Punkt $x \in M$ heißt *isolierter Punkt* von M, wenn es eine ε-Umgebung von x gibt, die außer x keinen Punkt aus M enthält. Also
x ist isolierter Punkt von $M \quad :\Longleftrightarrow \quad \exists\, \varepsilon > 0 \; : \; M \cap B_\varepsilon(x) = \{x\}$.

Die abgeschlossene Hülle einer Menge M ist die disjunkte Vereinigung der Häufungspunkte und der isolierten Punkte von M.

Diskrete Mengen:
Eine Menge $M \subset X$ heißt *diskret* in X, wenn sie keine Häufungspunkte in X besitzt.

Z.B. ist $\{\, 1 - 1/n \,;\, n \in \mathbb{N} \,\}$ diskret in $\mathbb{E} = \{|z| < 1\}$, aber nicht in $\mathbb{C}$.
Die natürlichen Zahlen $\mathbb{N}$ liegen diskret in $\mathbb{C}$, aber nicht in $\widehat{\mathbb{C}}$, da $\mathbb{N}' = \{\infty\}$.

Ist M diskret in X, so enthält M nur isolierte Punkte.
Die Umkehrung ist falsch! Beispiel: $\{\, 1/n \,;\, n \in \mathbb{N} \,\} \subset X := \mathbb{C}$.

Abgeschlossene Mengen, Hülle

Sei weiterhin (X, d) ein metrischer Raum.

Abgeschlossene Mengen:
$M \subset X$ heißt *abgeschlossen*, wenn das Komplement $X \setminus M$ offen ist.
$\overline{M} := M \cup M'$ heißt *abgeschlossene Hülle* von M.

M ist genau dann abgeschlossen, wenn $M = \overline{M}$ ist.

Die leere Menge $\emptyset$ und der ganze Raum X sind sowohl offen, als auch abgeschlossen. In $\mathbb{R}$, $\mathbb{C}$ und $\widehat{\mathbb{C}}$ sind dies die einzigen offen-und-abgeschlossenen Mengen. Natürlich gibt es Mengen, die weder offen, noch abgeschlossen sind.

Endliche Vereinigungen und beliebige Durchschnitte abgeschlossener Mengen sind wieder abgeschlossen.

Die abgeschlossene Hülle von M ist die disjunkte Vereinigung der inneren und der Randpunkte von M : $\quad \overline{M} = M^0 \cup \partial M \;, \quad M^0 \cap \partial M = \emptyset$.

Die Hülle $\overline{M}$ ist auch disjunkte Vereinigung der isolierten und der Häufungspunkte von M .

$\overline{M}$ ist der Durchschnitt aller abgeschlossenen Obermengen von M:

$$\overline{M} = \bigcap \{ F \subset X \, ; \, M \subset F, \; F \text{ abgeschlossen} \} \; . \tag{3}$$

Sei $M \subset D \subset X$. Man sagt, M liegt *dicht* in D, wenn $D \subset \overline{M}$.
Z.B. liegen die rationalen Zahlen dicht in $\mathbb{R}$ (bzgl. der Betragsmetrik).
Trivialerweise liegt eine Menge stets dicht in ihrer abgeschlossenen Hülle, aber i.a. liegt der innere Kern M^0 einer Menge nicht dicht in M.

Randpunkte

Sei weiterhin (X, d) ein metrischer Raum und M eine Teilmenge von X.

Randpunkte:
Ein Punkt $x \in X$ heißt *Randpunkt* von M, wenn jede Umgebung von x sowohl einen Punkt aus M als auch einen aus $X \setminus M$ enthält:

$$x \text{ ist Randpunkt von } M \;\; :\Longleftrightarrow \;\; \forall \varepsilon > 0 \; : \; M \cap B_\varepsilon(x) \neq \emptyset \;\text{ und }\; (X \setminus M) \cap B_\varepsilon(x) \neq \emptyset \; .$$

$\partial M := \{ x \, ; \, x \text{ ist Randpunkt von } M \}$ heißt *Rand* von M.

Der Rand einer Menge M ist stets abgeschlossen und enthält keine inneren Punkte von M. Jedoch kann $(\partial M)^0 \neq \emptyset$ sein. Z.B. gilt für $M := \mathbb{Q} + i\mathbb{Q} \subset \mathbb{C}$ in der üblichen Metrik $(\partial M)^0 = \mathbb{C} = \partial M$.

Allgemein gilt $\partial M = \partial(X \setminus M) = \overline{M} \cap \overline{X \setminus M}$.

1.5.2 Folgen, Konvergenz

Zu Folgen komplexer Zahlen siehe auch Abschnitt 1.6.1.

Sei (X, d) ein metrischer Raum und $(x_n)_{n \in \mathbb{N}}$, kurz (x_n) , eine Folge aus X (also eine Abbildung von $\mathbb{N}$ in den metrischen Raum X).

(x_n) heißt *beschränkt*, wenn die Menge der Folgenglieder x_n beschränkt ist, also innerhalb einer festen Kugel liegt:

$$(x_n) \text{ beschränkt} \iff \exists\, x \in X \; \exists\, \varepsilon > 0 \; : \; \{ x_n \, ; \, n \in \mathbb{N} \} \subset B_\varepsilon(x) \tag{4}$$

Häufungswert einer Folge:
Sei (x_n) eine Folge in einem metrischen Raum (X, d).

$$\xi \in X \text{ ist } \textit{Häufungswert} \text{ von } (x_n) \\ :\Longleftrightarrow \quad \forall \varepsilon > 0 \ \forall n_0 \in \mathbb{N} \ \exists n \geq n_0 \ : \ d(x_n, \xi) < \varepsilon \ . \tag{5}$$

In metrischen Räumen ist ein Punkt ξ genau dann Häufungswert einer Folge (x_n), wenn es eine Teilfolge (x_{n_k}) von (x_n) gibt mit $x_{n_k} \to \xi$.

Grenzwert einer Folge:
Sei (x_n) eine Folge in einem metrischen Raum (X, d).

$$\xi \in X \text{ ist } \textit{Grenzwert} \text{ von } (x_n) \ :\Longleftrightarrow \ \xi = \lim_{n \to \infty} x_n \ :\Longleftrightarrow \ x_n \to \xi \text{ für } n \to \infty$$

$$:\Longleftrightarrow \quad \forall \varepsilon > 0 \ \exists n_0 \in \mathbb{N} \ \forall n \geq n_0 \ : \ d(x_n, \xi) < \varepsilon$$

$$\Longleftrightarrow \quad \text{für alle } \ \varepsilon > 0 \ \text{ gilt } \ d(x_n, \xi) < \varepsilon \ \text{ für fast alle } n$$

$$\Longleftrightarrow \quad \text{für alle } \ \varepsilon > 0 \ \text{ gilt } \ d(x_n, \xi) > \varepsilon \ \text{ für höchstens endlich viele } n \ .$$

(x_n) heißt *konvergent* in X, wenn sie einen Grenzwert in X besitzt.

In metrischen Räumen hat eine Folge höchstens einen Grenzwert. Sie heißt *divergent*, wenn sie keinen besitzt.

Konvergente Folgen sind beschränkt, unbeschränkte Folgen sind divergent.

Cauchy-Folgen:
Sei (x_n) eine Folge in einem metrischen Raum (X, d).

$$(x_n) \text{ ist } \textit{Cauchy-Folge} \\ :\Longleftrightarrow \quad \forall \varepsilon > 0 \ \exists n_0 \in \mathbb{N} \ \forall n, m \geq n_0 \ : \ d(x_n, x_m) < \varepsilon \ . \tag{6}$$

Konvergente Folgen sind Cauchy-Folgen. Die Umkehrung gilt nur in vollständigen Räumen. Insbesondere ist eine Folge in $\mathbb{R}$, $\mathbb{C}$ und $\widehat{\mathbb{C}}$ genau dann konvergent, wenn sie eine Cauchy-Folge ist.

Vollständigkeit

Vollständige metrische Räume:
Ein metrischer Raum (X, d) heißt *vollständig*, wenn jede Cauchy-Folge in X einen Grenzwert in X besitzt.

$\mathbb{R}$, $\mathbb{C}$ und $\widehat{\mathbb{C}}$ sind vollständig. Die Menge $\mathbb{Q}$ der rationalen Zahlen ist mit der Betragsmetrik nicht vollständig.

Ein Teilraum eines vollständigen metrischen Raumes ist genau dann vollständig, wenn er abgeschlossen ist. Kompakte Teilräume beliebiger metrischer Räume sind vollständig.

1.5.3 Kompaktheit

Seien (X, d) ein metrischer Raum, $M \subset X$ und J eine beliebige Indexmenge. Ein System $\mathfrak{U} = \{ U_j \, ; \, j \in J \}$ von offenen Mengen U_j heißt *offene Überdeckung* von M, wenn $M \subset \bigcup_{j \in J} U_j$.

> *Überdeckungskompaktheit:*
> M heißt *kompakt (überdeckungskompakt)*, wenn jede offene Überdeckung von M eine endliche Teilüberdeckung enthält.

Eine Teilmenge M eines metrischen Raumes ist genau dann kompakt, wenn sie *folgenkompakt* ist, d.h. wenn jede Folge aus M einen Häufungswert in M, bzw eine in M konvergente Teilfolge besitzt.

Jede kompakte Teilmenge eines metrischen Raumes ist beschränkt, abgeschlossen und vollständig.

In $\mathbb{C}$ gilt wie in jedem endlich dimensionalen normierten Raum auch die Umkehrung. Dies ist der Satz von Heine-Borel:

> *Satz von Heine-Borel:*
> Teilmengen von $\mathbb{C}$ sind genau dann kompakt, wenn sie beschränkt und abgeschlossen sind.

Dieser Satz wird für unendlich dimensionale normierte Vektorräume falsch.

Abgeschlossene Teilmengen einer kompakten Menge M sind kompakt. Da $\widehat{\mathbb{C}}$ kompakt ist, sind in $\widehat{\mathbb{C}}$ die kompakten Mengen genau die abgeschlossenen.

> *Bolzano-Weierstraß für Mengen:*
> Jede unendliche beschränkte Teilmenge von $\mathbb{C}$ besitzt einen Häufungspunkt in $\mathbb{C}$.
> Jede unendliche Teilmenge von $\widehat{\mathbb{C}}$ besitzt einen Häufungspunkt in $\widehat{\mathbb{C}}$.

Stetige Bilder kompakter Mengen sind kompakt.

Man sagt, eine Menge M liegt *relativ kompakt* in $D \subset X$, in Zeichen $M \Subset D$, wenn $\overline{M}$ kompakt ist und $\overline{M} \subset D$.

Häufig braucht man folgende *Ausschöpfungseigenschaft* offener Mengen in $\mathbb{C}$ (zum Beweis siehe Aufgabe 7.5.G) :

> *Satz:*
> Zu jeder offenen Menge $D \subset \mathbb{C}$ gibt es eine Folge offener Mengen D_n mit $D_1 \Subset D_2 \Subset \ldots \Subset D$ und $\bigcup D_n = D$.

Man sagt, die offene Menge D wird durch die Folge (D_n) von relativ kompakten offenen Mengen *ausgeschöpft*.

1.5.4 Zusammenhang, Gebiete

Sei weiterhin (X, d) ein metrischer Raum und M eine Teilmenge von X.

Zusammenhängende Mengen:
$M \subset X$ heißt *zusammenhängend*, wenn es keine offenen Mengen $O_1, O_2 \subset X$ gibt mit:
$M \subset O_1 \cup O_2$; $M \cap O_1 \cap O_2 = \emptyset$; $M \cap O_1 \neq \emptyset$ und $M \cap O_2 \neq \emptyset$.

Insbesondere ist der ganze Raum X genau dann zusammenhängend, wenn $\emptyset$ und X die einzigen offenen und abgeschlossenen Teilmengen sind.
$\mathbb{R}$, $\mathbb{C}$ und $\widehat{\mathbb{C}}$ sind zusammenhängend, $\mathbb{Q}$ nicht.
Zusammenhängende Mengen in $\mathbb{R}$ (bzgl. der Betragsmetrik) sind genau die Intervalle.

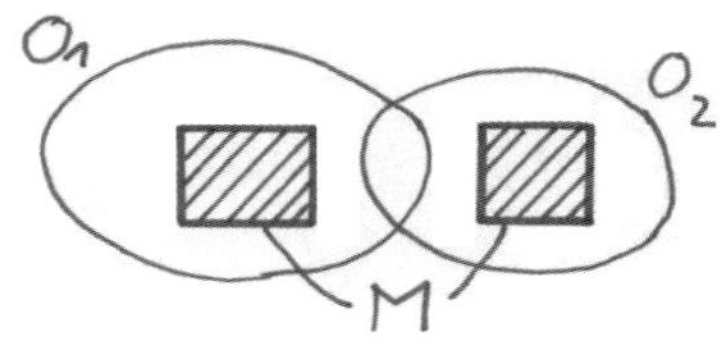

(unzusammenhängend)

Eine Menge $M \subset \mathbb{R}^n$ heißt *wegzusammenhängend (polygonal zusammenhängend)*, wenn sich je zwei Punkte $x, y \in M$ in M durch einen Weg bzw einen Streckenzug in M verbinden lassen. Es gilt

$$\begin{aligned} M \text{ polygonal zusammenhängend } &\Longrightarrow M \text{ wegzusammenhängend} \\ &\Longrightarrow M \text{ zusammenhängend .} \end{aligned} \tag{7}$$

Konvexe und sternförmige Mengen sind polygonal zusammenhängend.

In Aufgabe 6.4.2.E aus [RA2] finden Sie ein Beispiel einer zusammenhängenden Menge $M \subset \mathbb{R}^2$, die nicht wegzusammenhängend ist.

Sind $M, L \subset X$ zusammenhängend und $M \cap L \neq \emptyset$, so ist auch $M \cup L$ zusammenhängend.

Mit M ist auch die abgeschlossene Hülle $\overline{M}$ und jede Menge L mit $M \subset L \subset \overline{M}$ zusammenhängend. Das Innere einer zusammenhängenden Menge ist i.a. nicht zusammenhängend.

Stetige Bilder zusammenhängender Mengen sind zusammenhängend.

Zusammenhangskomponenten:
Sei (X, d) ein metrischer Raum und $x \in X$. Dann heißt

$$Z(x) := \bigcup \{ M \subset X \, ; \, x \in M, \ M \text{ zusammenhängend} \}$$

die *Zusammenhangskomponente* von x in X. $Z(x)$ ist die größte zusammenhängende Teilmenge von X, die x enthält.
Die Zusammenhangskomponenten einer Teilmenge $M \subset X$ sind die Zusammenhangskomponenten des Relativraumes (M, d).

Zusammenhangskomponenten eines metrischen Raumes X sind zusammenhängend und abgeschlossen in X. Sie können einelementig sein. Z.B. ist dies in den rationalen Zahlen mit der üblichen Metrik der Fall.

Gebiete

In diesem Abschnitt betrachten wir offene Mengen in $\mathbb{C}$. Viele der folgenden Definitionen und Aussagen kann man verallgemeinern.

> *Gebiete:*
> $G \subset \mathbb{C}$ heißt *Gebiet*, wenn G nicht-leer, offen und zusammenhängend ist.

Offene Mengen $D \subset \mathbb{C}$ sind genau dann zusammenhängend - also Gebiete, wenn sich je zwei Punkte aus D durch einen Weg, sogar durch einen Streckenzug in D verbinden lassen (siehe Aufgabe [RA2, Aufgabe 6.2.4.B]). Man sagt, sie sind *weg-* bzw *polygonal zusammenhängend.*

Die Zusammenhangskomponenten offener Teilmengen $\emptyset \neq D \subset \mathbb{C}$ sind offen, also Gebiete. Jede offene Teilmenge $\emptyset \neq D \subset \mathbb{C}$ ist Vereinigung von höchstens abzählbar vielen paarweise disjunkten Gebieten.

Ein Gebiet $G \subset \mathbb{C}$ heißt *konvex*, wenn G mit zwei Punkten $z, w \in G$ auch die *Verbindungsstrecke* $\overline{z,w}$ enthält. Dabei ist

$$\overline{z,w} \ := \ \{\,\alpha z + \beta w\,;\ \alpha,\beta \in \mathbb{R},\ \ \alpha,\beta \geq 0,\ \ \alpha+\beta = 1\,\}\ . \tag{8}$$

Ein Gebiet $G \subset \mathbb{C}$ heißt *sternförmig*, wenn es ein $z_0 \in G$ derart gibt, dass mit jedem $w \in G$ auch die Verbindungsstrecke $\overline{w,z_0}$ in G liegt. Ein derartiger Punkt z_0 heißt dann *Sternzentrum* von G.

Kreisscheiben und Halbebenen sind konvex und sternförmig. Die geschlitzte Ebene $\mathbb{C}\backslash\mathbb{R}_{\leq 0}$ ist sternförmig, z.B. mit Sternzentrum 1, aber nicht konvex.

Ein Gebiet G heißt *Jordangebiet*, wenn es von einer Jordankurve berandet wird, d.h. wenn sein Rand ∂G Träger eines einfach geschlossenen Weges ist.

Zu *einfach zusammenhängenden* Gebieten siehe Abschnitt 1.5.7.

1.5.5 Wege und Zykeln

Zu Kurven und Wegen siehe z.B. auch [RA2 8.2.1].

> *Wege:*
> Sei $D \subset \mathbb{C}$ offen. Ein *Weg* in D ist eine stetige Abbildung $\gamma\colon [a,b] \to D$ eines *Parameterintervalls* $[a,b] \subset \mathbb{R}$ nach D.

Man sagt, der Weg $\gamma : [a,b] \to D$ läuft in D vom *Anfangspunkt* $\gamma(a)$ zum *Endpunkt* $\gamma(b)$. Er heißt *geschlossen*, wenn $\gamma(a) = \gamma(b)$.

Ein geschlossener Weg $\gamma : [a,b] \to D$ heißt *einfach geschlossen*, wenn γ auf dem halboffenen Intervall $[a,b[$ injektiv ist.

Die Bildmenge $|\gamma| := \gamma([a,b])$ heißt *Träger* (*Spur*) von γ.

Eine *Jordankurve* ist der Träger eines einfach geschlossenen Weges bzw das topologische Bild der Kreislinie $\{|z| = 1\}$. Es gilt der

Jordansche Kurvensatz:
Jede Jordankurve $|\gamma|$ in $\mathbb{C}$ zerlegt $\mathbb{C}$ in zwei Gebiete. Genau eins dieser Gebiete ist beschränkt. Dies heißt das *Innere* oder *Innengebiet* $\operatorname{Int}\gamma$, das andere heißt *Außengebiet*. $|\gamma|$ ist der gemeinsame Rand von Innen- und Außengebiet.

Die Summe $\gamma_1 + \gamma_2$ von Wegen und der *umgekehrte Weg* $-\gamma$ werden wie üblich definiert.

Definition:
Integrationswege sind stückweise stetig differenzierbare Wege.

Ränder von Gebieten sind oft aus mehreren Wegen zusammengesetzt. Der entsprechende mathematische Begriff ist der einer *Kette*.

Ketten:
Sei $D \subset \mathbb{C}$ offen. Eine *Kette* Γ in D ist eine formale Linearkombination $\Gamma = \sum\limits_{j=1}^{k} n_j\gamma_j$ von endlich vielen Integrationswegen γ_j mit ganzzahligen Koeffizienten $n_j \in \mathbb{Z}$.

Anders formuliert: Eine *Kette* Γ ist eine Abbildung der Menge aller Integrationswege in die ganzen Zahlen $\mathbb{Z}$ derart, dass $\Gamma(\gamma) \neq 0$ für höchstens endlich viele Integrationswege γ ist.

Eine Kette $\Gamma = \sum\limits_{j=1}^{k} n_j\gamma_j$ heißt *geschlossen*, wenn jeder Punkt $z \in \mathbb{C}$ unter Berücksichtigung der Vielfachheiten n_j genauso oft als Anfangspunkt eines γ_j vorkommt, wie als Endpunkt. Ein *Zyklus* ist eine geschlossene Kette.

Der Träger $|\Gamma|$ einer Kette $\Gamma = \sum\limits_{j=1}^{k} n_j\gamma_j$ ist die Vereinigung der Träger $|\gamma_j|$ mit $n_j \neq 0$.

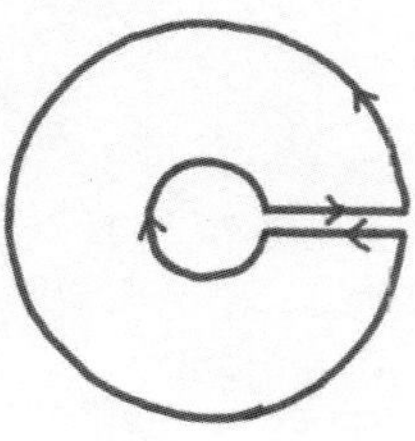
Integrationsweg

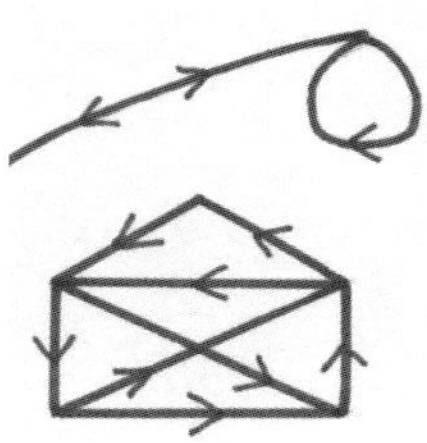
Kette

Zyklus

1.5.6 Umlaufzahl, Homologie

Umlaufzahl:
Sei Γ ein Zyklus in $\mathbb{C}$, $|\Gamma|$ sein Träger und $z \notin |\Gamma|$. Dann ist die *Umlaufzahl* von Γ bzgl z definiert als

$$n(\Gamma, z) \;:=\; \frac{1}{2\pi i}\int_\Gamma \frac{d\zeta}{\zeta - z}\,. \tag{9}$$

Das rechtstehende Integral summiert den Zuwachs von $\operatorname{Im}\log(\zeta - z)$, also des Arguments von $\zeta - z$. Siehe auch Abschnitt 6.5.1.

Die Umlaufzahl von Γ ist auf jeder Zusammenhangskomponente von $\mathbb{C}\setminus|\Gamma|$ konstant und gleich Null auf der unbeschränkten Komponente.

Wechselt man von einer Komponente von $\mathbb{C}\setminus|\Gamma|$ zu einer anderen und überquert dabei einen einfach durchlaufenen (d.h. $n_j = 1$) Teilweg γ_j von rechts nach links bzgl der Orientierung von γ_j, so wächst die Umlaufzahl um 1.

Das Innere eines geschlossenen Integrationsweges γ bzw eines Zyklus Γ ist die Menge derjenigen $z \in \mathbb{C}$, für die die Umlaufzahl $n(\Gamma, z) \neq 0$ ist:

$$\operatorname{Int}\Gamma \;:=\; \left\{ z \in \mathbb{C}\,;\, \frac{1}{2\pi i}\int_\Gamma \frac{d\zeta}{\zeta - z} \neq 0 \right\}. \tag{10}$$

Homologie:
Ein Zyklus Γ in $D \subset \mathbb{C}$ heißt *nullhomolog in D*, wenn für alle $z \in \mathbb{C}\setminus D$ die Umlaufzahl $n(\Gamma, z) = 0$ ist, also wenn $\operatorname{Int}\Gamma \subset D$.
Zwei Zyklen Γ_1 und Γ_2 aus D heißen *homolog in D*, wenn ihre Differenz $\Gamma_1 - \Gamma_2$ in D nullhomolog ist.

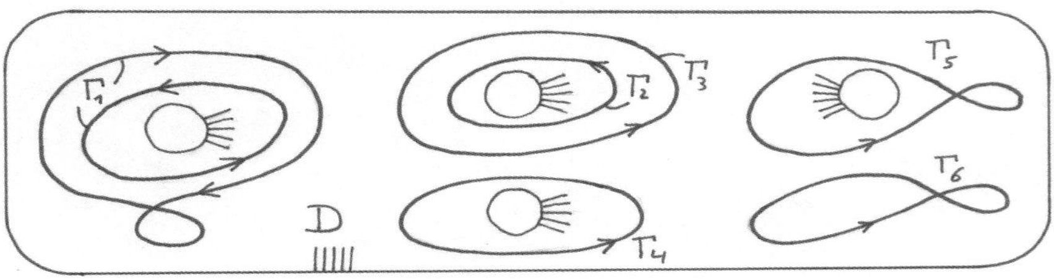

Γ_1 *nullhomolog* Γ_4 *nicht nullhomolog*
Γ_2, Γ_3 *homolog* Γ_5, Γ_6 *nicht homolog*

Ein Zyklus Γ in D heißt *Randzyklus* eines relativ kompakten Bereichs $B \Subset D$, wenn gilt

$$\partial B = |\Gamma|\,, \quad n(\Gamma, z) = 1 \text{ für } z \in B \text{ und } n(\Gamma, z) = 0 \text{ für } z \notin \overline{B}\,. \tag{11}$$

Randzyklen von Bereichen $B \Subset D$ sind nullhomolog in D.

1.5.7 Einfach zusammenhängende Gebiete

Definition:
Ein Gebiet $G \subset \mathbb{C}$ heißt *einfach zusammenhängend*, wenn jeder Zyklus in G nullhomolog ist.

Anschaulich: *'Einfach zusammenhängende Gebiete haben keine Löcher.'*

Äquivalente Bedingungen sind:

$G \subset \mathbb{C}$ ist genau dann einfach zusammenhängend, wenn

1. das Komplement $\widehat{\mathbb{C}} \setminus G$ auf der Zahlenkugel zusammenhängend ist.
2. das Komplement $\mathbb{C} \setminus G$ in der Ebene keine beschränkte Zusammenhangskomponente hat.
3. mit jedem geschlossenen Integrationsweg γ in G auch sein Innengebiet $\operatorname{Int} \gamma$ in G liegt, also wenn jeder geschlossene Integrationsweg γ in G nullhomolog ist.
4. sich jeder geschlossene Weg in G innerhalb von G stetig auf einen Punkt zusammenziehen lässt, d.h. wenn jeder geschlossene Weg in G *nullhomotop* ist.
5. jede in G holomorphe Funktion eine Stammfunktion in G besitzt.
6. jede in G nullstellenfreie holomorphe Funktion einen Logarithmus in G besitzt.
7. jede in G nullstellenfreie holomorphe Funktion eine Quadratwurzel in G besitzt.

n-fach zusammenhängende Gebiete:
Ein Gebiet $G \subset \mathbb{C}$ heißt *n-fach zusammenhängend*, wenn das Komplement $\mathbb{C} \setminus G$ genau $n-1$ beschränkte Zusammenhangskomponenten besitzt, bzw wenn das Komplement $\widehat{\mathbb{C}} \setminus G$ auf der Zahlenkugel n Zusammenhangskomponenten besitzt.

1.5.8 Homotopie

Zwei Wege in einem Gebiet $G \subset \mathbb{C}$ (allgemeiner in einem metrischen oder topologischen Raum X) heißen homotop, wenn man sie bei festen Endpunkten stetig ineinander deformieren kann. Genauer:

Homotopie:
Seien $G \subset \mathbb{C}$ ein Gebiet und $\gamma_1, \gamma_2 \colon [0,1] \to G$ zwei Wege in G mit gleichem Anfangspunkt $a := \gamma_1(0) = \gamma_2(0)$ und Endpunkt $b := \gamma_1(1) = \gamma_2(1)$.
γ_1 und γ_2 heißen *homotop in* G (bei festen Endpunkten), wenn es eine stetige Abbildung $\Phi \colon [0,1] \times [0,1] \to G$ gibt derart, dass für alle $s, t \in [0,1]$ gilt:

$$\Phi(0,t) = \gamma_1(t) \; ; \quad \Phi(1,t) = \gamma_2(t) \; ; \quad \Phi(s,0) = a \; ; \quad \Phi(s,1) = b \; .$$

Ein geschlossener Weg $\gamma \colon [0,1] \to G$ heißt *nullhomotop* in G, wenn er in G zum Punktweg $\{t \mapsto \gamma(0)\}$ homotop ist.

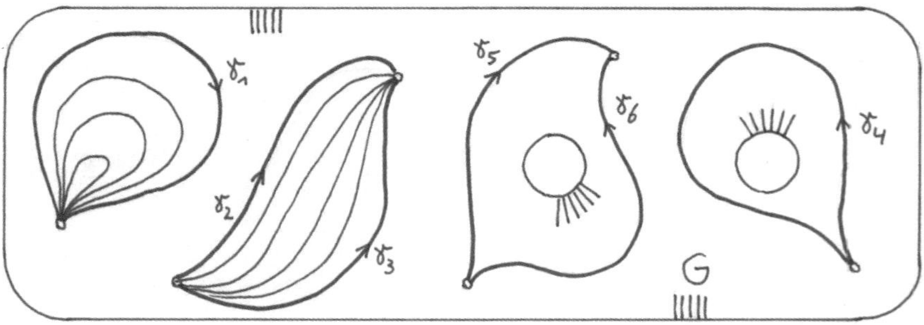

γ_1 *nullhomotop*
γ_2, γ_3 *homotop*
γ_4 *nicht nullhomotop*
γ_5, γ_6 *nicht homotop*

Jeder nullhomotope Weg ist nullhomolog, aber nicht notwendig umgekehrt. Z.B. ist der unten skizzierte Weg γ in $G := \mathbb{C} \setminus \{\pm 1\}$ nullhomolog, aber nicht nullhomotop.

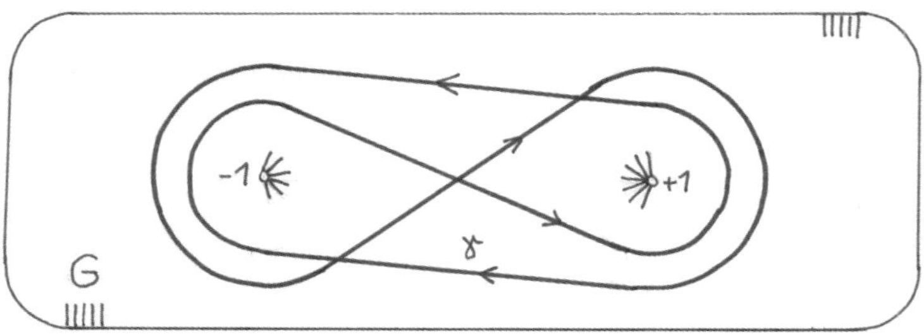

1.6 Folgen, Reihen und Produkte

1.6.1 Folgen

$\mathbb{C}$ ist mit dem euklidischen Abstand $d(z,w) := |w-z|$ ein vollständiger metrischer Raum. Die Konvergenz von Folgen in metrischen Räumen wurde bereits in Abschnitt 1.5.2 definiert:

> *Konvergente Folgen:*
> Eine komplexe Folge (z_n) konvergiert gegen ein $\zeta \in \mathbb{C}$, wenn es zu jedem $\varepsilon > 0$ einen Index n_0 gibt, so dass $|z_n - \zeta| < \varepsilon$ für alle $n \geq n_0$.

Es gilt: $z_n \to \zeta \iff \mathsf{Re}\, z_n \to \mathsf{Re}\,\zeta$ <u>und</u> $\mathsf{Im}\, z_n \to \mathsf{Im}\,\zeta$.

Da $\mathbb{C}$ vollständig ist, sind komplexe Folgen genau dann konvergent, wenn sie *Cauchy-Folgen* sind.

Eine komplexe Folge (z_n) ist genau dann eine Cauchy-Folge, wenn die Folge der Realteile <u>und</u> die der Imaginärteile eine Cauchy-Folge ist.

Rechenregeln

1. Die konvergenten komplexen Folgen bilden mit den üblichen Operationen einen Vektorraum über $\mathbb{C}$ und die Abbildung $\{(z_n) \mapsto \lim z_n\}$ ist $\mathbb{C}$-linear.
2. Konvergieren $z_n \to \zeta,\ w_n \to \omega$, so konvergieren auch $|z_n| \to |\zeta|$; $z_n w_n \to \zeta\omega$ und $\dfrac{z_n}{w_n} \to \frac{\zeta}{\omega}$ falls $w_n, \omega \neq 0$.
3. $z_n \to \zeta \iff \overline{z_n} \to \overline{\zeta}$.
4. $z_n \to 0 \iff |z_n| \to 0$.
5. Das Produkt einer beschränkten und einer Nullfolge ist eine Nullfolge.
6. Arithmetische *Mittelbildung* ändert nichts an der Konvergenz. Genauer:
$$z_n \to \zeta \quad \Longrightarrow \quad \frac{z_1 + \ldots + z_n}{n} \to \zeta \ . \tag{1}$$
Zum Beweis siehe Aufgabe 7.6.B oder auch [RA1 2.2.8.A].

1.6.2 Teilfolgen und Häufungswerte

Sei (z_n) eine komplexe Folge und (n_k) eine streng monoton wachsende Folge natürlicher Zahlen. Dann heißt $(z_{n_k})_{k\in\mathbb{N}}$ eine *Teilfolge* von (z_n).

Z.B. ist $(1/2k)_{k\in\mathbb{N}}$ eine Teilfolge von $\big((-1)^n/n\big)_{n\in\mathbb{N}}$.

Eine Folge ist genau dann konvergent, wenn jede ihrer Teilfolgen konvergiert. In diesem Fall konvergiert jede Teilfolge gegen denselben Grenzwert.
Besitzt eine Folge eine divergente Teilfolge oder zwei Teilfolgen mit verschiedenen Grenzwerten, so ist sie divergent.

> *Häufungswert einer Folge:*
> $\zeta \in \mathbb{C}$ heißt *Häufungswert* einer komplexen Folge (z_n), wenn es zu jedem $\varepsilon > 0$ und jedem Index n_0 ein $n > n_0$ gibt, so dass $|z_n - \zeta| < \varepsilon$.
> Dies ist genau dann der Fall, wenn es eine Teilfolge (z_{n_k}) gibt, die gegen ζ konvergiert.

Achtung: Man unterscheide gut zwischen dem *Häufungswert der Zahlenfolge* (z_n) und dem *Häufungspunkt der Menge* $\{ z_n ; n \in \mathbb{N} \}$.

Ist ζ Häufungspunkt der Menge $\{ z_n ; n \in \mathbb{N} \}$, so ist ζ auch Häufungswert der Folge (z_n) .

Die Umkehrung ist falsch! Triviales Beispiel: Ist $z_n = \zeta$ für alle n, so ist ζ Häufungswert der konstanten Folge (z_n), aber nicht Häufungspunkt der einelementigen Menge $\{ z_n ; n \in \mathbb{N} \} = \{\zeta\}$.

Wegen der Vollständigkeit von $\mathbb{C}$ gilt

> *Bolzano-Weierstraß für Folgen in* $\mathbb{C}$*:*
> Jede beschränkte komplexe Folge besitzt einen Häufungswert in $\mathbb{C}$.

1.6.3 Konvergenz in $\widehat{\mathbb{C}}$

Die Konvergenz von Folgen in $\widehat{\mathbb{C}}$ wird bzgl der chordalen Metrik definiert. Also konvergiert eine Folge (z_n) aus $\widehat{\mathbb{C}}$ genau dann gegen $\zeta \in \widehat{\mathbb{C}}$, wenn der chordale Abstand $\chi(z_n, \zeta) \to 0$ konvergiert.

Da die chordale Metrik χ auf $\mathbb{C}$ dieselbe Topologie erzeugt wie die euklidische, ist diese Definition mit der in 1.6.1 gegebenen Definition konvergenter Folgen in $\mathbb{C}$ verträglich.

Für Folgen (z_n) aus $\mathbb{C}$ gilt

$$
\begin{aligned}
z_n \to \infty \quad &\iff \quad \chi(z_n, \infty) = \frac{1}{\sqrt{1 + |z_n|^2}} \to 0 \\
&\iff \quad \forall K \in \mathbb{R}\ \exists n_0 \in \mathbb{N}\ \forall n \geq n_0 \ : \ |z_n| > K \\
&\iff \quad |z_n| \to \infty
\end{aligned}
\tag{2}
$$

∞ heißt *uneigentlicher Häufungswert* einer komplexen Folge (z_n), wenn es zu jedem $K \in \mathbb{R}$ und jedem Index n_0 ein $n > n_0$ gibt, so dass $|z_n| > K$. Dies ist genau dann der Fall, wenn es eine Teilfolge (z_{n_k}) gibt, die gegen ∞ konvergiert.

$\widehat{\mathbb{C}}$ ist kompakt. Infolgedessen gilt

> *Bolzano-Weierstraß für Folgen in* $\widehat{\mathbb{C}}$*:*
> Jede Folge in $\widehat{\mathbb{C}}$ besitzt einen Häufungswert in $\widehat{\mathbb{C}}$.

1.6.4 Reihen komplexer Zahlen

Die meisten Definitionen, Rechenregeln und Konvergenzkriterien lassen sich fast wörtlich aus dem Reellen übertragen. Siehe z.B. [RA1 2.3]. Hier werden nur die wichtigsten wiederholt.

Eine Reihe $\sum_{k=n_0}^{\infty} a_k$, $(a_k \in \mathbb{C})$ ist die Folge ihrer *Partial-* oder *Teilsummen* $S_m := \sum_{k=n_0}^{m} a_k$. Aussagen über Folgen sind daher auch immer Aussagen über Reihen. Insbesondere ist eine Reihe genau dann konvergent, wenn die Folge ihrer Partialsummen konvergiert und die Summe einer konvergenten Reihe ist der Limes der Partialsummenfolge.

Eine komplexe Reihe $\sum a_k$ konvergiert genau dann, wenn die Reihe der Real- und die der Imaginärteile konvergiert. In diesem Fall ist

$$\sum a_k = \left(\sum \mathrm{Re}\, a_k\right) + i\left(\sum \mathrm{Im}\, a_k\right) . \tag{3}$$

Z.B. gilt in $\mathbb{C}$ ebenso wie in $\mathbb{R}$ für die *geometrische Reihe*:

$$\sum_{k=0}^{\infty} z^k = \frac{1}{1-z} \quad \text{für } |z| < 1 . \tag{4}$$

Für die Partialsummen gilt nämlich

$$S_m := \sum_{k=0}^{m} z^k = \frac{1-z^{m+1}}{1-z} \to \frac{1}{1-z} \quad \text{für } |z| < 1 . \tag{5}$$

Absolute Konvergenz

Eine komplexe Reihe $\sum a_k$ heißt *absolut konvergent*, wenn die Reihe $\sum |a_k|$ der Absolutbeträge konvergiert. Eine Reihe, die konvergiert, aber nicht absolut konvergiert, heißt *bedingt konvergent*.

Eine absolut konvergente Reihe $\sum a_k$ ist auch konvergent aber nicht umgekehrt. Z.B. ist die Reihe $\sum (-1)^k/k$ konvergent, aber nicht absolut konvergent.

Potenzreihen sind im Inneren ihres Konvergenzkreises absolut konvergent.

Eine komplexe Reihe $\sum a_k$ konvergiert absolut genau dann, wenn die Reihe der Real- und die der Imaginärteile absolut konvergiert. In diesem Fall ist

$$\left|\sum a_k\right| \le \sum |a_k| \le \left(\sum |\mathrm{Re}\, a_k|\right) + \left(\sum |\mathrm{Im}\, a_k|\right) . \tag{6}$$

Rechenregeln

Viele Rechenregeln für konvergente reelle Reihen übertragen sich auf komplexe, insbesondere die für absolut konvergente Reihen. Hier werden nur die wichtigsten aufgeführt. Weitere finden Sie in [RA1 2.3], zum Teil auch mit Beweisen, die sich ins Komplexe übertragen lassen.

Wenn nichts anderes gesagt wird, sind die Summanden $a_k, b_k, \ldots$ komplex.

1. Sind die Reihen $\sum a_k$ und $\sum b_k$ (absolut) konvergent und $\lambda, \mu \in \mathbb{C}$, so ist auch $\sum(\lambda a_k + \mu b_k)$ (absolut) konvergent.
   Die (absolut) konvergenten Reihen bilden also einen komplexen (und damit auch reellen) Vektorraum.
2. Ist die Folge (b_k) beschränkt und die Reihe $\sum a_k$ absolut konvergent, so konvergiert auch die Reihe $\sum a_k b_k$ absolut.
   Diese Aussage wird falsch, wenn man von $\sum a_k$ nur die Konvergenz fordert.
3. *Cauchy-Schwarz-Ungleichung für unendliche Reihen:*

   Konvergieren die beiden Reihen $\sum |a_k|^2$ und $\sum |b_k|^2$, so konvergiert die Reihe $\sum a_k b_k$ absolut und es gilt

   $$\Big|\sum_{k=1}^{\infty} a_k b_k\Big| \le \sum_{k=1}^{\infty} |a_k b_k| \le \Big(\sum_{k=1}^{\infty} |a_k|^2\Big)^{1/2} \Big(\sum_{k=1}^{\infty} |b_k|^2\Big)^{1/2} \tag{7}$$

4. *Hölder-Ungleichung:*

   Für $p, q > 1,\ \frac{1}{p} + \frac{1}{q} = 1$ und konvergente Reihen $\sum |a_k|^p,\ \sum |b_k|^q$ gilt:

   $$\sum_{k=1}^{\infty} |a_k b_k| \le \Big(\sum_{k=1}^{\infty} |a_k|^p\Big)^{1/p} \Big(\sum_{k=1}^{\infty} |b_k|^q\Big)^{1/q} \tag{8}$$

5. *Minkowski-Ungleichung:*

   Für alle $p \ge 1$ und konvergente Reihen $\sum |a_k|^p,\ \sum |b_k|^p$ gilt

   $$\Big(\sum_{k=1}^{\infty} |a_k + b_k|^p\Big)^{1/p} \le \Big(\sum_{k=1}^{\infty} |a_k|^p\Big)^{1/p} + \Big(\sum_{k=1}^{\infty} |b_k|^p\Big)^{1/p} \tag{9}$$

Umordnen von Reihen

Ist $\varphi\colon \mathbb{N} \to \mathbb{N}$ eine bijektive Abbildung, so heißt $\sum\limits_{k=1}^{\infty} a_{\varphi(k)}$ eine *Umordnung* der Reihe $\sum\limits_{k=1}^{\infty} a_k$.

Allgemeiner ist der Begriff der *totalen Umordnung:*

Sei $\mathbb{N} = M_1 \cup M_2 \cup M_3 \cup \dots$ eine disjunkte Zerlegung von $\mathbb{N}$ in endlich oder abzählbar viele nicht-leere Teilmengen M_j. Für alle j sei $S_j := \sum_{k \in M_j} a_k$.

Wenn diese Reihen sämtlich konvergieren, ist die Reihe $\sum_j S_j$ definiert und heißt *totale Umordnung* der Ausgangsreihe $\sum_k a_k$.

Jede Umordnung $\sum a_{\varphi(k)}$ im engeren Sinne kann als totale Umordnung mit einelementigen Teilmengen $M_k := \{\varphi(k)\} \subset \mathbb{N}$ aufgefasst werden.

Beispielsweise ist $a_2 + a_1 + a_4 + a_3 + a_6 + a_5 + \cdots$ eine Umordnung und $(a_2 + a_4 + a_6 + \cdots) + (a_1 + a_3 + a_5 + \cdots)$ eine totale Umordnung von $\sum_{k=1}^{\infty} a_k$ (falls die Reihen über die geraden bzw die ungeraden Indizes konvergieren).

Umordnen bedingt konvergenter Reihen kann sowohl das Konvergenzverhalten, als auch den Grenzwert ändern. Es gilt aber:

Großer Umordnungssatz:
Ist die Reihe $\sum a_k$ absolut konvergent, so konvergiert auch jede ihrer (totalen) Umordnungen absolut und zwar mit demselben Grenzwert.

Absolut konvergente Reihen können also beliebig umgeordnet werden, ohne den Grenzwert zu ändern. Man sagt, absolut konvergente Reihen sind *unbedingt* konvergent. In $\mathbb{C}$ gilt ebenso wie in $\mathbb{R}$ auch die Umkehrung, also:

Die unbedingt konvergenten Reihen sind genau die absolut konvergenten.

Ist also umgekehrt eine Reihe $\sum a_k$ konvergent, aber nicht absolut konvergent, so kann man durch Umordnung verschiedene Grenzwerte und auch Divergenz erreichen. Die Menge der möglichen Grenzwerte ist dann stets eine (reelle) Gerade in $\mathbb{C}$ oder ganz $\mathbb{C}$. Man vergleiche diese Aussage mit dem *Riemannschen Umordnungssatz* in $\mathbb{R}$ [RA1, 2.3.5]. Siehe dazu z.B. [RR1, Abschnitt A.0.4.5].

1.6.5 Konvergenzkriterien

Die meisten Kriterien für absolute Konvergenz reeller Reihen lassen sich ins Komplexe übertragen. Hier werden nur die wichtigsten aufgeführt. Kriterien für die absolute Konvergenz von reellen Zahlenreihen sind auch Kriterien für die absolute Konvergenz komplexer Reihen (z.B. Quotienten-, Wurzel- und Majorantenkriterium).

Wenn nichts anderes gesagt wird, sind die Koeffizienten a_k, b_k weiterhin aus $\mathbb{C}$.

1. *Trivialkriterium:*
   Ist die Reihe $\sum a_k$ konvergent, so gehen die Summanden $a_k \to 0$.
   Also: Streben die Summanden nicht gegen Null, so divergiert die Reihe.

2. *Cauchy Kriterium:*

$$\sum a_k \text{ konvergiert } \iff \forall \varepsilon > 0 \ \exists n_0 \ \forall m \geq n \geq n_0 \ : \ \left| \sum_{k=n}^{m} a_k \right| < \varepsilon \qquad (10)$$

3. *Dirichlet Kriterium:*
Seien $a_k \in \mathbb{C}$ und $b_k \in \mathbb{R}$. Die Reihe $\sum a_k$ habe beschränkte Partialsummen und die Folge (b_k) sei eine monoton fallende Nullfolge. Dann konvergiert die Reihe $\sum a_k b_k$.

4. *Abel Kriterium:*
Seien $a_k \in \mathbb{C}$ und $b_k \in \mathbb{R}$. Sei (b_k) eine monoton fallende Folge positiver Zahlen und sei $\sum a_k$ konvergent. Dann konvergiert auch die Reihe $\sum a_k b_k$.

5. *Majorantenkriterium:*
Gilt $0 \leq |a_k| \leq b_k$ ab einem n_0 und ist die *Majorante* $\sum b_k$ konvergent, so konvergiert $\sum a_k$ absolut.

6. *Grenzwertkriterium:*
Für $k \to \infty$ strebe der Quotient $\frac{|a_k|}{|b_k|}$ gegen einen positiven reellen Grenzwert λ mit $0 < \lambda < \infty$.
Dann konvergiert die Reihe $\sum a_k$ genau dann absolut, wenn die Reihe $\sum b_k$ absolut konvergiert.

7. *Quotientenkriterium:*
Es gebe es ein (festes!) $q < 1$ derart, dass $\left|\frac{a_{k+1}}{a_k}\right| \leq q$ ab einem Index n_0. Dann ist $\sum a_k$ absolut konvergent.

   Insbesondere gilt dies, wenn der Grenzwert $\lim \left|\frac{a_{k+1}}{a_k}\right|$ existiert und < 1 ist.

8. *Wurzelkriterium:*
Für ein (festes!) $q < 1$ gelte $\sqrt[k]{|a_k|} \leq q$ ab einem Index n_0.
Dann ist $\sum a_k$ absolut konvergent.

   Insbesondere gilt dies, wenn der Grenzwert $\lim \sqrt[k]{|a_k|}$ existiert und < 1 ist.

9. *Divergenzaussagen:*
Aus dem Trivialkriterium folgt: Gilt $\sqrt[k]{|a_k|} \geq 1$ für unendlich viele k, oder gilt $\left|\frac{a_{k+1}}{a_k}\right| \geq 1$ für alle k ab einem n_0, so divergiert die Reihe $\sum a_k$.

   Insbesondere gilt dies, wenn der Grenzwert $\lim \left|\frac{a_{k+1}}{a_k}\right|$ oder der Grenzwert $\lim \sqrt[k]{|a_k|}$ existiert und > 1 ist.

1.6.6 Reihenprodukte

Doppelfolgen und -Reihen

Eine Abbildung $a\colon \mathbb{N}\times\mathbb{N}\to\mathbb{C},\ a(j,k) =: a_{j,k}$ heißt (komplexe) *Doppelfolge.* Eine solche Doppelfolge $(a_{j,k})$ heißt konvergent gegen α, wenn es zu jedem $\varepsilon > 0$ ein $n_0 \in \mathbb{N}$ gibt, so dass für alle $j,k > n_0$ der Abstand $|a_{j,k} - a| < \varepsilon$ ist.

> *Konvergenz von Doppelreihen:*
> Ist $\Phi\colon \mathbb{N}\to\mathbb{N}\times\mathbb{N}$, $\Phi(k) = (\varphi(k),\psi(k))$ eine Abzählung von $\mathbb{N}\times\mathbb{N}$, so heißt die Reihe $\sum_k a_{\varphi(k),\psi(k)}$ eine *Aufzählung* der Doppelreihe $\sum a_{n,m}$. Wenn diese konvergiert, so heißt die Doppelreihe *konvergent bzgl der Aufzählung* Φ.
> Eine Doppelreihe heißt konvergent, wenn sie bzgl *jeder* ihrer Aufzählungen konvergiert. In diesem Fall sind all diese Aufzählungen absolut konvergent und besitzen denselben Grenzwert.

Aus der Konvergenz bzgl *einer* Aufzählung folgt noch lange nicht die Konvergenz bzgl einer anderen. Es gilt aber:

> *Cauchyscher Doppelreihensatz:*
> Die Doppelreihe $\sum a_{j,k}$ sei bzgl einer Aufzählung absolut konvergent.
> Dann ist sie bzgl jeder Aufzählung absolut konvergent und zwar mit demselben Grenzwert. In diesem Fall gilt
> $$\sum_{j,k=1}^{\infty} a_{j,k} = \sum_{j=1}^{\infty}\left(\sum_{k=1}^{\infty} a_{j,k}\right) = \sum_{k=1}^{\infty}\left(\sum_{j=1}^{\infty} a_{j,k}\right) .$$
> (*Summe der Zeilensummen gleich Summe der Spaltensummen*)

Reihenprodukte

Die Doppelreihe $\sum\limits_{j,k} a_j b_k$ und auch irgendeine ihrer Aufzählungen heißt ein *Produkt* der beiden Reihen $\sum a_j$ und $\sum b_k$.

Ein spezielles Reihenprodukt ist das besonders für Potenzreihen angemessene

> *Cauchy-Produkt:*
> Seien $\sum_{j=0}^{\infty} a_j$ und $\sum_{k=0}^{\infty} b_k$ zwei Reihen und für $n \in \mathbb{N}_0$ sei
> $$c_n := \sum_{k=0}^{n} a_k b_{n-k} = a_0 b_n + a_1 b_{n-1} + \ldots + a_n b_0 .$$
> Dann heißt $\sum_{n=0}^{\infty} c_n$ das *Cauchy-Produkt* der beiden Ausgangsreihen.

Aus dem Cauchyschen Doppelreihensatz (1.6.6) folgt, dass jedes Produkt zweier absolut konvergenter Reihen absolut konvergiert, insbesondere auch ihr Cauchy-Produkt.

Die Sätze von Mertens und Abel (siehe z.B. [RA1 2.3.7]) gelten auch in $\mathbb{C}$.

1.6.7 Unendliche Produkte komplexer Zahlen

Wegen der Sonderrolle der Null bei der Multiplikation werden unendliche Produkte komplexer Zahlen nicht ganz analog wie unendliche Reihen definiert.

Konvergenz von Produkten:
Sei (z_k) eine Folge komplexer Zahlen mit $z_k = 0$ für höchstens endlich viele k, also $z_k \neq 0$ für alle k ab einer Stelle k_0.

Dann heißt das Produkt $\prod\limits_{k=1}^{\infty} z_k$ *konvergent*, wenn die Folge der mit $k = k_0$ beginnenden Teilprodukte $\left(\prod\limits_{k=k_0}^{n} z_k\right)_{n \geq k_0}$ gegen ein $p \neq 0$ konvergiert.

In diesem Fall definiert man

$$\prod_{k=1}^{\infty} z_k := \left(z_1 \cdot z_2 \cdot \ldots \cdot z_{k_0-1}\right) \cdot \lim_{n\to\infty} \prod_{k=k_0}^{n} z_k = \lim_{n\to\infty} \prod_{k=1}^{n} z_k \,.$$

Achtung: Ist der Grenzwert $\lambda := \lim\limits_{n\to\infty} \prod_{k=1}^{n} z_k$ der Teilprodukte gleich Null, so ist das Produkt evt trotzdem nach Definition divergent. Z.B. gilt dies für das Produkt $\prod(1 - \frac{1}{k})$. Aber wenn der Grenzwert λ existiert und ungleich Null ist, dann konvergiert das Produkt und zwar gegen λ.

Ein Produkt $\prod_k (1 + a_k)$ heißt *absolut konvergent*, wenn $\sum_k |a_k|$ konvergiert. Absolut konvergente Produkte sind konvergent. Dabei können die Faktoren beliebig vertauscht werden, ohne den Grenzwert zu ändern.

Insbesondere ist ein Produkt $\prod_k (1 + a_k)$ genau dann absolut konvergent, wenn das Produkt $\prod_k (1 + |a_k|)$ konvergiert.

Bemerkungen und Rechenregeln

1. In einem konvergenten Produkt verschwinden höchstens endlich viele Faktoren.

   Ein konvergentes Produkt ist genau dann gleich Null, wenn (mindestens) einer der Faktoren gleich Null ist.

2. Ist das Produkt $\prod_k z_k$ konvergent, so gilt $z_k \to 1$.
   (Man schreibt daher Produkte oft in der Form $\prod(1 + a_k)$.)

   Die Umkehrung ist falsch. Z.B. ist das Produkt $\prod(1 + 1/k)$ divergent.

3. *Cauchy Kriterium:*
   Das Produkt $\prod\limits_{k} z_k$ konvergiert genau dann, wenn es zu jedem $\varepsilon > 0$

einen Index n_0 derart gibt, dass für alle $n \geq n_0$ gilt $\left|1 - \prod_{k=n_0}^{n} z_k\right| < \varepsilon$.

4. Das Produkt $\prod_k (1 + a_k)$ konvergiert genau dann, wenn $a_k \neq -1$ ab einem k_0 und die Reihe $\sum_{k=k_0}^{\infty} \log(1 + a_k)$ konvergiert.

   Dabei ist in der Reihe der Hauptwert des Logarithmus zu nehmen, also $\log(1 + a_k) = \log|1 + a_k| + i \arg(1 + a_k)$ mit $-\pi < \arg(1 + a_k) \leq \pi$.

   Im Fall der Konvergenz gilt $\exp\left(\sum_k \log(1 + a_k)\right) = \prod_k (1 + a_k)$.

5. $\prod_k (1 + a_k)$ konvergiert absolut genau dann, wenn $a_k \neq -1$ ab einem k_0 und die Reihe $\sum_{k=k_0}^{\infty} \log(1 + a_k)$ absolut konvergiert. Dies ist genau dann der Fall, wenn die Reihe $\sum_k |a_k|$ konvergiert.

6. Die Produkte $\prod_{k=2}^{\infty} \left(1 \pm k^{-\alpha}\right)$ sind für $\alpha > 1$ konvergent, für $\alpha \leq 1$ divergent. Zum Beweis siehe Aufgabe 7.7.B.1.

Weitere Beispiele und Aufgaben siehe Abschnitt 7.7.
Zu Produkten holomorpher Funktionen siehe Abschnitt 6.8.1.

2 Komplexe Funktionen

2.1 Stetige Funktionen

$\mathbb{C}$ und $\widehat{\mathbb{C}}$ sind metrische Räume mit der euklidischen bzw der chordalen Metrik. Stetige Funktionen zwischen metrischen Räumen werden z.B. in [RA2 6.3] behandelt. Hier werden nur die wichtigsten Definitionen und Eigenschaften der Vollständigkeit halber wiederholt.

Komplexwertige Funktionen werden wie üblich addiert, sowie mit komplexen Zahlen und untereinander multipliziert. Die komplexwertigen Funktionen auf einer festen Menge X bilden einen Vektorraum $\mathbb{C}^X$ über $\mathbb{C}$ (und natürlich auch einen über $\mathbb{R}$). Er ist unendlich dimensional, falls X eine unendliche Menge ist. Zusammen mit der Multiplikation ist $\mathbb{C}^X$ eine kommutative $\mathbb{C}$-Algebra mit Einselement. Das Einselement ist die Funktion $e(x) \equiv 1$.

Ist $f\colon X \to \mathbb{C}$ eine komplexwertige Funktion, so heißt

$$\overline{f}\colon X \to \mathbb{C} \quad ; \qquad \overline{f}(x) := \overline{f(x)} \tag{1}$$

die zu f *konjugierte Funktion.* $\mathsf{Re}\, f := \frac{1}{2}(f+\overline{f})$ und $\mathsf{Im}\, f := \frac{1}{2i}(f-\overline{f})$ heißen *Real-* und *Imaginärteil* von f. Es gilt

$$f \;=\; \mathsf{Re}\, f + i\,\mathsf{Im}\, f \;; \quad (\mathsf{Re}\, f)(x) \;=\; \mathsf{Re}\,(f(x)) \quad \text{und} \quad (\mathsf{Im}\, f)(x) = \mathsf{Im}\,(f(x)) \;.$$

2.1.1 Funktionsgrenzwerte

Grenzwert einer Funktion:
Seien (X,d) und (Y,d') metrische Räume. Seien $D \subset X$, $f\colon D \to Y$, $\xi \in X$ ein Häufungspunkt von D und $\eta \in Y$. Man definiert:

$$\eta = \lim_{x\to\xi} f(x) \quad (\text{bzw} \;\; f(x) \to \eta \text{ für } \; x \to \xi,\; x \in D\;)$$
$$:\Longleftrightarrow \quad \forall\, \varepsilon{>}0\; \exists\, \delta{>}0\; \forall\, x{\in} D\setminus\{\xi\} \;:\; d(x,\xi) < \delta \;\Rightarrow\; d'(f(x),\eta) < \varepsilon \;.$$

Folgenkriterium für Funktionsgrenzwerte:
Unter den obigen Voraussetzungen gilt $\lim\limits_{x\to\xi} f(x) = \eta$ genau dann, wenn $\lim\limits_{n\to\infty} f(x_n) = \eta$ für alle Folgen $x_n \to \xi,\; x_n \in D\setminus\{\xi\}$.

Eine Funktion besitzt in einem Punkt ξ höchstens einen Grenzwert.
Existenz und Größe des Grenzwerts einer Funktion f in einem Punkt ξ haben nichts damit zu tun hat, ob oder wie f in ξ definiert ist.

Eine Funktion $f\colon X \to \mathbb{C}$ besitzt in einem Häufungspunkt ξ von X genau dann einen Grenzwert, wenn $\mathsf{Re}\, f$ und $\mathsf{Im}\, f$ dort einen besitzt. In diesem Fall ist

$$\lim_{x\to\xi} f(x) \;=\; \lim_{x\to\xi} \mathsf{Re}\, f(x) + i \lim_{x\to\xi} \mathsf{Im}\, f(x)\ . \tag{2}$$

Für das Cauchy-Kriterium braucht man die Vollständigkeit des Zielraums (die für Funktionen mit Werten in $\mathbb{C}$ bzw $\widehat{\mathbb{C}}$ stets gegeben ist):

Cauchy-Kriterium für Funktionsgrenzwerte:
Sei (Y, d') ein vollständiger und (X, d) ein beliebiger metrischer Raum. Seien $D \subset X$, ξ ein Häufungspunkt von D und $f\colon D \to Y$. Dann gilt:

$$\lim_{x\to\xi} f(x) \text{ existiert } \iff$$
$$\forall\, \varepsilon>0\ \exists\, \delta>0\ \forall\, x, y\in D\setminus\{\xi\}\ :\ x, y \in U_\delta(\xi) \ \Rightarrow\ d'(f(x), f(y)) < \varepsilon\ .$$

Uneigentliche Funktionsgrenzwerte werden mit Hilfe der chordalen Metrik χ definiert. Seien z.B. $G \subset \mathbb{C}$, $f\colon G \to \mathbb{C}$, $a, z_0 \in \mathbb{C}$ und z_0 bzw ∞ ein Häufungspunkt von G . Dann gilt:

$$\begin{aligned}
\lim_{z\to z_0} f(z) = \infty \ &:\iff \lim_{z\to z_0} \chi(f(z), \infty) = \lim_{z\to z_0} \frac{1}{\sqrt{1+|f(z)|^2}} = 0 \\
&\iff \lim_{z\to z_0} |f(z)| = \infty
\end{aligned} \tag{3}$$

$$\begin{aligned}
\lim_{z\to \infty} f(z) = a \ &:\iff \forall\, \varepsilon > 0\ \exists\, \delta > 0\ \forall\, z \in D\setminus\{\infty\} : \\
&\qquad \chi(z, \infty) = \frac{1}{\sqrt{1+|z|^2}} < \delta \Rightarrow \chi(f(z), a) < \varepsilon \\
&\iff \forall\, \varepsilon>0\ \exists\, K>0\ \forall\, z\in D : |z| > K \Rightarrow |f(z) - a| < \varepsilon
\end{aligned} \tag{4}$$

Für die Grenzwerte von Summen, Produkten, Quotienten und Verkettungen von Funktionen gelten die üblichen Rechenregeln. Siehe z.B. [RA1 3.1.3].

2.1.2 Stetigkeit

Stetige Funktionen:
Seien (X, d) und (Y, d') metrische Räume, $\xi \in D \subset X$ und $f\colon D \to Y$. Dann ist

$$f \text{ stetig in } \xi \in D$$
$$:\iff\ \ \forall\, \varepsilon>0\ \exists\, \delta>0\ \forall\, x\in D\ :\ d(x, \xi) < \delta\ \Rightarrow\ d'(f(x), f(\xi)) < \varepsilon\ .$$

f heißt stetig in D, wenn f in jedem Punkt $\xi \in D$ stetig ist.

Für Funktionen zwischen metrischen Räumen gilt das

> *Folgenkriterium für Stetigkeit:*
> $f\colon D \to Y$ ist genau dann stetig in $\xi \in D$, wenn für alle Folgen (x_n) aus D gilt: $x_n \to \xi \implies f(x_n) \to f(\xi)$.

Ist $\xi \in D$ Häufungspunkt von D, so ist f genau dann stetig in ξ, wenn der Grenzwert $\lim\limits_{x\to\xi} f(x)$ existiert und gleich $f(\xi)$ ist.

Eine Funktion $f\colon X \to \mathbb{C}$ von einem metrischen Raum X in $\mathbb{C}$ ist genau dann stetig, wenn ihr Real- und Imaginärteil stetig ist.

Die Stetigkeit von Funktionen $f\colon X \to \widehat{\mathbb{C}}$, $X \subset \widehat{\mathbb{C}}$, wird bzgl der chordalen Metrik (1.4.3) definiert.

Beispiele

1. Alle rationalen Funktionen sind stetige Abbildungen von $\widehat{\mathbb{C}}$ in $\widehat{\mathbb{C}}$ (bzgl der chordalen Metrik). In den Polstellen z_0 wird dabei der Funktionswert $f(z_0) := \infty$ gesetzt. Sie sind außerhalb ihrer Polstellen stetig bzgl der euklidischen Metrik.

   Insbesondere sind alle Polynome stetige Funktionen sowohl von $\mathbb{C}$ in $\mathbb{C}$ als auch von $\widehat{\mathbb{C}}$ in $\widehat{\mathbb{C}}$.

2. Die komplexe Konjugierung $f(z) := \overline{z}$ ist in $\mathbb{C}$ stetig.
   Mit $\overline{\infty} := \infty$ ist sie eine stetige bijektive Abbildung von $\widehat{\mathbb{C}}$ auf sich.

3. Die Projektionen $\{z \mapsto \operatorname{Re} z\}$ bzw $\{z \mapsto i \operatorname{Im} z\}$ auf die reelle bzw imaginäre Achse sind stetige Abbildungen von $\mathbb{C}$ auf $\mathbb{R}$ bzw $i\mathbb{R}$. Sie können nicht zu stetigen Abbildungen von $\widehat{\mathbb{C}}$ in sich fortgesetzt werden.

Rechenregeln

1. Sind $f, g\colon D \to \mathbb{C}$ in $\xi \in D$ stetig, so auch $f \pm g$ und $f \cdot g$.

   Die stetigen Funktionen $f\colon D \to \mathbb{C}$ bilden mit den üblichen Operationen einen Vektorraum über $\mathbb{C}$ und einen kommutativen Ring mit Einselement.

2. Mit $f\colon D \to \mathbb{C}$ sind auch $\operatorname{Re} f$, $\operatorname{Im} f$, $\overline{f}$ und $|f|$ in D stetig.

3. Sind $f, g\colon D \to \mathbb{C}$ in $\xi \in D$ stetig und ist $g(\xi) \neq 0$, so ist auch $\frac{f}{g}$ in ξ stetig.

4. Ist $f\colon D \to E \subset \mathbb{C}$ in $\xi \in D$ stetig, $f(\xi) = \eta \in E$ und ist $g\colon E \to \mathbb{C}$ in η stetig, so ist auch $g \circ f$ in ξ stetig.

2.1.3 Stetigkeit auf Punktmengen

Seien (X,d) und (Y,d') metrische Räume und $D \subset X$. Dann heißt $f\colon D \to Y$ stetig in D, wenn f in jedem Punkt $\xi \in D$ stetig ist. Es gilt:

> *Satz:*
> $f\colon X \to Y$ ist genau dann stetig, wenn die Urbilder offener Mengen offen sind.

Eine bijektive Abbildung $f\colon X \to Y$ zwischen zwei metrischen Räumen heißt *topologisch* (oder ein *Homöomorphismus*), wenn f und die Umkehrfunktion $f^{-1}\colon Y \to X$ stetig sind.

Zum Beispiel wird durch $f(z) := \dfrac{z}{1-|z|}$ ein Homöomorphismus der offenen Einheitskreisscheibe $\mathbb{E}$ auf $\mathbb{C}$ definiert.

Gleichmäßige Stetigkeit

> *Definition:*
> Seien (X,d) und (Y,d') metrische Räume und $D \subset X$. Dann heißt
>
> $$\begin{aligned} &f \text{ gleichmäßig stetig auf } D \;:\Longleftrightarrow \\ &\qquad \forall\,\varepsilon>0\ \exists\,\delta>0\ \forall\,x,y\in D\ :\ d(x,y)<\delta \Rightarrow d(f(x),f(y))<\varepsilon\,. \end{aligned} \tag{5}$$

Auf D gleichmäßig stetige Funktionen sind in jedem Punkt $x \in D$ stetig.

Stetige Funktionen sind auf kompakten Mengen gleichmäßig stetig.

Rechenregeln

1. Ist $f\colon D \to \mathbb{C}$ gleichmäßig stetig und ist D beschränkt, so ist $f(D)$ beschränkt.
2. Die gleichmäßig stetigen komplexwertigen Funktionen auf einer Menge D bilden mit den üblichen Operationen einen komplexen Vektorraum.
3. Sind D beschränkt und $f,g\colon D \to \mathbb{C}$ gleichmäßig stetig, so ist auch $f\cdot g$ gleichmäßig stetig auf D.
   $f(z)=z$ ist auf $\mathbb{C}$ gleichmäßig stetig, $g(z)=f^2(z)=z^2$ nicht.
4. Sind $f\colon X \to Y$ und $g\colon Y \to \mathbb{C}$ gleichmäßig stetig, so ist auch $g\circ f$ gleichmäßig stetig auf X.

2.1.4 Sätze über stetige Funktionen

Siehe dazu auch die oben angeführten Rechenregeln für stetige bzw gleichmäßig stetige Funktionen.

Für stetige Funktionen zwischen metrischen Räumen X, Y bzw Z gelten:

1. Stetige Bilder kompakter Mengen sind kompakt. (Für reellwertige Funktionen $f\colon X \to \mathbb{R}$ folgt daraus der *Satz vom Maximum.*)
2. Stetige Bilder zusammenhängender Mengen sind zusammenhängend.
3. *Stetigkeit der Umkehrfunktion:*
   Seien X und Y metrische Räume, $D \subset X$ kompakt und $f\colon D \to Y$ stetig und injektiv. Dann ist die Umkehrfunktion $f^{-1}\colon f(D) \to X$ stetig.

   Die Kompaktheit von D ist wesentlich !
   Zum Beispiel ist $f\colon [0, 2\pi[\to \mathbb{C}$, $f(t) = \mathrm{e}^{it}$, stetig und injektiv. Die Umkehrfunktion ist nicht stetig.
4. *Stetigkeit der Grenzfunktion:*
   Die Grenzfunktion einer gleichmäßig konvergenten Folge stetiger Funktionen ist stetig.

   Beispiel: Die Folge $f_n(x) := x^n$ konvergiert auf dem Intervall $[0, 1]$ punktweise, aber nicht gleichmäßig gegen die unstetige Grenzfunktion $f(x) = 0$ für $0 \le x < 1$ und $f(1) = 1$.

   Die Grenzfunktion einer gleichmäßig konvergenten Folge gleichmäßig stetiger Funktionen ist gleichmäßig stetig.
5. Stetige Funktionen sind auf kompakten Mengen gleichmäßig stetig.

2.2 Lineare Abbildungen

Vorsicht: Auch die *gebrochen linearen* Abbildungen (*Möbius-Abbildungen*) $T(z) = \frac{az+b}{cz+d}$ werden oft als lineare Abbildungen bezeichnet. Ebenso affine Abbildungen der Form $f(z) = az + b$ bzw $f(x, y) = \alpha x + \beta y + \gamma$. In diesem Abschnitt verstehen wir unter linearen Abbildungen aber nur die Vektorraumhomomorphismen φ von $\mathbb{C}$ als Vektorraum über $\mathbb{R}$ oder über $\mathbb{C}$. Dies sind genau die Abbildungen von $\mathbb{C}$ in $\mathbb{C}$, für die gilt:

1) *Additivität:* $\varphi(z + w) = \varphi(z) + \varphi(w)$

2) *Homogenität:* $\varphi(\lambda z) = \lambda\varphi(z)$ für alle $z \in \mathbb{C}$ und $\lambda \in \mathbb{R}$ bzw $\lambda \in \mathbb{C}$.

$\mathbb{C}$ ist sowohl ein zweidimensionaler Vektorraum über $\mathbb{R}$, als auch ein eindimensionaler $\mathbb{C}$-Vektorraum. Man muss daher zwischen $\mathbb{R}$-linearen und $\mathbb{C}$-linearen Abildungen (Vektorraumhomomorphismen) $\varphi\colon \mathbb{C} \to \mathbb{C}$ unterscheiden. Die komplexe Konjugierung $\{z \mapsto \overline{z}\}$ ist z.B. $\mathbb{R}$-linear, aber nicht $\mathbb{C}$-linear.

Die $\mathbb{C}$-linearen Abbildungen $\varphi\colon \mathbb{C} \to \mathbb{C}$ sind genau die Drehstreckungen, also die Abbildungen der Form $f(z) := az$ mit einem festen $a \in \mathbb{C}$. Mit $a = \alpha + i\beta$ und $z = x + iy$ werden sie mit Matrizen dargestellt durch

$$f(z) = az = \alpha x - \beta y + i(\beta x + \alpha y) = \begin{pmatrix} \alpha & -\beta \\ \beta & \alpha \end{pmatrix} \begin{pmatrix} x \\ y \end{pmatrix} . \qquad (1)$$

Zu jeder $\mathbb{R}$-linearen Abbildung $\varphi\colon \mathbb{C} \to \mathbb{C}$ gehört eine Matrix
$\mathbf{M}_\varphi = \begin{pmatrix} a & b \\ c & d \end{pmatrix} \in \mathbb{R}^{2\times 2}$ derart, dass für alle $z = x + iy \in \mathbb{C}$ gilt:

$$\varphi(z) = \varphi(x, y) = \begin{pmatrix} a & b \\ c & d \end{pmatrix} \begin{pmatrix} x \\ y \end{pmatrix} = \begin{pmatrix} ax + by \\ cx + dy \end{pmatrix} = ax + by + i(cx + dy) .$$

Dabei wurden wie üblich $\mathbb{C}$ und $\mathbb{R}^2$ identifiziert. Umgekehrt definiert jede reelle Matrix $\mathbf{M} \in \mathbb{R}^{2\times 2}$ auf diese Weise eine $\mathbb{R}$-lineare Abbildung $\varphi_{\mathbf{M}} : \mathbb{C} \to \mathbb{C}$.

Eine $\mathbb{R}$-lineare Abbildung φ mit zugehöriger Matrix $\begin{pmatrix} a & b \\ c & d \end{pmatrix} \in \mathbb{R}^{2\times 2}$ ist also genau dann $\mathbb{C}$-linear, wenn $a = d$ und $b = -c$ ist. In diesem Fall ist φ von der Form $\varphi(z) = (a - ib)z$.

Zu jeder $\mathbb{R}$-linearen Abbildung $\varphi\colon \mathbb{C} \to \mathbb{C}$ gibt es komplexe Zahlen $a, b \in \mathbb{C}$ derart, dass $\varphi(z) = az + b\overline{z}$ für alle $z \in \mathbb{C}$. Eine Herleitung dieser komplexen Schreibweise $\mathbb{R}$-linearer Abbildungen finden Sie in Aufgabe 8.1.D.4.

Eine $\mathbb{R}$-lineare Abbildung φ der Form $\varphi(z) = az + b\overline{z}$ für alle $z \in \mathbb{C}$ ist genau dann $\mathbb{C}$-linear, wenn $b = 0$ ist.

Die $\mathbb{R}$- und $\mathbb{C}$-linearen Abbildungen sind stetige Funktionen von $\mathbb{C}$ auf $\mathbb{C}$.

Die $\mathbb{C}$-linearen Abbildungen kann man stetig auf $\widehat{\mathbb{C}}$ fortsetzen, die $\mathbb{R}$-linearen Abbildungen i.a. nicht. Z.B. kann die Projektion $\{x + iy \mapsto x\}$ nicht stetig auf $\widehat{\mathbb{C}}$ fortgesetzt werden.

2.3 Polynome

(Komplexe) *Polynome* sind Funktionen der Form

$$p\colon \mathbb{C} \to \mathbb{C}\,, \quad p(z) = a_n z^n + \ldots + a_1 z + a_0\,, \quad a_k \in \mathbb{C}\,. \tag{1}$$

Ist $a_n \neq 0$ so heißt $\operatorname{grad} p := n$ der *Grad von* p. Der Grad des Nullpolynoms wird $-\infty$ gesetzt. Konstante Polynome $\neq 0$ haben den Grad 0.

Die Menge der Polynome mit komplexen Koeffizienten wird meist mit $\mathbb{C}[z]$ bezeichnet. Mit den üblichen Operationen bildet sie einen abzählbar unendlich dimensionalen Vektorraum über $\mathbb{C}$, sowie einen kommutativen, nullteilerfreien Ring mit Einselement.

Komplexe Polynome sind stetig und holomorph in ganz $\mathbb{C}$. Konstante Polynome $p \equiv a$ können durch $p(\infty) := a$ auf $\widehat{\mathbb{C}}$ stetig fortgesetzt werden.

Die nicht-konstanten Polynome p werden durch $p(\infty) := \infty$ zu stetigen Funktionen $p\colon \widehat{\mathbb{C}} \to \widehat{\mathbb{C}}$ fortgesetzt. Sie sind genau die *ganzen Funktionen* mit einem Pol in ∞.

Komplexe Polynome $\sum a_k z^k$ kann man als spezielle Polynome der Form $f(x+iy) = \sum b_{\mu\nu} x^\mu y^\nu$ in zwei reellen Veränderlichen mit komplexen Koeffizienten auffassen. Siehe dazu Aufgabe 8.1.D.

Die üblichen Definitionen und Rechenregeln (z.B. Polynomdivision, Horner Schema etc) übertragen sich aus dem Reellen (siehe [RA1 1.5.7]), ebenso der

Identitätssatz:
Haben zwei Polynome vom Grad $\leq n$ in $n+1$ Punkten gleiche Funktionswerte, so stimmen die entsprechenden Koeffizienten überein.

Ein wesentlicher Vorteil des Körpers $\mathbb{C}$ gegenüber $\mathbb{R}$ ist seine *algebraische Abgeschlossenheit.* Es gibt also keine echte algebraische Erweiterung von $\mathbb{C}$. Dies ist äquivalent zu dem

Fundamentalsatz der Algebra:
Jedes nicht konstante Polynom aus $\mathbb{C}[z]$ besitzt mindestens eine Nullstelle in $\mathbb{C}$.

Zum Beweis siehe Aufgabe 9.4.A.

Ist z_0 eine Nullstelle des Polynoms p, so kann man den Linearfaktor $(z - z_0)$ abspalten, d.h. es gibt ein Polynom q derart, dass $p(z) = (z - z_0)q(z)$.

Infolgedessen ist der Fundamentalsatz der Algebra äquivalent zu dem

Fundamentalsatz der Algebra (Variante):
Jedes nicht konstante Polynom aus $\mathbb{C}[z]$ zerfällt in Linearfaktoren.

Also besitzt jedes nicht konstante Polynom p vom Grad $n \geq 1$ eine Darstellung der Form

$$p(z) \;=\; a_n z^n + \ldots + a_1 z + a_0 \;=\; a_n (z - z_1)^{\nu_1} \cdot \ldots \cdot (z - z_r)^{\nu_r} \qquad (2)$$

mit paarweise verschiedenen Nullstellen z_j und Exponenten $\nu_j \in \mathbb{N}$. Ist p von dieser Form, so sagt man, dass p in z_j eine Nullstelle der *Vielfachheit* ν_j hat. Wegen $n = \nu_1 + \ldots + \nu_r$ besitzt jedes Polynom vom Grad n in $\mathbb{C}$ mit Vielfachheit gezählt n Nullstellen.

Man sagt, das Polynom $p \in \mathbb{C}[z]$ nimmt in $c \in \mathbb{C}$ den Wert $a \in \mathbb{C}$ mit der Vielfachheit ν an, wenn c eine ν-fache Nullstelle des Polynoms $p(z) - a$ ist. Da auch $p(z) - a$ vollständig in Linearfaktoren zerfällt, gilt

Werteverteilung von Polynomen:
Ist $p \in \mathbb{C}[z]$ nicht konstant, also $n := \operatorname{grad} p \geq 1$, so nimmt p jeden Wert $a \in \mathbb{C}$ mit Vielfachheit gezählt gleich oft, nämlich n-mal an.

Polynome vom Grad $n \geq 1$ haben auf der Zahlenkugel $\widehat{\mathbb{C}}$ im Punkt ∞ einen Pol der Ordnung n. Infolgedessen nehmen Polynome vom Grad $n \geq 1$ in $\widehat{\mathbb{C}}$ jeden Wert $a \in \widehat{\mathbb{C}}$ n-mal an. Zum Verhalten im Punkt ∞ siehe Abschnitt 6.2.4.

Das Verhalten eines Polynoms für große $|z|$ wird wesentlich nur vom führenden Term bestimmt. Eine präzise Formulierung dieser Tatsache ist das

Wachstumslemma:
Sei $p(z) = a_n z^n + \ldots + a_1 z + a_0$ ein Polynom vom Grad n und $\beta > 1$.
Dann gibt es ein $R > 0$ derart, dass

$$\begin{aligned} \frac{1}{\beta}|a_n||z|^n \;&\leq\; |p(z)| \;\leq\; \beta|a_n||z|^n \quad \text{und} \\ \big|\arg p(z) - n \arg z - \arg a_n\big| \;&\leq\; \frac{1}{\beta} \qquad \text{für alle } |z| \geq R\,. \end{aligned} \qquad (3)$$

Zum Beweis siehe Aufgabe 8.1.B.

Hat p reelle Koeffizienten, so ist mit jeder Nullstelle $z_0 \in \mathbb{C}$ auch $\overline{z_0}$ eine Nullstelle von p und zwar mit der gleichen Vielfachheit. Zum Beweis siehe Aufgabe 8.1.C.

Über die Lage der Nullstellen kann man evt mit Hilfe des Argumentprinzips Aussagen machen. Siehe dazu Aufgabe 8.1.H.1.

Einen Zusammenhang zwischen den Nullstellen von Polynomen und ihren Ableitungen gibt der

Satz von Gauß:
Sei $p \in \mathbb{C}[z]$ ein Polynom vom Grad $n \geq 2$.
Dann liegen alle Nullstellen der Ableitung p' in der konvexen Hülle der Nullstellen von p.

Zum Beweis siehe Aufgabe 8.1.I. Für ganze Funktionen wird dieser Satz falsch. Siehe Aufgabe 9.4.G.

Für Stabilitätsuntersuchungen von Differentialgleichungen ist es interessant zu wissen, ob die Nullstellen gewisser Polynome in der linken Halbebene liegen. Im Fall reeller Koeffizienten hilft dabei evt das

Hurwitz-Kriterium:
Gegeben sei das normierte Polynom $p(z) = z^n + a_{n-1}z^{n-1} + \ldots + a_1 z + a_0$ mit reellen Koeffizienten $a_k \in \mathbb{R}$.

1) Haben alle Nullstellen von p negativen Realteil, so sind notwendigerweise alle $a_k > 0$ für $k = 0, \ldots, n-1$.
2) Sind alle $a_k > 0$ für $k = 0, \ldots, n-1$, so haben alle Nullstellen von p genau dann negativen Realteil, wenn die Determinante der $(n{-}1)\times(n{-}1)$–Matrix

$$H := \begin{pmatrix} a_1 & a_0 & 0 & \ldots & & & & & 0 \\ a_3 & a_2 & a_1 & a_0 & 0 & \ldots & & & \\ a_5 & a_4 & a_3 & a_2 & a_1 & a_0 & 0 & \ldots & 0 \\ \vdots & \vdots & \vdots & & & & & & \vdots \\ a_{2n-3} & a_{2n-4} & a_{2n-5} & \ldots & & & & a_n & a_{n-1} \end{pmatrix}$$

und alle ihre Hauptunterdeterminanten positiv sind. Dabei wird $a_n := 1$ und $a_m := 0$ für $m > n$ gesetzt.

2.4 Rationale Funktionen

Funktionen der Form $f(z) := \frac{p(z)}{q(z)}$ (p und q Polynome, q nicht das Nullpolynom) heißen *rationale Funktionen.* Meist setzt man in der Darstellung $f = p/q$ den Zähler p als teilerfremd zum Nenner q voraus, d.h. Zähler und Nenner haben keine gemeinsame Nullstelle. Der Nenner kann $q(z) \equiv 1$ sein, d.h. Polynome sind ebenfalls rationale Funktionen.

Spezielle rationale Funktionen sind die *Möbius-Abbildungen* oder auch *linearen Transformationen* $f(z) = \frac{az+b}{cz+d}$. Sie werden im Abschnitt 5.4 behandelt.

Die Menge der rationalen Funktionen wird meist mit $\mathbb{C}(z)$ bezeichnet. Sie bildet mit den üblichen Operationen einen Körper, den Quotientenkörper des Polynomrings $\mathbb{C}[z]$.

Die rationalen Funktionen sind genau die in ganz $\widehat{\mathbb{C}}$ meromorphen Funktionen. Sie sind in $\mathbb{C}$ abgesehen von den Nullstellen des Nenners holomorph.

Auf Grund des Fundamentalsatzes der Algebra (2.3) besitzt jede rationale

Funktion $f \in \mathbb{C}(z)$ eine Darstellung der Form

$$f(z) \;=\; a\,\frac{z^n + a_{n-1}z^{n-1} + \ldots + a_0}{z^m + b_{m-1}z^{m-1} + \ldots + b_0} \;=\; a\,\frac{(z-z_1)^{\nu_1}\cdot \ldots \cdot (z-z_r)^{\nu_r}}{(z-w_1)^{\mu_1}\cdot \ldots \cdot (z-w_s)^{\mu_s}}$$

mit paarweise verschiedenen Nullstellen z_j und Polstellen w_k .

Ist f von dieser Form mit $a \neq 0$, so sagt man, dass f in z_j eine *Nullstelle der Vielfachheit* ν_j und in w_k eine *Polstelle der Vielfachheit* μ_k hat.

Man sagt, eine rationale Funktion f hat in $z_0 \in \mathbb{C}$ eine *a-Stelle der Vielfachheit* m, wenn $f(z) - a$ in z_0 eine Nullstelle der Vielfachheit m besitzt.

Die rationalen Funktionen können zu stetigen Funktionen $f\colon \widehat{\mathbb{C}} \to \widehat{\mathbb{C}}$ fortgesetzt werden. In Polstellen z_0 definiert man $f(z_0) := \infty$. Den Funktionswert im Punkt ∞ definiert man als den Funktionswert von $g(z) := f(\frac{1}{z})$ im Nullpunkt. Sind p, q teilerfremde Polynome vom Grad n bzw m, so gilt:

$$f(z) = \frac{p(z)}{q(z)} = \frac{a_n z^n + \ldots + a_0}{b_m z^m + \ldots + b_0} \implies f(\infty) = \begin{cases} 0 & \text{falls } m > n \\ \infty & \text{falls } m < n \\ \frac{a_n}{b_m} & \text{falls } m = n\,. \end{cases} \qquad (1)$$

Die Vielfachheit von f in ∞ ist die Vielfachheit von $g(z) := f(1/z)$ im Nullpunkt. Ist $f = p/q$ eine rationale Funktion mit teilerfremden Polynomen p und q vom Grad n bzw m, so hat f in ∞ einen Pol der Ordnung $n - m$, falls $n > m$ und eine Nullstelle der Ordnung $m - n$, falls $m > n$ ist.

$\operatorname{grad} f := \max\{\operatorname{grad} p, \operatorname{grad} q\}$ heißt *Grad* der rationalen Funktion $f = p/q$ mit teilerfremden Polynomen p und q.

Mit diesen Vereinbarungen gilt:

> *Werteverteilung rationaler Funktionen:*
> Eine rationale Funktion f nimmt in $\widehat{\mathbb{C}}$ jeden Wert $a \in \widehat{\mathbb{C}}$ mit Vielfachheit gezählt gleich oft an und zwar k-mal, wenn $\operatorname{grad} f = k$.

Jede rationale Funktion $f = p/q$ lässt sich als Summe eines Polynoms und einer echt gebrochenen rationalen Funktion darstellen (sog. *Division mit Rest*):

$$f(z) \;=\; \frac{p(z)}{q(z)} \;=\; p_1(z) + \frac{p_2(z)}{q(z)} \quad \text{mit} \quad \operatorname{grad} p_2 < \operatorname{grad} q\,.$$

Den Polynomanteil p_1 nennt man auch den *Hauptteil* von f bei ∞.
Der *Rest* $r(z) := \frac{p_2(z)}{q(z)}$ strebt für $z \to \pm\infty$ gegen Null.

2.4.1 Partialbruchzerlegung

Da Polynome über $\mathbb{C}$ vollständig in Linearfaktoren zerfallen, ist die komplexe Partialbruchzerlegung einfacher als die reelle. Es gilt

Partialbruchzerlegung:
Sei $f(z) = \frac{p(z)}{q(z)}$ eine rationale Funktion in gekürzter Darstellung, also p und q teilerfremd. Seien $z_1, \ldots, z_n$ die paarweise verschiedenen Nullstellen des Nenners q, also die Polstellen von f, jeweils von der Ordnung μ_k. Dann besitzt f eine eindeutig bestimmte komplexe Partialbruchzerlegung der Form:

$$f(z) \;=\; \frac{p(z)}{q(z)} \;=\; p_1(z) + \sum_{k=1}^{n} \left[\frac{A_{k,1}}{(z-z_k)} + \cdots + \frac{A_{k,\mu_k}}{(z-z_k)^{\mu_k}} \right]$$

mit komplexen Koeffizienten $A_{k,\mu} \in \mathbb{C}$.
Dabei ist $p_1(z)$ ein Polynom (bis auf die Konstante der Hauptteil von f bei ∞) und die Abschnitte $\left[\frac{A_{k,1}}{(z-z_k)} + \cdots + \frac{A_{k,\mu_k}}{(z-z_k)^{\mu_k}} \right]$ sind die Hauptteile von f in den Polstellen z_k.
Kurz: *Eine rationale Funktion ist bis auf eine additive Konstante die Summe ihrer Hauptteile.*

Die Bestimmung der Partialbrüche kann man wie im Reellen durchführen (vgl [RA1 1.5.9]). Insbesondere kann man auch im Komplexen mit der sog. *Zuhaltemethode (ZHM)* die führenden Koeffizienten A_{k,μ_k} bestimmen. Es ist

$$A_{k,\mu} \;=\; \frac{1}{(\mu_k-\mu)!} \cdot \frac{d^{\mu_k-\mu}}{dz^{\mu_k-\mu}} \left[(z-z_k)^{\mu_k} f(z) \right] \Big|_{z=z_k} \quad . \tag{2}$$

Der Koeffizient $A_{k,1}$ ist gerade das *Residuum* von f in der Polstelle z_k.

$$A_{k,1} \;=\; \frac{1}{(\mu_k-1)!} \cdot \frac{d^{\mu_k-1}}{dz^{\mu_k-1}} \left[(z-z_k)^{\mu_k} f(z) \right] \Big|_{z=z_k} \;=\; \operatorname{res}(f; z_k) \ . \tag{3}$$

Den Hauptteil von f in z_k kann man evt auch bequem durch Rechnen mit Potenzreihen bestimmen. Für ein Beispiel siehe Aufgabe 8.1.L.

Zur Verallgemeinerung der Partialbruchzerlegung auf meromorphe Funktionen siehe Abschnitt 6.7.2.

2.5 Folgen und Reihen komplexer Funktionen

Vieles aus diesem Abschnitt kann wörtlich aus dem Reellen übernommen werden. Siehe dazu z.B. [RA1 2.5]. Zu Folgen und Reihen holomorpher und meromorpher Funktionen siehe auch Abschnitt 4.5

2.5.1 Punktweise Konvergenz

Definition:
Sei $D \subset \mathbb{C}$ und (f_n) eine Folge von Funktionen $f_n \colon D \to \mathbb{C}$.
(f_n) heißt *punktweise konvergent* auf D, wenn für alle $z \in D$ die Zahlenfolge $(f_n(z))$ konvergiert. In diesem Fall heißt die durch $f(z) := \lim\limits_{n\to\infty} f_n(z)$ definierte Funktion $f \colon D \to \mathbb{C}$ die *Grenzfunktion* der Funktionenfolge (f_n).

Analog heißt eine Funktionenreihe $\sum f_k$ auf D punktweise konvergent, wenn für alle $z \in D$ die Zahlenreihe $\sum f_k(z)$ konvergiert.

Ebenso wie im Reellen ist der punktweise Limes stetiger Funktionen i.a. nicht stetig. Dagegen gilt dies für gleichmäßig konvergente Funktionenfolgen.

2.5.2 Gleichmäßige Konvergenz

Definition:
Sei $D \subset \mathbb{C}$ und $f_n, f \colon D \to \mathbb{C}$.

$$(f_n) \text{ konvergiert auf } D \text{ gleichmäßig gegen } f \quad :\Longleftrightarrow \qquad (1)$$
$$\forall\, \varepsilon>0\ \exists\, n_0 \in \mathbb{N}\ \forall\, z \in D\ \forall\, n>n_0 \ :\ |f_n(z)-f(z)| < \varepsilon\ .$$

Konvergiert (f_n) gleichmäßig gegen f, so konvergiert (f_n) auch punktweise gegen f. Die Umkehrung ist falsch. Z.B. ist die Folge $f_n(z) := z^n$ im Einheitskreis $\mathbb{E} = \{|z| < 1\}$ punktweise, aber nicht gleichmäßig konvergent.

Der gleichmäßige Grenzwert stetiger Funktionen ist wieder stetig.

Auf dem komplexen Vektorraum der beschränkten komplexwertigen Funktionen $f \colon D \to \mathbb{C}$ wird durch

$$\|f\| \ := \ \|f\|_D \ := \ \sup\{\,|f(x)|\,;\, x \in D\,\} \qquad (2)$$

eine *Norm* definiert, die sogenannte *Supremumsnorm.* Nur eine Umformulierung der Definition (1) ist die folgende Aussage:

$$(f_n) \text{ konvergiert auf } D \text{ gleichmäßig gegen } f \iff \|f_n - f\|_D \to 0\ . \qquad (3)$$

Die Rechenregeln für gleichmäßig konvergente Folgen und Reihen aus Abschnitt [RA1 2.5.4] übertragen sich. Sie werden hier nicht wiederholt.

Da $\mathbb{C}$ vollständig ist, gilt das

> *Cauchy Kriterium:*
> Eine Folge von Funktionen $f_n\colon D \to \mathbb{C}$ ist auf D genau dann gleichmäßig konvergent, wenn es für alle $\varepsilon > 0$ einen Index $n_0 > 0$ gibt, so dass für alle $z \in D$ und für alle $n, m > n_0$ gilt $|f_n(z) - f_m(z)| < \varepsilon$.

Formal geschrieben:

$$\begin{aligned} &(f_n) \text{ konvergiert gleichmäßig auf } D \\ \iff\ & \forall\, \varepsilon>0\ \exists\, n_0\in\mathbb{N}\ \forall\, n,m>n_0\ \forall\, z\in D\ :\ |f_n(z) - f_m(z)| < \varepsilon \\ \iff\ & \forall\, \varepsilon>0\ \exists\, n_0\in\mathbb{N}\ \forall\, n,m>n_0\ :\ \|f_n - f_m\|_D < \varepsilon\ . \end{aligned}$$

Analog für Reihen.

Bei der Untersuchung von Funktionenreihen hilft oft das folgende (allerdings nur hinreichende)

> *Weierstraß Kriterium:*
> Seien $D \subset \mathbb{C}$ und $f_k\colon D \to \mathbb{C}$.
> Konvergiert die Zahlenreihe $\sum \sup\{\,|f_k(z)|\,;\ z \in D\,\} = \sum \|f_k\|_D$,
> so konvergiert die Funktionenreihe $\sum f_k$ gleichmäßig auf D.

$\sum f_k$ konvergiert also dann gleichmäßig auf D, wenn $\sum f_k$ eine konvergente Zahlenreihe als gleichmäßige Majorante besitzt, d.h. wenn es eine konvergente reelle Zahlenreihe $\sum c_k$ gibt mit $\|f_k\|_D = \sup\{\,|f_k(z)|\,;\ z \in D\,\} \le c_k$.

Eine Funktionenreihe $\sum f_k$, die das Weierstraß Kriterium erfüllt, ist sogar *normal* konvergent. Siehe dazu Abschnitt 2.5.4. Ein Beispiel einer Funktionenreihe, die gleichmäßig, aber nicht normal konvergiert, finden Sie in Aufgabe 9.5.A.

Die Kriterien von Abel und Dirichlet für gleichmäßige Konvergenz von Reihen $\sum f_k g_k$ lassen sich ebenfalls übertragen. Beweise siehe Aufgabe 8.2.E und 8.2.F.

> *Abel Kriterium:*
> Seien $D \subset \mathbb{C}$ und $f_k\colon D \to \mathbb{C}$, $g_k\colon D \to \mathbb{R}$ derart, dass
> 1) $\sum f_k$ ist auf D gleichmäßig konvergent
> 2) für alle $z \in D$ ist die reelle Zahlenfolge $(g_k(z))$ monoton
> 3) die Folge der Suprema $\|g_k(z)\|_D$ ist beschränkt
> (d.h. die Funktionen g_k sind *gleichmäßig beschränkt* auf D.)
>
> Dann konvergiert die Reihe $\sum f_k g_k$ gleichmäßig auf D.

Dirichlet Kriterium:
Seien $D \subset \mathbb{C}$ und $f_k\colon D \to \mathbb{C}$, $g_k\colon D\colon \to \mathbb{R}$ derart, dass
1) Die Folge (g_k) konvergiert auf D gleichmäßig gegen die Nullfunktion.
2) Für alle $z \in D$ ist die reelle Zahlenfolge $(g_k(z))$ monoton.
3) Die Folge der Suprema $\|\sum_{k=1}^{n} f_k(z)\|_D$ der Partialsummen ist beschränkt.

Dann konvergiert die Reihe $\sum f_k g_k$ gleichmäßig auf D.

Eine Anwendung des Dirichlet Kriteriums finden Sie in Aufgabe 8.3.B.

2.5.3 Lokal gleichmäßige bzw kompakte Konvergenz

Besonders wichtig in der Funktionentheorie ist der Begriff der *lokal-gleichmäßigen* bzw *kompakten Konvergenz.* Z.B. konvergieren Potenzreihen im Inneren ihres Konvergenzbereichs i.a. nicht *global*, sondern nur *lokal* gleichmäßig.

Definition:
Seien $D \subset \mathbb{C}$ offen und $f_n\colon D \to \mathbb{C}$.
Die Folge (f_n) ist auf D *kompakt konvergent*, wenn sie auf jeder in D enthaltenen kompakten Menge K gleichmäßig konvergiert.
Dies ist genau dann der Fall, wenn (f_n) *lokal gleichmäßig konvergiert*, d.h. wenn es zu jedem $z \in D$ eine Umgebung $U(z) \subset D$ gibt, auf der (f_n) gleichmäßig konvergiert.

Zum Beweis der Äquivalenz siehe z.B. [RA1 2.6.5].

Die Folge (z^n) und die Reihe $\sum z^k$ konvergieren z.B. im offenen Einheitskreis $\mathbb{E}$ kompakt, aber nicht gleichmäßig.

2.5.4 Normal konvergente Reihen

Gleichmäßig konvergente Reihen sind i.a. nicht absolut konvergent und dürfen daher i.a. nicht umgeordnet werden. Normal konvergente Reihen sind absolut und lokal gleichmäßig konvergent.

Definition:
Seien $D \subset \mathbb{C}$ offen und $f_k\colon D \to \mathbb{C}$.
Die Reihe $\sum f_k$ ist auf D *normal konvergent*, wenn es zu jedem $z \in D$ eine Umgebung $U(z) \subset D$ gibt derart, dass die Reihe der Suprema $\sum \|f_k\|_{U(z)}$ konvergiert.

Eine Reihe $\sum f_k$ konvergiert also dann normal auf D, wenn sie die Weierstraß-Bedingung für gleichmäßige Konvergenz auf Kompakta in D erfüllt.

Daher folgt direkt aus dem Weierstraß Kriterium (2.5.2), dass jede normal konvergente Reihe auch lokal gleichmäßig konvergiert. Die Umkehrung ist falsch.

Ein Beispiel ist die in $\mathbb{E}$ lokal gleichmäßig konvergente Reihe $\sum_{k=1}^{\infty} \frac{(-1)^k}{z+k}$, die in $\mathbb{E}$ nicht normal konvergiert. Siehe Aufgabe 9.5.A.

Eine in D normal konvergente Reihe $\sum f_k$ konvergiert auch absolut, d.h. für jedes $z \in D$ konvergiert die Zahlenreihe $\sum |f_k(z)|$. Normal konvergente Reihen können daher beliebig umgeordnet werden. Für sie gilt der Große Umordnungssatz (1.6.4). Außerdem konvergiert jede Teilreihe einer normal konvergenten Reihe ebenfalls normal. Für kompakt konvergente Reihen ist das falsch.

Aus lokal gleichmäßig konvergenten Reihen kann man durch Klammersetzen stets normal konvergente Reihen machen. Siehe dazu Aufgabe 8.2.D.

2.5.5 Potenzreihen

Man kann die Definitionen und Bezeichnungen aus dem Reellen beinahe wörtlich ins Komplexe übernehmen. Siehe dazu auch [RA1; 4.3.3-5].

Definition:

Ist $z_0 \in \mathbb{C}$ und (a_k) eine Folge in $\mathbb{C}$, so heißt $\sum_{k=0}^{\infty} a_k(z-z_0)^k$ eine *Potenzreihe* mit dem *Entwicklungspunkt* z_0.

Ist $f(z) = \sum_{k=0}^{\infty} a_k(z-z_0)^k$ in einem echten Kreis um z_0 konvergent, so sagt man, f *lässt sich um* z_0 *in eine Potenzreihe entwickeln* bzw *durch eine Potenzreihe darstellen.*

Funktionen, die sich um jeden Punkt ihres Definitionsbereichs in eine Potenzreihe entwickeln lassen, heißen auch *analytisch*. Dies sind genau die holomorphen, also die komplex differenzierbaren Funktionen. Anders ausgedrückt: Die holomorphen Funktionen sind genau die Funktionen, die man durch Potenzreihen beschreiben kann.

Konvergenzradius:

Zu jeder Potenzreihe $\sum_{k=0}^{\infty} a_k(z-z_0)^k$ existiert ein $\varrho \in [0, \infty]$ derart, dass die Reihe für $|z-z_0| < \varrho$ konvergiert und für $|z-z_0| > \varrho$ divergiert.
Dies ϱ ist eindeutig bestimmt und heißt *Konvergenzradius.*
Für $|z-z_0| = \varrho$ kann sowohl Konvergenz als auch Divergenz vorliegen.

Der *Konvergenzbereich* $\{\, z\,;\, \sum a_k(z-z_0)^k \text{ konvergiert} \,\}$ ist also eine evt entartete Kreisscheibe mit dem Mittelpunkt z_0 und Radius ϱ, zu der evt noch einige oder auch alle Randpunkte gehören. Der Konvergenzbereich enthält mindestens den Entwicklungspunkt z_0 und kann ganz $\mathbb{C}$ sein.

Beispiel: Die Potenzreihen $\sum z^k$, $\sum z^k/k$ und $\sum z_k/k^2$ haben alle den Konvergenzradius 1. Die erste konvergiert in keinem Randpunkt, die letzte konvergiert für alle $z \in \partial\mathbb{E}$. Die mittlere konvergiert für alle $|z| = 1$ außer für $z = 1$.

Die Formeln für den Konvergenzradius ϱ aus [RA1 4.3.3] gelten auch in $\mathbb{C}$, insbesondere

1) Ist $\sum a_k(z_1 - z_0)^k$ konvergent, so ist $\varrho \geq |z_1 - z_0|$.
2) Ist $\sum a_k(z_2 - z_0)^k$ divergent, so ist $\varrho \leq |z_2 - z_0|$.
3) Sind die Koeffizienten a_k von 0 verschieden und existiert der Grenzwert $\lim\limits_{k\to\infty} \dfrac{|a_k|}{|a_{k+1}|} =: \lambda$ (auch $\lambda = \infty$ ist zugelassen), so ist $\varrho = \lambda$.

   Existiert der Grenzwert nicht, so ist $\underline{\lim}\, \frac{|a_k|}{|a_{k+1}|} \leq \varrho \leq \overline{\lim}\, \frac{|a_k|}{|a_{k+1}|}$.
4) Es gilt die Formel von *Cauchy-Hadamard* :
$$\varrho = \left(\overline{\lim}\, \sqrt[k]{|a_k|}\right)^{-1} \tag{4}$$
   mit der Vereinbarung $0^{-1} := \infty$ und $\infty^{-1} := 0$.

Mit Hilfsmitteln der Funktionentheorie kann man zusätzlich zeigen:

5) Die Potenzreihe konvergiert in der größten Kreisscheibe um den Entwicklungspunkt z_0, in die die dargestellte Funktion holomorph (analytisch) fortgesetzt werden kann.

   Z.B. hat daher die Potenzreihe von $\tan z = \frac{\sin z}{\cos z}$ um $z_0 = 0$ den Konvergenzradius $\pi/2$.

Wichtige Eigenschaften von Potenzreihen

Potenzreihen konvergieren im Inneren ihres Konvergenzbereichs normal, insbesondere also absolut und kompakt (aber i.a. nicht gleichmäßig).

Potenzreihen dürfen im Inneren ihres Konvergenzbereichs gliedweise differenziert und integriert werden.

Potenzreihen sind im Inneren ihres Konvergenzkreises beliebig oft differenzierbar und stimmen mit ihrer eigenen Taylorreihe um den Entwicklungspunkt überein. Die dargestellten Funktionen sind im Inneren des Konvergenzkreises holomorph.

Wir beschränken uns im folgenden auf den Entwicklungspunkt $z_0 = 0$.

Identitätssatz: Seien $\sum a_k z^k$ und $\sum b_k z^k$ zwei Potenzreihen mit positivem Konvergenzradius. Dann stellen sie genau dann die gleiche Funktion im gemeinsamen Konvergenzbereich dar, wenn für alle k gilt $a_k = b_k$.

Dieser Satz rechtfertigt die Methode des *Koeffizientenvergleichs*. Seine eigentlich interessante Richtung kann wesentlich verschärft werden zu:

Identitätssatz (Verschärfung):
Seien $\sum a_k z^k$ und $\sum b_k z^k$ zwei für $|z| < \varrho$ $(\varrho > 0)$ konvergente Potenzreihen. Sei $|w| < \varrho$ und (z_n) eine gegen w konvergente Folge mit $z_n \neq w$, $0 < |z_n| < \varrho$ und $\sum_k a_k z_n^k = \sum_k b_k z_n^k$ für alle n.
Dann ist $a_k = b_k$ für alle k.

Für die Gleichheit der Potenzreihen reicht also, dass die dargestellten Funktionen auf einer Punktmenge mit Häufungspunkt im Inneren des Konvergenzbereichs übereinstimmen.

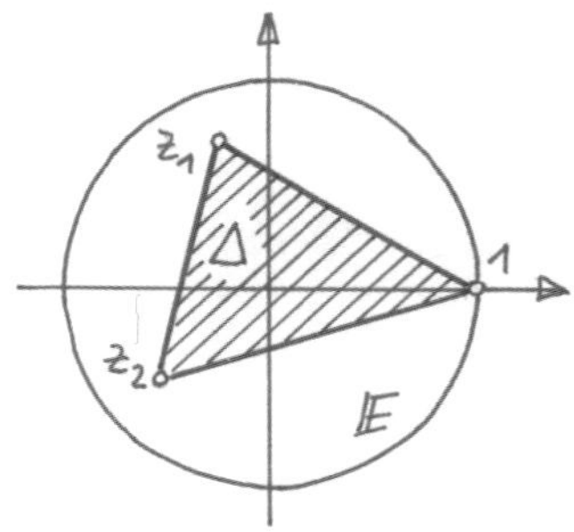

Die reelle Form des Abelschen Grenzwertsatzes [RA1 4.3.4] ist auch im Komplexen gültig. Hier gilt folgende Verschärfung, die wir o.B.d.A. für den Randpunkt 1 des Einheitskreises $\mathbb{E}$ formulieren. Beweis siehe Aufgabe 8.3.H.

Abelscher Grenzwertsatz:
Sei $\sum a_k z^k$ eine Potenzreihe mit Konvergenzradius 1. Die Reihe sei auch noch im Randpunkt $z = 1$ konvergent, d.h. $\sum a_k$ konvergiert.
Dann konvergiert die Reihe $\sum a_k z^k$ in jedem abgeschlossenen Dreieck Δ mit den Ecken $1, z_1, z_2$, $|z_1|, |z_2| < 1$ gleichmäßig.
Insbesondere ist die Grenzfunktion im Dreieck Δ stetig und für jede Annäherung an den Randpunkt 1 aus diesem Dreieck heraus gilt

$$\lim_{\substack{z \to 1 \\ z \in \Delta}} \left(\sum a_k z^k \right) = \sum a_k \,. \tag{5}$$

In Aufgabe 8.3.I finden Sie ein Beispiel, das zeigt, dass die Gleichung (5) für beliebige Annäherung an $z = 1$ falsch wird.

Zur Umkehrbarkeit des Abelschen Grenzwertsatzes siehe Aufgabe 8.3.J.

2.6 Elementare Funktionen

2.6.1 Exponentialfunktion

Die *Exponentialfunktion* exp definiert man meist wie im Reellen durch ihre für alle $z \in \mathbb{C}$ konvergente Potenzreihenentwicklung

$$\exp z \ := \ \mathrm{e}^z \ := \ \sum_{k=0}^{\infty} \frac{z^k}{k!} \ . \tag{1}$$

Sie ist die einzig mögliche analytische Fortsetzung der reellen Exponentialfunktion auf $\mathbb{C}$. Ihre Einschränkung auf $\mathbb{R}$ ist die reelle Exponentialfunktion.

Die Exponentialfunktion ist eine *ganze transzendente* Funktion, d.h. sie ist in ganz $\mathbb{C}$ holomorph und kein Polynom. Die komplexe Exponentialfunktion ist periodisch. Sie nimmt jeden Wert außer 0 an, und zwar unendlich oft. Wegen $(\mathrm{e}^z)' = \mathrm{e}^z \neq 0$ ist sie lokal konform und lokal umkehrbar.

Für die Exponentialfunktion gilt u.a.:

1. *Differentialgleichung:*

   Die Exponentialfunktion $w = \exp z$ ist die eindeutig bestimmte, in ganz $\mathbb{C}$ definierte Lösung des Anfangswertproblems $w' = w, \ w(0) = 1$.

2. *Funktionalgleichung:*

   Für alle $z, w \in \mathbb{C}$ gilt $\qquad \mathrm{e}^z \cdot \mathrm{e}^w \ = \ \mathrm{e}^{z+w}$.

   Wegen $\mathrm{e}^z \cdot \mathrm{e}^{-z} = 1$ folgt daraus insbesondere $\mathrm{e}^z \neq 0$ für alle $z \in \mathbb{C}$.

3. *Periodizität:*

   Die Exponentialfunktion hat genau die Perioden $2k\pi i$, $k \in \mathbb{Z}$. D.h. es gilt:

$$\mathrm{e}^{z+2\pi i} = \mathrm{e}^z \quad \text{und} \quad \mathrm{e}^z = \mathrm{e}^w \Longleftrightarrow z = w + 2k\pi i \ \text{ für ein } k \in \mathbb{Z} \ . \tag{2}$$

4. *Abbildungsverhalten:*

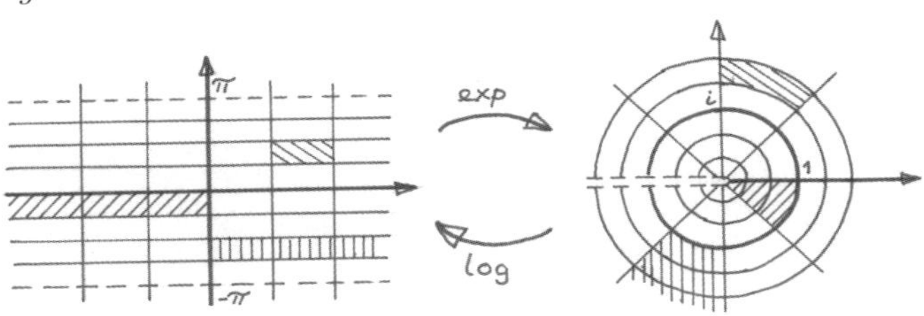

   Wegen $|\mathrm{e}^{x+iy}| = \mathrm{e}^x$ und $\arg \mathrm{e}^{x+iy} = y$ bildet die Exponentialfunktion das cartesische Koordinatennetz $\mathsf{Re}\, z, \mathsf{Im}\, z = const$ ab auf das Polarkoordinatennetz $|w|, \arg w = const$. Sie bildet jeden Parallelstreifen der Form

$S_c := \{ x+iy\,;\, c<y<c+2\pi \}$ bijektiv und konform auf die geschlitzte Ebene $\mathbb{C}\setminus\{ w\,;\, \arg w = c\}$ ab.

5. *Grenzverhalten:*

Für $0<\varepsilon<\pi/2$ seien $W_{1,2}$ die beiden rechts skizzierten Winkelräume. Dann gilt für alle $n\in\mathbb{N}$:

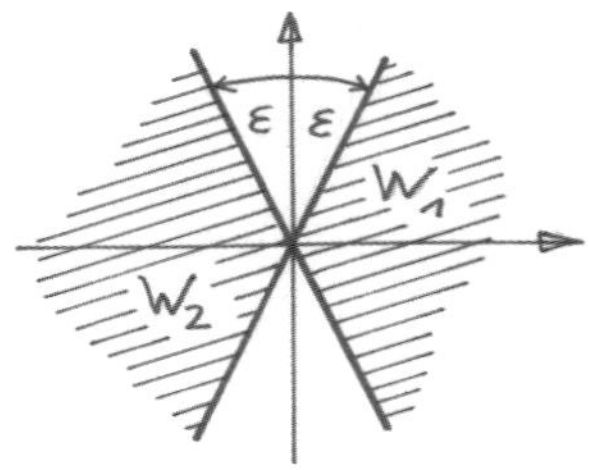

$$\frac{\mathrm{e}^z}{z^n} \to \infty \qquad \text{für } z\to\infty,\ z\in W_1$$

$$\mathrm{e}^z\, z^n \to 0 \qquad \text{für } z\to\infty,\ z\in W_2$$

Die Exponentialfunktion hat auf der Zahlenkugel im Punkt ∞ eine wesentliche Singularität (wie jede ganze transzendente Funktion).

6. Die Funktionenfolge $(1+z/n)^n$ konvergiert in $\mathbb{C}$ kompakt gegen e^z . Zum Beweis siehe Aufgabe 8.2.A.2 oder auch [RA1 4.6.4.B]

7. *Kleine Formelsammlung:* $(z,w\in\mathbb{C},\ x,y\in\mathbb{R})$

$\mathrm{e}^{z+w} = \mathrm{e}^z\,\mathrm{e}^w$	$(\mathrm{e}^z)' = \mathrm{e}^z$
$\mathrm{e}^{x+iy} = \mathrm{e}^x\,\mathrm{e}^{iy} = \mathrm{e}^x(\cos y + i\sin y)$	$\mathrm{e}^0 = \mathrm{e}^{2\pi i} = 1$
$\lvert \mathrm{e}^z\rvert = \mathrm{e}^{\mathrm{Re}\, z}$	$\lvert \mathrm{e}^{iy}\rvert = 1 \quad$ für $y\in\mathbb{R}$
$\arg \mathrm{e}^z = \mathrm{Im}\, z$	$\mathrm{e}^z \neq 0 \quad$ für alle $z\in\mathbb{C}$
$\mathrm{e}^{iz} = \cos z + i\sin z$	$\mathrm{e}^z = \cosh z + \sinh z$

2.6.2 Trigonometrische und Hyperbel-Funktionen

Die trigonometrischen und die Hyperbel-Funktionen können wie im Reellen durch ihre Potenzreihen definiert werden, nämlich

$$\sin z := \sum_{k=0}^{\infty} \frac{(-1)^k}{(2k+1)!}\, z^{2k+1} \qquad \cos z := \sum_{k=0}^{\infty} \frac{(-1)^k}{(2k)!}\, z^{2k} \tag{3}$$

$$\sinh z := \sum_{k=0}^{\infty} \frac{1}{(2k+1)!}\, z^{2k+1} \qquad \cosh z := \sum_{k=0}^{\infty} \frac{1}{(2k)!}\, z^{2k} \tag{4}$$

sin und cos sind ebenso wie cosh und sinh in ganz $\mathbb{C}$ holomorph.
tan, cot, tanh und coth sind meromorph in $\mathbb{C}$.

$$\tan z := \frac{\sin z}{\cos z} \qquad \cot z := \frac{\cos z}{\sin z} \tag{5}$$

$$\tanh z := \frac{\sinh z}{\cosh z} \qquad \coth z := \frac{\cosh z}{\sinh z} \tag{6}$$

Die meisten der in den Abschnitten 4.5.2 und 4.5.3 aus [RA1] angegebenen Formeln wie z.B. Additionstheoreme und Ableitungsregeln bleiben auch für die komplexen Funktionen gültig. Z.B. gilt für alle $z \in \mathbb{C}$:

- *Zusammenhänge zwischen Kreis- und Hyperbelfunktionen:*

$$\cos^2 z + \sin^2 z = 1 \qquad \cosh^2 z - \sinh^2 z = 1 \tag{7}$$

$$i \sinh z = \sin iz \qquad \cosh z = \cos iz \tag{8}$$

$$i \tanh z = \tan iz \qquad \coth z = i \cot iz \tag{9}$$

Insbesondere sieht man, dass im Komplexen Kreis- und Hyperbelfunktionen bis auf Drehungen um $\pi/2$ übereinstimmen. Im Gegensatz zum Reellen sind daher Sinus und Cosinus in $\mathbb{C}$ unbeschränkt und die Hyperbelfunktionen in $\mathbb{C}$ periodisch.

- *Zusammenhang mit der Exponentialfunktion:*

Im Komplexen können die trigonometrischen und die Hyperbelfunktionen aus der Exponentialfunktion abgeleitet werden:

$$\mathrm{e}^{iz} = \cos z + i \sin z \qquad \mathrm{e}^{z} = \cosh z + \sinh z \tag{10}$$

$$\cos z = \tfrac{1}{2}\left(\mathrm{e}^{iz} + \mathrm{e}^{-iz}\right) \qquad \sin z = \tfrac{1}{2i}\left(\mathrm{e}^{iz} - \mathrm{e}^{-iz}\right) \tag{11}$$

$$\cosh z = \tfrac{1}{2}\left(\mathrm{e}^{z} + \mathrm{e}^{-z}\right) \qquad \sinh z = \tfrac{1}{2}\left(\mathrm{e}^{z} - \mathrm{e}^{-z}\right) \tag{12}$$

$$\tan z = -i\frac{\mathrm{e}^{2iz} - 1}{\mathrm{e}^{2iz} + 1} \qquad \cot z = i\frac{\mathrm{e}^{2iz} + 1}{\mathrm{e}^{2iz} - 1} \tag{13}$$

$$\tanh z = \frac{\mathrm{e}^{2z} - 1}{\mathrm{e}^{2z} + 1} \qquad \coth z = \frac{\mathrm{e}^{2z} + 1}{\mathrm{e}^{2z} - 1} \tag{14}$$

- *Zerlegung in Real- und Imaginärteil:* $(x, y \in \mathbb{R})$

$$\cos(x + iy) = \cos x \cosh y - i \sin x \sinh y = \cosh(-y + ix) \tag{15}$$

$$\sin(x + iy) = \sin x \cosh y + i \cos x \sinh y = -i \sinh(-y + ix) \tag{16}$$

$$\tan(x + iy) = \frac{\sin 2x + i \sinh 2y}{\cos 2x + \cosh 2y} = -i \tanh(-y + ix) \tag{17}$$

$$\cot(x + iy) = \frac{\sin 2x - i \sinh 2y}{\cosh 2y - \cos 2x} = -i \coth(-y + ix) \tag{18}$$

- *Beträge:* $(x, y \in \mathbb{R})$

$$|\cos(x + iy)|^2 = \cos^2 x + \sinh^2 y \qquad |\sin(x + iy)|^2 = \sin^2 x + \sinh^2 y$$

$$|\cosh(x + iy)|^2 = \sinh^2 x + \cos^2 y \qquad |\sinh(x + iy)|^2 = \sinh^2 x + \sin^2 y$$

- *Symmetrie:*

cos und cosh sind *gerade* Funktionen, die anderen sechs sind *ungerade.*

- *Ableitungen:*

$$\cos' z = -\sin z \qquad \tan' z = \frac{1}{\cos^2 z} = 1 + \tan^2 z \tag{19}$$

$$\sin' z = \cos z \qquad \cot' z = \frac{-1}{\sin^2 z} = -1 - \cot^2 z \tag{20}$$

$$\cosh' z = \sinh z \qquad \tanh' z = \frac{1}{\cosh^2 z} = 1 - \tanh^2 z \tag{21}$$

$$\sinh' z = \cosh z \qquad \coth' z = -\frac{1}{\sinh^2 z} = 1 - \coth^2 z \tag{22}$$

- *Nullstellen:* $(k \in \mathbb{Z})$

$$\sin z = 0 \iff z = k\pi \qquad \tan z = 0 \iff \sin z = 0 \tag{23}$$

$$\cos z = 0 \iff z = \frac{(2k+1)\pi}{2} \qquad \cot z = 0 \iff \cos z = 0 \tag{24}$$

- *Additionstheoreme:*

$$\cos(z+w) = \cos z \cos w - \sin z \sin w \tag{25}$$

$$\sin(z+w) = \cos z \sin w + \sin z \cos w \tag{26}$$

$$\cosh(z+w) = \cosh z \cosh w + \sinh z \sinh w \tag{27}$$

$$\sinh(z+w) = \cosh z \sinh w + \sinh z \cosh w \tag{28}$$

$$\tan(z+w) = \frac{\tan z + \tan w}{1 - \tan z \tan w} \qquad \cot(z+w) = \frac{\cot z \cot w - 1}{\cot z + \cot w}$$

$$\cos z + \cos w = 2\cos\tfrac{z+w}{2}\cos\tfrac{z-w}{2} \qquad \cosh z + \cosh w = 2\cosh\tfrac{z+w}{2}\cosh\tfrac{z-w}{2}$$

$$\cos z - \cos w = -2\sin\tfrac{z+w}{2}\sin\tfrac{z-w}{2} \qquad \cosh z - \cosh w = 2\sinh\tfrac{z+w}{2}\sinh\tfrac{z-w}{2}$$

$$\sin z + \sin w = 2\sin\tfrac{z+w}{2}\cos\tfrac{z-w}{2} \qquad \sinh z + \sinh w = 2\sinh\tfrac{z+w}{2}\cosh\tfrac{z-w}{2}$$

$$\tan z + \tan w = \frac{\sin(z+w)}{\cos z \cos w} \qquad \tanh z + \tanh w = \frac{\sinh(z+w)}{\cosh z \cosh w}$$

- *Periodizität:*

cos und sin sind einfach periodisch mit der kleinsten positiven Periode 2π. tan und cot sind einfach periodisch mit der kleinsten positiven Periode π. Die Hyperbelfunktionen haben daher die Perioden $2k\pi i$ bzw $k\pi i$ $(k \in \mathbb{Z})$.

- *Abbildungsverhalten:* siehe dazu Aufgabe 8.5.B.

2.6.3 Logarithmen

Wegen der Periodizität der Exponentialfunktion ist der Logarithmus einer komplexen Zahl nicht eindeutig bestimmt.

> *Definition:*
> Zu jedem $z \in \mathbb{C} \setminus \{0\}$ gibt es unendlich viele $w \in \mathbb{C}$ mit $e^w = z$. Jedes solche w ist von der Form $w = \log|z| + i \arg z + 2k\pi i$ und heißt ein *Logarithmus* $\log z$ von z.
>
> $$w = \log z \;:\Longleftrightarrow\; e^w = z \;\Longleftrightarrow\; \exists k \in \mathbb{Z} \;:\; w = \ln|z| + i(\arg z + 2k\pi)$$

Zwei Logarithmen von z unterscheiden sich um ein ganzzahliges Vielfaches von $2\pi i$. Für positive reelle Zahlen $x \in \mathbb{R}$, $x > 0$, ist der aus der Analysis I bekannte natürliche Logarithmus $\ln x$ nur einer der möglichen komplexen Logarithmen.

Vorsicht: Man muss stets im Hinterkopf haben, dass die komplexen Logarithmen nicht eindeutig bestimmt sind. Z.B. ist die Funktionalgleichung des Logarithmus $\log a + \log b = \log(ab)$ nur in folgendem Sinn richtig: *Ein Logarithmus von a plus ein Logarithmus von b ergibt einen Logarithmus von ab.* Derartige Formeln werden i.a. falsch, wenn man sich auf einen speziellen *Zweig* des Logarithmus beschränkt.

Ist $\log z = \log w$ (d.h. ist ein Logarithmus von z auch ein Logarithmus von w), so ist $z = w$.

Es gilt $e^{\log z} = z$ für jede Wahl von $\log z$.
Es ist $z = \log e^z$ nur ein möglicher Logarithmus von e^z.

Logarithmusfunktionen

Sei $G \subset \mathbb{C}$ ein Gebiet und $f\colon G \to \mathbb{C}$ stetig. f heißt eine *Logarithmusfunktion* in G, $f(z) = \log z$, wenn $e^{f(z)} = z$ für alle $z \in G$.

Es gibt genau dann eine Logarithmusfunktion in dem Gebiet G, wenn es in G keine geschlossene Kurve gibt, die um den Ursprung herumläuft, genauer: wenn jede geschlossene Kurve in G die Umlaufzahl Null um den Ursprung hat.
Dies ist genau dann der Fall, wenn es eine stetige Argumentfunktion in G gibt.

Ist $0 \in G$, so gibt es sicher keinen stetigen Logarithmus in G.

Logarithmusfunktionen $\log z$ sind nach Definition stetig. Als Umkehrfunktion der holomorphen Exponentialfunktion sind sie ebenfalls holomorph, also komplex differenzierbar und zwar mit der Ableitung $\log' z = \frac{1}{z}$.

Existiert eine Logarithmusfunktion in einem Gebiet G, so bildet diese G konform (also bijektiv, winkel- und orientierungstreu) ab.

Verschiedene Logarithmusfunktionen in einem Gebiet G unterscheiden sich nur um additive Konstanten und zwar um ganzzahlige Vielfache von $2\pi i$. (Hier geht wesentlich ein, dass Logarithmusfunktionen stetig und Gebiete zusammenhängend sind.)

Sei G ein Gebiet mit $0 \notin G$. Dann existiert in jeder in G gelegenen Kreisscheibe eine Logarithmusfunktion. Diese kann man in G unbeschränkt analytisch fortsetzen. Kann man in G einmal um den Ursprung herumlaufen, so ergibt diese Fortsetzung aber keine globale Logarithmusfunktion in G. Man erhält dann eine *mehrdeutige* Funktion. Siehe dazu Aufgabe 8.4.I. Man nennt die lokal existierenden verschiedenen Logarithmusfunktionen auch die verschiedenen *Zweige* der mehrdeutigen Logarithmusfunktion.

Durch die *Logarithmusreihe*

$$\operatorname{Log} z := \sum_{k=1}^{\infty} \frac{(-1)^{k+1}}{k} (z-1)^k \tag{29}$$

wird eine Logarithmusfunktion in der Kreisscheibe $\{|z-1| < 1\}$ definiert. Sie stimmt auf dem rellen Intervall $]0,2[$ mit dem natürlichen Logarithmus überein und kann auf die geschlitzte Ebene $\mathbb{C}^- := \mathbb{C} \setminus \mathbb{R}_{\leq 0}$ stetig und damit holomorph fortgesetzt werden.

Die so definierte Funktion $\operatorname{Log} : \mathbb{C} \setminus \mathbb{R}_{\leq 0} \to \mathbb{C}$ heißt auch *Hauptwert* oder *Hauptzweig* des Logarithmus.

Für $z \in \mathbb{C}^-$ gilt $\operatorname{Log} z = \ln|z| + i \operatorname{Arg} z$, wobei $\operatorname{Arg} z$ der Hauptwert des Arguments von z, also $-\pi < \operatorname{Arg} z < \pi$ ist (siehe Abschnitt 1.2.2).

Zur *logarithmischen Ableitung* f'/f einer Funktion f siehe 6.3.1.

Abbildungsverhalten

Ist f eine Logarithmusfunktion auf dem Gebiet G, so bildet f das Gebiet G konform (also bijektiv und winkeltreu) auf das Bildgebiet $f(G)$ ab.

Die Exponentialfunktion bildet (hinreichend flache) achsenparallele Rechtecke konform auf Kreissektoren ab. Also bilden Logarithmusfunktionen Kreissektoren konform auf Rechtecke ab. Genauer:

Sei $0 \leq r < R \leq \infty$, $\alpha \in \mathbb{R}$ und $0 < \beta \leq 2\pi$. Dann existiert eine Logarithmusfunktion im Sektor

$$S := \{ z \in \mathbb{C} \,;\, r < |z| < R,\ \alpha < \arg z < \alpha + \beta \} \tag{30}$$

und jede Logarithmusfunktion in S bildet diesen Sektor konform auf ein Rechteck der Form $Q :=]\ln r, \ln R[\times]\alpha + 2k\pi, \alpha + 2k\pi + \beta[\ (k \in \mathbb{Z})$ ab.

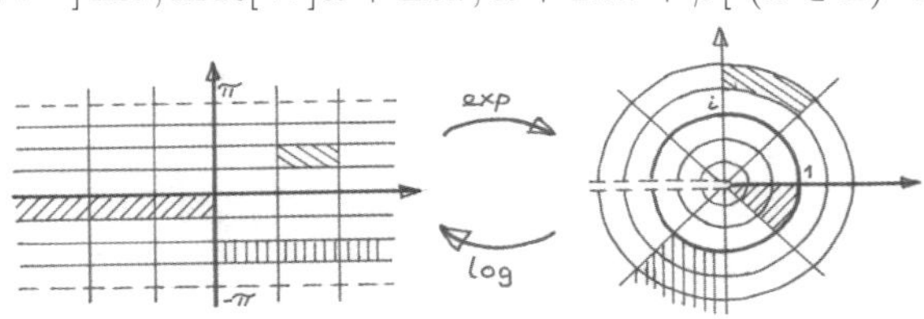

2.6.4 Allgemeine Potenzen

Ist $z \neq 0$ und $\alpha \in \mathbb{C}$ beliebig, so definiert man

$$z^\alpha \; := \; \mathrm{e}^{\alpha \log z} \; . \tag{31}$$

Da der Logarithmus $\log z$ nicht eindeutig bestimmt ist, sind auch die Potenzen z^α i.a. nicht eindeutig bestimmt. Verschiedene Logarithmen unterscheiden sich um ganzzahlige Vielfache von $2\pi i$. Also unterscheiden sich verschiedene Potenzen z^α um Faktoren der Form $\mathrm{e}^{\alpha 2k\pi i}$ $(k \in \mathbb{Z})$.

Wegen $\mathrm{e}^w = \mathrm{e}^{w+2\pi i}$ gibt es für $n \in \mathbb{Z}$ nur eine Potenz z^n . Sie stimmt mit der naiv definierten Potenz $z^n := z \cdot \ldots \cdot z$ (n–mal) bzw $z^{-n} := 1/z^n$ überein.

Für $\alpha = m/n \in \mathbb{Q}$ $(m \in \mathbb{Z},\ n \in \mathbb{N},\ m, n$ teilerfremd) und $z \neq 0$ gibt es n verschiedene Potenzen $z^{m/n}$. Es sind dies die n verschiedenen n-ten Wurzeln vom z^m

$$\exp\left(\tfrac{m \operatorname{Log} z}{n}\right) \;,\; \exp\left(\tfrac{m \operatorname{Log} z + 2\pi i}{n}\right) \;, \ldots , \; \exp\left(\tfrac{m \operatorname{Log} z + (n-1)2\pi i}{n}\right) \tag{32}$$

die durch Drehung um den Winkel $2\pi/n$ in sich übergehen.

Für $z \neq 0$ und $\alpha \in \mathbb{C} \setminus \mathbb{Q}$ gibt es unendlich viele verschiedene Potenzen z^α.
Z.B. erhält man für die Potenzen i^i die reellen Zahlen

$$i^i = \mathrm{e}^{i \log i} = \exp\left[i(\tfrac{\pi i}{2} + k2\pi i)\right] = \exp\left(-\tfrac{\pi}{2} - 2k\pi\right) \quad (k \in \mathbb{Z}) \; . \tag{33}$$

Die bekannten Potenzregeln sind wegen der nicht eindeutig bestimmten Potenzen mit Vorsicht zu gebrauchen. Z.B. gilt $z^\alpha \cdot z^\beta = z^{\alpha+\beta}$ für $z \neq 0,\ \alpha, \beta \in \mathbb{C}$ nur in dem Sinn, dass ein Wert von z^α mal einem Wert von z^β einen Wert von $z^{\alpha+\beta}$ ergibt.

Ebenso für $(z^\alpha)^\beta = z^{\alpha\beta}$ und $(zw)^\alpha = z^\alpha w^\alpha$.
Siehe dazu auch Aufgabe 8.4.M.

Ist $\log z$ eine Logarithmusfunktion in einem Gebiet G, so heißt $z^\alpha := \mathrm{e}^{\alpha \log z}$ eine *Potenzfunktion* von z in G mit Exponenten α.

Potenzfunktionen sind ebenso wie Logarithmusfunktionen holomorph und es gilt die bekannte Ableitungsregel $(z^\alpha)' = \alpha z^{\alpha-1}$.

Eine spezielle Potenzfunktion liefert die Binomialreihe

$$z^\alpha \; = \; \sum_{k=0}^{\infty} \binom{\alpha}{k} (1-z)^k \; , \quad \alpha \in \mathbb{C},\ |z-1| < 1 \; . \tag{34}$$

Für reelle $z \in]0,2[$ liefert sie die reelle Potenz $z^\alpha = \mathrm{e}^{\alpha \ln z}$. Die komplexen *Binomialkoeffizienten* $\binom{\alpha}{n}$ für $\alpha \in \mathbb{C}$ und $k \in \mathbb{N}$ sind dabei genauso wie die reellen rekursiv definiert:

$$\binom{\alpha}{0} := 1 \quad \text{und} \quad \binom{\alpha}{k+1} := \binom{\alpha}{k}\frac{\alpha-k}{k+1}\,. \tag{35}$$

Wurzeln

Sei $G \subset \mathbb{C}$ ein Gebiet und $f\colon G \to \mathbb{C}$ stetig. Dann heißt f eine n-te *Wurzelfunktion* in G, wenn $(f(z))^n = z$ für alle $z \in G$.

Wurzelfunktionen sind spezielle Potenzfunktionen. Insbesondere sind sie holomorph.

Wenn es überhaupt eine n-te Wurzelfunktion in G gibt, so gibt es genau n verschiedene und diese entstehen auseinander durch (wiederholte) Multiplikation mit $e^{2\pi i/n}$.

Es gibt genau dann eine n-te Wurzelfunktion in G, wenn es in G eine Logarithmusfunktion gibt. In diesem Fall sind die n-ten Wurzelfunktionen in G von der Form $z^{1/n} = \sqrt[n]{z} = e^{\log z/n}$, wobei $\log z$ eine Logarithmusfunktion in G ist.

In der geschlitzten Ebene $\mathbb{C}^- := \mathbb{C} \setminus \mathbb{R}_{\le 0}$ sind $f_k(z) := \sqrt[n]{|z|}\; e^{i(\arg z + 2k\pi)/n}$ $(k = 1, \ldots, n)$ die n verschiedenen n-ten Wurzelfunktionen.

2.6.5 Arcus und Areafunktionen

Die Umkehrfunktionen der trigonometrischen und Hyperbel-Funktionen heißen wie im reellen *Arcus-* und *Areafunktionen*. Sie sind ebenso wie Logarithmus und Potenzen nicht eindeutig bestimmt.

Die Bezeichnungen in der Literatur sind auch nicht eindeutig. Wir bezeichnen mit 'Ar∗' den sog. Hauptwert der Umkehrfunktionen, mit 'ar∗' alle möglichen Nebenwerte.

Arcus-Funktionen

$\sin z$ bildet den Streifen $S_{-\pi/2,\pi/2} := \{\, x+iy\,;\, -\frac{\pi}{2} < x < \frac{\pi}{2} \,\}$ bijektiv auf die zweimal geschlitzte Ebene $\mathbb{C}^= := \mathbb{C} \setminus \{\, x\,;\, |x| \ge 1 \,\}$ ab.
$\operatorname{Arcsin} : \mathbb{C}^= \to S_{-\pi/2,\pi/2}$ ist die entsprechende Umkehrfunktion. Es ist

$$\operatorname{Arcsin} z = \sum_{k=0}^{\infty} \frac{(2k)!}{2^{2k}(k!)^2(2k+1)}\, z^{2k+1} \qquad (|z| < 1) \tag{36}$$

$\cos z$ bildet den Streifen $S_{0,\pi} := \{\, x+iy\,;\, 0 < x < \pi \,\}$ bijektiv auf die zweimal geschlitzte Ebene $\mathbb{C}^= := \mathbb{C} \setminus \{\, x\,;\, |x| \ge 1 \,\}$ ab.
$\operatorname{Arccos} : \mathbb{C}^= \to S_{0,\pi}$ ist die entsprechende Umkehrfunktion.
Es ist $\operatorname{Arccos} z = \frac{\pi}{2} - \operatorname{Arcsin} z$.

$\tan z$ bildet den Streifen $S_{-\pi/2,\pi/2} := \{\, x+iy\,;\, -\frac{\pi}{2} < x < \frac{\pi}{2} \,\}$ bijektiv auf die zweimal geschlitzte Ebene $\mathbb{C}^{\|} := \mathbb{C} \setminus \{\, iy\,;\, |y| \ge 1 \,\}$ ab.

$\text{Arctan} : \mathbb{C}^{\|} \to S_{-\pi/2,\pi/2}$ ist die entsprechende Umkehrfunktion. Es ist

$$\text{Arctan}\, z \;=\; \sum_{k=0}^{\infty} \frac{(-1)^k}{2k+1}\, z^{2k+1} \qquad (|z|<1) \tag{37}$$

Area-Funktionen

Die Umkehrfunktionen der Hyperbelfunktionen heißen *Areafunktionen.*

$\cosh z$ bildet den Streifen $S^{0,\pi} := \{\, x+iy\,;\, 0<y<\pi \,\}$ bijektiv auf die geschlitzte Ebene $\mathbb{C}^{\sim} := \mathbb{C} \setminus [-1,1]$ ab.
$\text{Arcosh} : \mathbb{C}^{\sim} \to S^{0,\pi}$ ist die entsprechende Umkehrfunktion.
$\sinh z$ bildet den Streifen $S^{-\pi/2,\pi/2} := \left\{\, x+iy\,;\, -\frac{\pi}{2} < y < \frac{\pi}{2} \,\right\}$ bijektiv auf die zweimal geschlitzte Ebene $\mathbb{C}^{=} := \mathbb{C} \setminus \{\, x\,;\, |x| \ge 1 \,\}$ ab.
$\text{Arsinh} : \mathbb{C}^{=} \to S^{-\pi/2,\pi/2}$ ist die entsprechende Umkehrfunktion. Es ist

$$\text{Arsinh}\, z \;=\; \sum_{k=0}^{\infty} \frac{(-1)^k (2k)!}{2^{2k}(k!)^2(2k+1)}\, z^{2k+1} \qquad (|z|<1) \tag{38}$$

$\tanh z$ bildet den Streifen $S^{-\pi/2,\pi/2} := \left\{\, x+iy\,;\, -\frac{\pi}{2} < y < \frac{\pi}{2} \,\right\}$ bijektiv auf die zweimal geschlitzte Ebene $\mathbb{C}^{\|} := \mathbb{C} \setminus \{\, iy\,;\, |y| \ge 1 \,\}$ ab.
$\text{Artanh} : \mathbb{C}^{\|} \to S^{-\pi/2,\pi/2}$ ist die entsprechende Umkehrfunktion. Es ist

$$\text{Artanh}\, z \;=\; \sum_{k=0}^{\infty} \frac{1}{2k+1}\, z^{2k+1} \qquad (|z|<1) \tag{39}$$

Als Umkehrfunktionen holomorpher Funktionen sind die Arcus- und Areafunktionen ebenfalls holomorph und es gelten die bekannten Ableitungsregeln.

$$\text{Arcsin}'z = \frac{1}{\sqrt{1-z^2}} \qquad \text{Arccos}'z = -\frac{1}{\sqrt{1-z^2}} \tag{40}$$

$$\text{Arctan}'z = \frac{1}{1+z^2} \qquad \text{Arccot}'z = -\frac{1}{1+z^2} \tag{41}$$

$$\text{Arsinh}'z = \frac{1}{\sqrt{1+z^2}} \qquad \text{Arcosh}'z = \frac{1}{\sqrt{z^2-1}} \tag{42}$$

$$\text{Artanh}'z = \frac{1}{1-z^2} \qquad \text{Arcoth}'z = -\frac{1}{z^2-1}\,. \tag{43}$$

Da sich die trigonometrischen und Hyperbel-Funktionen auf die Exponentialfunktion zurückführen lassen, kann man die Umkehrfunktionen auch durch

Logarithmusfunktionen ausdrücken. Z.B. gelten die Gleichungen

$$\arcsin z = -i\log(iz + \sqrt{1-z^2}) \qquad \arccos z = -i\log(z + \sqrt{z^2-1}) \tag{44}$$

$$\arctan z = \frac{1}{2i}\log\frac{1+iz}{1-iz} \qquad \operatorname{arccot} z = -\frac{1}{2i}\log\frac{iz+1}{iz-1} \tag{45}$$

$$\operatorname{arsinh} z = \log(z + \sqrt{z^2+1}) \qquad \operatorname{arcosh} z = \log(z + \sqrt{z^2-1}) \tag{46}$$

$$\operatorname{artanh} z = \frac{1}{2}\log(\frac{1+z}{1-z}) \qquad \operatorname{arcoth} z = \frac{1}{2}\log(\frac{z+1}{z-1}) \tag{47}$$

in folgendem Sinn: Ist $w \in \mathbb{C}$ ein möglicher Wert der rechten Seite, so auch einer der linken und umgekehrt. Siehe dazu Aufgabe 8.5.H.

3 Differenzieren und Integrieren in $\mathbb{C}$

3.1 Komplexe Differenzierbarkeit

Die Differenzierbarkeit komplexer Funktionen $f\colon \mathbb{C} \to \mathbb{C}$ kann man mit Hilfe des Differenzenquotienten, der linearen Approximierbarkeit und der Cauchy-Riemannschen Differentialgleichungen definieren.

Um sie von der reellen Differenzierbarkeit von Funktionen $f\colon \mathbb{R}^2 \to \mathbb{R}^2$ zu unterscheiden, spricht man auch oft von *komplexer Differenzierbarkeit*. Zum Vergleich mit der reellen Differenzierbarkeit siehe Abschnitt 3.1.1.

Definition mit Hilfe des Differenzenquotienten:
Sei $D \subset \mathbb{C}$ offen, $z_0 \in D$ und $f\colon D \to \mathbb{C}$. f heißt *(komplex) differenzierbar* in z_0, wenn der Grenzwert $L := \lim\limits_{z\to z_0} \dfrac{f(z)-f(z_0)}{z-z_0}$ existiert.
In diesem Fall heißt L die *Ableitung* von f im Punkt z_0 . Schreibweise:

$$f'(z_0) = \frac{df}{dz}(z_0) = \left.\frac{df}{dz}\right|_{z=z_0} = \lim_{z\to z_0} \frac{f(z)-f(z_0)}{z-z_0} . \tag{1}$$

Funktionen sind genau dann differenzierbar, wenn sie linear approximierbar sind. Dabei heißt eine Funktion $f\colon D \to \mathbb{C}$ bei $z_0 \in D$ *komplex linear approximierbar*, wenn es ein $a \in \mathbb{C}$ gibt derart, dass $f(z)$ durch die lineare Funktion $A(z) = f(z_0) + a(z-z_0)$ von höherer als erster Ordnung angenähert wird, bzw derart, dass

$$\lim_{z\to z_0} \frac{f(z)-A(z)}{z-z_0} = \lim_{z\to z_0} \frac{f(z)-\left[f(z_0)+a(z-z_0)\right]}{z-z_0} = 0 . \tag{2}$$

Definition mit Hilfe der linearen Approximierbarkeit:
Eine Funktion $f\colon D \to \mathbb{C}$ ist in $z_0 \in D$ genau dann komplex differenzierbar, wenn sie dort komplex linear approximierbar ist.
In diesem Fall ist $\{z \mapsto f(z_0)+f'(z_0)(z-z_0)\}$ ihre komplex lineare Näherung.

Zur Definition mit Hilfe der Cauchy-Riemann-Dgln siehe Abschnitt 3.1.1.

Wichtiger als die Differenzierbarkeit in einem Punkt ist die Differenzierbarkeit auf offenen Mengen. Funktionen, die auf einer offenen Mengen komplex differenzierbar sind, heißen *holomorph*. Sie bilden das eigentliche Thema der Funktionentheorie. Siehe dazu Kapitel 4.

Beispiele

1) Potenzreihen sind im Inneren ihres Konvergenzbereichs komplex differenzierbar, also holomorph. Insbesondere sind Polynome in ganz $\mathbb{C}$ holomorph.

2) Rationale Funktionen sind in ihrem Definitionsbereich, also überall außer in den Nullstellen des Nenners holomorph.

3) Die Konjugierung $\{z \mapsto \overline{z}\}$ ist in $\mathbb{C}$ nirgends komplex differenzierbar, also auch nirgends holomorph. Sie ist in ganz $\mathbb{C}$ antiholomorph.

   Die entsprechende Funktion $\{(x,y) \mapsto (x,-y)\}$ ist als lineare Funktion vom $\mathbb{R}^2$ auf den $\mathbb{R}^2$ überall beliebig oft (reell) differenzierbar.

4) $f := \{z \mapsto z \cdot \overline{z} = |z|^2\}$ ist außer im Ursprung $z_0 = 0$ nirgends komplex differenzierbar. Im Punkt $z_0 = 0$ ist sie komplex differenzierbar mit der Ableitung $f'(0) = 0$. f ist nirgends holomorph.

   Die entsprechende reelle Funktion von zwei Variablen $\{(x,y) \mapsto x^2 + y^2\}$ ist überall im $\mathbb{R}^2$ (reell) differenzierbar.

Weitere Beispiele in den Aufgaben (Abschnitt 8.7).

3.1.1 Vergleich mit der reellen Differenzierbarkeit

Zur (totalen und partiellen) Differenzierbarkeit vektor- oder reellwertiger Funktionen mehrerer reeller Variabler siehe z.B. [RA2 7.1.2].

Sei weiterhin $D \subset \mathbb{C}$ offen, $z_0 \in D$ und $f\colon D \to \mathbb{C}$. Sei $f = u + iv$ wie üblich die Zerlegung von f in Real- und Imaginärteil. Man kann D als Teilmenge des $\mathbb{R}^2$ auffassen und f bzw u und v als vektor- bzw reellwertige Funktionen von zwei reellen Variablen interpretieren.

$$f = u + iv : z = x + iy \mapsto u(z) + iv(z) \quad \leftrightarrows \quad \vec{f} = \begin{pmatrix} u \\ v \end{pmatrix} : \begin{pmatrix} x \\ y \end{pmatrix} \mapsto \begin{pmatrix} u(x,y) \\ v(x,y) \end{pmatrix} .$$

Bei dieser Interpretation entsprechen die komplex linearen Abbildungen von $\mathbb{C}$ den Drehstreckungen des $\mathbb{R}^2$

$$z \mapsto a \cdot z = (\alpha + i\beta) \cdot (x + iy) \quad \leftrightarrows \quad \begin{pmatrix} x \\ y \end{pmatrix} \mapsto \begin{pmatrix} \alpha & -\beta \\ \beta & \alpha \end{pmatrix} \begin{pmatrix} x \\ y \end{pmatrix} . \tag{3}$$

und die komplexe Differenzierbarkeit kann man wie folgt beschreiben:

Komplexe Differenzierbarkeit:
$f\colon D \to \mathbb{C}$ ist in $z_0 = (x_0, y_0)$ *komplex differenzierbar*, wenn f dort komplex linear approximierbar ist, also wenn es $\alpha, \beta \in \mathbb{R}$ gibt, so dass $\vec{f}(x,y)$ bei (x_0, y_0) durch die affine Abbildung $\vec{f}(x_0,y_0) + \begin{pmatrix} \alpha & -\beta \\ \beta & \alpha \end{pmatrix} \begin{pmatrix} x - x_0 \\ y - y_0 \end{pmatrix}$ von höherer als erster Ordnung angenähert wird. In diesem Fall ist $\alpha + i\beta = f'(z_0)$.

Zum Vergleich die

Reelle Differenzierbarkeit:
$\vec{f}: D \to \mathbb{R}^2$ ist in $z_0 = (x_0, y_0)$ *(total) reell differenzierbar*, wenn $\vec{f}$ bei z_0 reell linear approximierbar ist.
Dies ist genau dann der Fall, wenn es $\alpha, \beta, \gamma, \delta \in \mathbb{R}$ gibt, so dass $\vec{f}(x,y)$ bei (x_0, y_0) durch die affine Abbildung $\vec{f}(x_0, y_0) + \begin{pmatrix} \alpha & \beta \\ \gamma & \delta \end{pmatrix} \begin{pmatrix} x - x_0 \\ y - y_0 \end{pmatrix}$ von höherer als erster Ordnung angenähert wird.

Ist $\vec{f} = (u, v)$ in z_0 reell differenzierbar, so sind die Koordinatenfunktionen u, v in z_0 nach x und y partiell differenzierbar und die Matrix der eindeutig bestimmten linearen Approximierenden von $\vec{f}$ ist die Funktionalmatrix $J_{\vec{f}}(z_0) = \begin{pmatrix} u_x & u_y \\ v_x & v_y \end{pmatrix}$ von $\vec{f}$ in $z_0 = (x_0, y_0)$. Durch Vergleich folgt:

Cauchy-Riemann-Differentialgleichungen:
$f = u + iv$ ist in $z_0 = x_0 + iy_0 \in D$ genau dann komplex differenzierbar, wenn $\vec{f} = (u, v)$ in $z_0 = (x_0, y_0)$ (total) reell differenzierbar ist und die *Cauchy-Riemann-Differentialgleichungen*

$$u_x(z_0) = v_y(z_0) \qquad \text{und} \qquad u_y(z_0) = -v_x(z_0) \tag{4}$$

erfüllt. In diesem Fall gilt (jeweils an der Stelle z_0) :

$$f' = f_x = u_x + iv_x = v_y - iu_y = -if_y \; . \tag{5}$$

Zur Herleitung der Cauchy-Riemann-Dgln siehe auch Aufgabe 8.7.D.

Zu den Cauchy-Riemann-Dgln in Polarkoordinaten siehe Aufgabe 8.7.E.

Im Wirtinger-Kalkül (siehe 3.1.3) reduzieren sich die Cauchy-Riemann-Dgln auf eine Gleichung nämlich $f_{\overline{z}} = 0$.

Die Cauchy-Riemann-Dgln (4) besagen u.a., dass die Gradienten (u_x, u_y) bzw (v_x, v_y) senkrecht aufeinander stehen. Andererseits stehen sie senkrecht auf den Niveaulinien von u bzw v. Erfüllt also $f = u + iv$ die Cauchy-Riemann-Dgln, so bilden die Niveaulinien von u und v orthogonale Kurvenscharen.

Gelten die Cauchy-Riemann-Dgln (4) in D, so folgt außerdem

$$\operatorname{div}(u, -v) = u_x - v_y \equiv 0 \quad \text{und} \quad \operatorname{rot}(u, -v) = u_y + v_x \equiv 0 \; , \tag{6}$$

d.h., das Vektorfeld $(u, -v) = \overline{f}$ ist in D quellen- und wirbelfrei.

Sind u, v in einer Umgebung von z_0 zweimal stetig partiell differenzierbar, so folgt aus den Cauchy-Riemann-Dgln und dem Satz von H.A.Schwarz über die Vertauschbarkeit partieller Ableitungen [RA2 7.2.1]

$$u_{xx} + u_{yy} = (v_y)_x + (-v_x)_y = v_{yx} - v_{xy} = 0 \; , \tag{7}$$

d.h. u und v sind *harmonisch*. Zu harmonischen Funktionen siehe 4.6.

3.1.2 Einfache Eigenschaften und Rechenregeln

Komplex differenzierbare Funktionen $f\colon \mathbb{C} \to \mathbb{C}$ kann man als spezielle reell differenzierbare Funktionen $f\colon \mathbb{R}^2 \to \mathbb{R}^2$ auffassen. Deshalb übertragen sich viele Eigenschaften und Rechenregeln aus der reellen Analysis.

Seien weiterhin $D \subset \mathbb{C}$ offen, $z_0 \in D$ und f, g zwei Funktionen von D nach $\mathbb{C}$.

1) Ist f in z_0 differenzierbar, so ist f in z_0 stetig, aber nicht umgekehrt.

   Z.B. ist $f(z) := |z|$ in $z_0 := 0$ stetig, aber nicht differenzierbar.

2) *Linearität der Ableitung:*

   Sind f und g in z_0 differenzierbar und $\lambda, \mu \in \mathbb{C}$, so ist auch $\lambda f + \mu g$ in z_0 differenzierbar und zwar ist $(\lambda f + \mu g)'(z_0) = \lambda f'(z_0) + \mu g'(z_0)$.

   Insbesondere bilden die auf einer offenen Menge D holomorphen Funktionen einen $\mathbb{C}-$Vektorraum und für jedes $z_0 \in D$ ist $\{f \mapsto f'(z_0)\}$ ist eine lineare Abbildung dieses Vektorraums in den Grundkörper $\mathbb{C}$.

3) *Produktregel:*

   Mit f und g ist auch fg in z_0 komplex differenzierbar und zwar ist

$$(fg)'(z_0) \;=\; (f'g + fg')(z_0) \;=\; f'(z_0)g(z_0) + f(z_0)g'(z_0) \,. \qquad (8)$$

4) *Quotientenregel:*

   Sind f und g in z_0 komplex differenzierbar und ist $g(z_0) \neq 0$, so sind auch $\frac{f}{g}$ und $\frac{1}{g}$ in z_0 komplex differenzierbar mit der Ableitung

$$\left(\frac{f}{g}\right)'(z_0) = \frac{f'g - fg'}{g^2}(z_0) \quad \text{und} \quad \left(\frac{1}{g}\right)'(z_0) = -\frac{g'}{g^2}(z_0) \,. \qquad (9)$$

5) *Kettenregel:*

   Seien $V \subset \mathbb{C}$ offen, $g\colon D \to V$, $h\colon V \to \mathbb{C}$, $z_0 \in D$ und $g(z_0) = w_0 \in V$. Ist g in z_0 und h in w_0 komplex differenzierbar, so ist auch $f := h \circ g$ in z_0 komplex differenzierbar und zwar mit der Ableitung

$$(h \circ g)'(z_0) \;=\; h'(g(z_0))\, g'(z_0) \,. \qquad (10)$$

   Entsprechende Formeln für mehrfache Verkettungen gelten wie im Reellen (siehe [RA1 4.1.3]). Die Kurzform $(h \circ g)' = h'g'$ stimmt natürlich nur, wenn man in die Funktionen die richtigen Argumente einsetzt.

Über die Differenzierbarkeit der Umkehrfunktion gilt ein analoger Satz wie in der reellen Analysis. Wichtiger ist der Satz 4.2.10 über die Holomorphie der Umkehrfunktion (Abschnitt 4.2).

3.1.3 Wirtinger Kalkül

Sei $D \subset \mathbb{C}$ offen und $f = u + iv$ die Zerlegung einer auf D definierten komplexwertigen Funktion in ihren Real- und Imaginärteil.

f ist genau dann in z_0 total reell differenzierbar, wenn es komplexe Zahlen $a, b \in \mathbb{C}$ gibt derart, dass f durch $T(z) := f(z_0) + a(x - x_0) + b(y - y_0)$ linear approximiert wird (siehe Abschnitt 3.1.1). In diesem Fall ist $a = u_x + iv_x$ und $b = u_y + iv_y$ jeweils an der Stelle z_0.

Man kann die lineare Näherung auch in der Form

$$T(z) - f(z_0) = a(x - x_0) + b(y - y_0) = c(z - z_0) + d(\overline{z} - \overline{z_0}) \tag{11}$$

schreiben (siehe Aufgabe 8.1.D.4). Dabei ist

$$\begin{aligned} c &= \tfrac{1}{2}[(u_x + v_y) - i(u_y - v_x)] &= \frac{1}{2}(f_x - if_y) \quad \text{und} \\ d &= \tfrac{1}{2}[(u_x - v_y) + i(u_y + v_x)] &= \frac{1}{2}(f_x + if_y) \end{aligned} \tag{12}$$

jeweils an der Stelle z_0. Die *Wirtinger-Operatoren* ∂ und $\overline{\partial}$ definiert man durch

$$\partial f := \tfrac{\partial f}{\partial z} := f_z := \tfrac{1}{2}\left(f_x - if_y\right) \;\; ; \;\; \overline{\partial} f := \tfrac{\partial f}{\partial \overline{z}} := f_{\overline{z}} := \frac{1}{2}\left(f_x + if_y\right) \tag{13}$$

Damit ergibt sich

> *Satz:*
> $f = u + iv$ ist in z_0 genau dann reell differenzierbar, wenn es $c, d \in \mathbb{C}$ gibt derart, dass f durch $T(z) := f(z_0) + c(z - z_0) + d(\overline{z} - \overline{z_0})$ linear approximiert wird, also derart, dass $\lim\limits_{z \to z_0} \dfrac{f(z) - T(z)}{|z - z_0|} = 0$.
> In diesem Fall sind u und v in z_0 partiell differenzierbar und es ist $c = f_z(z_0)$ und $d = f_{\overline{z}}(z_0)$.

U.a. gelten die folgenden Umrechnungsformeln

$$\begin{aligned} u_x &= \tfrac{1}{2}\left(f_x + \overline{f}_x\right) & v_x &= \tfrac{1}{2i}\left(f_x - \overline{f}_x\right) & f_x &= f_z + f_{\overline{z}} \\ u_y &= \tfrac{1}{2}\left(f_y + \overline{f}_y\right) & v_y &= \tfrac{1}{2i}\left(f_y - \overline{f}_y\right) & f_y &= i\left(f_z - f_{\overline{z}}\right) \end{aligned} \tag{14}$$

Für die Wirtinger-Operatoren ∂ und $\overline{\partial}$ sowie hinreichend oft differenzierbare Funktionen f und g gelten die folgenden Regeln:

1. *Linearität:*

   ∂ und $\overline{\partial}$ sind $\mathbb{C}$-lineare Operatoren, d.h. für $a, b \in \mathbb{C}$ gilt

$$\partial(af + bg) = a\,\partial f + b\,\partial g \qquad \overline{\partial}(af + bg) = a\,\overline{\partial} f + b\,\overline{\partial} g \tag{15}$$

2. *Produktregel:*

$$\partial(f \cdot g) = (\partial f)g + f(\partial g) \qquad \overline{\partial}(f \cdot g) = (\overline{\partial} f)g + f(\overline{\partial} g) \tag{16}$$

Infolgedessen gilt für ∂ und $\overline{\partial}$ auch die Leibnizsche Regel [RA1 4.1.3.f] für höhere Ableitungen von Produkten fg.

3. $\overline{\partial} f = \overline{\partial \overline{f}}$, $\qquad \partial\, \overline{f} = \overline{\overline{\partial} f}$

Für reellwertiges f gilt insbesondere $\overline{\partial f} = \overline{\partial} f$.

4. $\partial z = 1$, $\overline{\partial} z = 0$, $\partial \overline{z} = 0$, $\overline{\partial}\, \overline{z} = 1$

5. *Laplace-Operator:*

$$\overline{\partial}\partial f \;=\; f_{z\overline{z}} \;=\; \tfrac{1}{4}\left(f_{xx} + f_{yy}\right) \;=\; \tfrac{1}{4}\Delta f \tag{17}$$

6. *Kettenregeln:*

$$\partial(f \circ g) \;=\; \partial f\, \partial g + \overline{\partial} f\, \partial \overline{g}\;; \quad \overline{\partial}(f \circ g) \;=\; \partial f\, \overline{\partial} g + \overline{\partial} f\, \overline{\partial} \overline{g} \tag{18}$$

wobei die Ableitungen jeweils an den entsprechenden Stellen auszuwerten sind.

7. *Cauchy-Riemann-Dgln:*

$$\overline{\partial} f = f_{\overline{z}} = 0 \quad \Longleftrightarrow \quad u_x = v_y \quad \text{und} \quad u_y = -v_x \tag{19}$$

3.2 Differenzieren und Integrieren nach reellen Variablen

3.2.1 Differenzieren nach reellen Variablen

Sei I ein echtes Intervall in $\mathbb{R}$ und $f\colon I \to \mathbb{C}$ eine komplexwertige Funktion auf I mit der üblichen Zerlegung $f = u + iv$ in Real- und Imaginärteil.

Eine solche Funktion heißt *(stetig) differenzierbar* in I, wenn u und v in I (stetig) differenzierbar sind. $f' := u' + iv'$ nennt man die Ableitung von f.

Identifiziert man $f = u + iv$ mit der Funktion $\vec{f} := (u, v)\colon I \to \mathbb{R}^2$, so ist diese Definition äquivalent mit der entsprechenden aus der mehrdimensionalen reellen Analysis (siehe z.B. [RA2 7.1.2]).

Produkt-, Quotienten- und Kettenregeln gelten entsprechend.

3.2.2 Integration in reellen Intervallen

Integrale komplexwertiger Funktionen über Intervallen im $\mathbb{R}^n$ werden koordinatenweise, also mit Hilfe der Integrale über Real- und Imaginärteil erklärt.

Definition:
Ist $B \subset \mathbb{R}^n$ und $f\colon B \to \mathbb{C}$, so heißt f integrierbar in B, wenn Real- und Imaginärteil von f in B integrierbar sind. In diesem Fall setzt man

$$\int_B f(x)\,dx \;:=\; \int_B \operatorname{Re} f(x)\,dx + i \int_B \operatorname{Im} f(x)\,dx\ . \tag{1}$$

Z.B. sind stetige Funktionen auf kompakten Bereichen integrierbar.

Beim Integral einer komplexwertigen Funktion einer oder mehrerer reeller Variabler werden nur zwei reelle Integrale zu einem Paar zusammengefasst. Daher gelten auch die üblichen Rechenregeln wie die Linearität des Integrals, die Additivität bzgl der Integrationsbereiche usw (siehe z.B. [RA1 5.1.3]).

Für integrierbare $f\colon B \to \mathbb{C}$ gilt ferner

$$\operatorname{Re}\left(\int_B f(x)\,dx\right) = \int_B \operatorname{Re} f(x)\,dx\ ; \quad \operatorname{Im}\left(\int_B f(x)\,dx\right) = \int_B \operatorname{Im} f(x)\,dx$$

$$\left|\int_B f(x)\,dx\right| \le \int_B |f(x)|\,dx\ . \tag{2}$$

Für komplexwertige Funktion einer reellen Variablen übertragen sich die folgenden Regeln. Dabei sei $I \subset \mathbb{R}$ ein echtes Intervall und $a, b \in I$.

1) *Hauptsatz der Analysis:*

   Ist $f\colon I \to \mathbb{C}$ stetig, so ist $F(x) := \displaystyle\int_a^x f(t)\,dt$ eine Stammfunktion von f

in I, d.h. $F\colon I \to \mathbb{C}$ ist differenzierbar mit $F'(x) = f(x)$.

Ist umgekehrt F eine Stammfunktion der stetigen Funktion $f\colon I \to \mathbb{C}$, so gilt $\displaystyle\int_a^b f(t)\,dt = F(b) - F(a)$.

2) *Partielle Integration:*

Für stetig differenzierbare Funktionen $f, g\colon I \to \mathbb{C}$ gilt:

$$\int_a^b f(t)\,g'(t)\,dt \;=\; f(t)\,g(t)\Big|_a^b - \int_a^b f'(t)\,g(t)\,dt\ . \tag{3}$$

3) *Substitutionsregel:*

Sei $J \subset \mathbb{R}$ ein Intervall, $\varphi\colon J \to I$ stetig differenzierbar und $f\colon I \to \mathbb{C}$ stetig. Dann gilt für alle $c, d \in J$:

$$\int_c^d f(\varphi(t))\,\varphi'(t)\,dt \;=\; \int_{\varphi(c)}^{\varphi(d)} f(u)\,du\ . \tag{4}$$

3.3 Wegintegrale in $\mathbb{C}$

Zur Definition von Integrationswegen γ, Träger $|\gamma|$ usw siehe Abschnitt 1.5.5.

> *Definition:*
> Sei $\gamma\colon [a,b] \to \mathbb{C}$, $z(t) := \gamma(t)$, ein Integrationsweg in $\mathbb{C}$ und $f\colon |\gamma| \to \mathbb{C}$ eine auf dem Träger $|\gamma| = \gamma([a,b])$ definierte stetige komplexwertige Funktion. Dann heißt
> $$\int_\gamma f(z)\,dz \;:=\; \int_a^b f\big(z(t)\big)\,\dot z(t)\,dt \tag{1}$$
> das *(komplexe) Wegintegral (Kurvenintegral) von f längs γ.*

Zum Beispiel ist $\gamma\colon [0,2\pi] \to \mathbb{C},\ z(t) := \gamma(t) := \mathrm{e}^{it}$ eine Parameterdarstellung des positiv durchlaufenen Einheitskreisrandes $\partial\mathbb{E}$. Für sie gilt $\dot z(t) = i\,\mathrm{e}^{it}$ und man erhält für $f(z) := \frac{1}{z}$:

$$\int_{\partial\mathbb{E}} f(z)\,dz \;=\; \int_\gamma \frac{dz}{z} \;=\; \int_0^{2\pi} \frac{i\,\mathrm{e}^{it}}{\mathrm{e}^{it}}\,dt \;=\; 2\pi i\ . \tag{2}$$

Durch die Definition (1) wird das komplexe Kurvenintegral auf das Integral einer komplexwertigen Funktion über ein reelles Intervall zurückgeführt. Ob man hier mit dem Riemann- oder Lebesgue-Integral arbeitet, ist bei den gemachten technischen Voraussetzungen (f stetig) egal.

Mit Hilfe von *Riemannschen Summen* kann man das Kurvenintegral auch für allgemeinere Funktionen und Wege definieren (siehe z.B. [BS I.9]). Es gilt

Satz:
Sei f stetig und $\gamma\colon [a,b] \to \mathbb{C}$ stückweise stetig differenzierbar, also ein Integrationsweg. Dann ist $\displaystyle\int_\gamma f(z)\,dz = \lim_{k\to\infty} S(f, Z_k, \tau_k)$ für alle Zerlegungsfolgen (Z_k) von $[a,b]$ mit $|Z_k| \to 0$ und zugehörige Belegungsfolgen (τ_k).

Dabei ist die *Feinheit* $|Z|$ einer Zerlegung $Z = (a = t_0 < t_1 < \ldots < t_m = b)$ des Parameterintervalls $[a,b]$ definiert als maximale Länge der Teilintervalle, also $|Z| := \max\{\, |t_i - t_{i-1}|\,;\, 1 \le i \le m \,\}$.

Eine *Belegung* einer solchen Zerlegung ist ein m-tupel $\tau = (\tau_1, \ldots, \tau_m)$ mit $t_{i-1} \le \tau_i \le t_i$ für $1 \le i \le m$.

$$S(f, Z, \tau) \;:=\; \sum_{j=1}^{m} f(z(\tau_j))\,\big(z(t_j) - z(t_{j-1})\big) \tag{3}$$

ist die *Riemannsche Summe* von f zur Zerlegung Z und Belegung τ.

Außer dem oben eingeführten komplexen Wegintegral definiert und benutzt man häufig noch folgende Integrale:

1. *Integral bzgl der Bogenlänge:*

$$\int_\gamma f\,|dz| \;:=\; \int_\gamma f\,ds \;=\; \int_a^b f\,\big(z(t)\big)\;|\dot z(t)|\,dt$$

2. $$\int_\gamma f\,d\overline{z} \;:=\; \overline{\int_\gamma \overline{f}\,dz} \;:=\; \int_a^b f\,\big(z(t)\big)\;\overline{\dot z(t)}\,dt$$

3. $$\int_\gamma f\,dx \;:=\; \frac{1}{2}\Big(\int_\gamma f\,dz + \int_\gamma f\,d\overline{z}\Big) \;=\; \int_a^b f\,\big(z(t)\big)\;\dot x(t)\,dt$$

4. $$\int_\gamma f\,dy \;:=\; \frac{1}{2i}\Big(\int_\gamma f\,dz - \int_\gamma f\,d\overline{z}\Big) \;=\; \int_a^b f\,\big(z(t)\big)\;\dot y(t)\,dt$$

Für $f = u + iv$ kann man das komplexe Kurvenintegral über den Weg γ damit in der folgenden Form schreiben:

$$\int_\gamma f\,dz \;=\; \int_\gamma (u\,dx - v\,dy) + i\int_\gamma (v\,dx + u\,dy)\ . \tag{4}$$

Für *Ketten* $\Gamma = \sum_{j=1}^{k} n_j\gamma_j$ (siehe 1.5.5) definiert man natürlich

$$\int_\Gamma f\,dz \;=\; \sum_{j=1}^{k} n_j\Big(\int_{\gamma_j} f\,dz\Big)\ . \tag{5}$$

Diese Definition ist unabhängig von der Darstellung der Kette als Linearkombination von Integrationswegen.

3.3.1 Rechenregeln

Die folgenden Regeln werden für Integrationswege γ formuliert. Sie gelten entsprechend für Ketten Γ.

Seien γ, γ_j Integrationswege, $-\gamma$ der umgekehrte und $\gamma_1 + \gamma_2$ der zusammengesetzte Integrationsweg. Ferner seien f, g zwei auf den jeweiligen Trägern definierte stetige komplexwertige Funktionen und $\lambda, \mu \in \mathbb{C}$. Dann gilt

- *Linearität im Integranden:*

$$\int_\gamma (\lambda f + \mu g)\, dz \;=\lambda \int_\gamma f\, dz \;+\; \mu \int_\gamma g\, dz\;. \tag{6}$$

- *Additivität bzgl des Integrationsweges:*

$$\int_{\gamma_1+\gamma_2} f\, dz \;=\; \int_{\gamma_1} f\, dz \;+\; \int_{\gamma_2} f\, dz\;, \qquad \int_\gamma f\, dz \;=\; -\int_{-\gamma} f\, dz\;. \tag{7}$$

- *Invarianz bei Parameterwechsel:*

Das Wegintegral ändert sich nicht bei *zulässigen* (d.h. streng monoton wachsenden, stückweise stetig differenzierbaren) Parametertransformationen. Es hängt also nur von der Kurve (Äquivalenzklasse von Wegen) ab.

- *Integralabschätzung:* ($L(\gamma) :=$ Länge von γ)

$$\left|\int_\gamma f\, dz\right| \;\le\; \int_\gamma |f|\, d|z| \;\le\; \left(\max_\gamma |f|\right)\, L(\gamma)\;. \tag{8}$$

Der Betrag des Integrals ist kleiner-gleich der Länge des Integrationswegs mal dem Maximum des Integranden.

- *Vertauschen von Limes und Integral:*

Sei γ ein Integrationsweg in $\mathbb{C}$ und $f_k\colon |\gamma| \to \mathbb{C}$ eine Folge stetiger Funktionen, die auf dem Träger $|\gamma|$ *gleichmäßig* konvergieren. Dann gilt

$$\lim_{k\to\infty} \int_\gamma f_k(z)\, dz \;=\; \int_\gamma \left(\lim_{k\to\infty} f_k(z)\right) dz\;. \tag{9}$$

- *Stetigkeit von Parameterintegralen:*

Sei $B \subset \mathbb{R}^n$ messbar, γ ein Integrationsweg in $\mathbb{C}$ und $f\colon |\gamma| \times B \to \mathbb{C}$ stetig. Dann wird durch $F(x) := \int_\gamma f(z,x)\, dz$ eine stetige Funktion $F\colon B \to \mathbb{C}$ definiert.

- *Vertauschen von Ableitung und Integral:*

Sei $G \subset \mathbb{C}$ offen und γ ein Integrationsweg in $\mathbb{C}$ mit kompaktem Träger $|\gamma|$. Sei $f(\zeta, z)$ stetig auf $|\gamma| \times G$ und für jedes feste $\zeta \in |\gamma|$ sei $\{z \mapsto f(\zeta, z)\}$ holomorph in G. Dann ist

$$\begin{aligned} F(z) &:= \int_\gamma f(\zeta, z)\, d\zeta \quad \text{holomorph in } G \text{ und es gilt} \\ F'(z) &= \frac{d}{dz}\int_\gamma f(\zeta, z)\, d\zeta = \int_\gamma f_z(\zeta, z)\, d\zeta\,. \end{aligned} \tag{10}$$

Einen Beweis mit Hilfe der Cauchy-Integralformel finden Sie in Aufgabe 8.9.F.

3.4 Stammfunktionen

Definition:
Sei $D \subset \mathbb{C}$ offen, und $f\colon D \to \mathbb{C}$.
$F\colon D \to \mathbb{C}$ heißt *Stammfunktion* von f, wenn F in D komplex differenzierbar ist mit Ableitung $F' = f$.

Besitzt f eine Stammfunktion, so hängt das Wegintegral von f nur von den Endpunkten des Integrationsweges ab. Dies besagt der

Komplexe Hauptsatz der Analysis:
Seien $D \subset \mathbb{C}$ offen, $f\colon D \to \mathbb{C}$ stetig und $F\colon D \to \mathbb{C}$ eine Stammfunktion von f. Seien $z_0, z_1 \in D$ und γ ein Integrationsweg in D von z_0 nach z_1 .
Dann ist $\displaystyle\int_\gamma f(z)\, dz = F(z_1) - F(z_0)$.
Besitzt also f eine Stammfunktion, so verschwindet das Integral von f über geschlossene Wege.

Wichtig ist auch folgende

Umkehrung des Hauptsatzes:
Seien $D \subset \mathbb{C}$ offen und $f\colon D \to \mathbb{C}$ stetig. Das Kurvenintegral $\displaystyle\int_\gamma f(z)\, dz$ verschwinde für jeden geschlossenen, in D liegenden Integrationsweg γ.

Dann besitzt f eine Stammfunktion F in D.
Z.B. ist $F(z) := \int_{z_0}^{z} f(\zeta)\, d\zeta$ eine Stammfunktion, wobei $z_0 \in D$ beliebig aber fest gewählt ist und über irgendeinen Integrationsweg in D von z_0 nach z integriert wird.

Ist D speziell ein konvexes Gebiet, so reicht für die Existenz einer Stammfunktion F von f bereits, dass das Integral von f über Dreiecks- oder Rechtecksränder in D verschwindet. Dies braucht man häufig beim Beweis des Cauchyschen Integralsatzes.

4 Holomorphe Funktionen

4.1 Holomorphie-Kriterien

Die Holomorphie von Funktionen wird nur in *offenen* Bereichen definiert. Ist eine Punktmenge $A \subset \mathbb{C}$ nicht offen, so bedeutet die Aussage f *ist holomorph in* A, dass f in einer offenen Umgebung von A holomorph ist.

Im folgenden sei stets $D \subset \mathbb{C}$ offen.

> *Definition:*
> $f\colon D \to \mathbb{C}$ heißt *holomorph* in D, wenn f in D komplex differenzierbar ist.
> $f\colon D \to \mathbb{C}$ heißt *antiholomorph* in D, wenn $\bar{f}$ in D holomorph ist.

Ist f in einer Umgebung U von ∞ definiert, so sagt man, dass f in ∞ holomorph ist, wenn $g(z) := f(1/z)$ in 0 holomorph ist.

Äquivalent zur Holomorphie, also zur komplexen Differenzierbarkeit auf einer offenen Menge $D \subset \mathbb{C}$ sind:

1. *Charakterisierung durch die Cauchy-Riemann-Dgln:*

   f ist in D stetig partiell differenzierbar und erfüllt die Cauchy-Riemann-Differentialgleichungen $u_x = v_y$ und $u_y = -v_x$.

2. *Charakterisierung durch Potenzreihen:*

   f kann um jeden Punkt $z_0 \in D$ in eine Potenzreihe entwickelt werden.

   Kurz: *Die holomorphen Funktionen sind genau die analytischen!*

3. *Charakterisierung mit Hilfe von Stammfunktionen:*

   f besitzt überall in D lokale Stammfunktionen.

   Achtung: Eine holomorphe Funktion braucht keine globale Stammfunktion zu besitzen. Ein Beispiel ist $f(z) := 1/z$ in $\mathbb{C}\backslash\{0\}$.

4. *Charakterisierung durch Winkeltreue:*

   f ist in D reell stetig differenzierbar und es gibt eine in D diskrete Menge $S \subset D$, so dass f in $D\backslash S$ winkel- und orientierungstreu ist.

   Zur Winkeltreue siehe Abschnitt 5.1.1

5. *Charakterisierung mit Hilfe von Kurvenintegralen:*

   f ist stetig und es gilt $\int_\gamma f(z)\,dz = 0$ für alle einfach geschlossenen Integrationswege γ, die mitsamt ihrem Innengebiet in D liegen.

   Die Notwendigkeit dieser Bedingung ist gerade eine Form des *Cauchyschen Integralsatzes* (siehe 4.3). Dass sie auch hinreichend ist, besagt der

> *Satz von Morera:*
> Sei $D \subset \mathbb{C}$ offen, f stetig in D und für jedes abgeschlossene Dreieck $\Delta \subset D$ gelte $\int_{\partial\Delta} f(z)\,dz = 0$.
> Dann ist f holomorph in D.

4.2 Wichtige Eigenschaften holomorpher Funktionen

Sei weiterhin $D \subset \mathbb{C}$ offen und $f\colon D \to \mathbb{C}$.

1. Die in D holomorphen Funktionen bilden mit den üblichen Operationen einen Vektorraum über $\mathbb{C}$ sowie einen kommutativen Ring mit Einselement. Er wird meist mit $\mathcal{O}(D)$ bezeichnet.

   Ist G ein Gebiet, also auch zusammenhängend, so ist $\mathcal{O}(G)$ nullteilerfrei. Der Quotientenkörper von $\mathcal{O}(G)$ ist in diesem Fall der Körper $\mathcal{M}(G)$ der in G meromorphen Funktionen.

2. Ist f in D holomorph, so ist f in D beliebig oft (komplex) differenzierbar. Insbesondere sind sämtliche Ableitungen ebenfalls holomorph.

3. Holomorphe Funktionen sind analytisch, d.h.:
   Ist f in D holomorph und $z_0 \in D$, so lässt sich f in eine Potenzreihe um z_0 entwickeln. Dies ist die Taylorreihe von f um z_0 und sie konvergiert in der größten Kreisscheibe mit Mittelpunkt z_0, in die f holomorph fortgesetzt werden kann.

4. Holomorphe Funktionen sind außer in den Nullstellen ihrer Ableitungen *orientierungs-* und *winkeltreu.*

   Zum lokalen Verhalten holomorpher Funktionen siehe Abschnitt 5.1.1.

5. Real- und Imaginärteile holomorpher Funktionen sind *harmonisch.*

   Zu harmonischen Funktionen siehe Abschnitt 4.6.

6. Für holomorphe Funktionen gelten der *Integralsatz* und die *Integralformel von Cauchy.* Außerdem besitzen sie die *Mittelwerteigenschaft.*
   Siehe dazu Abschnitt 4.3.

7. Für holomorphe Funktionen gilt der

   > *Identitätssatz:*
   > Sei G offen und zusammenhängend (also ein Gebiet). Seien f und g holomorph in G und sei $f(z) = g(z)$ auf einer Punktmenge $A \subset G$ mit Häufungspunkt in G. Dann gilt $f \equiv g$ in ganz G.

Für reell differenzierbare Funktionen ist dieser Satz falsch! Z.B. ist die durch

$$f(x,y) := \begin{cases} 0 & \text{falls } x \leq 0 \\ e^{-1/x^2} & \text{falls } x > 0 \end{cases} \tag{1}$$

definierte Funktion $f\colon \mathbb{R}^2 \to \mathbb{R}$ beliebig oft reell differenzierbar. Sie stimmt auf der linken Halbebene mit der Nullfunktion überein, ist aber in der rechten Halbebene $\neq 0$.

8. *Maximumprinzip:*
Sei $D \subset \mathbb{C}$ offen und zusammenhängend, $f\colon D \to \mathbb{C}$ holomorph. Hat $|f|$ in $z_0 \in D$ ein lokales Maximum, so ist f konstant.

Kurz: *"Nicht-konstante holomorphe Funktionen nehmen ihr Maximum nur auf dem Rand an".*

Durch Übergang von f zu $1/f$ folgt aus dem Maximumprinzip sofort das

Minimumprinzip:
Sei $D \subset \mathbb{C}$ offen und zusammenhängend, $f\colon D \to \mathbb{C}$ holomorph. Hat $|f|$ in $z_0 \in D$ ein lokales Minimum, so ist $f(z_0) = 0$ oder f ist konstant.

Das Maximumprinzip hängt eng mit dem Satz von der Gebietstreue zusammen. Man kann jede der beiden Aussagen relativ einfach aus der anderen beweisen. Siehe dazu Aufgabe 9.3.B.

Das Maximumprinzip gilt für alle Funktionen mit der Mittelwerteigenschaft, insbesondere auch für harmonische Funktionen.

9. *Gebietstreue:*
Nicht-konstante holomorphe Funktionen bilden Gebiete auf Gebiete ab.

Jede stetige Funktion bildet zusammenhängende Mengen auf zusammenhängende ab. Holomorphe Funktionen sind zusätzlich *offen*, d.h. sie bilden offene Mengen auf offene Mengen ab.

$f(x+iy) := x$ ist ein Beispiel einer beliebig oft stetig reell differenzierbaren Funktion, die die offene Ebene $\mathbb{C}$ auf die in $\mathbb{C}$ nicht offene Gerade $\mathbb{R}$ abbildet.

10. *Umkehrbarkeit:*

Holomorphe Funktionen sind überall *lokal umkehrbar* außer in den Nullstellen der Ableitung.

Ist $f\colon D \to \mathbb{C}$ holomorph und umkehrbar, so ist auch die Umkehrfunktion holomorph. Beweis siehe Aufgabe 9.2.D.

4.3 Cauchy-Integralsatz und -Formel

Der Cauchy-Integralsatz besagt in laxer Form, dass das Kurvenintegral über geschlossene Integrationswege verschwindet, falls der Integrand auf der Kurve und im gesamten Innengebiet holomorph ist. Eine Hauptschwierigkeit dabei ist die Präzisierung des Begriffs *Innengebiet.* Unproblematisch ist dies bei konvexen Holomorphiegebieten:

> *Cauchy-Integralsatz für konvexe Gebiete:*
> Sei $G \subset \mathbb{C}$ ein konvexes Gebiet, $f\colon G \to \mathbb{C}$ holomorph und γ ein geschlossener Integrationsweg in G. Dann ist $\displaystyle\int_\gamma f(z)\,dz = 0$.

In dieser Form gilt er auch für *sternförmige* und für *einfach zusammenhängende* Gebiete. Für beliebige Gebiete ist er falsch.

Z.B. ist $\displaystyle\int_{|z|=1} \frac{dz}{z} = 2\pi i \neq 0$, obwohl $f(z) = 1/z$ in $\mathbb{C}\setminus\{0\}$ holomorph ist. Zur Definition von *konvex, sternförmig, einfach zusammenhängend* siehe 1.5.4.

Will man beliebige Gebiete zulassen, muss man Zusatzforderungen an den Integrationsweg stellen. Anschaulich: Er darf nicht um Löcher rumlaufen. Exakt: Er muss *nullhomolog* sein.

> *Cauchy-Integralsatz – Allgemeine Form:*
> Sei $D \subset \mathbb{C}$ offen, $f\colon D \to \mathbb{C}$ holomorph und Γ ein stückweise stetig differenzierbarer nullhomologer Zyklus in D. Dann ist $\displaystyle\int_\Gamma f(z)\,dz = 0$.

Für die Definitionen von *Zyklus, nullhomolog* usw siehe Abschnitt 1.5.5.

Oft wird der Cauchy-Integralsatz zunächst für Dreiecksränder bewiesen *(Satz von Cauchy-Goursat).* Unter geeigneten technischen Voraussetzungen kann man ihn aus dem Satz von Stokes (bzw Gauß) herleiten (siehe Aufgabe 9.1.A).

Cauchy-Integralformel

Eine holomorphe Funktion ist im Inneren einer geschlossenen Kurve γ durch ihre Werte auf γ eindeutig festgelegt. Den genauen Zusammenhang liefert die *Cauchy-Integralformel.* Sie ist eins der wichtigsten Hilfsmittel der Funktionentheorie. Auch für sie gibt es verschiedene Formulierungen:

> *Cauchy-Integralformel – Allgemeine Form:*
> Sei $D \subset \mathbb{C}$ offen, $f\colon D \to \mathbb{C}$ holomorph, Γ ein nullhomologer Zyklus in D, $z \in D \setminus |\Gamma|$ und $n(\Gamma, z)$ die Umlaufzahl von Γ bzgl z. Dann ist
>
> $$n(\Gamma, z)\, f(z) \;=\; \frac{1}{2\pi i}\int_\Gamma \frac{f(\zeta)}{\zeta - z}\, d\zeta\ . \qquad (1)$$

Zu den Definitionen von *Zyklus, nullhomolog, Umlaufzahl* usw siehe Abschnitt 1.5.5.

Meist wird die Cauchy-Integralformel zunächst für Kreisscheiben und Kreisränder als Integrationswege bewiesen und benutzt:

Cauchy-Integralformel für Kreisscheiben:
Sei f holomorph in der Scheibe $B_R(z_0) := \{ z\,;\, |z - z_0| < R \}$. Dann gilt für alle $0 < r < R$ und $|z - z_0| < r$

$$f(z) \;=\; \frac{1}{2\pi i} \int_{|\zeta - z_0| = r} \frac{f(\zeta)}{\zeta - z}\, d\zeta \tag{2}$$

Beweisskizze: Sei U eine konvexe Umgebung von $\overline{B}_r(z_0)$, in der f holomorph ist. Durch $g(\zeta) := \dfrac{f(\zeta) - f(z)}{\zeta - z}$ für $\zeta \neq z \in U$ und $g(z) := f'(z)$ wird eine in U stetige, in $U \setminus \{z\}$ holomorphe Funktion definiert. Die Integralformel folgt aus $\displaystyle\int_{|\zeta - z_0| = r} \frac{d\zeta}{\zeta - z} = 2\pi i$ und dem Cauchy-Integralsatz angewendet auf $g(\zeta)$.

Aus (2) folgt durch Differenzieren und Vertauschen von Ableitung und Integral, dass holomorphe Funktionen beliebig oft komplex differenzierbar sind und diese Ableitungen ebenfalls holomorph sind. Vertauschen ist erlaubt nach 3.3.1.

Außerdem erhält man so die

Cauchy-Integralformeln für die k-ten Ableitungen:
Sei f holomorph in der Scheibe $B_R(z_0) := \{ z\,;\, |z - z_0| < R \}$. Dann gilt für alle $0 < r < R$ und $|z - z_0| < r$

$$f^{(k)}(z) \;=\; \frac{k!}{2\pi i} \int_{|\zeta - z_0| = r} \frac{f(\zeta)}{(\zeta - z)^{k+1}}\, d\zeta\ . \tag{3}$$

Auch für diese Formeln gibt es natürlich eine allgemeinere Fassung.

Eine einfache Integralabschätzung liefert die

Cauchy-Ungleichungen:
Sei f holomorph in der Scheibe $B_R(z_0) := \{ z\,;\, |z - z_0| < R \}$. Dann gilt für alle $0 < r < R$

$$|f^{(n)}(z_0)| \;\leq\; \frac{n!}{r^n} \max_{|\zeta - z_0| = r} |f(\zeta)|\ . \tag{4}$$

Setzt man in der Cauchy-Integralformel $z := z_0$ und verwendet die Parameterdarstellung $\zeta(t) := z_0 + r\,\mathrm{e}^{it},\ 0 \leq t \leq 2\pi$ für den Rand von $\overline{B}_r(z_0)$, so erhält man die

Mittelwertformel:
Sei f in einer Umgebung der Scheibe $\overline{B}_r(z_0) := \{ z \,;\, |z - z_0| \leq r \}$ holomorph. Dann gilt

$$f(z_0) = \frac{1}{2\pi i} \int_{|z-z_0|=r} \frac{f(z)}{z - z_0}\, dz = \frac{1}{2\pi} \int_0^{2\pi} f(z_0 + re^{it})\, dt \,. \qquad (5)$$

Der Wert einer holomorphen Funktion im Kreismittelpunkt ist gleich dem Mittelwert der Funktionswerte auf dem Rand.

4.4 Ganze Funktionen

Definition:
$f\colon \mathbb{C} \to \mathbb{C}$ heißt *ganze Funktion*, wenn f in ganz $\mathbb{C}$ holomorph ist.

Z.B. sind Polynome ganze Funktionen. Eine ganze Funktion heißt *transzendent*, wenn sie kein Polynom ist. exp, sin, cos sind Beispiele ganzer transzendenter Funktionen.

Die ganzen Funktionen bilden mit den üblichen Operationen einen Vektorraum über $\mathbb{C}$ sowie einen nullteilerfreien kommutativen Ring $\mathcal{O}(\mathbb{C})$ mit Einselement. Sein Quotientenkörper ist der Körper $\mathcal{M}(\mathbb{C})$ der in $\mathbb{C}$ meromorphen Funktionen. Zur Idealtheorie des Ringes $\mathcal{O}(\mathbb{C})$ siehe Aufgabe 9.4.F.

Ganze Funktionen lassen sich um jeden Punkt $z_0 \in \mathbb{C}$ in eine in ganz $\mathbb{C}$ konvergente Potenzreihe entwickeln.

$$f\colon \mathbb{C} \to \mathbb{C} \ \text{ganz} \quad \Longleftrightarrow \quad f(z) = \sum_{k=0}^{\infty} \frac{f^{(k)}(z_0)}{k!}\,(z - z_0)^k \quad \forall\, z \in \mathbb{C}$$

Jede Taylorreihe einer ganzen Funktionen hat den Konvergenzradius ∞. Also gilt für Funktionen f, die in einer Umgebung von z_0 holomorph, also beliebig oft komplex differenzierbar sind:

$$f \ \text{ganz} \quad \Longleftrightarrow \quad \limsup_{k\to\infty} \sqrt[k]{\frac{|f^{(k)}(z_0)|}{k!}} = 0 \quad \Longleftrightarrow \quad \lim_{k\to\infty} \sqrt[k]{\frac{|f^{(k)}(z_0)|}{k!}} = 0 \,.$$

Mit Hilfe der Cauchy-Ungleichung 4.3(4) kann man zeigen (Häufige Examensfrage, deshalb Übungsaufgabe!) :

Satz von Liouville:
Jede beschränkte ganze Funktion ist konstant.

Aus dem Satz von Liouville kann man wiederum den Fundamentalsatz der Algebra beweisen. Siehe Aufgabe 9.4.A.

Ist $f\colon \mathbb{C} \to \mathbb{C}$ ganz, so ist ∞ eine isolierte Singularität von f, d.h. $z_0 = 0$ ist eine isolierte Singularität von $g(z) := f(1/z)$. Isolierte Singularitäten sind entweder hebbar, Pole oder wesentlich (siehe dazu Abschnitt 6.2).

Damit erhält man folgende Einteilung der ganzen Funktionen:

Eine ganze Funktion f ist

1) konstant genau dann, wenn ∞ eine hebbare Singularität von f ist;

2) ein nicht-konstantes Polynom genau dann, wenn ∞ ein Pol von f ist;

3) transzendent genau dann, wenn ∞ eine wesentliche Singularität von f ist.

Ein Spezialfall des Satzes von *Casorati-Weierstraß* (6.2.3) ist der folgende

Satz:
Transzendente ganze Funktionen kommen außerhalb jedes Kreises jedem Wert beliebig nahe.

$$f \text{ ganz transzendent} \implies$$
$$\forall R>0\ \forall w\in\mathbb{C}\ \forall \delta>0\ \exists z\in\mathbb{C} \text{ mit } |z|>R \text{ und } |f(z)-w|<\delta\,.$$

Die Umkehrung ist übrigens auch richtig.

Insbesondere gibt es für ganze transzendente Funktionen $f\colon \mathbb{C} \to \mathbb{C}$ zu jedem $w \in \widehat{\mathbb{C}}$ eine Folge $z_n \to \infty$ mit $f(z_n) \to w$.

Eine Verschärfung ist der folgende Spezialfall des Satzes von Picard:

Satz von Picard:
Jede ganze transzendente Funktionen $f\colon \mathbb{C} \to \mathbb{C}$ nimmt außerhalb jedes Kreises jeden Wert $w \in \mathbb{C}$ mit höchstens einer Ausnahme unendlich oft an.
D.h.: Ist $f\colon \mathbb{C} \to \mathbb{C}$ ganz transzendent, so gibt es zu jedem $w \in \mathbb{C}$ mit höchstens einer Ausnahme eine Folge $z_n \to \infty$ mit $f(z_n) = w$.

Z.B. ist exp eine ganze transzendente Funktion, die außerhalb jedes Kreises jeden Wert $w \in \mathbb{C}$ außer $w = 0$ unendlich oft annimmt.

Jede nullstellenfreie ganze Funktion ist von der Form $f(z) = \mathrm{e}^{g(z)}$ mit einer ganzen Funktion $g(z)$, d.h. jede nullstellenfreie ganze Funktion besitzt einen Logarithmus. Zum Beweis siehe Aufgabe 9.4.I.

Zur Produktdarstellung ganzer Funktionen siehe Abschnitt 6.8.

4.5 Folgen und Familien holomorpher Funktionen

4.5.1 Folgen und Reihen holomorpher Funktionen

Zur Definition von punktweiser, (lokal) gleichmäßiger und normaler Konvergenz siehe Abschnitt 2.5.

Im Gegensatz zur reellen Analysis ist der gleichmäßige Limes komplex differenzierbarer Funktionen wieder komplex differenzierbar. Genauer:

> *Satz von Weierstraß:*
> Sei $D \subset \mathbb{C}$ offen, (f_n) eine auf D lokal gleichmäßig konvergente Folge holomorpher Funktionen und $f = \lim f_n$ die Grenzfunktion.
> Dann ist auch f holomorph in D und für alle $k \in \mathbb{N}$ konvergiert die Folge der Ableitungen $f_n^{(k)}$ ebenfalls lokal gleichmäßig auf D und zwar gegen $f^{(k)}$.

Der Satz von Weierstraß gilt entsprechend auch für lokal gleichmäßig konvergente Reihen holomorpher Funktionen. Zum Beweis mit dem Satz von Morera und der Cauchy-Integralformel für die Ableitung siehe Aufgabe 9.5.B.

Beispiele dafür, dass der gleichmäßige Limes reell differenzierbarer Funktionen nicht differenzierbar sein muss, finden Sie z.B. in [RA1 4.1.5]. Es gibt sogar gleichmäßig konvergente Folgen von Polynomen $p_n \colon [a,b] \to \mathbb{R}$, deren Grenzfunktion nirgends differenzierbar ist. Es gibt nämlich stetige Funktionen, die nirgends differenzierbar sind und jede stetige Funktion lässt sich nach dem *Approximationssatz von Weierstraß* [RA1 3.2.8] auf kompakten Intervallen $[a,b] \subset \mathbb{R}$ gleichmäßig durch Polynome approximieren.

Der *punktweise* Limes komplex differenzierbarer Funktionen ist i.a. nicht komplex differenzierbar. Die Funktionen $f_n(z) := z^n$ auf $\overline{\mathbb{E}} = \{|z| \le 1\}$ liefern ein Beispiel im abgeschlossenen Einheitskreis.

Es ist aber nicht einfach, eine Folge holomorpher Funktionen f_n anzugeben, die auf einem *Gebiet* punktweise gegen eine nicht holomorphe Grenzfunktion konvergiert. Siehe z.B. [RRII 12.3.1 p.243ff] und Aufgabe 9.4.H.

Wichtig ist der folgende

> *Satz von Hurwitz:*
> Sei (f_n) eine in dem Gebiet $G \subset \mathbb{C}$ kompakt konvergente Folge holomorpher Funktionen mit nicht konstantem Limes $f = \lim f_n$. Hat f in $z_0 \in G$ eine μ-fache w_0-Stelle, so gibt es beliebig kleine Umgebungen U von z_0, so dass fast alle f_n den Wert w_0 in U mit Vielfachheit gezählt genau μ-mal annehmen.

Beweis siehe Aufgabe 11.2.G. Aus ihm folgt u.a.

> *Satz:*
> Sind die f_n in G holomorph und injektiv und konvergieren sie in G lokal gleichmäßig, so ist die Grenzfunktion ebenfalls injektiv oder konstant.

Die in ganz $\mathbb{C}$ lokal gleichmäßig konvergente Folge $f_n(z) := z/n$ injektiver holomorpher Funktionen zeigt, dass die Grenzfunktion konstant sein kann.

4.5.2 Normale Familien

Definition:
Sei $D \subset \mathbb{C}$ offen und $\mathcal{F}$ eine Familie holomorpher Funktionen $f\colon D \to \mathbb{C}$.
$\mathcal{F}$ heißt *normal*, wenn jede Folge von Funktionen aus $\mathcal{F}$ eine in D lokal gleichmäßig konvergente Teilfolge besitzt.

Eine allgemeinere Definition finden Sie weiter unten. Es gilt

Satz von Montel:
Sei $D \subset \mathbb{C}$ offen. Dann ist jede in D lokal beschränkte Familie holomorpher Funktionen normal.

Beim Beweis zeigt man meist mit Hilfe der Cauchyschen Integralformel, dass lokal beschränkte Familien holomorpher Funktionen lokal gleichgradig stetig sind und benutzt dann den Satz von Arzela-Ascoli [RA2 6.3.8].

Umgekehrt ist jede in einem offenen Bereich $D \subset \mathbb{C}$ normale Familie $\mathcal{F}$ holomorpher Funktionen lokal beschränkt, d.h. für alle $z_0 \in D$ gibt es eine Umgebung V und eine Schranke K so dass $|f(z)| \le K$ für alle $z \in V$ und alle $f \in \mathcal{F}$. Beweis indirekt (Übungsaufgabe).

Nach dem Satz von Montel ist z.B. die Menge aller holomorphen $f\colon \mathbb{E} \to \mathbb{E}$ eine normale Familie.

Ist $\mathcal{F}$ eine normale Familie, so ist auch die Familie ihrer Ableitungen normal. Siehe Aufgabe 9.5.D.3.

Ebenfalls von Montel stammt der

Satz:
Sei $\mathcal{F}$ eine Familie holomorpher Funktionen $f\colon D \to \mathbb{C}$, die zwei Werte auslässt. D.h. es gibt $a \neq b \in \mathbb{C}$ derart, dass $f(z) \neq a, b$ für alle $f \in \mathcal{F}$ und $z \in D$.
Dann ist $\mathcal{F}$ normal.

Eine leichte Folgerung aus dem Satz von Montel ist der

Satz von Vitali:
Sei $G \subset \mathbb{C}$ ein Gebiet und (f_n) eine in G lokal beschränkte Folge holomorpher Funktionen $f_n\colon G \to \mathbb{C}$.
Die Menge $\{\, z \in G\,;\ \lim_n f_n(z) \text{ existiert in } \mathbb{C}\,\}$ habe einen Häufungspunkt in G.
Dann konvergiert (f_n) lokal gleichmäßig in G.

Darüberhinaus gilt:

Satz von Vitali – Weitergehende Fassung:
Sei $G \subset \mathbb{C}$ ein Gebiet und (f_n) eine in G lokal beschränkte Folge holomorpher Funktionen $f_n \colon G \to \mathbb{C}$. Dann sind äquivalent:

1) Die Folge (f_n) konvergiert lokal gleichmäßig in G.
2) Die Menge $\{\, z \in G\,;\ \lim_k f_k(z) \text{ existiert in } \mathbb{C} \,\}$ hat einen Häufungspunkt in G.
3) Es gibt einen Punkt $z_0 \in G$ so dass für jedes $k \in \mathbb{N}_0$ die Zahlenfolge $(f_n^{(k)}(z_0))_{n\in\mathbb{N}}$ konvergiert.

Normale Familien meromorpher Funktionen

Häufig definiert man allgemeiner:

Variante der Definition:
Sei $D \subset \mathbb{C}$ offen und $\mathcal{F}$ eine Familie von Funktionen $f \colon D \to \widehat{\mathbb{C}}$. $\mathcal{F}$ heißt *normal*, wenn jede Folge von Funktionen aus $\mathcal{F}$ eine in D bzgl der chordalen Metrik lokal gleichmäßig konvergente Teilfolge besitzt.

Dadurch wird der Normalitätsbegriff auf Familien meromorpher Funktionen erweitert. Derartige normale Familien brauchen natürlich nicht mehr (bzgl der euklidischen Metrik) lokal beschränkt zu sein.

Es gilt aber (siehe z.B. [AS, 5.4.5]):

Satz:
Eine Familie meromorpher Funktionen $f \colon D \to \widehat{\mathbb{C}}$ ist genau dann im weiteren Sinn normal, wenn die *sphärischen Verzerrungen* $\varrho(z) = \dfrac{|f'(z)|}{1+|f(z)|^2}$ lokal beschränkt sind.

Zur geometrischen Bedeutung von $\varrho(z)$ siehe Aufgabe 8.9.B.

Eine Familie meromorpher Funktionen ist z.B. im weiteren Sinn normal, wenn sie drei Werte in $\widehat{\mathbb{C}}$ auslässt.

Die Familie der Ableitungen einer im weiteren Sinn normalen Familie muss nicht normal sein. Siehe dazu Aufgabe 9.5.D.4.

Weitere Aufgaben und Beispiele siehe Abschnitt 9.5.

4.6 Harmonische Funktionen

Harmonische Funktionen $u\colon \mathbb{R}^n \to \mathbb{R}$ sind Lösungen der Laplace-Gleichung $\Delta u \equiv 0$. Wir beschränken uns auf den Fall $n = 2$.

Definition:
Sei $D \subset \mathbb{C}$ offen. Eine in D zweimal partiell differenzierbare Funktion $u\colon D \to \mathbb{R}$ heißt *harmonisch* in D, wenn

$$\Delta u = \frac{\partial^2 u}{\partial x^2} + \frac{\partial^2 u}{\partial y^2} = 4\,\frac{\partial^2 u}{\partial z\,\partial \overline{z}} \equiv 0 \quad \text{in } D\,. \tag{1}$$

Zur Darstellung des Laplace-Operators in Polarkoordinaten siehe Aufgabe 9.6.G.

Ist U harmonisch, so ist $\frac{\partial u}{\partial z}$ holomorph.

Komplexwertige Funktionen heißen harmonisch, wenn Real- und Imaginärteil harmonisch sind. Wir betrachten nur reellwertige harmonische Funktionen.

Real- und Imaginärteile holomorpher Funktionen sind harmonische Funktionen. Umgekehrt ist auch jede harmonische Funktion zumindest lokal Real- bzw Imaginärteil einer holomorphen Funktion. Siehe dazu 4.6.3.

Z.B. ist $\log|z|$ in der gelochten Ebene $\mathbb{C}^*$ harmonisch. Jeder stetige Zweig von $\arg z$ ist in der geschlitzten Ebene $\mathbb{C} \setminus \mathbb{R}_{\le 0}$ harmonisch. Lokal sind dies Real- bzw Imaginärteil komplexer Logarithmusfunktionen.

4.6.1 Eigenschaften harmonischer Funktionen

1. Die in einem offenen Bereich D reellwertigen harmonischen Funktionen bilden einen Vektorraum über $\mathbb{R}$. Insbesondere ist mit $u, v\colon D \to \mathbb{R}$ harmonisch, $\alpha, \beta \in \mathbb{R}$ auch $\alpha u + \beta v$ harmonisch in D.

   Das Produkt harmonischer Funktionen ist i.a. nicht harmonisch.

   Ist $f\colon D \to D'$ holomorph und $u\colon D' \to \mathbb{R}$ harmonisch, so ist auch $u \circ f$ harmonisch.

2. Harmonische Funktionen sind beliebig oft stetig differenzierbar und reell analytisch.

3. Sei $G \subset \mathbb{C}$ ein konvexes Gebiet und u harmonisch in G. Dann ist u Realteil einer in G holomorphen Funktion f.

   Es reicht zu fordern, dass das Gebiet G *sternförmig* oder *einfach zusammenhängend* ist. Für beliebige Gebiete ist dies falsch!

   Zum Beispiel ist $u(x, y) := \frac{1}{2}\log(x^2 + y^2) = \log|z|$ in $\mathbb{C} \setminus \{0\}$ nur lokal der Realteil des komplexen Logarithmus $\log z$.

Viele Sätze über harmonische Funktionen kann man dadurch beweisen, dass man die zugehörigen holomorphen Funktionen betrachtet.

4. Der lokal gleichmäßige Limes einer Folge harmonischer Funktionen ist harmonisch.

   Konvergiert die Folge (u_n) von harmonischen Funktionen lokal gleichmäßig in D, so konvergiert auch die Folge (u'_n) der Ableitungen lokal gleichmäßig in D und zwar gegen die Ableitung der Grenzfunktion.
   Beweis siehe Aufgabe 9.6.H.

5. *Hebbarkeitssatz:*

   Sei $D \subset \mathbb{C}$ offen, $z_0 \in D$, u harmonisch in $D \setminus \{z_0\}$ und beschränkt in einer gelochten Umgebung von z_0. Dann lässt sich u als harmonische Funktion auf ganz D fortsetzen.
   Beweis siehe Aufgabe 9.6.I.

6. *Identitätssatz:*

   Seien u und v harmonisch im Gebiet $G \subset \mathbb{C}$. Stimmen u und v auf einer offenen Kreisscheibe in G überein, so gilt $u \equiv v$ in ganz G.

   Aber im Gegensatz zu holomorphen Funktionen können zwei verschiedene harmonische Funktionen durchaus etwa auf einer Geraden gleiche Werte haben. Z.B. stimmen die harmonischen Funktionen $u(x,y) := x$ und $v(x,y) := 0$ auf der imaginären Achse überein. Dagegen gilt:

   Sei $G \subset \mathbb{C}$ ein beschränktes Gebiet, u und v zwei in G harmonische Funktionen, die auf dem Rand ∂G noch stetig sind und dort übereinstimmen. Dann gilt $u = v$ in G.

   Dies folgt sofort aus dem Maximumprinzip 4.6.1.8.

7. Harmonische Funktionen besitzen die *Mittelwerteigenschaft:*

   Sei $G \subset \mathbb{C}$ offen, f harmonisch in G und $\overline{B_R}(z_0) \subset G$. Dann gilt

$$f(z_0) = \frac{1}{2\pi} \int_0^{2\pi} f\left(z_0 + r\,\mathrm{e}^{it}\right) dt \qquad \text{für alle } 0 \le r \le R\,. \tag{2}$$

   Es gilt auch die Umkehrung! (Aufgabe 9.6.J)

Satz: Eine stetige Funktion ist genau dann harmonisch, wenn sie die Mittelwerteigenschaft hat.

   Aus der Mittelwerteigenschaft folgt leicht das

8. *Maximumprinzip:*

   Sei $G \subset \mathbb{C}$ ein Gebiet und u harmonisch in G. Hat u in einem Punkt $z_0 \in G$ ein lokales Maximum (oder Minumum), so ist $u \equiv const$ in G.

9. *Harnacksches Prinzip:*

   Die Funktionen u_n seien im Gebiet $G \subset \mathbb{C}$ harmonisch. Die Folge (u_n) sei monoton wachsend, d.h. es gelte $u_n(z) \le u_{n+1}(z)$ für alle $z \in G$. Schließlich sei die Folge $(u_n(z_0))$ für ein $z_0 \in G$ konvergent.

   Dann konvergiert die Funktionenfolge (u_n) gleichmäßig in G.

4.6.2 Dirichlet-Problem und Poisson-Formel

Das Dirichlet-Problem besteht darin, in einem Gebiet G eine harmonische Funktion mit vorgegebenen Randwerten zu finden.

> *Dirichlet-Problem:*
> Sei $G \subset \mathbb{C}$ ein Gebiet und $\varphi\colon \partial G \to \mathbb{R}$ stetig.
> Gesucht ist eine in $\overline{G}$ stetige und in G harmonische Funktion $u\colon \overline{G} \to \mathbb{R}$ mit $u|_{\partial G} = \varphi$.

Oft werden auch unstetige Randwerte vorgegeben. Eine Lösung des Dirichlet-Problems soll dann nur bei Annäherung an einen Randpunkt $z \in \partial G$, in dem φ stetig ist, den Grenzwert $\varphi(z)$ haben. Bsp. siehe Aufgabe 9.6.L.

Eine Lösung des Dirichletproblems muss nicht immer existieren!

Sei zum Beispiel $G := \dot{\mathbb{E}} = \{0 < |z| < 1\}$ der gelochte Einheitskreis und $\varphi(0) := 1$ und $\varphi(z) := 0$ für $|z| = 1$. Eine Lösung dieses Dirichletproblems wäre auch im Nullpunkt harmonisch (siehe 4.6.1.5) und würde damit dem Maximumprinzip (4.6.1.8) widersprechen.

Für <u>beschränkte</u> Gebiete gibt es höchstens eine Lösung des Dirichletproblems.

Dies ist für unbeschränkte Gebiete falsch. Z.B. stimmen die in der rechten Halbebene harmonischen Funktionen $u(x,y) := x$ und $v :\equiv 0$ auf der imaginären Achse überein.

> *Satz:*
> Das Dirichlet-Problem ist stets dann lösbar, wenn das Komplement von G keine einelementigen Zusammenhangskomponenten besitzt.

Beweis siehe z.B. [AS, p.243].

In Kreisen liefert die Poissonformel eine Integraldarstellung für die Lösung des Dirichlet-Problems. Sie arbeitet mit dem sogenannten *Poissonkern* $P(\zeta, z)$. Er ist für den Kreis $B_R := \{\, z\,;\, |z| < R \,\}$, $z := r\,\mathrm{e}^{it}$ und $\zeta := R\,\mathrm{e}^{i\vartheta}$ definiert durch

$$
\begin{aligned}
P(\zeta, z) \;&:=\; \frac{1}{2\pi}\frac{|\zeta|^2 - |z|^2}{|\zeta - z|^2} \;=\; \frac{1}{2\pi}\frac{R^2 - r^2}{R^2 - 2Rr\cos(\vartheta - t) + r^2} \\
&=\; \mathrm{Re}\left(\frac{1}{2\pi}\frac{\zeta + z}{\zeta - z}\right)
\end{aligned} \tag{3}
$$

Für festes ζ ist $P(\zeta, z)$ eine in B_R harmonische Funktion von z. Dies folgt sofort daraus, dass $\frac{1}{2\pi}\frac{\zeta+z}{\zeta-z}$ als Funktion von z in B_R holomorph ist.

Für den Poissonkern gelten u.a. (siehe Aufgabe 9.6.D):

$$\int_0^{2\pi} P(R\,e^{i\vartheta}, z)\,d\vartheta \;=\; 1 \tag{4}$$

$$\frac{1}{2\pi}\frac{R-r}{R+r} \;\leq\; P(R\,e^{i\vartheta}, r\,e^{it}) \;\leq\; \frac{1}{2\pi}\frac{R+r}{R-r}\,. \tag{5}$$

Mit Hilfe des Poissonkerns kann man die Werte einer harmonischen Funktion im Kreisinneren durch ein Randintegral darstellen:

Poissonformel A:
Sei u eine auf der Kreisscheibe $\overline{B_R} = \{|z| \leq R\}$ stetige und in B_R harmonische Funktion. Dann gilt für alle $z \in B_R$:

$$u(z) \;=\; \int_0^{2\pi} u(\zeta)P(\zeta, z)\,d\vartheta \qquad (\zeta = R\,e^{i\vartheta})\,. \tag{6}$$

Zum Beweis siehe Aufgabe 9.6.K. Umgekehrt kann man mit Hilfe des Poissonkerns auch zu vorgegebenen stetigen Randwerten eine im Inneren harmonische Funktion konstruieren.

Poissonformel B:
Sei u auf dem Kreisrand $\partial B_R = \{|\zeta| = R\}$ stetig. Dann ist die durch

$$u(z) \;:=\; \int_0^{2\pi} u(\zeta)P(\zeta, z)\,d\vartheta \qquad (\zeta = R\,e^{i\vartheta})\,. \tag{7}$$

ins Innere fortgesetzte Funktion u in B_R harmonisch und in $\overline{B_R}$ stetig.

Eine Poisson-Formel für die obere Halbebene finden Sie in Aufgabe 9.6.M.

4.6.3 Konjugiert harmonische Funktionen

Definition:
Sei $G \subset \mathbb{C}$ ein Gebiet und u harmonisch in G. $v\colon G \to \mathbb{R}$ heißt *konjugiert harmonisch* zu u, wenn $f := u + iv$ holomorph in G ist.

Ist v konjugiert harmonisch zu u, so ist $-u$ konjugiert harmonisch zu v.

Eine harmonische Funktion muss keine konjugiert harmonische Funktion besitzen. Z.B. ist $u(z) := \log|z|$ in der gelochten Ebene $\mathbb{C}^* = \mathbb{C} \setminus \{0\}$ harmonisch. Eine konjugiert harmonische Funktion müsste bis auf eine additive Konstante mit $v(z) = \arg z$ übereinstimmen. Das Argument von z kann aber nicht stetig in $\mathbb{C}^*$ definiert werden.

In konvexen oder allgemeiner in sternförmigen oder einfach zusammenhängenden Gebieten besitzt eine harmonische Funktion stets eine konjugiert harmonische.

Sind v_1 und v_2 konjugiert harmonisch zu u, so ist $v_1 - v_2 \equiv const$.

$v\colon D \to \mathbb{R}$ ist genau dann konjugiert harmonisch zu einer harmonischen Funktion $u\colon D \to \mathbb{R}$, wenn v eine Lösung der Cauchy-Riemannschen Dgln

$$v_x = -u_y \quad \text{und} \quad v_y = u_x . \tag{8}$$

bzw eine Stammfunktion des Vektorfeldes $(-u_y, u_x)$ ist. Insbesondere stehen die Gradienten und damit die Niveaulinien konjugiert harmonischer Funktionen aufeinander senkrecht.

Zur Berechnung einer konjugiert harmonischen Funktion gibt es u.a. die folgenden zwei Möglichkeiten:

1. *Durch Integration längs geeigneter Wege:*

   Sei G einfach zusammenhängend, $z_0 \in G$ und $u\colon G \to \mathbb{C}$ harmonisch in G. Dann ist $v(z) := \displaystyle\int_{z_0}^{z} \big(-u_y\,dx + u_x\,dy\big)$ eine zu u konjugiert harmonische Funktion in G.

   Den Integrationsweg von z_0 nach z kann man dabei innerhalb von G frei wählen, z.B. längs eines Rechtwinkelzugs.

2. *Durch sukzessive unbestimmte Integration:*

   Sei G einfach zusammenhängend, $z_0 \in G$ und $u\colon G \to \mathbb{C}$ harmonisch in G.

   Unbestimmte Integration der ersten Cauchy-Riemann-Gleichung $v_x = -u_y$ nach x liefert: $v(x,y) = \int -u_y\,dx + g(y) \;=:\; v_1(x,y) + g(y)$.

   Dabei ist $\frac{\partial v_1}{\partial x} = -u_y$ und die „Integrationskonstante“ g eine Funktion von y. Einsetzen in die zweite Gleichung $v_y = u_x$ liefert $g' = u_x - \frac{\partial}{\partial y} v_1$ und die rechte Seite darf nur noch von y abhängen. Sonst erhält man einen Widerspruch, man hat sich verrechnet oder die gegebene Funktion u war gar nicht harmonisch.

   Nun integriert man die rechte Seite nach y und erhält g und damit v.

Beispiele finden Sie in Aufgabe 9.6.A. Siehe dazu auch Abschnitt [RA2 8.3.3].

Eine Integralformel für die konjugiert harmonische Funktion finden Sie in Aufgabe 9.6.K.

5 Geometrische Funktionentheorie

5.1 Lokales Verhalten

5.1.1 Winkeltreue

Holomorphe Funktionen sind winkeltreu außer in den Nullstellen ihrer Ableitung. Wann heißt eine Abbildung winkeltreu?

Definition:
Sei $G \subset \mathbb{C}$ ein Gebiet. Eine reell-differenzierbare Abbildung $f\colon G \to \mathbb{C}$ heißt *winkeltreu* im Punkt $z_0 \in G$, wenn sie die Winkel zwischen den Tangenten sich in z_0 schneidender Kurven erhält.

Zum Winkel zwischen komplexen Zahlen siehe Abschnitt 1.2.2.

Sei $f = u + iv\colon G \to \mathbb{C}$ eine reell-differenzierbare Abbildung und seien γ_1, γ_2 zwei glatte Kurven, die sich im Punkt $z_0 = \gamma_1(t_1) = \gamma_2(t_2) \in G$ schneiden. Der Winkel zwischen ihren Tangenten ist $\sphericalangle\left(\dot\gamma_1(t_1), \dot\gamma_2(t_2)\right)$. Der Winkel zwischen den Tangenten der Bildkurven $f \circ \gamma_j$ ist $\sphericalangle\left(J_f(z_0)\dot\gamma_1(t_1), J_f(z_0)\dot\gamma_2(t_2)\right)$. Dabei ist $J_f = \left(\begin{smallmatrix} u_x & u_y \\ v_x & v_y \end{smallmatrix}\right)$ die Jacobi-Matrix von f.

Für bijektive $\mathbb{R}$-lineare Abbildungen $\varphi\colon \mathbb{C} \to \mathbb{C}$ sind äquivalent:

1) φ ist winkeltreu.
2) Für die Matrix $\mathbf{M}_\varphi = \left(\begin{smallmatrix} a & b \\ c & d \end{smallmatrix}\right)$ von φ gilt entweder ($a = d$ und $b = -c$) oder ($a = -d$ und $b = c$).
3) φ ist entweder von der Form $\varphi(z) = az$ oder von der Form $\varphi(z) = a\overline{z}$ für ein festes $a \in \mathbb{C}$, $a \neq 0$.

   D.h. entweder φ oder $\overline{\varphi}$ sind $\mathbb{C}$-linear.
4) Es gibt ein reelles $s > 0$ derart, dass $\langle\varphi(z), \varphi(w)\rangle = s\langle z, w\rangle$ für alle $z, w \in \mathbb{C}$. Dabei ist $\langle z, w\rangle = xu + yv$ das Skalarprodukt der komplexen Zahlen (Vektoren) $z = x + iy = (x, y)$ und $w = u + iv = (u, v)$.

Daraus ergibt sich der folgende Satz über den Zusammenhang von Winkeltreue und Holomorphie:

Satz:
Eine reell-differenzierbare Abbildung f ist genau dann winkeltreu in z_0, wenn f oder $\overline{f}$ in z_0 komplex differenzierbar ist mit nicht verschwindender Ableitung. Sie ist in einem Gebiet G winkeltreu genau dann, wenn f in G holomorph oder antiholomorph ist mit nirgends verschwindender Ableitung.

Oder andersrum: f ist genau dann holomorph in G, wenn es eine in G diskrete Menge $S \subset G$ gibt und f in G reell stetig differenzierbar und in $G \setminus S$ winkel- und orientierungstreu ist.

Dabei heißt eine reell-differenzierbare Abbildung $f\colon G \to \mathbb{C}$ *orientierungstreu* im Punkt $z_0 \in G$, wenn ihre Funktionaldeterminante positiv ist:

$$f = u + iv \text{ ist orientierungstreu } :\Longleftrightarrow \det \begin{pmatrix} u_x & u_y \\ v_x & v_y \end{pmatrix} = u_x v_y - u_y v_x > 0 \,.$$

Winkel- und orientierungstreue bijektive Abbildungen heißen *konform*.

5.1.2 Ordnung einer holomorphen Funktion

Eine holomorphe Funktion besitzt in einem Punkt z_0 eine wohldefinierte Ordnung. Es gilt genauer:

> *Satz:*
> Sei $D \subset \mathbb{C}$ offen, $z_0 \in D$, $f\colon D \to \mathbb{C}$ holomorph und nicht konstant und $w_0 := f(z_0)$. Dann gibt es ein $n \in \mathbb{N}$ und eine in U holomorphe Funktion $g(z)$ derart, dass
>
> $$f(z) - w_0 = (z - z_0)^n g(z) \quad \text{und} \quad g(z_0) \neq 0 \,. \tag{1}$$
>
> n und g sind eindeutig bestimmt. n heißt die *Ordnung* der w_0-Stelle z_0 von f. Man sagt, w_0 wird von f in z_0 mit der Ordnung oder *Vielfachheit* n angenommen. Es ist $n = \min\{\, k \in \mathbb{N}\,;\, f^{(k)}(z_0) \neq 0 \,\}$.

Hat f in z_0 eine w_0-Stelle der Ordnung $n \geq 1$, so hat die Ableitung f' in z_0 eine Nullstelle der Ordnung $n-1$ und umgekehrt.

Hat f_1 in z_0 eine w_0-Stelle der Ordnung n_1 und f_2 in w_0 eine a-Stelle der Ordnung n_2, so hat $f_2 \circ f_1$ in z_0 eine a-Stelle der Ordnung $n_1 \cdot n_2$. Siehe dazu auch Aufgabe 10.1.B.

Weiteres zu Null- und Polstellenordnungen siehe Abschnitt 6.8.3.

Das geometrische Abbildungsverhalten einer holomorphen Funktion bei einer w_0-Stelle der Ordnung n beschreibt der folgende

> *Satz:*
> Sei f holomorph in einer Umgebung von z_0 und f habe in z_0 eine w_0-Stelle der Ordnung $n \geq 1$.
> Dann wird jeder Wert w aus einer Umgebung von w_0 in einer Umgebung von z_0 genau n-mal angenommen.
> Genauer: Es gibt ein $\delta > 0$ und eine Umgebung $U = U(z_0)$ derart, dass f jeden Wert $w \in \mathbb{C}$, $0 < |w - w_0| < \delta$ in genau n Stellen $z \in \dot{U}$ aus der gelochten Umgebung $\dot{U} = U \setminus \{z_0\}$ einfach annimmt. Das Urbild eines Radius R der δ-Umgebung von w_0 zerlegt U in n Sektoren, die jeweils bijektiv auf $U_\delta(w_0) \setminus R$ abgebildet werden. Man sagt, U wird durch f der δ-Umgebung von w_0 n-fach überlagert.

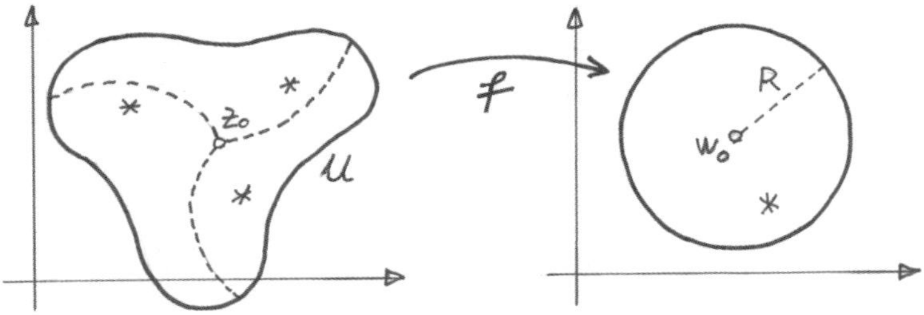

Ist f holomorph und $f'(z_0) \neq 0$, so ist f winkeltreu in z_0, sogar in einer ganzen Umgebung von z_0. In Nullstellen der Ableitung verhalten sich holomorphe Abbildungen nicht mehr konform. Es gilt:

> *Satz:*
> Ist f bei z_0 holomorph und z_0 eine $(n-1)$–fache Nullstelle von f', also eine n-fache $f(z_0)$–Stelle von f, so wird ein Winkel mit Spitze in z_0 auf einen n-fachen Winkel mit Spitze in $f(z_0)$ abgebildet.

Angenommen f hat in z_0 eine w_0-Stelle der Ordnung $n \geq 1$, also f' eine Nullstelle der Ordnung $n-1$. Dann gibt es eine Umgebung U von z_0, ein $r \in \mathbb{R}_{>0}$ und eine biholomorphe Abbildung $h\colon U \to B_r(0)$ derart, dass

$$f(z) - w_0 \;=\; \big(h(z)\big)^n \;. \tag{2}$$

h ist biholomorph, insbesondere also winkeltreu und bildet 0 auf 0 ab. Also ist $h(0) = 0$ und $h'(0) \neq 0$. Die n-te Potenz $\{\zeta \mapsto \zeta^n\}$ vergrößert Winkel in 0 auf das n-fache. Also werden Winkel in z_0 durch f auf den n-fachen Winkel in $w_0 = f(z_0)$ abgebildet.

5.2 Analytische Fortsetzung

Auf Grund des Identitätssatzes (4.2.7) sind analytische (d.h. holomorphe) Fortsetzungen längs eines Weges - wenn sie existieren - eindeutig bestimmt. Man definiert:

> *Definition:*
> Sei $\gamma\colon [a,b] \to \mathbb{C}$ ein Weg von z_0 nach z_1. Seien $f\colon B_\varepsilon(z_0) \to \mathbb{C}$ und $g\colon B_\delta(z_1) \to \mathbb{C}$ holomorph in gewissen Kreisscheiben B_ε, B_δ um z_0 bzw z_1.
> g heißt *analytische Fortsetzung* von f längs γ, wenn es eine Zerlegung $a = t_0 < t_1 < \ldots < t_n = b$ von $[a,b]$, Umgebungen U_k der Wegstücke $\gamma\left([t_{k-1}, t_k]\right)$ und holomorphe Funktionen $f_k\colon U_k \to \mathbb{C}$ derart gibt, dass:
> 1) $f_{k-1} = f_k$ in einer Umgebung von $\gamma(t_{k-1}) \in U_{k-1} \cap U_k$,
> 2) $f_1 = f$ in einer Umgebung von z_0 ,
> 3) $f_n = g$ in einer Umgebung von z_1 .

Ist z.B. $f(z) := \operatorname{Log} z$ der in einer Umgebung von $z_0 := 1$ definierte Hauptzweig des Logarithmus, so ist $g(z) := 2\pi i + \operatorname{Log} z$ analytische Fortsetzung von f längs des Einheitskreisrandes $\gamma(t) := \mathrm{e}^{it}$, $t \in [0, 2\pi]$. Siehe dazu Aufgabe 8.4.I. Andererseits ist $h(z) := -2\pi i + \operatorname{Log} z$ die analytische Fortsetzung von f längs des negativ durchlaufenen Einheitskreisrandes $\widetilde{\gamma}(t) := \mathrm{e}^{-it}$, $t \in [0, 2\pi]$.

Die analytische Fortsetzung von f längs γ hängt also - wenn sie existiert - nicht nur vom Endpunkt von γ , sondern auch vom Weg bzw seiner Homotopieklasse ab. Zum Homotopiebegriff siehe 1.5.8.

Monodromiesatz:
Seien $G \subset \mathbb{C}$ ein Gebiet und γ_1, γ_2 zwei Wege, die innerhalb von G von z_0 nach z_1 laufen. γ_1 und γ_2 seien in G homotop, d.h. es gibt eine stetige Deformation $\Phi\colon [0,1] \times [0,1] \to G$, so dass für alle $s, t \in [0,1]$ gilt:

$$\Phi(0,t) = \gamma_1(t)\ ; \quad \Phi(1,t) = \gamma_2(t)\ ; \quad \Phi(s,0) = z_0\ ; \quad \Phi(s,1) = z_1\ .$$

f sei in einer Umgebung von z_0 holomorph und längs jedes Deformationsweges $\gamma_s(t) = \Phi(s,t)$ nach z_1 analytisch fortsetzbar.
Dann stimmen alle diese Fortsetzungen in einer Umgebung von z_1 überein.

Ein Gebiet $G \subset \mathbb{C}$ ist genau dann einfach zusammenhängend, wenn in G je zwei Wege mit gleichem Anfangs- und Endpunkt homotop sind.

Aus dem Monodromiesatz folgt daher

Satz:
Sei $G \subset \mathbb{C}$ ein einfach zusammenhängendes Gebiet, $z_0 \in G$ und f in einer Kreisscheibe $B = B_\varepsilon(z_0)$ um z_0 holomorph. Ist f längs jedes von z_0 ausgehenden Weges in G analytisch fortsetzbar, so gibt es eine holomorphe Funktion $g\colon G \to \mathbb{C}$ mit $g\big|_U = f$

Eine spezielle Möglichkeit der analytischen Fortsetzung ist das

5.2.1 Spiegelungsprinzip

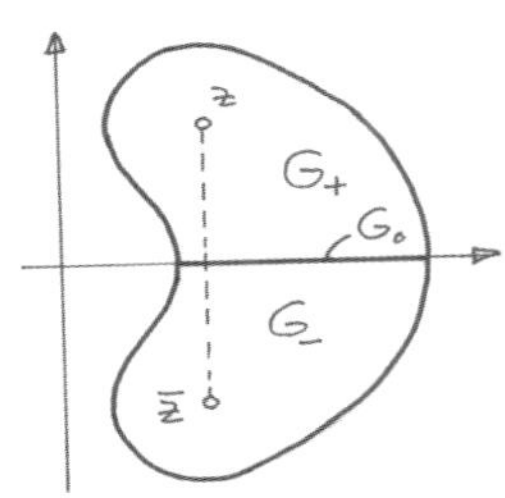

Sei $\emptyset \neq G \subset \mathbb{C}$ ein zur reellen Achse symmetrisches Gebiet, also $z \in G \Rightarrow \overline{z} \in G$. Weiter sei $G_+ := \{\, z \in G\,;\, \operatorname{Im} z > 0 \,\}$, $G_- := \{\, z \in G\,;\, \operatorname{Im} z < 0 \,\}$, $G_0 := G \cap \mathbb{R}$. Ist $f\colon G_+ \cup G_0 \to \mathbb{C}$ stetig, $f\big|_{G_+}$ holomorph und $f(G_0) \subset \mathbb{R}$, so ist die durch

$$\widehat{f}(z) := \begin{cases} f(z) & \text{für } z \in G_+ \cup G_0 \\ \overline{f(\overline{z})} & \text{für } z \in G_- \end{cases}$$

definierte Funktion $f\colon G \to \mathbb{C}$ holomorph. Beweis siehe Aufgabe 10.1.G.

Das Spiegelungsprinzip gilt entsprechend, wenn man die Spiegelung an der reellen Achse durch die Spiegelung an einem Kreisrand ersetzt.

5.3 Konforme Abbildungen

Definition:
Seien $G_1, G_2 \subset \mathbb{C}$ zwei Gebiete. Eine Abbildung $\varphi\colon G_1 \to G_2$ heißt *konform*, wenn φ bijektiv, winkel- und orientierungstreu ist.
Die konformen Abbildungen sind genau die *biholomorphen*, also die, die bijektiv und holomorph sind.
Konforme Abbildungen eines Gebietes G auf sich heißen *Automorphismen.*

Zur Winkeltreue siehe Abschnitt 5.1.1, zu Automorphismen siehe 5.3.2.

Die Umkehrabbildung einer konformen Abbildung ist natürlich auch konform.

Konforme Abbildungen sind Homöomorphismen, aber natürlich ist nicht jeder Homöomorphismus konform. Zum Beispiel wird durch $f(r\,\mathrm{e}^{it}) := \dfrac{r}{1+r}\,\mathrm{e}^{it}$ ein Homöomorphismus von $\mathbb{C}$ auf den Einheitskreis $\mathbb{E}$ definiert. Eine konforme Abbildung von $\mathbb{C}$ auf $\mathbb{E}$ kann es wegen des Satzes von Liouville (4.4) nicht geben.

Wichtige Beispiele konformer Abbildungen sind die Möbius-Abbildungen $T(z) = \dfrac{az+b}{cz+d}$. Siehe dazu Abschnitt 5.4.

Zwei Gebiete G_1 und G_2 heißen *konform äquivalent*, wenn es eine konforme Abbildung von G_1 auf G_2 gibt. Dadurch wird eine Äquivalenzrelation definiert und es stellt sich die Frage nach einfachen Repräsentanten der konformen Äquivalenzklassen. Besonders einfach ist die Situation bei ein- und zweifach-zusammenhängenden Gebieten.

Für einfach zusammenhängende Gebiete in $\mathbb{C}$ gibt es genau zwei konforme Äquivalenzklassen, nämlich $\{\mathbb{C}\}$ und $\{\mathbb{E}\}$. Dies besagt der

Riemannsche Abbildungssatz:
Jedes einfach zusammenhängende Gebiet $G \subset \mathbb{C}$, $G \neq \mathbb{C}$, kann konform (biholomorph) auf den Einheitskreis $\mathbb{E}$ abgebildet werden.

Für diese konforme Abbildung kann man noch einen Bildpunkt und eine Ableitungsrichtung, also drei reelle Parameter vorgeben. Es gilt also:

Satz:
Sei $G \subset \mathbb{C}$, $G \neq \mathbb{C}$ ein einfach zusammenhängendes Gebiet und $z_0 \in G$. Dann gibt es genau eine konforme Abbildung $f\colon G \to \mathbb{E}$ mit $f(z_0) = 0$ und $f'(z_0) > 0$.

Dass $\mathbb{C}$ und $\mathbb{E}$ nicht konform äquivalent sind, folgt aus dem Satz von Liouville (4.4).

Ein einfach zusammenhängendes Gebiet G heißt *Jordangebiet*, wenn sein Rand ∂G eine Jordankurve, also das topologische Bild einer Kreislinie ist. Konforme Abbildungen zwischen Jordangebieten kann man stetig auf den Rand fortsetzen, genauer:

Satz:
Seien G_1 und G_2 Jordangebiete in $\mathbb{C}$ und $f\colon G_1 \to G_2$ eine konforme Abbildung.
Dann kann f zu einem Homöomorphismus zwischen den abgeschlossenen Hüllen $\overline{G}_j = G_j \cup \partial G_j$ fortgesetzt werden.
Seien $G \subset \mathbb{C}$ ein Jordangebiet, $z_1, z_2, z_3 \in \partial G$ drei Randpunkte von G die bei positivem Umlauf des Randes ∂G aufeinander folgen, und $w_1, w_2, w_3 \in \partial\mathbb{E}$ drei ebensolche Randpunkte des Einheitskreises $\mathbb{E}$. Dann gibt es genau eine konforme Abbildung $f\colon G \to \mathbb{E}$, deren homöomorphe Fortsetzung $\hat{f}\colon \overline{G} \to \overline{\mathbb{E}}$ die vorgegebenen z_1, z_2, z_3 auf die w_1, w_2, w_3 abbildet.

Zum Beweis der Eindeutigkeitsaussage siehe Aufgabe 10.1.F.

Jedes zweifach zusammenhängende Gebiet G kann konform auf einen Kreisring $A(r, R) := \{\, z\,;\, r < |z| < R \,\}$ mit $0 \leq r < \infty$ und $0 < R \leq \infty$ abgebildet werden. Dabei ist der Modul $\mu(A) := R/r$ eindeutig bestimmt. Siehe dazu Aufgabe 10.1.D.

Jedes n-fach zusammenhängende Gebiet kann konform auf ein Parallel- oder Kreisschlitzgebiet abgebildet werden.

Zur Definition *n-fach zusammenhängender* Gebiete siehe 1.5.7.

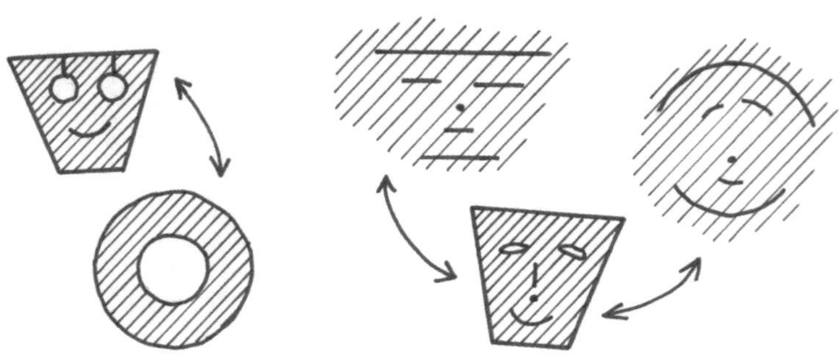

5.3.1 Beispiele konformer Abbildungen

Halbebene — *Kreis*

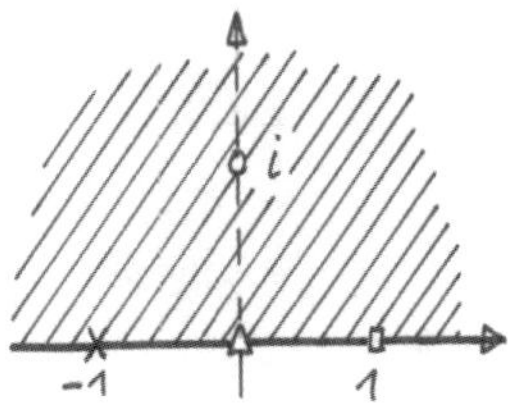

$$\xrightarrow{\qquad} \quad w = \frac{z-i}{z+i} \qquad z = i\,\frac{1+w}{1-w} \quad \xleftarrow{\qquad}$$

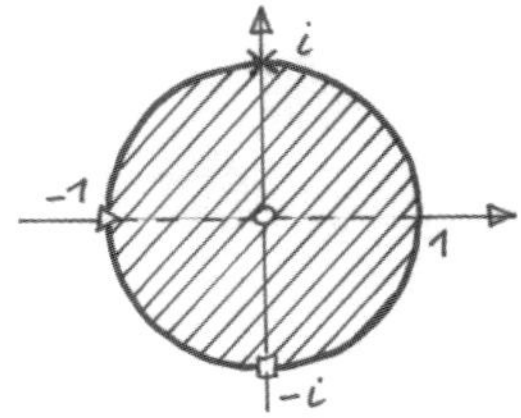

Kreissichel — *Winkelraum*

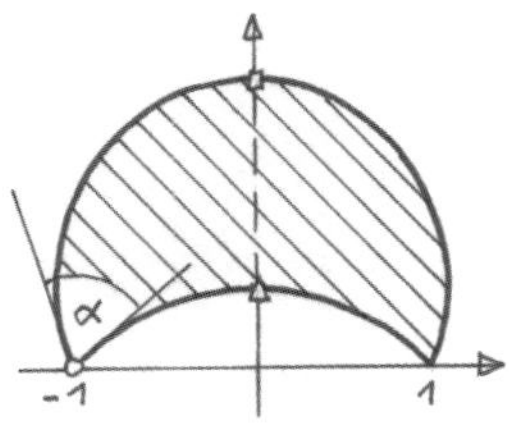

$$\xrightarrow{\qquad} \quad w = c\,\frac{1+z}{1-z} \qquad z = \frac{w-c}{w+c} \quad \xleftarrow{\qquad}$$

$$c := \frac{1-i\alpha}{1+i\alpha}$$

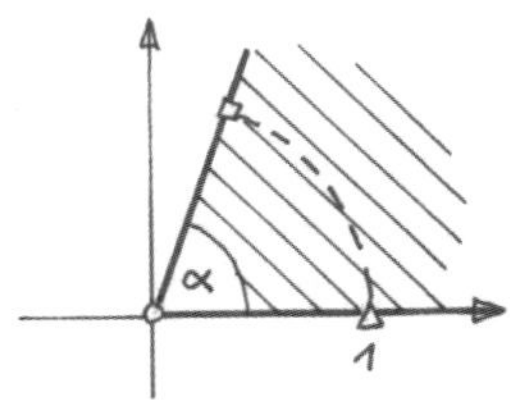

Winkelraum — *Halbebene*

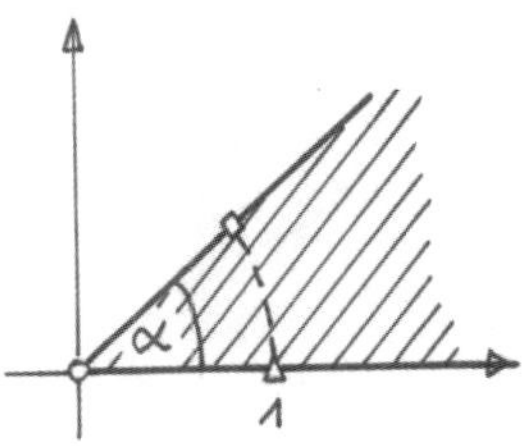

$$\xrightarrow{\qquad} \quad w = z^{\pi/\alpha} \qquad z = w^{\alpha/\pi} \quad \xleftarrow{\qquad}$$

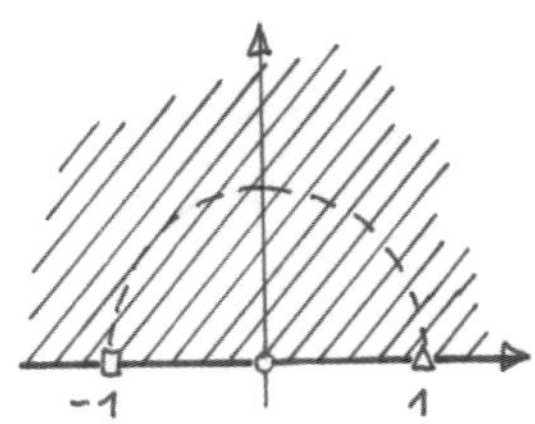

Halbkreis — *Viertelebene*

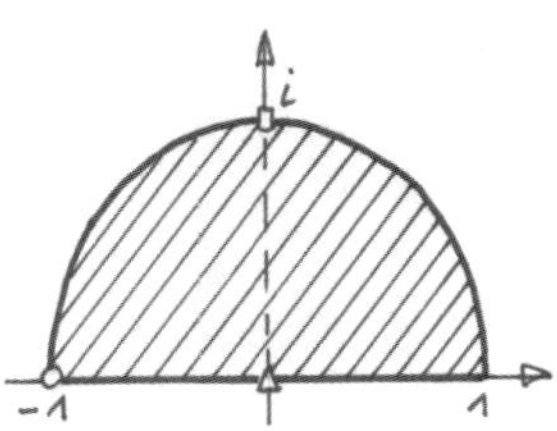

$$\xrightarrow{\qquad} \quad w = \frac{1+z}{1-z} \qquad z = \frac{w-1}{w+1} \quad \xleftarrow{\qquad}$$

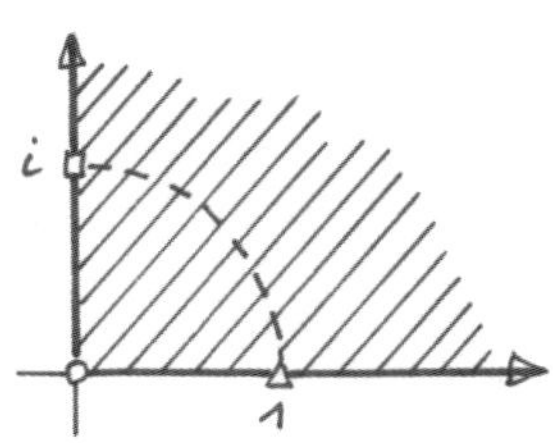

Halbkreis *Kreis*

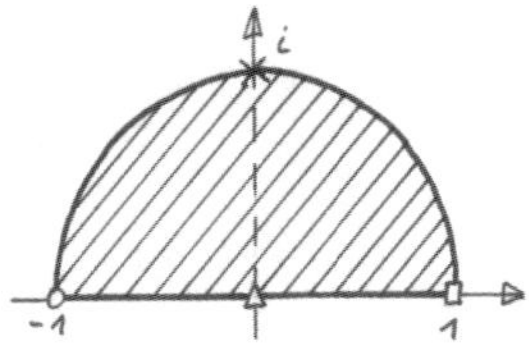

$$\xrightarrow{\hspace{3cm}}$$

$$w = \frac{(1+z)^2 - i(1-z)^2}{(1+z)^2 + i(1-z)^2}$$

$$z = \frac{\left(\frac{w+1}{i(w-1)}\right)^{1/2} - 1}{\left(\frac{w+1}{i(w-1)}\right)^{1/2} + 1}$$

$$\xleftarrow{\hspace{3cm}}$$

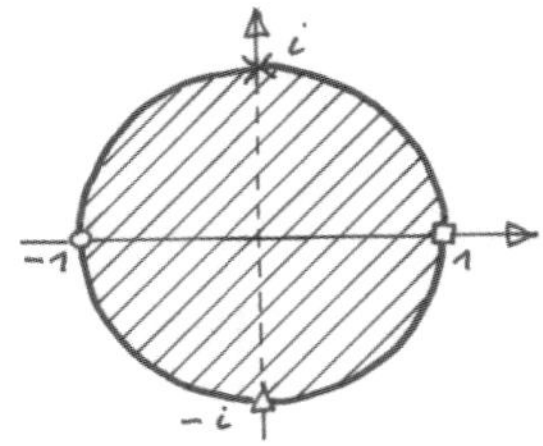

Mond *Parallelstreifen*

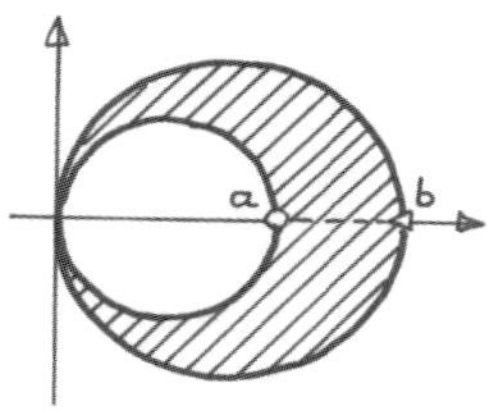

$$\xrightarrow{\hspace{3cm}}$$

$$w = \frac{\frac{1}{z} - \frac{1}{a}}{\frac{1}{b} - \frac{1}{a}}$$

$$z = \left[w\left(\tfrac{1}{b} - \tfrac{1}{a}\right) + \tfrac{1}{a}\right]^{-1}$$

$$\xleftarrow{\hspace{3cm}}$$

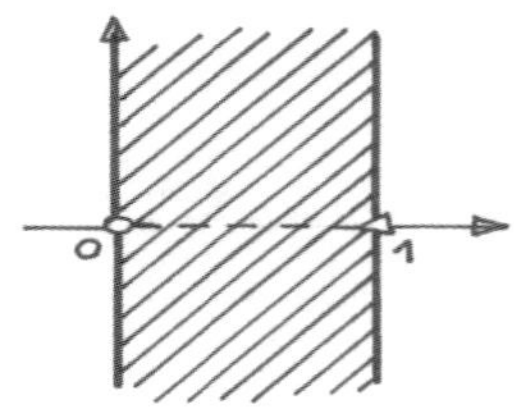

Geschlitzte Ebene *Kreis*

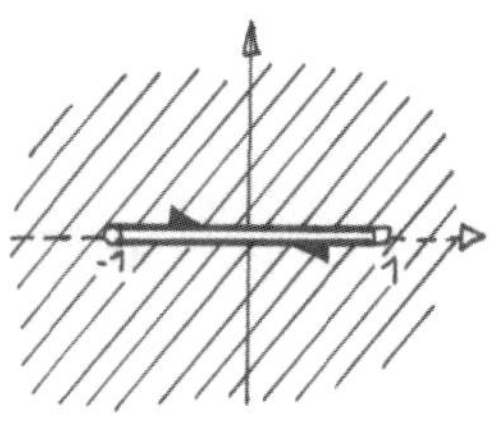

$$\xrightarrow{\hspace{3cm}}$$

$$w = z - \sqrt{z^2 - 1}$$

$$(\ |w| < 1!\ )$$

$$z = \tfrac{1}{2}\left(w + \tfrac{1}{w}\right)$$

$$\xleftarrow{\hspace{3cm}}$$

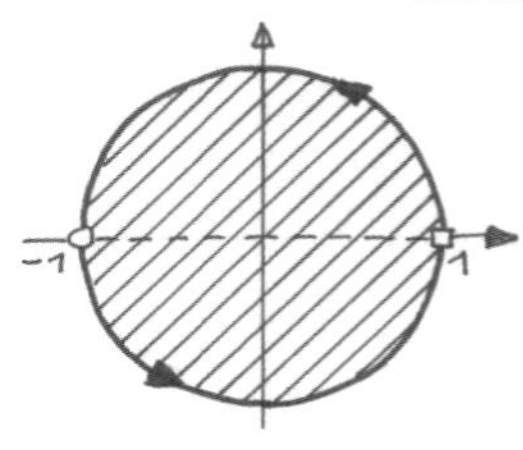

Geschlitzte Ellipse *Kreisring*

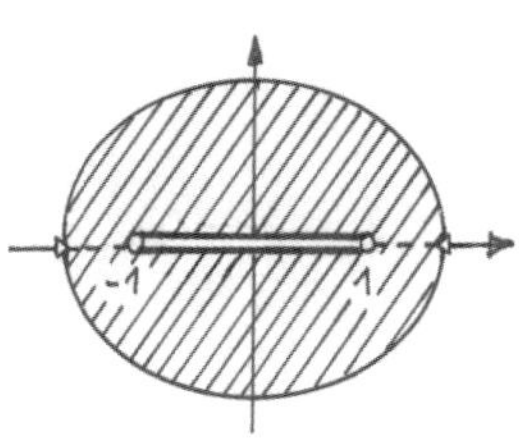

$$\xrightarrow{\hspace{3cm}}$$

$$w = z - \sqrt{z^2 - 1}$$

$$(\ |w| < 1!\ )$$

$$z = \tfrac{1}{2}\left(w + \tfrac{1}{w}\right)$$

$$\xleftarrow{\hspace{3cm}}$$

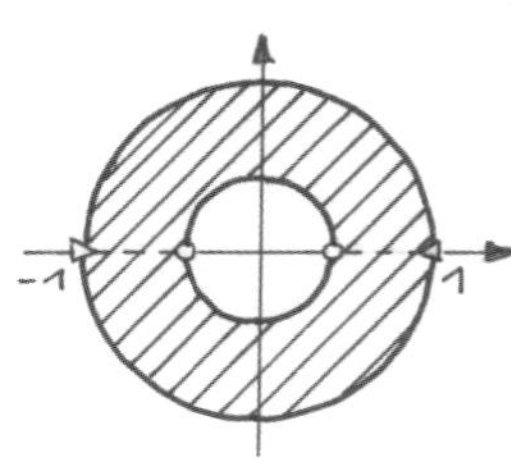

Parallelstreifen *Halbebene*

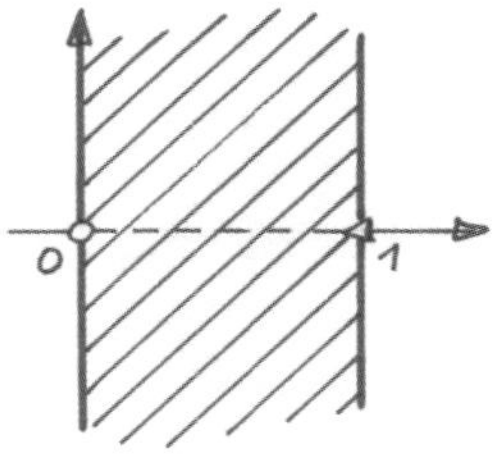

$$\xrightarrow{\qquad\qquad}$$
$$w = e^{i\pi z}$$
$$z = \frac{1}{i\pi}\log w$$
$$\xleftarrow{\qquad\qquad}$$

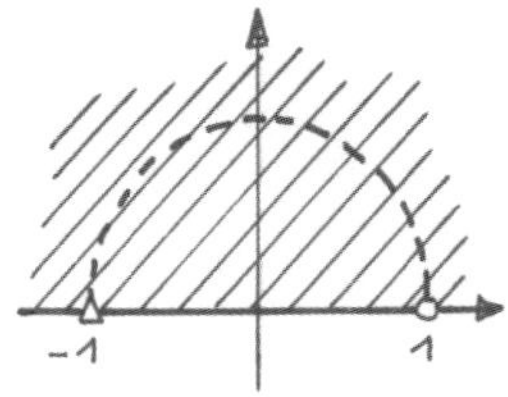

Parallelstreifen *Kreis*

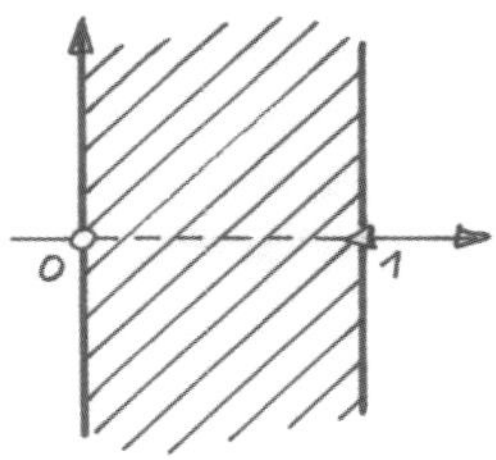

$$\xrightarrow{\qquad\qquad}$$
$$w = \tan\left[\tfrac{\pi}{2}(z - \tfrac{1}{2})\right]$$
$$z = \tfrac{1}{2} + \tfrac{1}{i\pi}\log\tfrac{1+iw}{1-iw}$$
$$\xleftarrow{\qquad\qquad}$$

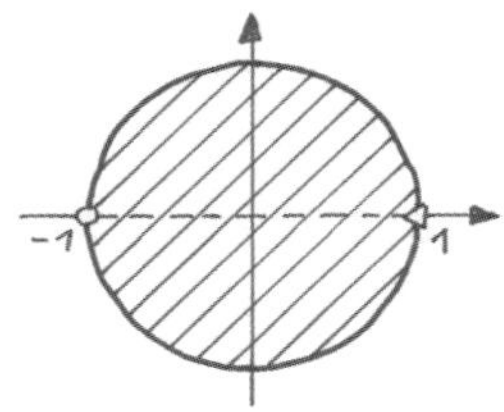

Rechteck *Halbkreis*

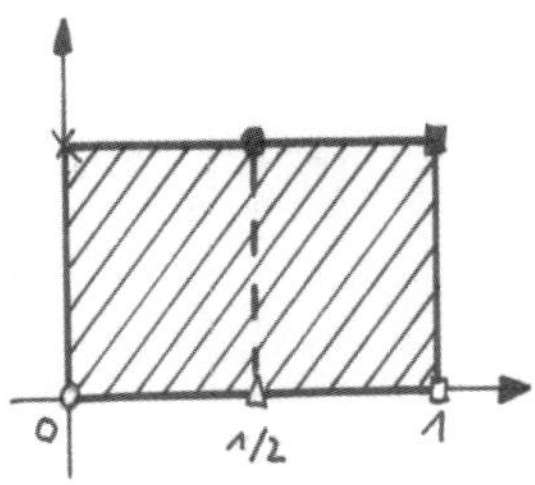

$$\xrightarrow{\qquad\qquad}$$
$$w = \cos\pi z$$
$$z = \tfrac{1}{\pi}\arccos w$$
$$\xleftarrow{\qquad\qquad}$$

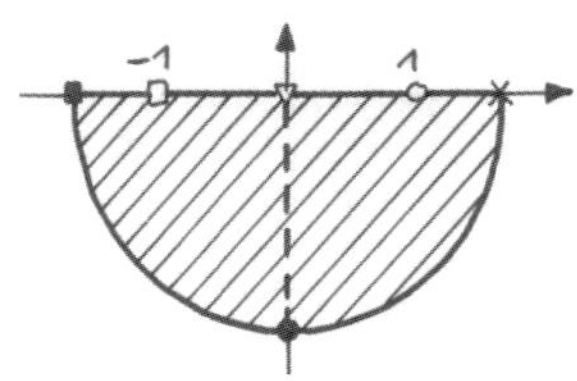

Halbebene *Rechteck*

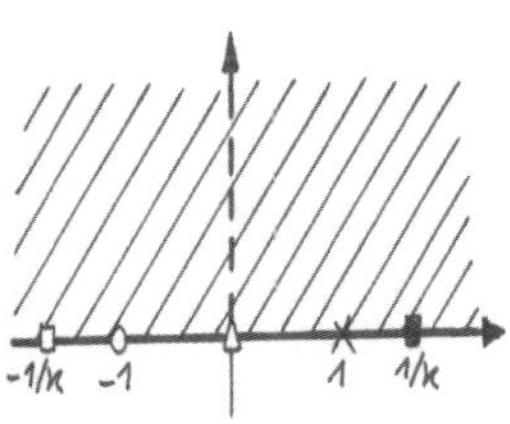

$$\xrightarrow{\qquad\qquad}$$
$$w = c\int_0^z \frac{d\zeta}{\sqrt{(1-\zeta^2)(1-\kappa^2\zeta^2)}}$$

Elliptisches Integral

$$\xleftarrow{\qquad\qquad}$$

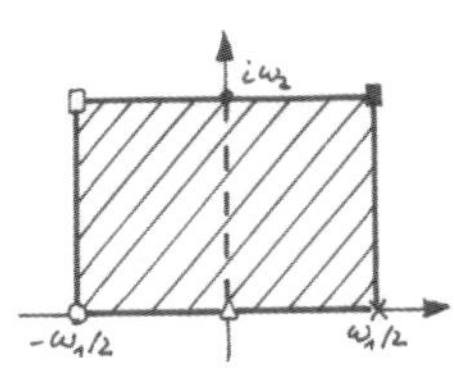

5.3.2 Automorphismen

Definition:
Ein Automorphismus eines Gebietes G ist eine konforme Abbildung von G auf sich.
Die Automorphismen eines Gebietes G bilden bzgl der Hintereinanderausführung eine Gruppe, die man meist mit $\mathrm{Aut}\,(G)$ bezeichnet. Das Einselement ist die Identität id_G .

Es gibt Gebiete, die nur die Identität als Automorphismus besitzen (siehe Aufgabe 10.1.J).

Sind zwei Gebiete konform äquivalent, so sind ihre Automorphismengruppen isomorph. Genauer: Seien $G_1, G_2 \subset \mathbb{C}$ zwei Gebiete und $\varphi\colon G_1 \to G_2$ eine konforme Abbildung. Dann ist

$$\Phi \;:=\; \begin{cases} \mathrm{Aut}\,(G_2) \to \mathrm{Aut}\,(G_1) \\ g \mapsto \varphi^{-1} \circ g \circ \varphi \end{cases} \tag{1}$$

ein Isomorphismus zwischen den Automorphismengruppen.

Ist $\varphi\colon G_1 \to G_2$ eine konforme Abbildung, so ist jede konforme Abbildung $\psi\colon G_1 \to G_2$ von der Form $\psi = g_2 \circ \varphi = \varphi \circ g_1$ mit geeigneten Automorphismen g_j von G_j.

Es gibt Gebiete mit isomorpher Automorphismengruppe, die nicht konform äquivalent sind. Z.B. sind zwei Kreisringe mit verschiedenen Moduln nicht konform äquivalent, haben aber isomorphe Automorphismengruppen. Siehe Aufgabe 10.1.D. Ein anderes Beispiel finden Sie in Aufgabe 10.1.J.

Für spezielle Gebiete kann man die Automorphismen leicht bestimmen. Beweise für die folgenden Ergebnisse finden Sie z.T. in Aufgabe 10.1.H.

1. Die Automorphismen der Zahlenkugel $\widehat{\mathbb{C}}$ sind genau die Möbius-Abbildungen (linearen Transformationen), also

   $$\mathrm{Aut}\,(\widehat{\mathbb{C}}) \;=\; \left\{ \frac{az+b}{cz+d}\,;\, a,b,c,d \in \mathbb{C},\ ad-bc \neq 0 \right\} .$$

   Dabei heißt f winkel- und orientierungstreu im Punkt ∞ bzw in einer Polstelle, wenn dies $f(1/z)$ bzw $1/f(z)$ im Nullpunkt ist.

2. Die Automorphismen der Ebene $\mathbb{C}$ sind genau die Möbius-Abbildungen der Form $\{z \mapsto az+b\}$, $a \neq 0$:

   $$\mathrm{Aut}\,(\mathbb{C}) \;=\; \{\, w = az+b\,;\, a,b \in \mathbb{C},\ a \neq 0 \,\} .$$

3. Die Automorphismengruppe der oberen Halbebene H ist

$$\operatorname{Aut}(H) = \left\{ w = \frac{\alpha z + \beta}{\gamma z + \delta}\,;\ \alpha, \beta, \gamma, \delta \in \mathbb{R},\ \alpha\delta - \beta\gamma > 0 \right\}.$$

4. Die Automorphismengruppe des Einheitskreises $\mathbb{E} = \{|z| < 1\}$ ist

$$\begin{aligned}\operatorname{Aut}(\mathbb{E}) &= \left\{ w = \frac{az + b}{\overline{b}z + \overline{a}}\,;\ a, b \in \mathbb{C},\ \det\begin{pmatrix} a & b \\ \overline{b} & \overline{a} \end{pmatrix} = |a|^2 - |b|^2 = 1 \right\} \\ &= \left\{ w = e^{i\alpha}\frac{z - z_0}{\overline{z_0}z - 1}\,;\ z_0 \in \mathbb{E},\ \alpha \in \mathbb{R} \right\}.\end{aligned}$$

5. Die Automorphismen des gelochten Einheitskreises $\mathbb{E}^* = \mathbb{E}\setminus\{0\}$ sind die Drehungen:

$$\operatorname{Aut}(\mathbb{E}^*) = \left\{ w = e^{i\alpha}z\,;\ \alpha \in \mathbb{R} \right\}.$$

6. Die Automorphismengruppe der gelochten Ebene $\mathbb{C}^* = \mathbb{C}\setminus\{0\}$ wird von den Drehungen $w = e^{i\alpha}z,\ \alpha \in \mathbb{R}$, und der Inversion $w = \frac{1}{z}$ erzeugt.

$$\operatorname{Aut}(\mathbb{C}^*) = \{ w = az\,;\ a \in \mathbb{C},\ a \neq 0 \} \cup \left\{ w = \frac{a}{z}\,;\ a \in \mathbb{C},\ a \neq 0 \right\}.$$

7. Die Automorphismengruppe des Kreisrings $A := \{ z\,;\ r < |z| < R \}$ mit den Radien $0 < r < R < \infty$ wird von den Drehungen $w = \mathrm{e}^{i\alpha}z,\ \alpha \in \mathbb{R}$, und der Inversion $w = \frac{rR}{z}$ erzeugt. Also

$$\operatorname{Aut}(A) = \left\{ w = e^{i\alpha}z\,;\ \alpha \in \mathbb{R} \right\} \cup \left\{ w = \frac{rR\,\mathrm{e}^{i\alpha}}{z}\,;\ \alpha \in \mathbb{R} \right\}.$$

5.4 Möbius-Abbildungen

Definition:
Sind $a, b, c, d \in \mathbb{C}$ und $\det\begin{pmatrix} a & b \\ c & d \end{pmatrix} = ad - bc \neq 0$, so heißt

$$T\colon \widehat{\mathbb{C}} \to \widehat{\mathbb{C}} \quad , \qquad T(z) \;=\; \frac{az+b}{cz+d} \tag{1}$$

eine *Möbius-Abbildung* oder auch *lineare Transformation.* Dabei wird T in ∞ und $-\frac{d}{c}$ chordal stetig ergänzt. Z.B. setzt man im Fall $c \neq 0$:

$$T(\infty) := \frac{a}{c} = \lim_{z\to\infty} \frac{az+b}{cz+d} \quad \text{und} \quad T(-\tfrac{d}{c}) := \infty\ . \tag{2}$$

Mit $\mathfrak{L}$ bezeichnen wir die Menge der Möbius-Abbildungen. Die Bedingung $\det\left(\begin{smallmatrix} a & b \\ c & d \end{smallmatrix}\right) = ad - bc \neq 0$ schließt die konstanten Abbildungen aus. Die Koeffizienten a, b, c, d einer Möbius-Abbildung kann man so normieren, dass $ad - bc = 1$ ist. Sie sind dann bis auf den gemeinsamen Faktor ± 1 eindeutig bestimmt.

Beispiele von Möbius-Abbildungen finden Sie in den Abschnitten 5.3.1 und 5.3.2.

Die Möbius-Abbildungen sind bijektive Abbildungen von $\widehat{\mathbb{C}}$ auf $\widehat{\mathbb{C}}$. Sie sind Homöomorphismen von $\widehat{\mathbb{C}}$ bzgl der chordalen Metrik.

Die Möbius-Abbildungen sind rationale Funktionen, also meromorph. Sie sind holomorph bis auf die einfache Polstelle $-\frac{d}{c}$ mit dem Residuum $-\frac{ad-bc}{c^2}$.

Sie sind genau die Automorphismen von $\widehat{\mathbb{C}}$, also die bijektiven, winkel- und orientierungstreuen Abbildungen von $\widehat{\mathbb{C}}$ auf sich.

Jede Möbius-Abbildung ist eine Verknüpfung von Drehstreckungen, Translationen und der Inversenabbildung $\{\zeta \mapsto \frac{1}{\zeta}\}$. Es gilt nämlich

$$\begin{aligned} T(z) \;&=\; \frac{a}{d}z + \frac{b}{d} \quad \text{für } c = 0 \quad \text{und} \\ T(z) \;&=\; \frac{az+b}{cz+d} \;=\; -\frac{ad-bc}{c}\cdot\frac{1}{cz+d} + \frac{a}{c} \quad \text{für } c \neq 0\ . \end{aligned} \tag{3}$$

5.4.1 Die Gruppe der Möbius-Abbildungen

Die Möbius-Abbildungen bilden eine Gruppe mit der Hintereinanderausführung als Verknüpfung. Für $S(z) = \dfrac{az+b}{cz+d}$ und $T(z) = \dfrac{pz+q}{rz+s}$ gilt

$$S^{-1}(w) \;=\; \frac{dw-b}{-cw+a} \quad \text{und} \quad S\circ T(z) \;=\; \frac{(ap+br)z + (aq+bs)}{(cp+dr)z + (cq+ds)}\ . \tag{4}$$

Mit $GL(2,\mathbb{C})$ bezeichnet man die Menge der invertierbaren komplexen $(2,2)$–Matrizen.

$$GL(2,\mathbb{C}) \;:=\; \left\{ \begin{pmatrix} a & b \\ c & d \end{pmatrix} \in \mathbb{C}^{2\times 2}\,;\, ad-bc \neq 0 \right\} . \tag{5}$$

Die Abbildung $\sigma\colon GL(2,\mathbb{C}) \to \mathfrak{L}$, $\sigma\begin{pmatrix} a & b \\ c & d \end{pmatrix}(z) := \dfrac{az+b}{cz+d}$ ist ein Gruppenhomomorphismus, d.h. es gilt

$$\sigma(\mathbf{AB}) \;=\; \sigma(\mathbf{A})\circ\sigma(\mathbf{B}) \quad \text{und} \quad \sigma(\mathbf{A}^{-1}) \;=\; (\sigma(\mathbf{A}))^{-1} \tag{6}$$

für alle Matrizen $\mathbf{A},\mathbf{B} \in GL(2,\mathbb{C})$.

Der Kern von σ besteht aus den nicht-trivialen Vielfachen der Einheitsmatrix:

$$\sigma\begin{pmatrix} a & b \\ c & d \end{pmatrix} = \mathrm{id} \iff \frac{az+b}{cz+d} \equiv z \iff \begin{pmatrix} a & b \\ c & d \end{pmatrix} = \begin{pmatrix} \lambda & 0 \\ 0 & \lambda \end{pmatrix} = \lambda\mathbf{E} \neq \mathbf{O} .$$

5.4.2 Abbildungsverhalten der Möbius-Abbildungen

1. Möbius-Abbildungen sind bijektiv, winkel- und orientierungstreu, also konforme Abbildungen der Zahlenkugel auf sich.

2. Seien z_1, z_2, z_3 und w_1, w_2, w_3 je drei verschiedene Punkte aus $\widehat{\mathbb{C}}$. Dann gibt es genau eine Möbius-Abbildung T mit $T(z_k) = w_k$ für $k = 1, 2, 3$.

   Sind die $z_k, w_j \in \mathbb{C}$, so kann man diese eindeutig bestimmte Möbius-Abbildung T z.B. dadurch bestimmen, dass man die Gleichung

$$\begin{aligned} DV(w,w_1,w_2,w_3) \;&=\; DV(z,z_1,z_2,z_3) \qquad \text{bzw} \\ \frac{w-w_2}{w-w_3}\cdot\frac{w_1-w_3}{w_1-w_2} \;&=\; \frac{z-z_2}{z-z_3}\cdot\frac{z_1-z_3}{z_1-z_2} \end{aligned} \tag{7}$$

   nach $w = T(z)$ auflöst. Beispiele siehe Aufgabe 10.2.B.

3. *Kreisverwandtschaft:*

   Möbius-Abbildungen bilden Kreise in $\widehat{\mathbb{C}}$ auf Kreise in $\widehat{\mathbb{C}}$ ab und zwar Kreisränder auf Kreisränder und Kreisscheiben auf Kreisscheiben. Dabei sind Geraden und Halbebenen in $\mathbb{C}$ Kreise und Kreisscheiben in $\widehat{\mathbb{C}}$. Dagegen wird der Kreismittelpunkt i.a. nicht auf den Mittelpunkt des Bildkreises abgebildet.

   Beweis siehe Aufgabe 10.2.G.

4. *Doppelverhältnis:*

   Seien $z_1, z_2, z_3 \in \widehat{\mathbb{C}}$ paarweise verschieden, $z \in \widehat{\mathbb{C}}$ und T diejenige (eindeutig bestimmte) Möbius-Abbildung mit $T(z_1) = 1$, $T(z_2) = 0$ und

$T(z_3) = \infty$. Dann ist das *Doppelverhältnis* von z, z_1, z_2, z_3 definiert als $DV(z, z_1, z_2, z_3) := T(z)$. Es gilt

$$DV(z, z_1, z_2, z_3) = \frac{z - z_2}{z - z_3} \cdot \frac{z_1 - z_3}{z_1 - z_2} \quad \text{für } z_k \in \mathbb{C} \tag{8}$$

$$DV(\infty, z_1, z_2, z_3) = \frac{z_1 - z_3}{z_1 - z_2}, \quad DV(z, \infty, z_2, z_3) = \frac{z - z_2}{z - z_3},$$
$$DV(z, z_1, \infty, z_3) = \frac{z_1 - z_3}{z - z_3}, \quad DV(z, z_1, z_2, \infty) = \frac{z - z_2}{z_1 - z_2}.$$

Doppelverhältnisse sind invariant unter Möbius-Abbildungen, d.h. es ist

$$DV(T(z), T(z_1), T(z_2), T(z_3)) = DV(z, z_1, z_2, z_3) \tag{9}$$

für jede Möbius-Abbildung T und verschiedene $z, z_1, z_2, z_3 \in \widehat{\mathbb{C}}$.

Sind z_1, z_2, z_3 verschieden, so gibt es genau einen Kreis $K := K(z_1, z_2, z_3)$ durch diese drei Punkte. $K(z_1, z_2, z_3)$ ist eine Gerade, falls $\infty \in \{z_1, z_2, z_3\}$. z liegt genau dann auf dem Kreis durch z_1, z_2, z_3 , wenn das Doppelverhältnis $DV(z, z_1, z_2, z_3)$ reell oder $= \infty$ ist.

Das *Innengebiet* des Kreises $K := K(z_1, z_2, z_3)$ ist die bei Durchlaufen von K von z_1 über z_2 nach z_3 links gelegene Zusammenhangskomponente von $\widehat{\mathbb{C}} \setminus K$. Das Doppelverhältnis $DV(z, z_1, z_2, z_3)$ hat genau dann positiven Imaginärteil, wenn z im Innengebiet des Kreises $K(z_1, z_2, z_3)$ liegt.

Siehe dazu auch Aufgabe 10.2.H.

5. *Spiegelpunkte:*

Sei K ein Kreis in $\widehat{\mathbb{C}}$ und T eine Möbius-Abbildung, die K auf die erweiterte reelle Achse $\widehat{\mathbb{R}}$ abbildet. Dann heißen z und z^* *Spiegelpunkte* bzgl K, wenn $T(z^*) = \overline{T(z)}$ ist. Diese Definition ist unabhängig von der gewählten Möbius-Abbildung T, d.h. gilt $T(z^*) = \overline{T(z)}$ für eine Möbius-Abbildung, die K auf $\widehat{\mathbb{R}}$ abbildet, dann für jede derartige Abbildung.

z und z^* sind genau dann Spiegelpunkte bzgl eines Kreises $K \subset \widehat{\mathbb{C}}$, wenn für je 3 verschiedene Punkte $z_1, z_2, z_3 \in K$ gilt

$$DV(z^*, z_1, z_2, z_3) = \overline{DV(z, z_1, z_2, z_3)} .$$

Ist $K = \partial B_R(z_0)$ der Kreis um z_0 mit dem Radius R, so sind z und z^* genau dann Spiegelpunkte bzgl K, wenn

$$|z - z_0| \cdot |z^* - z_0| = R^2 .$$

Das ergibt die nebenstehende geometrische Konstruktion des Spiegelpunktes z^* zu einem gegebenem Punkt z.

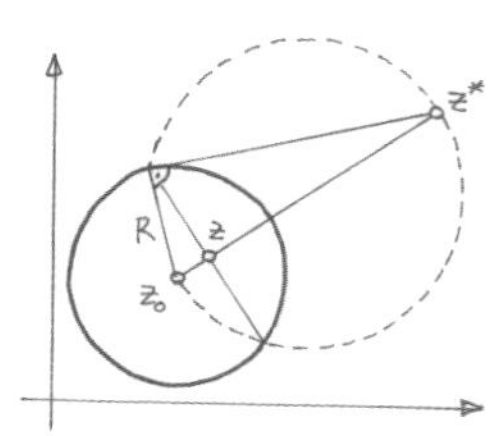

Möbius-Abbildungen bilden Spiegelpunkte auf Spiegelpunkte ab.
Genauer: Sind z und z^* Spiegelpunkte bzgl eines Kreises $K \subset \widehat{\mathbb{C}}$ und ist T irgendeine Möbius-Abbildung, so sind die Bildpunkte $T(z)$ und $T(z^*)$ Spiegelpunkte bzgl des Bildkreises $T(K)$.

Siehe dazu auch Aufgabe 10.2.I.

5.4.3 Fixpunkte und Klassifizierung von Möbius-Abbildungen

Siehe dazu Aufgabe 10.2.J.

Möbius-Abbildungen $T \neq \text{id}$ haben mindestens einen und höchstens zwei Fixpunkte in $\widehat{\mathbb{C}}$. Im folgenden sei stets $T \neq \text{id}$.

Hat T zwei Fixpunkte z_1, z_2 und liegen diese in $\mathbb{C}$, so gibt es ein $\mu \in \mathbb{C}^*$ mit

$$\frac{T(z) - z_1}{T(z) - z_2} = \mu \frac{z - z_1}{z - z_2} . \tag{10}$$

Hat T die Fixpunkte ∞ und $z_1 \in \mathbb{C}$, so gibt es ein $\mu \in \mathbb{C}^*$ mit

$$T(z) - z_1 = \mu \left(z - z_1\right) . \tag{11}$$

Eine *elliptische* Transformation ist eine Möbius-Abbildung mit zwei Fixpunkten, für die der Parameter μ den Betrag $|\mu| = 1$ hat. Bei einer elliptischen Transformation mit den zwei Fixpunkten $z_1, z_2 \in \mathbb{C}$ gehen die Kreise $\left|\frac{z - z_1}{z - z_2}\right| = c$ in sich über (aber natürlich nicht punktweise). Sie sind sog. *Fixkreise.* Eine elliptische Transformation mit den zwei Fixpunkten ∞ und $z_1 \in \mathbb{C}$ ist eine Drehung um z_1. Sie besitzt die Kreise $|z - z_1| = c$ als Fixkreise.

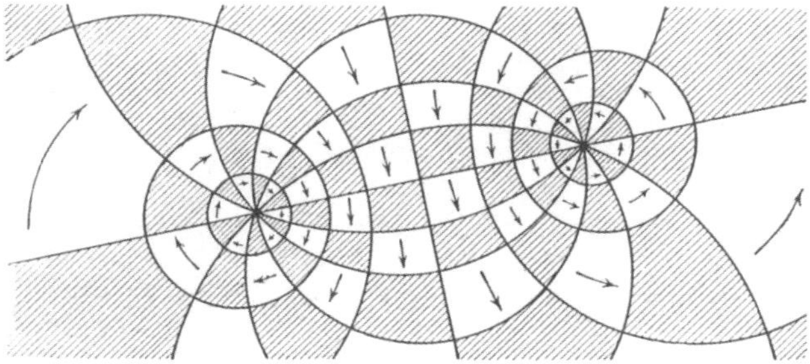

Eine *hyperbolische* Transformation ist eine Möbius-Abbildung mit zwei Fixpunkten, für die der Parameter μ reell und positiv ist. Eine hyperbolische Transformation mit den zwei Fixpunkten z_1, z_2 führt die Kreise (bzw Geraden) durch z_1 und z_2 in sich über.

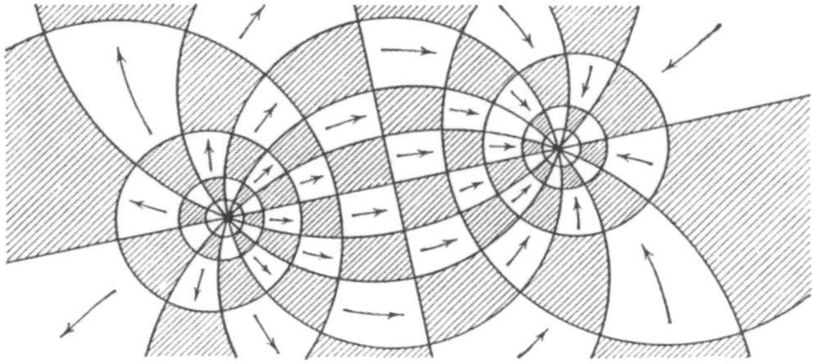

Eine Möbiusabbildung T heißt *loxodromisch*, wenn T zwei Fixpunkte hat und weder elliptisch, noch hyperbolisch ist.

Möbiusabbildungen mit nur einem Fixpunkt heißen *parabolisch*. Liegt dieser Fixpunkt $z_0 \in \mathbb{C}$, so gibt es ein $\lambda \in \mathbb{C}$ mit

$$\frac{1}{T(z) - z_0} = \frac{1}{z - z_0} + \lambda \, . \tag{12}$$

T bildet Kreise durch z_1 mit Tangentenrichtung $1/\lambda$ in sich ab.

Hat T den Punkt ∞ als einzigen Fixpunkt in $\widehat{\mathbb{C}}$, so gibt es ein $\lambda \in \mathbb{C}$ mit $T(z) = z + \lambda$. Die Geraden mit Richtungsvektor λ werden in sich abgebildet.

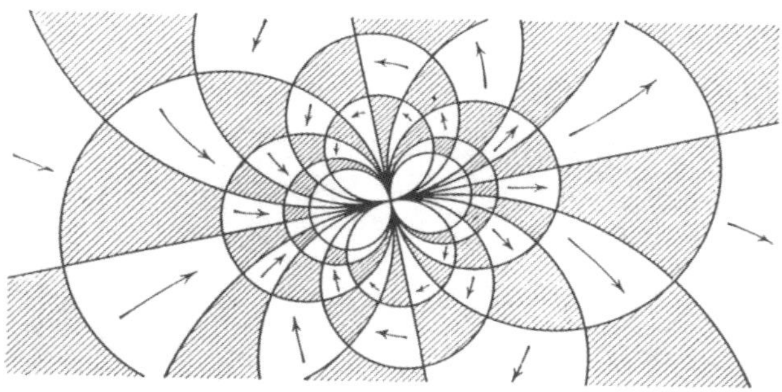

Man kann den Typ einer Möbiusabbildung T bequem aus der Normalform von T ablesen. Es gilt:

Satz:

Sei $T(z) = \dfrac{az+b}{cz+d}$ mit $ad - bc = 1$ und $T \neq \mathrm{id}$. Dann ist T

1) elliptisch, wenn $a + d \in \mathbb{R}$ und $|a + d| < 2$ ist,
2) parabolisch, wenn $a + d \in \mathbb{R}$ und $|a + d| = 2$ ist,
3) hyperbolisch, wenn $a + d \in \mathbb{R}$ und $|a + d| > 2$ ist,
4) loxodromisch, wenn $a + d \notin \mathbb{R}$ ist.

6 Isolierte Singularitäten

6.1 Laurentreihen

Definition:
Für $k \in \mathbb{Z}$ sei $a_k \in \mathbb{C}$. Dann heißt $\sum_{k=-\infty}^{\infty} a_k(z-z_0)^k$ eine *Laurentreihe* um z_0 mit den Koeffizienten a_k.

Der Abschnitt mit negativen Exponenten, also $\sum_{k=-\infty}^{-1} a_k(z-z_0)^k$ heißt *Hauptteil*, der Abschnitt $\sum_{k=0}^{\infty} a_k(z-z_0)^k$ heißt *Nebenteil* der Laurentreihe. Der Nebenteil ist eine normale Potenzreihe.

Potenzreihen sind spezielle Laurentreihen.

Eine Laurentreihe konvergiert in einem Punkt $z \in \mathbb{C}$ genau dann, wenn dort sowohl der Haupt-, als auch der Nebenteil konvergiert.

Potenzreihen konvergieren in Kreisscheiben.
Laurentreihen konvergieren in Kreisringen. Genauer:

Satz:
Zu jeder Laurentreihe gibt es zwei Radien $0 \le R_1 \le R_2 \le \infty$ derart, dass sie im Kreisring $A = \{R_1 < |z-z_0| < R_2\}$ normal, insbesondere also kompakt und absolut konvergiert und für alle z mit $|z-z_0| < R_1$ oder $|z-z_0| > R_2$ divergiert.
Auf den Rändern $\{|z-z_0| = R_1\}$ und $\{|z-z_0| = R_2\}$ kann sowohl Konvergenz, als auch Divergenz vorliegen.

Im Fall $R_1 = R_2$ kann der Konvergenzbereich leer sein.

Interessant ist nur der Fall $R_1 < R_2$. In diesem Fall konvergiert die Laurentreihe im offenen Kreisring $A := \{R_1 < |z-z_0| < R_2\}$ normal gegen eine in A holomorphe Funktion. Für $R_1 = 0$ ist A eine gelochte Kreisscheibe um z_0. Für $R_2 = \infty$ ist A das Äußere eines Kreises um z_0. Für $R_1 = 0$ und $R_2 = \infty$ ist $A = \mathbb{C}^* = \mathbb{C} \setminus \{z_0\}$ die gelochte Ebene.

Zum Beweis und zur Bestimmung der Radien R_1 und R_2 mit Hilfe der Formel von Cauchy-Hadamard siehe Aufgabe 11.1.H.

6.1.1 Laurentreihe einer in einem Kreisring holomorphen Funktion

Jede in einem Kreisring $A := \{R_1 < |z-z_0| < R_2\}$ holomorphe Funktion ist in eine in A normal konvergente Laurentreihe entwickelbar und diese ist eindeutig bestimmt. Genauer:

Satz:
Sei $0 \leq R_1 < R_2 \leq \infty$. Ist f in $A := \{R_1 < |z - z_0| < R_2\}$ holomorph und r ein Radius mit $R_1 < r < R_2$, so gilt für alle $z \in A$:

$$f(z) = \sum_{k=-\infty}^{\infty} a_k(z - z_0)^k \quad \text{mit} \quad a_k = \frac{1}{2\pi i} \int_{|z-z_0|=r} \frac{f(\zeta)}{(\zeta - z_0)^{k+1}} \, d\zeta \, .$$

Diese Reihe heißt die *Laurentreihe von f im Kreisring A*. Sie konvergiert normal, insbesondere also kompakt und absolut im größten Kreisring mit Mittelpunkt z_0, in den f holomorph fortgesetzt werden kann und der den Kreisrand $\{|z - z_0| = r\}$ enthält.

6.1.2 Laurententwicklung um eine isolierte Singularität

Sei $z_0 \in \mathbb{C}$ eine isolierte Singularität von f, d.h. f ist in einer gelochten Kreisscheibe $\dot{B}_r(z_0) = \{0 < |z - z_0| < r\}$ holomorph. Dann kann f in $\dot{B}_r(z_0)$ in eine Laurentreihe entwickelt werden. Diese Laurentreihe heißt die *Laurententwicklung (Laurentreihe)* von f um z_0 .

Der Koeffizient a_{-1} dieser Reihe ist das Residuum von f in z_0.

Isolierte Singularitäten kann man mit Hilfe der Laurentreihen klassifizieren:

1. z_0 ist genau dann *hebbare Singularität* von f, wenn der Hauptteil der Laurentreihe von f um z_0 verschwindet. In diesem Fall kann f in z_0 holomorph ergänzt werden und die Laurentreihe von f um z_0 ist eine Potenzreihe, nämlich die Taylorreihe von f um z_0 .

2. z_0 ist genau dann ein *Pol* von f, wenn der Hauptteil der Laurentreihe von f um z_0 nicht identisch verschwindet, aber abbricht (d.h. nur endlich viele Summanden sind $\neq 0$) .

3. z_0 ist genau dann eine *wesentliche Singularität* von f, wenn der Hauptteil nicht abbricht.

Genaueres im folgenden Abschnitt:

6.2 Isolierte Singularitäten

Definition:
Ist $D \subset \mathbb{C}$ offen, $z_0 \in D$ und $f \colon D \setminus \{z_0\} \to \mathbb{C}$ holomorph, so heißt z_0 *isolierte Singularität* von f.
∞ heißt isolierte Singularität von f, wenn f außerhalb einer Kreisscheibe, also in einer Menge der Form $\{|z| > R\}$ holomorph ist.
Siehe dazu Abschnitt 6.2.4.

Ist $z_0 \in \mathbb{C}$ isolierte Singularität von f, so lässt sich f in einer gelochten Kreisscheibe $\{0 < |z - z_0| < r\}$ in eine Laurent-Reihe $f(z) = \sum_{k=-\infty}^{\infty} a_k(z - z_0)^k$ entwickeln (siehe Abschnitt 6.1.2).

Man unterscheidet drei Sorten isolierter Singularitäten - *hebbare, Pole* und *wesentliche*. Man kann sie nach ihrem Werteverhalten und nach der Art ihrer Laurentreihe unterscheiden.

6.2.1 Hebbare Singularitäten

> *Definition:*
> Eine isolierte Singularität $z_0 \in \mathbb{C}$ von f heißt *hebbar*, wenn f in den Punkt z_0 holomorph fortgesetzt werden kann.
> Eine isolierte Singularität z_0 von f ist genau dann hebbar, wenn der Hauptteil der Laurentreihe von f um z_0 verschwindet, also wenn die Laurentreihe von f um z_0 eine Potenzreihe ist.

Zum Beispiel hat $f(z) := \dfrac{\sin z}{z}$ eine hebbare Singularität in $z_0 := 0$.

z_0 ist genau dann eine hebbare Singularität für f, wenn f in einer gelochten Umgebung von z_0 holomorph ist und der Grenzwert $\lim\limits_{z \to z_0} f(z) \in \mathbb{C}$ existiert. In diesem Fall ist die durch $f(z_0) := \lim\limits_{z \to z_0} f(z)$ nach z_0 fortgesetzte Funktion f in z_0 holomorph. Diese holomorphe *Fortsetzung* bzw *Ergänzung* wird meist stillschweigend vorgenommen und nicht extra erwähnt.

Lax ausgedrückt: *'Hebbare Singularitäten sind keine'*.

Für die Hebbarkeit von z_0 reicht es, dass f in einer gelochten Umgebung von z_0 beschränkt ist. Dies besagt:

> *Riemannscher Hebbarkeitssatz:*
> Sei z_0 eine isolierte Singularität von f und f in einer gelochten Umgebung von z_0 beschränkt. Dann kann f in z_0 holomorph ergänzt werden.

Beweisidee: Sei f in einer gelochten Umgebung $\dot{U}$ von z_0 holomorph und beschränkt. Dann betrachte man die Funktionen

$$g(z) := (z - z_0)f(z) \quad \text{für} \quad z \in \dot{U} \,, \quad g(z_0) := 0 \tag{1}$$

und $h(z) := (z - z_0)g(z)$. Man zeigt, dass h in z_0 komplex differenzierbar ist und daher um z_0 in eine Potenzreihe entwickelt werden kann.
Wegen $h(z_0) = h'(z_0) = 0$ ist diese von der Form

$$h(z) = \sum_{k=2}^{\infty} a_k(z - z_0)^k = (z - z_0)^2 \sum_{k=0}^{\infty} a_{k+2}(z - z_0)^k \,. \tag{2}$$

Wegen $h(z) = (z-z_0)^2 f(z)$ ist $\sum_{k=0}^{\infty} a_{k+2}(z-z_0)^k$ die holomorphe Fortsetzung von f in einer Umgebung von z_0.

Eine leichte Folgerung (Übungsaufgabe) ist der

> *Satz:*
> Ist f in D stetig und holomorph bis auf eine in D diskrete Punktmenge S, so ist f in ganz D holomorph. Beweis siehe Aufgabe 8.7.G.

Ein analoger *Hebbarkeitssatz* gilt auch für Geraden.

6.2.2 Pole

> *Definition:*
> Eine isolierte Singularität $z_0 \in \mathbb{C}$ von f heißt *Pol* von f, wenn z_0 nicht hebbar ist, aber ein $m \geq 1$ existiert, so dass $(z-z_0)^m f(z)$ eine hebbare Singularität in z_0 hat. Das kleinste derartige m heißt die *Ordnung* $\nu(f, z_0)$ *des Poles* z_0.
> Eine isolierte Singularität $z_0 \in \mathbb{C}$ von f ist genau dann ein Pol von f, wenn die Laurentreihe von f um z_0 einen endlichen, nicht verschwindenden Hauptteil besitzt, wenn es also ein $m > 0$ und $r > 0$ gibt derart, dass $a_{-m} \neq 0$ und
> $f(z) = \sum_{k=-m}^{\infty} a_k(z-z_0)^k$ für alle z mit $0 < |z-z_0| < r$.
> Dies m ist die Polordnung von f in z_0.

Es gibt weitere Charakterisierungen von Polstellen. Im folgenden sei $z_0 \in \mathbb{C}$ eine isolierte Singularität von f. Dann gilt:

1. z_0 ist genau dann ein *Pol* von f, wenn $|f(z)| \to \infty$ für $z \to z_0$.

   In diesem Fall wird f durch $f(z_0) := \infty$ im Sinne der chordalen Metrik zu einer stetigen Funktion $f\colon U \to \widehat{\mathbb{C}}$ von einer Umgebung U von z_0 in die Zahlenkugel $\widehat{\mathbb{C}}$ fortgesetzt.

2. z_0 ist genau dann ein Pol von f, wenn $1/f$ in z_0 eine hebbare Singularität mit $\lim\limits_{z\to z_0} \dfrac{1}{f(z)} = 0$ hat.

   Kurz: *Die Pole von f sind die Nullstellen von $1/f$ und umgekehrt.*

   In diesem Sinn hat f in z_0 genau dann einen Pol m-ter Ordnung, wenn $1/f$ in z_0 eine Nullstelle m-ter Ordnung hat.

3. z_0 ist genau dann ein Pol von f, wenn es ein $m \in \mathbb{N}$ und eine in einer Umgebung von z_0 holomorphe Funktion g gibt derart, dass $g(z_0) \neq 0$ und $f(z) = \dfrac{1}{(z-z_0)^m} g(z)$. Dies m ist die *Ordnung* der Polstelle z_0.

Sei z_0 eine Polstelle von f_1 der Ordnung $m_1 = \nu(f_1, z_0)$ und auch eine Polstelle von f_2 der Ordnung m_2. Dann gelten die Rechenregeln (siehe auch 6.8.3):

$$\nu(f_1 \cdot f_2, z_0) = m_1 + m_2 \tag{3}$$
$$\nu(f_1 + f_2, z_0) \leq \max\{m_1, m_2\} \tag{4}$$
$$\nu(f_1 + f_2, z_0) = \max\{m_1, m_2\} \text{ falls } m_1 \neq m_2 \tag{5}$$
$$\nu(f_1', z_0) = m_1 + 1 \tag{6}$$

6.2.3 Wesentliche Singularitäten

Definition:
Eine isolierte Singularität z_0 von f heißt *wesentliche Singularität* von f, wenn z_0 weder hebbar noch Polstelle von f ist.
$z_0 \in \mathbb{C}$ ist genau dann eine wesentliche Singularität von f, wenn der Hauptteil der Laurentreihe von f um z_0 nicht abbricht.
In diesem Fall ist also $f(z) = \sum_{k=-\infty}^{\infty} a_k(z-z_0)^k$ in einer gelochten Kreisscheibe um z_0 und für unendlich viele Indizes $k < 0$ gilt $a_k \neq 0$.

$z_0 \in \mathbb{C}$ ist genau dann eine wesentliche Singularität von f, wenn der Grenzwert $\lim_{z \to z_0} f(z)$ weder im eigentlichen, noch im uneigentlichen Sinn existiert.
In diesem Fall ist das Werteverhalten von f in der Umgebung von z_0 'stark pathologisch'. Z.B. gilt der

Satz von Casorati-Weierstraß:
Ist z_0 eine wesentliche Singularität von f, so kommt f in jeder Umgebung von z_0 jedem Wert $w \in \mathbb{C}$ beliebig nahe, d.h.:

$$\forall w \in \mathbb{C} \ \forall \varepsilon > 0 \ \forall \delta > 0 \ \exists z \ : \ 0 < |z - z_0| < \delta \text{ und } |f(z) - w| < \varepsilon \ .$$

Zum Beweis siehe Aufgabe 11.1.J. Übrigens kommt eine Funktion in jeder Umgebung einer wesentlichen Singularität auch jedem Wert aus $\widehat{\mathbb{C}}$ (im Sinne der chordalen Metrik) beliebig nahe.

Darüberhinaus gilt:

'Großer' Satz von Picard:
Sei z_0 eine wesentliche Singularität von f. Dann nimmt f in jeder Umgebung von z_0 jeden Wert $w \in \mathbb{C}$ mit höchstens einer Ausnahme unendlich oft als Wert an.

Zum Beispiel besitzt $f(z) := e^{1/z}$ eine wesentliche Singularität im Nullpunkt $z_0 := 0$. Sie nimmt den Wert $w = 0$ nie an. Also muss sie alle anderen Werte $w \in \mathbb{C}$ in jeder Umgebung von 0 unendlich oft annehmen. Dies kann man mit Hilfe der Periodizität der Exponential-Funktion auch direkt nachprüfen.

Der sog. *Kleine Satz von Picard* besagt, dass nicht konstante ganze Funktionen $f\colon \mathbb{C} \to \mathbb{C}$ jeden Wert mit höchstens einer Ausnahme annehmen. Er ist eine leichte Folgerung aus dem großen Satz von Picard, wenn man ∞ als isolierte Singularität von ganzen Funktionen interpretiert.

Nicht-konstante meromorphe Funktionen $f\colon \mathbb{C} \to \widehat{\mathbb{C}}$ können höchstens zwei Werte auslassen. Zum Beispiel lässt $f(z) := \dfrac{1}{1+\mathrm{e}^z}$ die Werte 0 und 1 aus.

Der Beweis der Picardschen Sätze ist nicht elementar. Häufig werden Resultate über elliptische Modulfunktionen benutzt. Ein Beweis mit Hilfe des Blochschen Satzes über das Bildgebiet schlichter Funktionen steht in [RR II, Kapitel 10.4].

6.2.4 ∞ als isolierte Singularität

Ist f außerhalb eines Kreises, also etwa in $\{|z| > R\}$ holomorph, so nennt man auch ∞ eine isolierte Singularität von f. f hat also genau dann in ∞ eine isolierte Singularität, wenn $g(z) := f(1/z)$ eine in $z_0 = 0$ hat.

Definition:
Sei ∞ eine isolierte Singularität von f. Dann hat f in ∞ genau dann einen Pol bzw eine hebbare bzw wesentliche Singularität, wenn $g(z) := f(1/z)$ eine solche in $z_0 = 0$ hat.
Ist ∞ eine hebbare Singularität von f, also 0 eine hebbare Singularität von $f(1/z)$, so sagt man auch, f ist *in ∞ holomorph (ergänzbar).*

Nicht-konstante Polynome haben einen Pol in ∞ .
Alle anderen (nicht-konstanten) ganzen Funktionen, also alle transzendenten ganzen Funktionen $f\colon \mathbb{C} \to \mathbb{C}$ haben eine wesentliche Singularität in ∞ .

Rationale Funktionen besitzen in ∞ eine hebbare Singularität oder einen Pol. Sie besitzen in ∞ einen Pol genau dann, wenn der Zählergrad größer als der Nennergrad ist. Sie sind in ∞ holomorph (ergänzbar), wenn der Zählergrad kleiner gleich dem Nennergrad ist.

6.3 Meromorphe Funktionen

Definition:
Sei $D \subset \widehat{\mathbb{C}}$ offen. Eine Funktion f heißt *meromorph* in D, wenn sie in D bis auf Pole holomorph ist.

Genauer: f ist genau dann in D meromorph, wenn es eine in D diskrete Teilmenge $P \subset G$ gibt derart, dass f in $D \setminus P$ holomorph ist und in den Punkten $z_0 \in P$ Pole besitzt.
Dabei ist P nach Definition genau dann *diskret* in D, wenn P keinen Häufungspunkt in D besitzt. Die *Polstellenmenge* P kann leer sein, d.h. holomorphe Funktionen sind auch meromorph.

Da die Polstellen einer meromorphen Funktion in D diskret liegen, sind sie höchstens abzählbar (warum? Siehe Aufgabe 7.5.F). Sie können sich aber zum Rand hin, sogar gegen jeden Randpunkt von D häufen (siehe Aufgabe 11.4.G). In jeder relativ kompakten Teilmenge $B \Subset D$ liegen aber nur endlich viele Pole.

Satz:
Die meromorphen Funktionen in einem Gebiet G bilden (mit den wie üblich argumentweise definierten Verknüpfungen) einen Körper, der meist mit $\mathcal{M}(G)$ bezeichnet wird.

Aus dem Produktsatz von Weierstraß folgt, dass $f\colon G \to \widehat{\mathbb{C}}$ genau dann in G meromorph ist, wenn es holomorphe Funktionen $g, h\colon G \to \mathbb{C}$ gibt mit $f = g/h$ und $h \not\equiv 0$.

Für Gebiete G ist $\mathcal{M}(G)$ der Quotientenkörper des Rings $\mathcal{O}(G)$.

Dies ist für beliebige offene Mengen D und für die Zahlenkugel $\widehat{\mathbb{C}}$ falsch. Zum Beispiel ist die durch $f(z) := 0$ für $\operatorname{Re} z < 0$ und $f(z) := z$ für $\operatorname{Re} z > 0$ definierte Funktion in $\mathbb{C} \setminus i\mathbb{R}$ meromorph und nicht die Nullfunktion. Sie besitzt aber kein meromorphes Inverses bzgl der Multiplikation.

Andererseits sind die auf der Zahlenkugel $\widehat{\mathbb{C}}$ meromorphen Funktionen genau die rationalen Funktionen, also $\mathcal{M}(\widehat{\mathbb{C}}) = \mathbb{C}(z)$. In $\widehat{\mathbb{C}}$ sind aber nur die konstanten Funktionen holomorph, also $\mathcal{O}(\widehat{\mathbb{C}}) \cong \mathbb{C}$. Der Quotientenkörper von $\mathbb{C}$ ist aber $\mathbb{C}$ und $\mathbb{C} \not\cong \mathbb{C}(z)$.

Definiert man in Polstellen $f(z_0) := \infty$, so werden meromorphe Funktionen zu stetigen Funktionen $f\colon D \to \widehat{\mathbb{C}}$ (bzgl der chordalen Metrik) fortgesetzt.

Die Ableitung einer meromorphen Funktion ist wiederum meromorph. Die Polordnung in den Polstellen erhöht sich beim Ableiten um 1.

Beispiele

Jede holomorphe Funktion ist auch meromorph.

Rationale Funktionen haben höchstens endlich viele Polstellen. Sie sind also in jedem Gebiet $G \subset \mathbb{C}$ meromorph. Die rationalen Funktionen sind genau die in ganz $\widehat{\mathbb{C}}$ meromorphen Funktionen.

Die Funktion $f(z) := (\sin \pi z)^{-1}$ ist in $\mathbb{C}$ meromorph, aber nicht in $\widehat{\mathbb{C}}$. Sie hat in jedem Punkt $k \in \mathbb{Z}$ einen einfachen Pol und ist sonst in $\mathbb{C}$ holomorph. f hat im Punkt ∞ eine wesentliche Singularität.

6.3.1 Logarithmische Ableitung

Definition:
Ist $f\colon G \to \mathbb{C}$ meromorph, so ist auch $Lf := f'/f$ meromorph in G und heißt *logarithmische Ableitung* von f.

Zur Motivation: Der Kalkül liefert $(\log f)' = f'/f$. Man beachte aber, dass $\log f$ nur lokal und nur außerhalb von Null- und Polstellen von f definiert werden kann. Verschiedene Logarithmusfunktionen unterscheiden sich um additive Konstanten. Diese fallen beim Ableiten weg. Es gilt:

Hat f in z_0 eine Nullstelle der Ordnung n, so hat die logarithmische Ableitung $\frac{f'}{f}$ einen einfachen Pol mit dem Hauptteil $\frac{n}{z-z_0}$ und dem Residuum n.
Hat f in z_0 einen Pol der Ordnung m, so hat die meromorphe Funktion $\frac{f'}{f}$ einen einfachen Pol mit dem Hauptteil $\frac{-m}{z-z_0}$ und dem Residuum $-m$.
Dies wird beim *Argumentprinzip* (6.5.1) ausgenutzt.

6.4 Residuen

Definition:
Sei $z_0 \in \mathbb{C}$ isolierte Singularität von f und f holomorph in der gelochten Scheibe $\dot{B}_r(z_0) = \{0 < |z - z_0| < r\}$. Das *Residuum* von f in z_0 ist

$$\operatorname{res}(f; z_0) \;:=\; \operatorname{res}_{z_0} f \;:=\; \frac{1}{2\pi i} \int_\gamma f(z)\, dz \,. \tag{1}$$

Dabei ist γ ein in $\dot{B}_r(z_0)$ einmal positiv um z_0 laufender Integrationsweg.

Wählt man als Integrationsweg γ einen Kreis $\{|z - z_0| = \varrho\}$ mit $0 < \varrho < r$, so erhält man

$$\operatorname{res}(f; z_0) \;=\; \frac{\varrho}{2\pi} \int_0^{2\pi} f\left(z_0 + \varrho\, e^{it}\right) e^{it}\, dt \,.$$

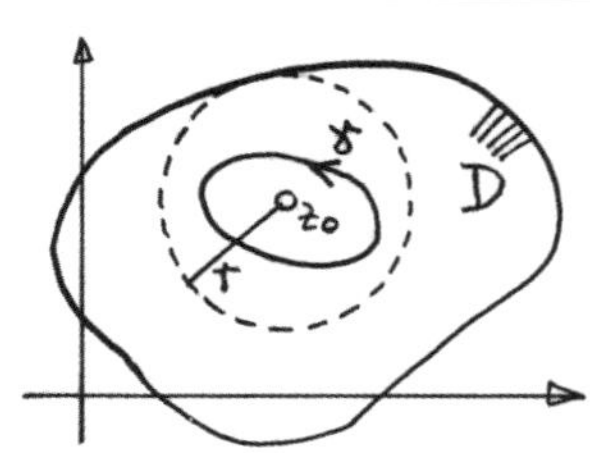

Äquivalente Definitionen des Residuums sind:

1. Das Residuum von f in z_0 ist der Koeffizient a_{-1} in der Laurentreihe $f(z) = \sum\limits_{k=-\infty}^{\infty} a_k (z-z_0)^k$ von f um z_0 .
2. Das Residuum von f in z_0 ist die eindeutig bestimmte komplexe Zahl a, für die $f(z) - \dfrac{a}{z-z_0}$ eine Stammfunktion in $\dot{B}_r(z_0)$ hat.

Ist f in z_0 holomorph, so ist $\operatorname{res}(f; z_0) = 0$.

Die Umkehrung ist falsch. Z.B. ist $\operatorname{res}(1/z^2; 0) = 0$.

Für die praktische Berechnung von Residuen ist die Integralformel wenig geeignet. Meist ist es bequemer, den Koeffizienten a_{-1} der Laurententwicklung mit Hilfe bekannter Reihen zu bestimmen. Für Residuen in Polstellen siehe auch die Regeln 6.4.1.2 bis 6.4.1.5 im nächsten Abschnitt. Manchmal hilft auch die Tatsache, dass im Fall endlich vieler Singularitäten auf $\widehat{\mathbb{C}}$ die Residuensumme verschwindet. Siehe dazu Abschnitt 6.4.2.

Beispiele zur Residuenberechnung siehe Aufgabe 11.1.A.

6.4.1 Rechenregeln

1. *Linearität:*

   Seien $\alpha, \beta \in \mathbb{C}$ und z_0 eine isolierte Singularität von f und g. Dann gilt $\operatorname{res}(\alpha f + \beta g; z_0) = \alpha \operatorname{res}(f; z_0) + \beta \operatorname{res}(g; z_0)$.

   Dies folgt aus der Linearität des Integrals ebenso wie aus den Rechenregeln für Laurentreihen.

2. Ist z_0 ein <u>einfacher</u> Pol von f, so gilt $\operatorname{res}(f; z_0) = \lim\limits_{z \to z_0} (z - z_0) f(z)$.

   Folgt ebenso wie die nächsten Regeln durch Betrachtung der Laurentreihe von f um z_0. Siehe Aufgabe 11.1.B.

3. g und h seien in einer Umgebung von z_0 holomorph. h habe eine einfache Nullstelle in z_0, d.h. es ist $h(z_0) = 0$ und $h'(z_0) \neq 0$. Dann gilt

$$\operatorname{res}\left(\frac{g}{h}; z_0\right) = \frac{g(z_0)}{h'(z_0)} . \tag{2}$$

   Z.B. hat $\cot z = \dfrac{\cos z}{\sin z}$ in den Punkten $k\pi$ das Residuum

$$\operatorname{res}\big(\cot z; k\pi\big) = \frac{\cos k\pi}{\sin' k\pi} = \frac{\cos k\pi}{\cos k\pi} = 1 . \tag{3}$$

4. Sei g in einer Umgebung von z_0 holomorph und h habe in z_0 einen Pol erster Ordnung. Dann ist

$$\operatorname{res}\big(gh; z_0\big) = g(z_0) \operatorname{res}(h; z_0) . \tag{4}$$

5. Sei z_0 ein <u>m-facher Pol</u> von f. Dann kann $(z - z_0)^m f(z)$ in z_0 holomorph ergänzt werden und es gilt

$$\operatorname{res}(f; z_0) = \frac{1}{(m-1)!} \frac{d^{m-1}}{dz^{m-1}} \left[(z - z_0)^m f(z)\right]\Big|_{z=z_0} . \tag{5}$$

   Für $m = 1$ ist dies die Regel 6.4.1.2.

6. Sei f in einem symmetrisch zur reellen Achse gelegenen Gebiet G holomorph bis auf isolierte Singularitäten. Sei f auf der reellen Achse reell. Nach Spiegelungsprinzip und Identitätssatz ist dies äquivalent zu $f(\overline{z}) = \overline{f(z)}$. Dann sind die Residuen in konjugiert komplexen Punkten konjugiert komplex.

$$f(\overline{z}) = \overline{f(z)} \implies \operatorname{res}(f; \overline{z_0}) = \overline{\operatorname{res}(f; z_0)} . \tag{6}$$

7. *Transformationsformel:*

   Sei $g\colon \dot{U} \to \mathbb{C}$ holomorph und bijektiv in einer gelochten Umgebung $\dot{U}$ von z_0 . Insbesondere hat g in z_0 eine hebbare Singularität oder einen einfachen Pol. Sei $g(z_0)$ eine isolierte Singularität von f. Dann gilt

$$\operatorname{res}(f; g(z_0)) = \operatorname{res}((f \circ g) \cdot g'; z_0) . \tag{7}$$

   Bemerkung: Es spricht einiges dafür, das Residuum nicht für Funktionen, sondern für Differentialformen $f(z)\,dz$ zu definieren. Z.B. ist es dann invariant gegenüber holomorphen Transformationen.
   Siehe dazu z.B. [FL VI.5].

Beweise dieser Regeln finden Sie z.T. in Aufgabe 11.1.B.

Beispiele zur Residuenberechnung siehe Aufgabe 11.1.A.

6.4.2 Residuum im Punkt ∞

Definition:
Sei f holomorph im Äußeren $\{|z| > r\}$ eines Kreises, also ∞ eine isolierte Singularität von f.
Dann ist das *Residuum von f im Punkt ∞* definiert durch

$$\operatorname{res}(f; \infty) := \operatorname{res}_\infty f := \frac{1}{2\pi i} \int_\gamma f(z)\,dz . \tag{8}$$

Dabei ist γ ein in $\{|z| > r\}$ einmal <u>positiv um ∞</u>, also negativ um 0 laufender Integrationsweg.

Wählt man als Integrationsweg γ etwa den Kreisrand $\{|z| = \varrho\}$ $(\varrho > r)$ mit der Parameterdarstellung $\gamma(t) := \varrho\,\mathrm{e}^{-it}$, so erhält man für das Residuum

$$\operatorname{res}(f;\infty) \;=\; -\frac{\varrho}{2\pi}\int_0^{2\pi} f\left(\varrho\,\mathrm{e}^{it}\right)\,\mathrm{e}^{it}\,dt\ . \tag{9}$$

Ist $f(z) = \sum\limits_{k=-\infty}^{\infty} a_k z^k$ die Laurentreihe von f in $\{|z| > r\}$, so ist das Residuum von f in ∞ der negative Koeffizient $-a_{-1}$.

Ist $f = p/q$ rational mit Polynomen p und q und ist $\operatorname{grad} q \geq \operatorname{grad} p + 2$, so ist $\operatorname{res}(f;\infty) = 0$. Zum Beweis siehe Aufgabe 11.2.D.1.

Aus Definition und Residuensatz folgt durch Integration über einen hinreichend großen Kreisrand (siehe Aufgabe 11.2.D):

> *Satz:*
> Ist f auf der Zahlenkugel $\widehat{\mathbb{C}}$ holomorph bis auf isolierte Singularitäten, so verschwindet die Summe der (endlich vielen) Residuen von f auf $\widehat{\mathbb{C}}$.
> Insbesondere gilt dies für alle rationalen Funktionen.

Ist $f = p/q$ rational mit Polynomen p und q und ist $\operatorname{grad} q \geq \operatorname{grad} p + 2$, so ist $\operatorname{res}(f,\infty) = 0$. Also folgt $\sum\limits_{z\in\mathbb{C}} \operatorname{res}(f,z) = 0$ für diese rationalen Funktionen f.

Achtung: Das Residuum von f in ∞ ist nicht das Residuum von $g(z) := f(\frac{1}{z})$ in $z_0 = 0$, sondern (siehe Transformationsformel 6.4.1.7) :

$$\operatorname{res}(f;\infty) \;=\; -\operatorname{res}\left(\tfrac{1}{z^2}\,f(\tfrac{1}{z});0\right)\ . \tag{10}$$

Z.B. ist $\operatorname{res}(\frac{1}{z};\infty) = -1 = -\operatorname{res}(\frac{1}{z};0)$, obwohl $\frac{1}{z}$ in ∞ holomorph ergänzt werden kann.

6.5 Residuensatz

Der Residuensatz liefert eine Methode, Kurvenintegrale über geschlossene Integrationswege zu berechnen. Lax formuliert, ist das Integral über einen geschlossenen Weg gleich $2\pi i$ mal der Summe der umfahrenen Residuen.

Residuensatz für einfach geschlossene Wege:
Sei $G \subset \mathbb{C}$ ein Gebiet und γ ein einfach geschlossener Integrationsweg, der mitsamt seinem Innengebiet $\operatorname{Int}\gamma$ ganz in G liegt. Die Funktion f sei holomorph in G bis auf isolierte Singularitäten, die nicht auf γ liegen. Dann gilt

$$\int_\gamma f(z)\,dz \;=\; 2\pi i \sum_{z\in\operatorname{Int}\gamma} \operatorname{res}(f;z)\;. \tag{1}$$

Dabei muss γ wie üblich positiv bzgl $\operatorname{Int}\gamma$ durchlaufen werden.

Wegen $\gamma \cup \operatorname{Int}\gamma \Subset G$ können nur endlich viele Singularitäten in $\operatorname{Int}\gamma$ liegen. Die Residuensumme in (1) ist also endlich.

Allgemeiner ist die folgende Formulierung:

Residuensatz für nullhomologe Zyklen:
Sei $G \subset \mathbb{C}$ ein Gebiet und Γ ein nullhomologer Zyklus in G. f sei holomorph in G bis auf isolierte Singularitäten, die nicht auf Γ liegen. Dann gilt

$$\int_\Gamma f(z)\,dz \;=\; 2\pi i \sum_{z\in G} n(\Gamma,z)\operatorname{res}(f;z)\;. \tag{2}$$

Dabei heißt ein Zyklus $\Gamma \subset G$ *nullhomolog* in G, wenn für alle $z \notin G$ die *Umlaufzahl* $n(\Gamma,z)=0$ ist. Hierzu und zur Umlaufzahl $n(\Gamma,z) = \dfrac{1}{2\pi i}\displaystyle\int_\Gamma \frac{d\zeta}{\zeta - z}$ siehe Abschnitt 1.5.6.

Auch in der Summe (2) sind nur endlich viele Summanden ungleich Null, selbst wenn f unendlich viele Singularitäten in G hat. Dies liegt daran, dass jeder nullhomologe Zyklus Γ in G auch nullhomolog in einem relativkompakten Teilgebiet $B \Subset G$ ist. In der kompakten Hülle $\overline{B} \subset G$ können nur endlich viele Singularitäten von f liegen und für $z \in G \setminus \overline{B}$ ist die Umlaufzahl $n(\Gamma,z)=0$.

Der Cauchy-Integralsatz und die Cauchy-Integralformeln sind Spezialfälle des Residuensatzes.

6.5.1 Argumentprinzip

Eine wichtige Folgerung des Residuensatzes ist das Argumentprinzip: Zunächst eine Formulierung für einfach geschlossene Integrationswege:

> *Argumentprinzip für einfach geschlossene Integrationswege:*
> Sei f im Gebiet $G \subset \mathbb{C}$ meromorph und nicht konstant. Sei γ ein einfach geschlossener Integrationsweg, der mitsamt seinem Innengebiet $\operatorname{Int}\gamma$ ganz in G liegt. Seien $N(w)$ bzw $N(\infty)$ die Anzahl der w-Stellen bzw Pole von f in $\operatorname{Int}\gamma$ jede mit Vielfachheit gezählt. Dann ist
>
> $$\frac{1}{2\pi i}\int_\gamma \frac{f'(z)}{f(z)-w}\,dz \;=\; N(w) - N(\infty)\,. \tag{3}$$

Beweisidee: Hat f in a eine w-Stelle der Ordnung ν, so ist $\operatorname{res}\left(\frac{f'(z)}{f(z)-w};a\right) = \nu$. Hat f in b einen Pol der Ordnung ν, so ist $\operatorname{res}\left(\frac{f'(z)}{f(z)-w};b\right) = -\nu$.

Allgemeiner ist die folgende Formulierung:

> *Argumentprinzip für nullhomologe Zyklen:*
> Sei f im Gebiet $G \subset \mathbb{C}$ meromorph und nicht konstant. Seien $w \in \mathbb{C}$, $a_1, a_2, \ldots$ die w-Stellen und $b_1, b_2, \ldots$ die Polstellen von f in G, jeweils mit der Vielfachheit $\nu(a_k)$ bzw $\nu(b_k)$. Sei Γ ein nullhomologer Zyklus in G, der durch keine dieser Stellen geht. Dann gilt
>
> $$\frac{1}{2\pi i}\int_\Gamma \frac{f'(z)}{f(z)-w}\,dz \;=\; \sum_k n(\Gamma, a_k)\,\nu(a_k) - \sum_j n(\Gamma, b_j)\,\nu(b_j)\,. \tag{4}$$

Zur Homologie und zur Umlaufzahl $n(\Gamma, z)$ siehe Abschnitt 1.5.6. Für eine leichte Verallgemeinerung siehe Aufgabe 11.2.C.

Für einfach geschlossene Integrationswege γ ist die Umlaufzahl $n(\gamma, z) = 1$ für alle $z \in \operatorname{Int}\gamma$.

Da jeder nullhomologe Zyklus in G auch nullhomolog in einem relativ kompakten Teilgebiet von G ist, sind die rechts auftretenden Summen endlich, auch wenn f in ganz G unendlich viele w-Stellen oder Pole hat.

Woher kommt der Name *Argumentprinzip* ? Für geschlossene Wege γ ist

$$\frac{1}{2\pi i}\int_\gamma \frac{f'(z)}{f(z)-w}\,dz \;=\; \frac{1}{2\pi i}\int_{f\circ\gamma} \frac{d\zeta}{\zeta - w} \;=\; n(f\circ\gamma, w)\,. \tag{5}$$

Die Umlaufzahl $n(f\circ\gamma, w)$ der Bildkurve $f\circ\gamma$ um die Stelle w ist bis auf den Faktor 2π die Gesamtänderung des Arguments von $\zeta - w$, wenn ζ die Bildkurve $f\circ\gamma$ durchläuft.

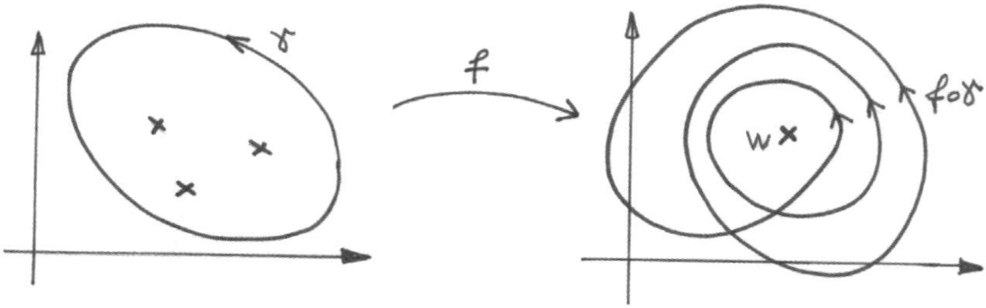

6.5.2 Satz von Rouché

Mit dem Argumentprinzip kann man u.a. den Satz von Rouché beweisen.

> *Satz von Rouché:*
> Seien $G \subset \mathbb{C}$ ein Gebiet, f, g holomorph in G und γ ein einfach geschlossener Integrationsweg, der mitsamt seinem Innengebiet in G liegt.
> Es sei $|f(z) - g(z)| < |f(z)|$ für alle $z \in |\gamma|$.
> Dann haben f und g mit Vielfachheit gezählt gleich viele Nullstellen im Innengebiet von γ .

Statt $|f(z) - g(z)| < |f(z)|$ reicht es, $|f(z) - g(z)| < |f(z)| + |g(z)|$ auf $|\gamma|$ zu fordern. Siehe dazu Aufgabe 11.2.E.

Beispiele und Anwendungen zum Satz von Rouché (z.B. Beweis des Fundamentalsatzes der Algebra und des Satzes von Hurwitz) siehe Abschnitt 11.2.

6.6 Berechnung reeller Integrale mit dem Residuensatz

Gewisse Typen bestimmter reeller Integrale kann man vorteilhaft mit Hilfe des Residuensatzes berechnen. Für manche Integrale reicht auch der Cauchy-Integralsatz oder die Cauchy-Integralformel.

Beweise für die folgenden Regeln finden Sie z.T. in Aufgabe 11.3.A.

$$\boxed{\int_0^{2\pi} R(\cos t, \sin t)\, dt}$$

Man interpretiert dies Integral als komplexes Kurvenintegral über den Einheitskreisrand $\partial\mathbb{E}$. Für die übliche Parameterdarstellung $z(t) = \mathrm{e}^{it}$ von $\partial\mathbb{E}$ gilt $dz = i\,\mathrm{e}^{it}\,dt$ bzw $dt = -i\frac{dz}{z}$. Mit $z = \mathrm{e}^{it} = \cos t + i \sin t$ ist $\cos t = \frac{1}{2}(z + \frac{1}{z})$ und $\sin t = \frac{1}{2i}(z - \frac{1}{z})$. Substitution und Residuensatz ergibt

$$\int_0^{2\pi} R(\cos t, \sin t)\, dt \;=\; \frac{1}{i}\int_{\partial\mathbb{E}} \widetilde{R}(z)\, dz \;=\; 2\pi \sum_{z\in\mathbb{E}} \operatorname{res}(\widetilde{R}; z)\ , \tag{1}$$

falls

$$\widetilde{R}(z) \;:=\; \frac{1}{z}\, R\left(\frac{z+1/z}{2}, \frac{z-1/z}{2i}\right) \tag{2}$$

in einer Umgebung der abgeschlossenen Einheitskreisscheibe $\overline{\mathbb{E}}$ holomorph ist bis auf isolierte Singularitäten, die nicht auf $\partial\mathbb{E}$ liegen. Speziell gilt die Formel (1) für rationale Funktionen $R(x, y)$, für die $\widetilde{R}$ keine Pole auf dem Rand $\partial\mathbb{E}$ hat.

Mit dieser Methode lassen sich auch Integrale vom Typ $\displaystyle\int_0^{2\pi} R(\cos mt, \sin nt)\, dt$ berechnen.

Beispiel: Sei $a \in \mathbb{R},\ a > 1$ und $R(\cos t, \sin t) := \dfrac{1}{a + \cos t}$. Dann ist

$$\begin{aligned} \widetilde{R}(z) \;&:=\; \frac{1}{z}\, R\left(\frac{z+1/z}{2}, \frac{z-1/z}{2i}\right) \;=\; \frac{1}{z}\,\frac{1}{a + \frac{z+1/z}{2}} \\ &=\; \frac{2}{z^2 + 2az + 1} \;=\; \frac{2}{(z-z_1)(z-z_2)} \end{aligned} \tag{3}$$

mit $z_1 := -a + \sqrt{a^2-1}$ und $z_2 := -a - \sqrt{a^2-1}$. Von den Nullstellen des Nenners liegt nur z_1 in $\mathbb{E}$. Nach Formel (1) erhält man

$$\int_0^{2\pi} \frac{dt}{a + \cos t} \;=\; 2\pi \cdot \operatorname{res}(\widetilde{R}(z); z_1) \;=\; \frac{4\pi}{z_1 - z_2} \;=\; \frac{2\pi}{\sqrt{a^2-1}}\ . \tag{4}$$

Für $|a| \le 1$ ist das Integral divergent. Weitere Beispiele siehe Aufgabe 11.3.B.

B $\boxed{\int_{-\infty}^{\infty} f(x)\,dx}$

Sei f holomorph in einer Umgebung der abgeschlossenen oberen Halbebene $\overline{H} := \{\operatorname{Im} z \geq 0\}$ bis auf höchstens endlich viele Singularitäten, die nicht auf der reellen Achse liegen. Das uneigentliche Integral $\int_{-\infty}^{\infty} f(x)\,dx$ existiere und in $\overline{H}$ gelte $\lim\limits_{z\to\infty} zf(z) = 0$. Dann ist

$$\int_{-\infty}^{\infty} f(x)\,dx \;=\; 2\pi i \sum_{z\in H} \operatorname{res}(f;z)\;. \tag{5}$$

Speziell gilt diese Formel für rationale Funktionen f ohne Pole auf der reellen Achse und mit Nennergrad mindestens um 2 größer als der Zählergrad.

Beispiele siehe Aufgabe 11.3.C.

C $\boxed{\int_{-\infty}^{\infty} f(x)\,\mathrm{e}^{i\alpha x}\,dx}$

Integrale von diesem Typ heißen auch *Fourier-Transformationen.*

Sei f holomorph in $\mathbb{C}$ bis auf endlich viele isolierte Singularitäten, die nicht auf der reellen Achse liegen. Ferner gelte $\lim\limits_{z\to\infty} f(z) = 0$. Dann gilt für $\alpha \in \mathbb{R}$:

$$\int_{-\infty}^{\infty} f(x)\,\mathrm{e}^{i\alpha x}\,dx \;=\; \begin{cases} 2\pi i \displaystyle\sum_{\operatorname{Im} w>0} \operatorname{res}\big(f(z)\,\mathrm{e}^{i\alpha z}; w\big) & \text{falls } \alpha > 0\;, \\ -2\pi i \displaystyle\sum_{\operatorname{Im} w<0} \operatorname{res}\big(f(z)\,\mathrm{e}^{i\alpha z}; w\big) & \text{falls } \alpha < 0 \end{cases} \tag{6}$$

Speziell gilt diese Formel für rationale Funktionen f mit Nennergrad größer als Zählergrad, die keine Pole in $\mathbb{R}$ haben.

Z.B. liefert sie für $\alpha > 0$ und $b \in \mathbb{C}$ mit $\operatorname{Re} b > 0$:

$$\frac{1}{2\pi i}\int_{-\infty}^{\infty} \frac{\mathrm{e}^{i\alpha x}}{x-ib}\,dx \;=\; \operatorname{res}\left(\frac{\mathrm{e}^{i\alpha z}}{z-ib}; ib\right) \;=\; \mathrm{e}^{-\alpha b} \quad , \qquad \int_{-\infty}^{\infty} \frac{\mathrm{e}^{i\alpha x}}{x+ib}\,dx \;=\; 0\;.$$

D $\boxed{\int_{-\infty}^{\infty} f(x)\,\cos\alpha x\,dx \;\text{ bzw }\; \int_{-\infty}^{\infty} f(x)\,\sin\alpha x\,dx}$

Wegen $\cos\alpha x = \frac{1}{2}(\mathrm{e}^{i\alpha x} + \mathrm{e}^{-i\alpha x})$ (und entsprechend für sin) kann man die Formeln aus Abschnitt 6.6.C anwenden.

Ist f auf $\mathbb{R}$ reellwertig, so kann man in Formel (6) zu Real- bzw Imaginärteil übergehen. Für $\alpha > 0$ und $f(\mathbb{R}) \subset \mathbb{R}$ erhält man:

$$\int_{-\infty}^{\infty} f(x)\,\cos\alpha x\,dx \;=\; -2\pi \operatorname{Im}\Big(\sum_{\operatorname{Im} w>0} \operatorname{res}(f(z)\,\mathrm{e}^{i\alpha z}; w)\Big) \tag{7}$$

$$\int_{-\infty}^{\infty} f(x)\,\sin\alpha x\,dx \;=\; 2\pi\,\mathsf{Re}\Big(\sum_{\mathsf{Im}\,w>0} \operatorname{res}(f(z)\,\mathrm{e}^{i\alpha z};w)\Big) \tag{8}$$

Beispiele siehe Aufgabe 11.3.E.

$$\boxed{\int_0^{\infty} f(x)\,x^{a-1}\,dx}$$

Integrale von diesem Typ heißen auch *Mellin-Transformationen.*

Sei $a \in \mathbb{C}$. Durch $z^a := \mathrm{e}^{a(\log|z|+i\varphi)}$ für $z = |z|\,\mathrm{e}^{i\varphi} \neq 0$ mit $0 \leq \varphi < 2\pi$ wird in $\mathbb{C}^* = \mathbb{C} \setminus \{0\}$ ein Zweig der komplexen Potenz z^a definiert, der in der längs der positiv reellen Achse geschlitzen Ebene $\mathbb{C} \setminus \mathbb{R}_{\geq 0}$ holomorph ist. Lässt man nur Annäherung aus der oberen Halbebene zu, ist er auf $\mathbb{R}_{>0}$ stetig und dort gilt $x^a = \mathrm{e}^{a\log x}$ für reelle $z = x > 0$.

f sei in $\mathbb{C}$ holomorph bis auf endlich viele Singularitäten, die nicht in $\mathbb{R}_{\geq 0}$ liegen. Es sei $a \in \mathbb{C} \setminus \mathbb{Z}$, $\lim\limits_{z\to 0} z^a f(z) = 0$ und $\lim\limits_{z\to\infty} z^a f(z) = 0$. Dann gilt

$$\begin{aligned} \int_0^{\infty} f(x)\,x^{a-1}\,dx &= \frac{2\pi i}{1-\mathrm{e}^{2\pi i a}} \sum_{w\in\mathbb{C}\setminus\mathbb{R}_{\geq 0}} \operatorname{res}(f(z)z^{a-1};w) \\ &= -\frac{\pi\,\mathrm{e}^{-\pi i a}}{\sin\pi a} \sum_{w\in\mathbb{C}\setminus\mathbb{R}_{\geq 0}} \operatorname{res}(f(z)z^{a-1};w)\ . \end{aligned} \tag{9}$$

Insbesondere gilt dies für $0 < \mathsf{Re}\,a < 1$ und rationale Funktionen $f = p/q$ mit Nennergrad größer als Zählergrad und ohne Pole in $[0,\infty[$.

Sei zum Beispiel $a \in \mathbb{R},\ 0 < a < 1,\ -\pi < \varphi < \pi$. Dann gilt

$$\int_0^{\infty} \frac{x^{a-1}}{x+\mathrm{e}^{i\varphi}}\,dx \;=\; \frac{\pi\,\mathrm{e}^{i(a-1)\varphi}}{\sin\pi a}\ . \tag{10}$$

Formel (9) darf auf $f(z) := (z+\mathrm{e}^{i\varphi})^{-1}$ angewendet werden.
$g(z) := z^{a-1}f(z)$ hat in $\mathbb{C} \setminus \mathbb{R}_{\geq 0}$ nur den einfachen Pol $-\mathrm{e}^{i\varphi}$ mit Residuum

$$\operatorname{res}(g;-\mathrm{e}^{i\varphi}) = (-\mathrm{e}^{i\varphi})^{a-1} = \mathrm{e}^{i(\varphi+\pi)(a-1)} = -\,\mathrm{e}^{i(a-1)\varphi}\,\mathrm{e}^{i\pi a}\ . \tag{11}$$

$$\boxed{\int_0^{\infty} f(x)\,dx}$$

Sei f in $\mathbb{C}$ holomorph bis auf endlich viele isolierte Singularitäten, die nicht in $\mathbb{R}_{\geq 0}$ liegen. Ferner gelte $\lim\limits_{r\to\infty}\Big[r\,\log r\,\max\limits_{|z|=r}|f(z)|\Big] = 0$. Dann gilt

$$\int_0^{\infty} f(x)\,dx \;=\; -\sum_{w\neq 0} \operatorname{res}(f(z)\log z;w)\ . \tag{12}$$

Dabei ist $\log z$ so zu wählen, dass $0 < \mathsf{Im}\,(\log z) < 2\pi$ in der geschlitzten Ebene $\mathbb{C} \setminus [0, \infty[$.

Die Formel (12) gilt insbesondere für rationale Funktionen $f = p/q$ mit Nennergrad $\operatorname{grad} q \geq \operatorname{grad} p + 2$, die auf $[0, \infty[$ holomorph sind.

Ist f gerade, so kann man wegen $\int_{-\infty}^{\infty} f(x)\,dx = 2\int_0^{\infty} f(x)\,dx$ natürlich auch 6.6.B anwenden. Zum Beispiel ist

$$\int_0^{\infty} \frac{dx}{1+x^3} = \frac{2\pi}{3\sqrt{3}} . \tag{13}$$

Beweis: Der Nenner $1 + z^3 = (z+1)(z^2 - z + 1)$ hat einfache Nullstellen in den Punkten $z_0 = -1$ und $z_{1,2} = \frac{1}{2}(1 \pm i\sqrt{3})$.

Für die Logarithmen $\log z = \log|z| + i \arg z$ muss man die Argumente im Bereich $0 < \arg z < 2\pi$ wählen. Damit erhält man

$$\operatorname{res}\left(\frac{\log z}{1+z^3}; z_0\right) = \frac{\log z_0}{z_0^2 - z_0 + 1} = \frac{i\pi}{3}$$

$$\operatorname{res}\left(\frac{\log z}{1+z^3}; z_1\right) = \frac{\log z_1}{(z_1+1)(z_1-z_2)} = \frac{2i\pi/3}{(3+i\sqrt{3})i\sqrt{3}} = \frac{(\sqrt{3}-i)\pi}{18}$$

$$\operatorname{res}\left(\frac{\log z}{1+z^3}; z_2\right) = \frac{\log z_2}{(z_2+1)(z_2-z_1)} = \frac{10i\pi/3}{(3-i\sqrt{3})(-i\sqrt{3})} = -\frac{(\sqrt{3}-i)5\pi}{18}$$

Mit Formel (12) ergibt sich die Behauptung.

G $\boxed{\int_0^{\infty} f(x)\,\log x\,dx}$

Sei f holomorph in $\mathbb{C}$ bis auf endlich viele isolierte Singularitäten, die nicht in $\mathbb{R}_{\geq 0}$ liegen. Ferner gelte $\lim\limits_{r\to\infty}\left[r\,\log^2 r\,\max\limits_{|z|=r}|f(z)|\right] = 0$. Dann gilt

$$\int_0^{\infty} f(x)\,\log x\,dx = -i\pi\int_0^{\infty} f(x)\,dx - \tfrac{1}{2}\sum_{w\neq 0}\operatorname{res}\left(f(z)\log^2 z; w\right) . \tag{14}$$

Dabei ist $\log z$ so zu wählen, dass $0 < \mathsf{Im}\,(\log z) < 2\pi$ für alle z in der geschlitzten Ebene $\mathbb{C} \setminus \mathbb{R}_{\geq 0}$.

Die Formel (14) gilt insbesondere für rationale Funktionen $f = p/q$ mit Nennergrad $\operatorname{grad} q \geq \operatorname{grad} p + 2$, die auf $[0, \infty[$ holomorph sind.

Das rechte Integral in (14) kann man evt mit der Regel (12) aus dem letzten Abschnitt 6.6.F auswerten. Ist f auf $\mathbb{R}$ reell, so folgt direkt

$$\int_0^{\infty} f(x)\,\log x\,dx = -\tfrac{1}{2}\,\mathsf{Re}\left(\sum_{w\neq 0}\operatorname{res}\left(f(z)\log^2 z; w\right)\right) . \tag{15}$$

6.7 Partialbruchzerlegung

6.7.1 Reihen meromorpher Funktionen

Meist betrachtet man nur Reihen meromorpher Funktionen, für die die Pole der Summanden gegen den Rand des betrachteten Gebietes streben. Man definiert genauer:

Definition:
Seien $G \subset \mathbb{C}$ offen und $f_k \colon G \to \widehat{\mathbb{C}}$ meromorph. Die Reihe $\sum f_k$ heißt *kompakt konvergent* in G, wenn es zu jedem Kompaktum $K \subset G$ einen Index $m = m(K)$ derart gibt, dass gilt:

(1) für alle $k > m(K)$ sind die Funktionen f_k holomorph in einer Umgebung von K.

(2) der Reihenrest $\sum\limits_{k>m(K)} f_k$ konvergiert gleichmäßig auf K.

Die Reihe $\sum f_k$ heißt *normal konvergent* in G, wenn sie kompakt konvergent ist und statt Bedingung (2) die schärfere Bedingung (2') erfüllt ist:

(2') $\sum\limits_{k>m(K)} \|f_k\|_K < \infty$.

Für Reihen holomorpher Funktionen ist dies äquivalent zur kompakten bzw normalen Konvergenz, die in Abschnitt 2.5.3 definiert wurde. Normal konvergente Reihen meromorpher Funktionen sind kompakt konvergent, aber nicht umgekehrt. Z.B. konvergiert $\sum_k \frac{(-1)^k}{z-k}$ kompakt, aber nicht normal in $\mathbb{C}$.

Kompakt konvergente Reihen meromorpher Funktionen haben meromorphe Grenzfunktionen. Es gilt genauer:

Konvergenzsatz:
Sei $\sum f_k$ eine in $G \subset \mathbb{C}$ kompakt bzw normal konvergente Reihe meromorpher Funktionen f_k und $P_k \subset G$ die Polstellenmenge von f_k in G.
Dann konvergiert die Reihe $\sum f_k(z)$ für alle $z \in G \setminus \bigcup P_k$ und die durch $f(z) := \sum f_k(z)$ definierte Grenzfunktion ist in $G \setminus \bigcup P_k$ holomorph.
In den Punkten $a \in \bigcup P_k$ hat f Polstellen oder hebbare Singularitäten.
Sei $B \Subset G$ ein relativ-kompakter Teilbereich von G. Dann gibt es ein $m \in \mathbb{N}$, so dass alle f_k mit $k > m$ in $\overline{B}$ holomorph sind. Grenzfunktion f und Partialsumme $g_m := \sum\limits_{k=1}^{m} f_k$ haben in B gleiche Hauptteile, d.h. $f - g_m$ ist in B holomorph. Der Reihenrest $\sum\limits_{k>m} f_k$ ist eine in B gleichmäßig bzw normal konvergente Reihe holomorpher Funktionen.

Kompakt konvergente Reihen meromorpher Funktionen dürfen gliedweise addiert und mit Skalaren multipliziert werden. Außerdem dürfen sie gliedweise differenziert werden.

Beispiele von Reihen meromorpher Funktionen sind die im nächsten Abschnitt betrachteten Partialbruch- oder Mittag-Leffler-Reihen.

Beispiel: $e^{1/z} = \sum_{k=0}^{\infty} z^{-k}/k!$ ist eine in $\mathbb{C} \setminus \{0\}$ kompakt konvergente Reihe. Die Summanden sind in $\mathbb{C}$ meromorph. Die Grenzfunktion hat in $z_0 := 0$ eine wesentliche Singularität und ist daher nicht in $\mathbb{C}$ meromorph.

6.7.2 Partialbruchzerlegungen

Eine Verallgemeinerung des Satzes von der Partialbruchzerlegung rationaler Funktionen (vgl Abschnitt 2.4.1) ist der

> *Satz von Mittag-Leffler:*
> Sei (z_k) eine Folge verschiedener Punkte ohne Häufungspunkt in $\mathbb{C}$. Dann gibt es eine in $\mathbb{C}$ meromorphe Funktion f, deren Polstellen genau die Punkte z_k sind. Dabei kann man die Polstellenordnungen und Hauptteile in den z_k noch beliebig vorgeben.

Also: Sei (z_k) eine Folge paarweise verschiedener komplexer Zahlen, $z_k \to \infty$. Für $k \in \mathbb{N}$ seien die Polordnung $n_k \in \mathbb{N}$ und die Hauptteilkoeffizienten $a_{k,j} \in \mathbb{C}$ mit $j = 1, \ldots, n_k$ und $a_{k,n_k} \neq 0$ vorgegeben.

Dann gibt es eine in $\mathbb{C}$ meromorphe Funktion f, die in den Punkten z_k Pole der Ordnung n_k mit den Hauptteilen $H_k(z) = \sum_{j=1}^{n_k} a_{k,j}(z-z_k)^{-j}$ hat und sonst in $\mathbb{C}$ holomorph ist.

Beweisidee: Die Reihe $\sum H_k(z)$ der Hauptteile ist i.a. in $\mathbb{C} \setminus \{\, z_k \,;\, k \in \mathbb{N} \,\}$ nicht kompakt konvergent, liefert also i.a. keine solche Funktion. Zieht man von den Hauptteilen aber geeignete Abschnitte ihrer Potenzreihenentwicklungen um 0 ab, kann man Konvergenz erzwingen. Genauer:

Für $z_k = 0$ sei $P_{k,m_k} :\equiv 0$. Für $z_k \neq 0$ sei $P_{k,m_k}(z) = \sum_{j=0}^{m_k} b_{k,j} z^j$ das Taylorpolynom des Hauptteils $H_k(z)$ der Ordnung m_k mit Entwicklungspunkt 0. Dabei ist $m_k = -1$, also $P_{k,m_k} \equiv 0$ zugelassen.

Dann gibt es eine Folge (m_k) aus $\mathbb{Z}_{\geq -1}$, für die die Reihe

$$f(z) := \sum_{k=1}^{\infty} \big(H_k(z) - P_{k,m_k}(z)\big) \tag{1}$$

in $\mathbb{C} \setminus \{ z_k \,;\, k \in \mathbb{N} \}$ kompakt konvergiert und eine in $\mathbb{C}$ meromorphe Funktion f mit den vorgeschriebenen Hauptteilen liefert.

Reihen dieser Bauart heißen auch *Mittag-Leffler-Reihen*. Die Potenzreihenabschnitte $P_{k,m_k}(z)$ heißen auch *konvergenzerzeugende Summanden*.

Mittag-Leffler-Reihen ohne konvergenzerzeugende Summanden nennt man auch *Partialbruchreihen* oder *Partialbruchzerlegungen* der meromorphen Grenzfunktion. Zur Konvergenzerzeugung fasst man manchmal auch einige der Hauptteile zusammen.

Zum Beispiel hat $\pi \cot \pi z$ die Polstellen $k \in \mathbb{Z}$ mit den Hauptteilen $\frac{1}{z-k}$. Die Reihe über die Hauptteile ist nirgends konvergent. Fasst man aber stets die Hauptteile in k und $-k$ zusammen, so erhält man die konvergente Partialbruchzerlegung

$$\pi \cot \pi z \;=\; \frac{1}{z} + \sum_{k=1}^{\infty} \frac{2z}{z^2 - k^2}\,. \tag{2}$$

Weitere Beispiele finden Sie in Aufgabe 11.4.B und im Anhang.

Man kann den Satz von Mittag-Leffler auf beliebige offene Bereiche $G \subset \mathbb{C}$ übertragen. Allerdings muss man dann andere konvergenzerzeugende Summanden benutzen.

Zwei meromorphe Funktionen mit denselben Hauptteilen unterscheiden sich nur um eine in ganz G holomorphe Funktion. Eine gegebene, in $G \subset \mathbb{C}$ meromorphe Funktion f lässt sich daher stets als Summe einer Mittag-Leffler Reihe plus einer in G holomorphen Funktion schreiben.

6.8 Produktdarstellungen

6.8.1 Produkte holomorpher Funktionen

Zu Produkten komplexer Zahlen siehe Abschnitt 1.6.7.

Definition:
Sei $G \subset \mathbb{C}$ offen und (f_k) eine Folge holomorpher Funktionen in G.
Das Produkt $\prod_k f_k(z)$ konvergiert *kompakt* bzw *lokal gleichmäßig* in G, wenn es für jedes kompakte $K \subset G$ einen Index $m = m(K) \in \mathbb{N}$ gibt, so dass gilt:

1. für jedes $k > m(K)$ ist f_k nullstellenfrei in K und
2. die Folge (p_n) der Teilprodukte $p_n := \prod\limits_{k>m(K)}^{n} f_k$ konvergiert gleichmäßig in K.

Insbesondere müssen die Teilprodukte $p_n := \prod\limits_{k>m(K)}^{n} f_k$ in K punktweise konvergieren, also nach Definition (1.6.7) einen Grenzwert $\underline{\neq 0}$ haben.

Konvergiert das Produkt $\prod f_k$ der holomorphen Funktionen f_k kompakt in G, so ist die Grenzfunktion $f(z) = \prod f_k(z)$ holomorph. Dies folgt sofort aus dem Weierstraßschen Konvergenzsatz 4.5.1.

Für die Nullstellen gilt

> *Satz:*
> Sei $f = \prod f_k$ ein in $G \subset \mathbb{C}$ kompakt konvergentes Produkt holomorpher Funktionen. Dann gilt:
>
> 1. $f \not\equiv 0$
> 2. $f(z_0) = 0 \iff \exists k \in \mathbb{N} \ : \ f_k(z_0) = 0$
> 3. Ist $\mu(f; z_0)$ die Nullstellenordnung von f in z_0, so gilt $\mu(f; z_0) = \sum_k \mu(f_k; z_0)$.

Stärker als die kompakte ist die *normale* Konvergenz:

> *Definition:*
> Sei $G \subset \mathbb{C}$ offen und (g_k) eine Folge holomorpher Funktionen in G. Man sagt, das Produkt $\prod_k(1 + g_k)$ konvergiert *normal* in G, wenn die Reihe $\sum_k g_k$ in G normal konvergiert.

Normal konvergente Produkte sind kompakt konvergent, aber nicht umgekehrt. Beispiel siehe Aufgabe 8.2.I. Die Grenzfunktion eines normal konvergenten Produktes holomorpher Funktionen ist daher ebenfalls holomorph.

Normal konvergente Produkte $\prod_k(1 + g_k)$ sind auch *absolut konvergent*, d.h. die Reihe $\sum |g_k|$ konvergiert (siehe Abschnitt 1.6.7). Infolgedessen gilt:

> *Satz:*
> Ist $\prod f_k$ normal konvergent, so konvergiert auch jedes umgeordnete Produkt $\prod f_{\varphi(k)}$ normal und zwar mit derselben Grenzfunktion.
> Teilprodukte normal konvergenter Produkte konvergieren ebenfalls normal.

Für kompakt konvergente Produkte ist dies falsch. Beispiel Aufgabe 8.2.I.

Die logarithmische Ableitung $Lf := f'/f$ (siehe 6.3.1) ergibt den folgenden

> *Zusammenhang von Produkten und Reihen:*
> Sei $f = \prod f_k$ ein normal konvergentes Produkt holomorpher Funktionen, so ist $\sum \frac{f_k'}{f_k}$ eine in G normal konvergente Reihe meromorpher Funktionen und es gilt $\frac{f'}{f} = \sum \frac{f_k'}{f_k}$.

Dieser Satz gilt entsprechend für kompakt bzw absolut konvergente Produkte. Man kann auf diesem Wege den Weierstraßschen Produktsatz (s.u.) aus dem

Mittag-Lefflerschen Partialbruchsatz (6.7.2) beweisen. Siehe z.B. [FL VII.2].

6.8.2 Produktdarstellungen

Es gilt folgendes Analogon zum Partialbruchsatz von Mittag-Leffler:

> *Weierstraßscher Produktsatz in $\mathbb{C}$:*
> Sei (z_k) eine Folge verschiedener Punkte ohne Häufungspunkt in $\mathbb{C}$ und (n_k) eine Folge natürlicher Zahlen $n_k \geq 1$.
> Dann gibt es eine in $\mathbb{C}$ holomorphe Funktion f, die in den Punkten z_k Nullstellen der Ordnung n_k hat und sonst nullstellenfrei ist.

Beweisidee: Sei (z_k) eine Folge beliebiger, nicht notwendig verschiedener komplexer Zahlen $z_k \neq 0$ ohne Häufungspunkt in $\mathbb{C}$. Dann wird das Produkt der Faktoren $(1 - z/z_k)$ i.a. nicht lokal gleichmäßig konvergieren. Durch zusätzliche Faktoren der Bauart

$$E_{\nu_k}(\tfrac{z}{z_k}) \;:=\; \exp\left[\tfrac{z}{z_k} + \tfrac{1}{2}(\tfrac{z}{z_k})^2 + \ldots + \tfrac{1}{\nu_k}(\tfrac{z}{z_k})^{\nu_k}\right] \tag{1}$$

lässt sich aber kompakte Konvergenz erzwingen.

Der Quotient zweier ganzer Funktionen mit gleichen Nullstellen ist holomorph und nullstellenfrei in ganz $\mathbb{C}$, also von der Form $\mathrm{e}^{g(z)}$ mit einer ganzen Funktion $g(z)$.

Jede ganze Funktion $f \not\equiv 0$ lässt sich daher als ein Produkt der folgenden Form darstellen:

$$f(z) \;=\; \mathrm{e}^{g(z)}\, z^m \prod_k \left[\left(1 - \tfrac{z}{z_k}\right) E_{\nu_k}(\tfrac{z}{z_k})\right] \;. \tag{2}$$

Dabei ist $g(z)$ eine geeignete ganze Funktion, $m \geq 0$ die Nullstellenordnung von f im Nullpunkt und (ν_k) eine geeignete Folge natürlicher Zahlen.

Eine direkte Folgerung des Weierstraßschen Produktsatzes ist der

> *Satz:*
> Jede in $\mathbb{C}$ meromorphe Funktion ist Quotient zweier ganzer Funktionen ohne gemeinsame Nullstellen.

Insbesondere ist der Körper der in $\mathbb{C}$ meromorphen Funktionen der Quotientenkörper des Rings der ganzen Funktionen.

Auch den Produktsatz kann man ebenso wie den Partialbruchsatz von Mittag-Leffler auf beliebige Gebiete $G \subset \mathbb{C}$ verallgemeinern.

Klassisches Beispiel einer Produktdarstellung ist das Sinusprodukt

$$\sin \pi z \;=\; \pi z \prod_{k \neq 0} \left(1 - \frac{z}{k}\right) \mathrm{e}^{z/k} \;=\; \pi z \prod_{k=1}^{\infty} \left(1 - \frac{z^2}{k^2}\right) \tag{3}$$

Beweis siehe 11.4.E. Weitere Beispiele finden Sie im Anhang.

6.8.3 Divisoren

Definition:
Sei $G \subset \mathbb{C}$ ein Gebiet. Ein Divisor D in G ist eine Abbildung $D\colon G \to \mathbb{Z}$ derart, dass der *Träger*

$$|D| := \{ z \in G \,;\, D(z) \neq 0 \} \tag{4}$$

keinen Häufungspunkt in G hat.

Divisoren in einem Gebiet G kann man auf natürliche Weise addieren. Sie bilden eine abelsche Gruppe mit dem Nulldivisor als neutralem Element.
Ist $f\colon G \to \widehat{\mathbb{C}}$ meromorph, $f \not\equiv 0$, so ist der Divisor D_f von f definiert durch

$$D_f(z) := \begin{cases} m & f \text{ hat in } z \text{ eine Nullstelle der Ordnung } m > 0 \\ -m & f \text{ hat in } z \text{ einen Pol der Ordnung } m > 0 \\ 0 & \text{sonst} \end{cases}$$

Siehe dazu auch Aufgabe 11.1.C.

Ein Divisor D heißt *Hauptdivisor*, wenn er von der Form $D = D_f$ für eine meromorphe Funktion $f \in \mathcal{M}(G) \setminus \{0\}$ ist.

Aus dem Weierstraßschen Produktsatz folgt, dass in Gebieten $G \subset \mathbb{C}$ jeder Divisor ein Hauptdivisor ist.

Dieser Satz ist auf der Zahlenkugel $\widehat{\mathbb{C}}$ falsch. Ein Divisor D auf $\widehat{\mathbb{C}}$ ist genau dann ein Hauptdivisor, wenn $\sum\limits_{z \in \widehat{\mathbb{C}}} D(z) = 0$.

Da $\widehat{\mathbb{C}}$ kompakt ist, kann nur an endlich vielen Stellen $D(z) \neq 0$ sein. Die obige Summe ist also endlich.

Für Hauptdivisoren gelten die folgenden Rechenregeln (Übungsaufgabe!).
Dabei seien $G \subset \mathbb{C}$ ein Gebiet, $z \in G$, $f, g \in \mathcal{M}(G) \setminus \{0\}$, $f + g \not\equiv 0$.

$$D_{f\cdot g}(z) = D_f(z) + D_g(z) \tag{5}$$
$$D_{f/g}(z) = D_f(z) - D_g(z) \tag{6}$$
$$D_{f+g}(z) \geq \min\{D_f(z), D_g(z)\} \tag{7}$$
$$D_{f+g}(z) = \min\{D_f(z), D_g(z)\} \quad \text{falls } D_f(z) \neq D_g(z)\ . \tag{8}$$

6.9 Gamma-Funktion

Definition:

Das Produkt $\quad \Gamma(z) := e^{-Cz}\frac{1}{z}\prod_{k=1}^{\infty}\left(1+\frac{z}{k}\right)^{-1} e^{z/k}$

konvergiert für alle $z \neq 0, -1, -2, \ldots$.

Die durch dieses Produkt dargestellte Funktion heißt *Gamma-Funktion.*

Dabei ist $\quad C := \lim_{m\to\infty}\left(\sum_{k=1}^{m}\frac{1}{k} - \log m\right)$ die sog. *Euler-Mascheroni-Konstante.*

Häufig wird die Gamma-Funktion auch durch ihre Integraldarstellung

$$\Gamma(z) = \int_0^\infty e^{-t}\, t^{z-1}\, dt = \int_0^1 (-\log u)^{z-1}\, du \qquad (\mathsf{Re}\, z > 0) \tag{1}$$

in der rechten Halbebene definiert und dann mit Hilfe der Funktionalgleichung (2) analytisch fortgesetzt. Dabei ist wie üblich $t^{z-1} := e^{(z-1)\log t}$ mit $\log t \in \mathbb{R}$ definiert.

Die Gammafunktion erfüllt die *Funktionalgleichung*

$$\Gamma(z+1) = z\cdot\Gamma(z) \quad (z \notin \mathbb{Z}_{\leq 0})\,. \tag{2}$$

Insbesondere ist $\Gamma(n) = (n-1)!$ für alle $n \in \mathbb{N}$.

Die Gamma-Funktion ist eine auf $\mathbb{C}$ meromorphe Funktion ohne Nullstellen.

Ihre Polstellen sind genau die ganzen Zahlen $n \leq 0$, also $0, -1, -2, -3, \ldots$. An diesen Stellen hat sie Pole 1. Ordnung mit dem Residuum

$$\operatorname{res}(\Gamma; -n) = \tfrac{(-1)^n}{n!} \quad (n \in \mathbb{N}\cup\{0\})\,. \tag{3}$$

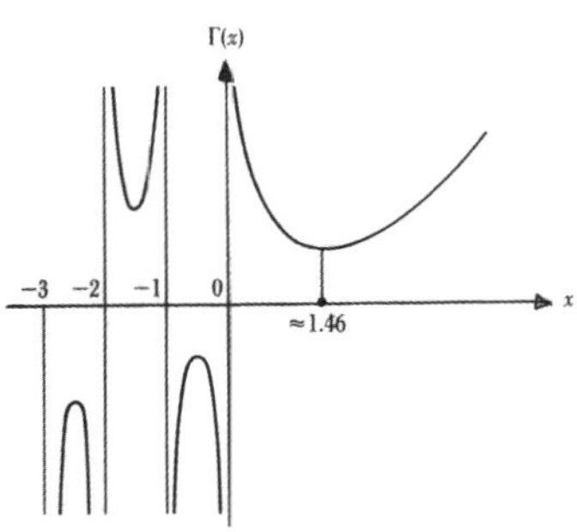

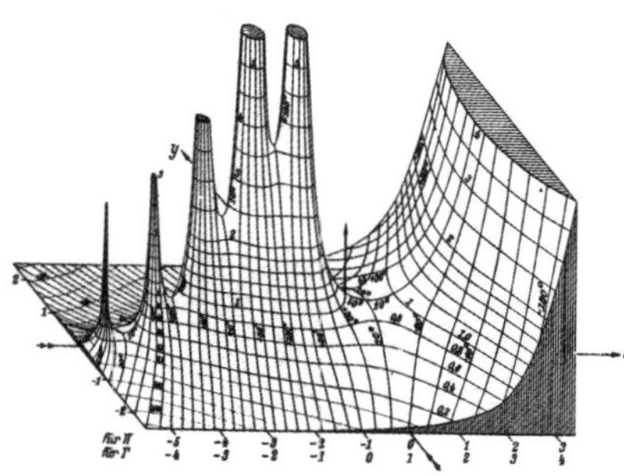

Die Gamma-Funktion wird durch ihre Funktionalgleichung und die Anfangsbedingung $\Gamma(1) = 1$ noch nicht eindeutig charakterisiert. Es gilt aber

Eindeutigkeitssatz:
Sei f holomorph in einem Gebiet G, das den Streifen $S := \{1 \le \operatorname{Re} z < 2\}$ enthält. f sei in S beschränkt und erfülle die Funktionalgleichung
(2) $f(z+1) = zf(z)$.
Dann ist $f(z) = f(1)\Gamma(z)$ für alle $z \in G$.

Zum Beweis siehe Aufgabe 11.5.G. Der folgende Eindeutigkeitssatz kommt ohne Differenzierbarkeitseigenschaften aus:

Satz von Bohr und Mollerup:
Sei $f\colon]0,\infty[\to]0,\infty[$ eine Funktion mit folgenden Eigenschaften:
1) $f(x+1) = xf(x)$ für alle $x > 0$ und $f(1) = 1$
2) f ist logarithmisch konvex, d.h. $\log f$ ist konvex in $]0,\infty[$.
Dann ist $f(x) = \Gamma(x)$ für alle $0 < x$.

Die Gamma-Funktion genügt keiner algebraischen Differentialgleichung. Dies besagt der

Satz von Hölder:
Es gibt kein Polynom $p \in \mathbb{C}[x_1, \ldots, x_{n+2}]$ in endlich vielen Unbestimmten über $\mathbb{C}$ derart, dass $p\left(z, \Gamma(z), \Gamma'(z), \ldots, \Gamma^{(n)}(z)\right) \equiv 0$.

Formelsammlung

Beweise z.T in 11.5.

$$C := \lim_{m\to\infty} \left(\sum_{k=1}^{m} \frac{1}{k} - \log m \right) = 0,5772157\ldots = \textit{Mascheroni-Konstante.}$$

1. *Funktionalgleichung und spezielle Werte:*

$$\Gamma(z+1) = z\Gamma(z) \tag{4}$$
$$\Gamma(n+1) = n! \quad (n \in \mathbb{N}) \tag{5}$$
$$\Gamma(\tfrac{1}{2}) = \sqrt{\pi}\ ; \quad \Gamma(\tfrac{3}{2}) = \frac{\sqrt{\pi}}{2}\ ; \quad \Gamma(m+\tfrac{1}{2}) = \frac{(2m)!}{4^m m!}\sqrt{\pi} \tag{6}$$
$$\Gamma'(1) = -C \tag{7}$$

2. *Werteverhalten:*

$$\overline{\Gamma(z)} = \Gamma(\overline{z}) \tag{8}$$
$$\Gamma(x) > 0 \quad \text{für } x > 0 \tag{9}$$
$$|\Gamma(x+iy)| \le \Gamma(x) \quad \text{für alle reellen } x, y,\ x > 0 \tag{10}$$
$$|\Gamma(1+iy)|^2 = \frac{\pi y}{\sinh \pi y} \tag{11}$$
$$|\Gamma(\tfrac{1}{2}+iy)|^2 = \frac{\pi}{\cosh \pi y} \tag{12}$$

3. *Integraldarstellungen:*

$$\Gamma(z) = \int_0^\infty \mathrm{e}^{-t}\, t^{z-1}\, dt = \int_0^1 (-\log u)^{z-1}\, du \quad (\operatorname{Re} z > 0) \tag{13}$$

$$\frac{1}{\Gamma(z)} = \frac{\sin \pi z}{\pi} \int_0^\infty \mathrm{e}^{-t}\, t^{-z}\, dt \quad (\operatorname{Re} z < 1) \tag{14}$$

$$\Gamma'(z) = \int_0^\infty \mathrm{e}^{-t}\, t^{z-1} \log t\, dt \quad (\operatorname{Re} z > 0) \tag{15}$$

$$\Gamma^{(k)}(z) = \int_0^\infty \mathrm{e}^{-t}\, t^{z-1} (\log t)^k\, dt \quad (\operatorname{Re} z > 0) \tag{16}$$

$$\frac{\Gamma'(z)}{\Gamma(z)} = -C + \int_0^1 \frac{1 - t^{z-1}}{1-t}\, dt \quad (\operatorname{Re} z > 0) \tag{17}$$

$$\Gamma(z) = \frac{1}{2i \sin \pi z} \int_\gamma w^{z-1}\, \mathrm{e}^w\, dw \quad (z \neq 0, -1, -2, -3, \ldots) \tag{18}$$

$$\frac{1}{\Gamma(z)} = \frac{1}{2\pi i} \int_\gamma w^{-z}\, \mathrm{e}^w\, dw \quad (z \in \mathbb{C}) \tag{19}$$

Der Integrationsweg γ in den letzten beiden (Hankelschen) Integraldarstellungen ist der folgende Schleifenweg:

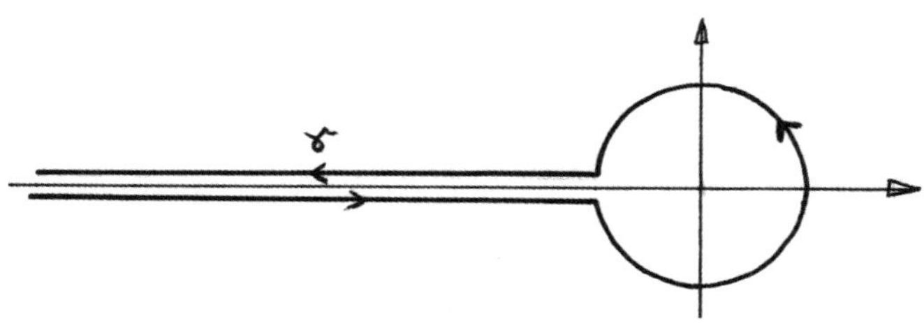

4. *Partialbruch- und Produktdarstellungen:*

$$\frac{\Gamma'(z)}{\Gamma(z)} = -C + \sum_{k=1}^{\infty} \left(\frac{1}{k} - \frac{1}{z+k-1} \right) \tag{20}$$

$$\frac{1}{\Gamma(z)} = \mathrm{e}^{Cz} z \prod_{k=1}^{\infty} \left(1 + \frac{z}{k} \right) \mathrm{e}^{-z/k} \tag{21}$$

$$\Gamma(z+1) = \prod_{k=1}^{\infty} \left(1 + \frac{1}{k} \right)^z \left(1 + \frac{z}{k} \right)^{-1} \qquad \text{(Euler 1729)} \tag{22}$$

$$\Gamma(z) = \lim_{m \to \infty} \frac{m! \cdot m^z}{(z+1) \cdot \ldots \cdot (z+m)} \qquad \text{(Gauß 1811)} \tag{23}$$

5. *Eulerscher Ergänzungssatz:*

$$\Gamma(z)\cdot\Gamma(1-z) = \frac{\pi}{\sin\pi z} \tag{24}$$

$$\Gamma(z)\cdot\Gamma(-z) = -\frac{\pi}{z\sin\pi z} \tag{25}$$

$$\Gamma(\tfrac{1}{2}+z)\cdot\Gamma(\tfrac{1}{2}-z) = \frac{\pi}{\cos\pi z} \tag{26}$$

$$\int_0^1 \log\Gamma(x)\,dx = \log\sqrt{2\pi} \tag{27}$$

6. *Gauß'scher Multiplikationssatz:*

$$\prod_{k=0}^{n-1}\Gamma\left(\frac{z+k}{n}\right) = \frac{(2\pi)^{(n-1)/2}}{n^{z-1/2}}\,\Gamma(z) \tag{28}$$

7. *Verdoppelungsformel (Legendre) :*

$$\sqrt{\pi}\,\Gamma(2z) = 2^{2z-1}\,\Gamma(z)\,\Gamma(z+\tfrac{1}{2}) \tag{29}$$

8. *Stirling-Formel:*

   Für $z \in \mathbb{C}^- := \mathbb{C}\setminus\mathbb{R}_{\leq 0}$ gilt

$$\Gamma(z) = \sqrt{2\pi}\,z^{z-1/2}\,\mathrm{e}^{-z+\mu(z)}\ . \tag{30}$$

   Dabei ist $\mu(z) := \sum_{k=0}^{\infty}\left[(z+k+\frac{1}{2})\log\left(1+\frac{1}{z+k}\right)-1\right]$ in der geschlitzten Ebene $\mathbb{C}^-$ holomorph und es gilt $\mu(z)\to 0$ für $z\to\infty$ in jedem Winkelraum $W_\varepsilon := \{\, z\,;\ -\pi+\varepsilon < \arg z < \pi-\varepsilon\,\}$ $(0<\varepsilon<\pi)$.

   Für reelle $x>0$ gilt $\mu(x) = \frac{\Theta(x)}{12x}$ mit $0<\Theta(x)<1$, insbesondere also für $n\in\mathbb{N}$:

   $n! = \sqrt{2\pi n}\left(\frac{n}{\mathrm{e}}\right)^n \mathrm{e}^{\Theta(n)/12n}$ für ein $\Theta=\Theta(n)$ mit $0<\Theta(n)<1$.

9. *Zusammenhang mit der Beta-Funktion:*

   Für $\operatorname{Re} z, \operatorname{Re} w > 0$ gilt:

$$\begin{aligned} B(z,w) &:= \int_0^1 t^{z-1}\,(1-t)^{w-1}\,dt = \frac{\Gamma(z)\Gamma(w)}{\Gamma(z+w)} \\ &= \int_0^\infty \frac{u^{z-1}}{(1+u)^{z+w}}\,du \end{aligned} \tag{31}$$

Teil II
Aufgaben

7 Komplexe Zahlen

7.1 Theorie

Zeigen Sie, dass $\mathbb{K} := \left\{ \begin{pmatrix} x & y \\ -y & x \end{pmatrix} ; x, y \in \mathbb{R} \right\}$ mit der üblichen Addition und Multiplikation von Matrizen ein Körper ist. Zeigen Sie außerdem, dass $\mathbb{K}$ isomorph zu $\mathbb{C}$ ist.

Zeigen Sie, dass $\mathbb{H} := \left\{ \begin{pmatrix} z & w \\ -\overline{w} & \overline{z} \end{pmatrix} ; z, w \in \mathbb{C} \right\}$ mit den üblichen Operationen ein Schiefkörper ist.

Zeigen Sie, dass jeder injektive Körperhomomorphismus $\varphi\colon \mathbb{R} \to \mathbb{R}$ die Identität ist.

Zeigen Sie, dass jeder injektive Körperhomomorphismus $\varphi\colon \mathbb{C} \to \mathbb{C}$, der $\mathbb{R}$ in sich abbildet, die Identität oder die komplexe Konjugierung ist.

ungen:

Man prüft zunächst nach, dass „+“ und „·“ Operationen auf $\mathbb{K}$ sind, also dass $\mathbb{K}$ abgeschlossen ist bzgl dieser Operationen. Dann zeigt man der Reihe nach, dass die Körperaxiome gelten, wie sie z.B. in [RA1, 1.1.4] als (K1) – (K9) aufgeführt sind.

Wenn man ausnutzt, dass die quadratischen (2×2)–Matrizen einen Ring bilden, kann man sich Arbeit sparen. Dann gelten nämlich

(K1), (K5)	Assoziativgesetze der Addition und Multiplikation
(K4)	Kommutativgesetz der Addition und
(K9)	Distributivgesetz

automatisch, weil sie innerhalb des größeren Bereichs $\mathbb{R}^{2\times 2}$ gelten. Dass auch das Kommutativgesetz für die Multiplikation dieser speziellen (2×2)–Matrizen gilt, rechnet man nach.

Null- und Einheitsmatrix liegen in $\mathbb{K}$ und sind neutrale Elemente für Addition und Multiplikation, also gelten (K2) und (K6).

Ist $\mathbf{Z} := \begin{pmatrix} x & y \\ -y & x \end{pmatrix} \in \mathbb{K}$, so ist auch $-\mathbf{Z} = \begin{pmatrix} -x & -y \\ y & -x \end{pmatrix} \in \mathbb{K}$ und es gilt $\mathbf{Z} + (-\mathbf{Z}) = 0$. Also gilt (K3), die Existenz von negativen Elementen.

Ist $\mathbf{Z} := \begin{pmatrix} x & y \\ -y & x \end{pmatrix} \in \mathbb{K}$, $\mathbf{Z} \neq \mathbf{O}$, so ist auch $\mathbf{Z}^{-1} = \dfrac{1}{x^2+y^2} \begin{pmatrix} x & -y \\ y & x \end{pmatrix} \in \mathbb{K}$ und es gilt $\mathbf{Z} \cdot \mathbf{Z}^{-1} = \mathbf{E}$. Also gilt (K5), die Existenz von inversen Elementen.

Damit ist $(\mathbb{K}, +, \cdot)$ als Körper nachgewiesen.

Die Abbildung $\Phi\colon \mathbb{K} \to \mathbb{C}$, $\Phi \begin{pmatrix} x & y \\ -y & x \end{pmatrix} := x + iy$ ist bijektiv und linear bzgl '$+$' und '$\cdot$' (nachprüfen!), also ein Körperisomorphismus.

B Diese Aufgabe löst man analog zur vorhergehenden 7.1.A. Die Multiplikation in $\mathbb{H}$ ist allerdings nicht kommutativ. Z.B. gilt

$$\begin{pmatrix} i & 0 \\ 0 & -i \end{pmatrix} \cdot \begin{pmatrix} 0 & -1 \\ 1 & 0 \end{pmatrix} = \begin{pmatrix} 0 & -i \\ -i & 0 \end{pmatrix} \neq \begin{pmatrix} 0 & -1 \\ 1 & 0 \end{pmatrix} \cdot \begin{pmatrix} i & 0 \\ 0 & -i \end{pmatrix} = \begin{pmatrix} 0 & i \\ i & 0 \end{pmatrix} .$$

Das inverse Element von $\begin{pmatrix} z & w \\ -\overline{w} & \overline{z} \end{pmatrix} \neq \mathbf{O}$ ist $\dfrac{1}{|z|^2+|w|^2} \begin{pmatrix} \overline{z} & -w \\ \overline{w} & z \end{pmatrix}$.

$\mathbb{H}$ ist isomorph zum Schiefkörper der *Quaternionen.*

C Sei $\varphi\colon \mathbb{R} \to \mathbb{R}$ ein injektiver Körperhomomorphismus.

<u>Beh. 1:</u> Es ist $\varphi(x) = x$ für alle $x \in \mathbb{Q}$.

Es ist $\varphi(0) = \varphi(0+0) = \varphi(0) + \varphi(0)$, also $\varphi(0) = 0$. Wegen der Injektivität folgt $\varphi(x) \neq 0$ für $x \neq 0$.

Ferner $0 \neq \varphi(1) = \varphi(1 \cdot 1) = \varphi(1) \cdot \varphi(1)$, also $\varphi(1) = 1$.

Daraus wiederum $\varphi(2) = \varphi(1+1) = 2 \cdot \varphi(1) = 2$ und mit Induktion folgt $\varphi(n) = n$ für $n \in \mathbb{N}$.

Mit $0 = \varphi(0) = \varphi(n + (-n)) = \varphi(n) + \varphi(-n)$ folgt $\varphi(n) = n$ für alle $n \in \mathbb{Z}$.

Mit $1 = \varphi(1) = \varphi(n \cdot \frac{1}{n}) = \varphi(n) \cdot \varphi(\frac{1}{n}) = n \cdot \varphi(\frac{1}{n})$ folgt $\varphi(\frac{1}{n}) = \frac{1}{n}$ für alle $n \in \mathbb{N}$ und daraus $\varphi(x) = x$ für alle $x \in \mathbb{Q}$.

Bemerkung: $\mathbb{Q}$ ist der kleinste in $\mathbb{R}$ enthaltene Körper, der sog. *Primkörper* von $\mathbb{R}$. Für jeden Körperhomomorphismus $\varphi\colon K \to K$ eines Körpers K in sich gilt, dass er den Primkörper von K punktweise fest lässt.

<u>Beh. 2:</u> φ ist streng monoton wachsend!

Seien $a, b \in \mathbb{R}$, $a < b$. Sei $x > 0$ mit $x^2 = b - a > 0$. Dann folgt

$$\varphi(b) - \varphi(a) = \varphi(b-a) = \varphi(x^2) = \big(\varphi(x)\big)^2 > 0 ,$$

also $\varphi(b) > \varphi(a)$ für $b > a$.

Beh. 3: Es ist $\varphi(x) = x$ für alle $x \in \mathbb{R}$.

Sei nun $x \in \mathbb{R}$ beliebig und $(x_k)_k$ eine Folge rationaler Zahlen x_k mit $x_k \to x$. Dann gibt es zu jedem $n \in \mathbb{N}$ ein k_0 derart, dass $-\frac{1}{n} < x - x_k < \frac{1}{n}$ für alle $k > k_0$. Wegen der gerade bewiesenen Monotonie von φ folgt dann

$$-\tfrac{1}{n} \;=\; \varphi(-\tfrac{1}{n}) \;<\; \varphi(x - x_k) \;=\; \varphi(x) - x_k \;<\; \varphi(\tfrac{1}{n}) \;=\; \tfrac{1}{n}\,. \tag{1}$$

Also konvergiert $x_k \to \varphi(x)$ und wegen der Eindeutigkeit des Grenzwerts folgt $x = \varphi(x)$ für alle $x \in \mathbb{R}$.

Sei $\varphi\colon \mathbb{C} \to \mathbb{C}$ ein injektiver Körperhomomorphismus, der $\mathbb{R}$ in sich abbildet. Nach Aufgabe 7.1.C ist die Einschränkung $\varphi|_{\mathbb{R}}$ gleich der Identität auf $\mathbb{R}$.

Wegen $\varphi(i) \cdot \varphi(i) = \varphi(-1) = -1$ folgt $\varphi(i) = i$ oder $\varphi(i) = -i$. Im ersten Fall ist φ die Identität auf $\mathbb{C}$, im zweiten die komplexe Konjugierung.

Bemerkung: Es gibt unendlich viele, sogar überabzählbar viele Körperautomorphismen von $\mathbb{C}$. Dies beweist man in der Algebra mit Hilfe einer sog. *Transzendenzbasis* von $\mathbb{C}$ über $\mathbb{Q}$. Diese zusätzlichen Körperautomorphismen von $\mathbb{C}$ können dann nicht $\mathbb{R}$ in sich abbilden.

7.2 Rechnen in $\mathbb{C}$

A Bestimmen Sie Real- und Imaginärteil, Betrag und Argument von

1) $\dfrac{1+i}{2-3i}$

2) $\left(\dfrac{1+\sqrt{3}i}{1-\sqrt{3}i}\right)^{201}$

3) $(1+i)^{2n} + (1-i)^{2n} \qquad (n \in \mathbb{N})$

B Skizzieren Sie die folgenden Mengen in der komplexen Ebene:

1) $M_1 := \{\, z\,;\, |z| < 1 - \operatorname{Re} z \,\}$

2) $M_2 := \left\{\, z\,;\, \left|\dfrac{z-i}{z+i}\right| = 2 \,\right\}$

3) $M_3 := \{\, z\,;\, \operatorname{Re}\frac{1}{z} = \frac{1}{2} \,\}$

4) $M_4 := \left\{\, z\,;\, \left|\dfrac{a-z}{\overline{a}+z}\right| < 1 \,\right\} \qquad (\operatorname{Re} a > 0)$

C Zeigen Sie, dass Geraden und Kreise in $\mathbb{C}$ durch Gleichungen der Form

$$\alpha z\overline{z} + bz + \overline{b}\overline{z} + \delta = 0\,, \quad b\overline{b} - \alpha\delta > 0\,, \qquad \text{bzw} \tag{1}$$

$$\alpha(x^2+y^2) + \beta x + \gamma y + \delta = 0\,, \quad \beta^2 + \gamma^2 - 4\alpha\delta > 0 \tag{2}$$

mit $b \in \mathbb{C},\ \alpha, \beta, \gamma, \delta \in \mathbb{R}$ definiert werden.

D Bestimmen Sie sämtliche Lösungen der folgenden Gleichungen:

1) $z^6 + 1 = 0$

2) $z^4 + 8 - 8\sqrt{3}i = 0$

3) $iz^2 - (1+3i)z + 2 + 2i = 0$

4) $z^2(1-z^2) = 16$

E Seien z_1, z_2, z_3 die Ecken eines gleichseitigen Dreiecks in der komplexen Ebene. Zeigen Sie, dass dann $z_1^2 + z_2^2 + z_3^2 = z_1 z_2 + z_2 z_3 + z_3 z_1$.

F Seien $z_1, z_2 \in \mathbb{C}$, $|z_1| < 1$, $|z_2| < 1$ und Δ das Innere des Dreiecks mit den Ecken z_1, z_2 und 1.
Zeigen Sie, dass es eine von z_1 und z_2 abhängende positive Konstante K derart gibt, dass $\dfrac{|1-z|}{1-|z|} \le K$ für alle $z \in \Delta$.

ungen:

(A.1) *Rezept:* Bruch mit dem konjugiert komplexen Nenner erweitern! Dies liefert:

$$z_1 := \frac{1+i}{2-3i} = \frac{(1+i)(2+3i)}{(2-3i)(2+3i)} = \frac{-1+5i}{2^2+3^2} = \frac{-1}{13} + \frac{5}{13}i \,. \tag{3}$$

Also $\operatorname{Re} z_1 = \frac{-1}{13}$, $\operatorname{Im} z_1 = \frac{5}{13}$ und $|z_1| = \frac{1}{13}\sqrt{1^2+5^2} = \sqrt{2/13}$.
Für den Winkel $\varphi := \arg z_1$ erhält man $\tan\varphi = -5$, also $\varphi = -78,7^o$ oder $\varphi = 101,3^o$. Da $\operatorname{Re} z_1 < 0$, muss $\varphi := \arg z_1 = 101,3^o$ sein.
In Bogenmaß ist $\varphi = 1,7682\ldots$.

(A.2) *Rezept:* Erst auf Polarkoordinaten umschreiben!
Es ist $1+\sqrt{3}i = 2\,\mathrm{e}^{i\pi/3}$ und $1-\sqrt{3}i = 2\,\mathrm{e}^{-i\pi/3}$. Damit folgt

$$\begin{aligned} z_2 &:= \left(\frac{1+\sqrt{3}i}{1-\sqrt{3}i}\right)^{201} = \left(\frac{2\,\mathrm{e}^{i\pi/3}}{2\,\mathrm{e}^{-i\pi/3}}\right)^{201} = \left(\mathrm{e}^{2\pi i/3}\right)^{201} \\ &= \mathrm{e}^{402\pi i/3} = \mathrm{e}^{134\pi i} = 1 \,. \end{aligned} \tag{4}$$

Cartesische und Polarkoordinaten liest man ab.

(A.3) Es ist $1 \pm i = \sqrt{2}\,\mathrm{e}^{\pm\pi i/4}$. Damit folgt

$$\begin{aligned} (1+i)^{2n} + (1-i)^{2n} &= 2^n\left(\mathrm{e}^{n\pi i/2} + \mathrm{e}^{-n\pi i/2}\right) = 2^n 2\cos\tfrac{n\pi}{2} \\ &= \begin{cases} 0 & \text{falls } n \text{ ungerade} \\ (-1)^k\, 2^{2k+1} & \text{falls } n = 2k \,. \end{cases} \end{aligned}$$

Cartesische und Polarkoordinaten liest man ab.

(B.1) Für $z = x+iy,\ x,y \in \mathbb{R}$ gilt

$$\begin{aligned} |z| < 1 - \operatorname{Re} z \quad &\Longleftrightarrow \quad \sqrt{x^2+y^2} < 1-x \\ &\Longleftrightarrow \quad y^2 < 1-2x \,, \end{aligned}$$

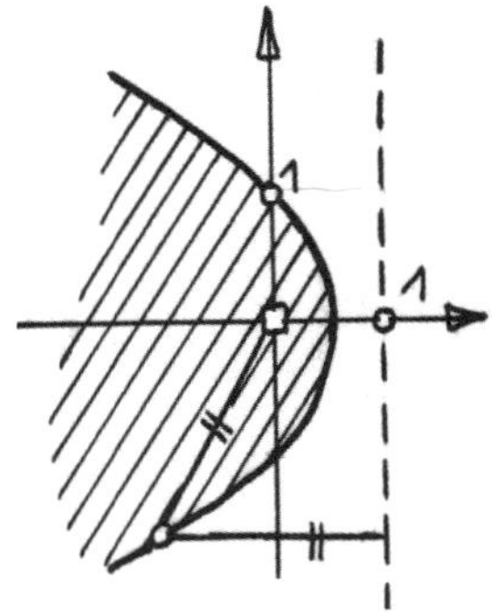

da man sich o.B.d.A auf $\{x < 1\}$ beschränken kann.

Es ergibt sich der skizzierte, von der Parabel $y^2 = 1-2x$ berandete Bereich.

Die Randparabel ist der geometrische Ort der Punkte, die vom Ursprung (Brennpunkt) 0 den gleichen Abstand haben wie von der Geraden (Leitlinie) $\{x = 1\}$.

(B.2) Mit $z = x + iy$ liefert direkte Rechnung:

$$\left|\frac{z-i}{z+i}\right| = 2 \iff x^2 + (y-1)^2 = 4\left(x^2 + (y+1)^2\right)$$
$$\iff x^2 + (y + \tfrac{5}{3})^2 = \left(\tfrac{4}{3}\right)^2$$

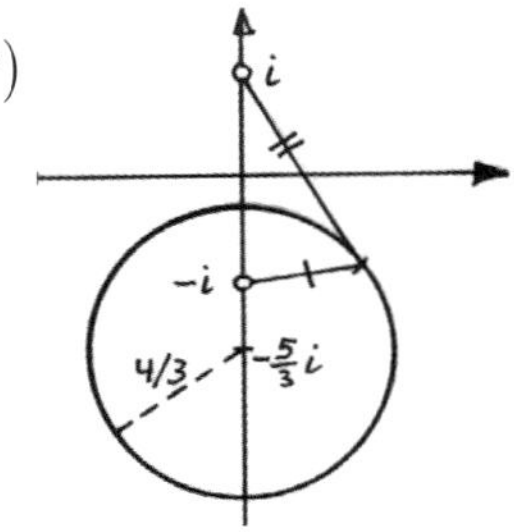

Also ist M_2 ein Kreis mit Mittelpunkt $-5i/3$ und Radius $4/3$.
Dass M_2 ein Kreis ist, folgt direkt mit Hilfe von Möbius-Abbildungen. M_2 ist nämlich das Urbild des Kreises $\{|w| = 2\}$ unter der Möbius-Abbildung $w = \dfrac{z-i}{z+i}$.

Möbius-Abbildungen sind kreistreu (siehe Abschnitt 5.4), also muss M_2 ein Kreis sein. Wenn man sich dann noch überlegt, dass für die Punkte $\zeta_1 := -i/3$ und $\zeta_2 = -3i$ der Abstand zum Punkt i doppelt so gross ist, wie der zu $-i$, dass also $\zeta_{1,2} \in M_2$ sind, so kann man den Kreis M_2 auch ohne Rechnung bestimmen.

(B.3) Mit $z = x + iy \neq 0,\ x, y \in \mathbb{R}$ gilt

$$\mathsf{Re}\,\tfrac{1}{z} = \mathsf{Re}\,\tfrac{\bar{z}}{|z|^2}$$
$$\iff \tfrac{x}{x^2+y^2} = \tfrac{1}{2} \iff 2x = x^2 + y^2$$
$$\iff (x-1)^2 + y^2 = 1 \iff |z-1| = 1 .$$

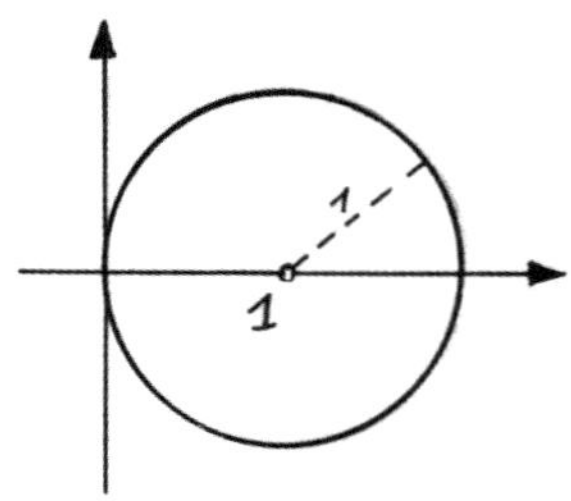

Die gesuchte Punktmenge M_3 ist also (bis auf den Ursprung) ein Kreis um 1 mit Radius 1.
M_3 ist das Urbild der Geraden $\{\mathsf{Re}\,w = 1/2\}$ bzgl der Möbius-Abbildung $w = 1/z$.
Da Möbius-Abbildungen Kreise auf Kreise abbilden, muss M_3 ein Kreis sein.

(B.4) Für $\mathsf{Re}\,a > 0$ gilt $\left|\frac{a-z}{\bar{a}+z}\right| < 1 \iff \mathsf{Re}\,z > 0$.

Dies kann man ausrechnen. Man sieht es aber auch direkt geometrisch, da $|\bar{a}+z| = |z-(-\bar{a})|$ der Abstand von z zum Punkt $-\bar{a}$ ist. Also ist $|a-z| < |\bar{a}+z|$ genau dann, wenn z näher an a, als an $-\bar{a}$ liegt. Da a und $-\bar{a}$ symmetrisch zur imaginären Achse liegen und da $\mathsf{Re}\,a > 0$ ist, ist dies genau dann der Fall, wenn z in der rechten Halbebene liegt.

C <u>Sei zunächst $\alpha = 0$.</u> Wegen $b\bar{b} - \alpha\delta > 0$ ist dann $b \neq 0$.
Wir setzen b in der Form $b = \frac{1}{2}(\beta - i\gamma)$ mit reellen $\beta, \gamma \in \mathbb{R}$ an.
Mit $z = x + iy,\ x, y \in \mathbb{R}$ ist dann

$$bz + \overline{bz} = 2\mathsf{Re}\,bz = -c = 0 \iff \beta x + \gamma y + \delta = 0 \qquad (5)$$

und diese Gleichung beschreibt wegen $\beta^2 + \gamma^2 \neq 0$ eine Gerade im $\mathbb{R}^2$.

Sei nun $\alpha \neq 0$. Mit $b = \frac{1}{2}(\beta - i\gamma)$, $z = x + iy$, $\alpha, \beta, \gamma, x, y \in \mathbb{R}$ ist

$$\begin{aligned} \alpha z\bar{z} + bz + \bar{b}\bar{z} + \delta &= 0 \\ \iff \alpha(x^2 + y^2) + \beta x + \gamma y + \delta &= 0 \\ \iff \left(x + \tfrac{\beta}{2\alpha}\right)^2 + \left(y + \tfrac{\gamma}{2\alpha}\right)^2 &= \frac{\beta^2 + \gamma^2 - 4\alpha\delta}{(2\alpha)^2} \end{aligned} \tag{6}$$

und diese Gleichung beschreibt im $\mathbb{R}^2$ einen Kreis mit Mittelpunkt $\frac{-1}{2\alpha}(\beta, \gamma)$ und Radius $r = \frac{1}{2|\alpha|}\sqrt{b\bar{b} - 4\alpha\delta}$.

Die reelle Form der Kreise und Geraden ergibt sich direkt aus der komplexen.

Umgekehrt kann man aber auch Geraden und Kreise in $\mathbb{C}$ durch Gleichungen der angegebenen Form beschreiben.

(D.1) Mit $z = r\,e^{i\varphi}$ gilt

$$\begin{aligned} z^6 + 1 = 0 &\iff r^6\,e^{i6\varphi} = -1 = e^{i\pi} \\ &\iff r = 1 \text{ und } \varphi = (2k+1)\tfrac{\pi}{6} \ . \end{aligned}$$

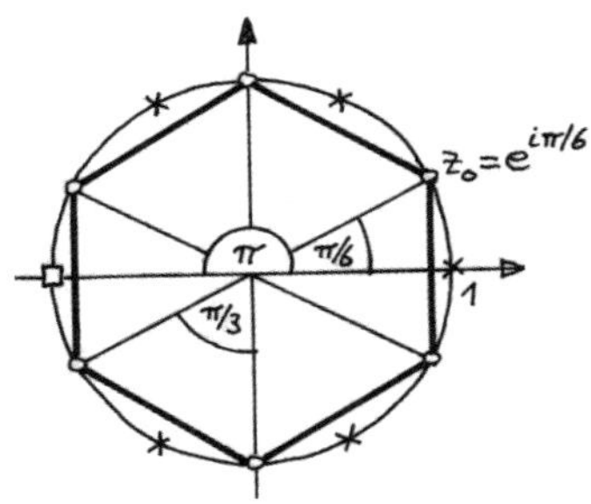

Die 6 sechsten Wurzeln von -1 liegen auf dem Einheitskreisrand. Es sind die 12-ten Einheitswurzeln, die nicht bereits 6-te Einheitswurzeln sind. Sie bilden die Ecken eines regelmäßigen 6-Ecks mit einer Ecke in $z_0 = e^{i\pi/6}$.

(D.2) Mit $z = r\,e^{i\varphi}$ gilt

$$\begin{aligned} z^4 + 8 - 8\sqrt{3}i = 0 &\iff r^4\,e^{i4\varphi} = 16\,e^{2\pi i/3} \\ &\iff r = 2 \text{ und } \varphi = \tfrac{\pi}{6} + \tfrac{k\pi}{2} \end{aligned}$$

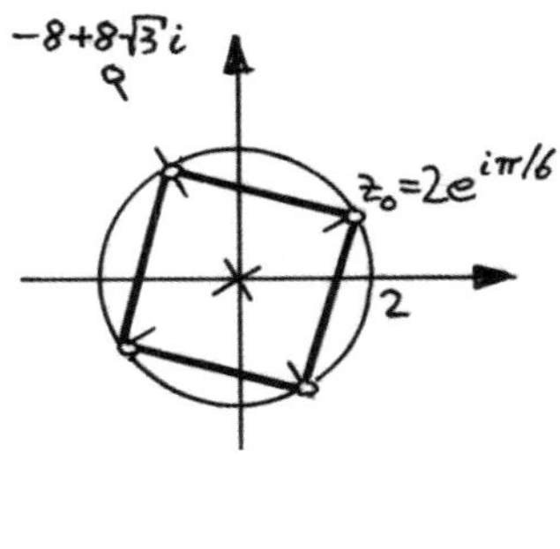

Die 4 vierten Wurzeln von $8 - 8\sqrt{3}i$ liegen auf dem Kreis um 0 mit Radius 2.
Sie bilden die Ecken eines Quadrats mit einer Ecke in $z_0 = 2\,e^{i\pi/6}$.

(D.3) Quadratische Ergänzung liefert:

$$iz^2 - (1+3i)z + 2 + 2i = 0 \iff \left(z - \frac{3-i}{2}\right)^2 = \frac{i}{2} \ . \tag{7}$$

Die beiden Wurzeln von $\frac{i}{2}$ sind $\pm\frac{1+i}{2}$. Die Lösungen der quadratischen Gleichung sind daher $z_1 = 1 - i$ und $z = 2$.

Das gleiche Ergebnis erhält man natürlich auch mit den Formeln 1.2.3(9).

(D.4) Diese 'biquadratische' Gleichung kann man mit Hilfe der Substitution $w := z^2$ lösen. Damit ist $z^2(1-z^2) = 16 \Leftrightarrow w^2 - w + 16 = 0$ und diese quadratische Gleichung hat die Lösungen $w_{1,2} = \frac{1}{2} \pm \frac{3}{2}\sqrt{7}i$.

Die beiden Wurzeln von $w_1 = \frac{1}{2} - \frac{3}{2}\sqrt{7}i$ sind $z_{1,2} := \pm\left(\frac{3}{2} - \frac{1}{2}\sqrt{7}i\right)$.

Die beiden Wurzeln von $w_2 = \frac{1}{2} + \frac{3}{2}\sqrt{7}i$ sind $z_{3,4} := \pm\left(\frac{3}{2} + \frac{1}{2}\sqrt{7}i\right)$.

E Bilden z_1, z_2, z_3 die Ecken eines gleichseitigen Dreiecks, so ist (in geeigneter Numerierung) $z_3 - z_1 = \mathrm{e}^{i\pi/3}(z_2 - z_1)$ und $z_1 - z_2 = \mathrm{e}^{i\pi/3}(z_3 - z_2)$. Daraus folgt

$$\frac{z_3 - z_1}{z_2 - z_1} = \frac{z_1 - z_2}{z_3 - z_2} \iff (z_3 - z_1)(z_3 - z_2) = (z_1 - z_2)(z_2 - z_1)$$
$$\iff z_1^2 + z_2^2 + z_3^2 = z_1 z_2 + z_2 z_3 + z_3 z_1 \; .$$

F Mit $r := \max(|z_1|, |z_2|)$ ist $0 < r < 1$.
Sei $\overline{B_r} := \{\, z\, ;\, |z| \le r \,\}$. Für $z \in \overline{B_r}$ gilt

$$\frac{|1-z|}{1-|z|} \le \frac{1+r}{1-r} =: K_1 \; .$$

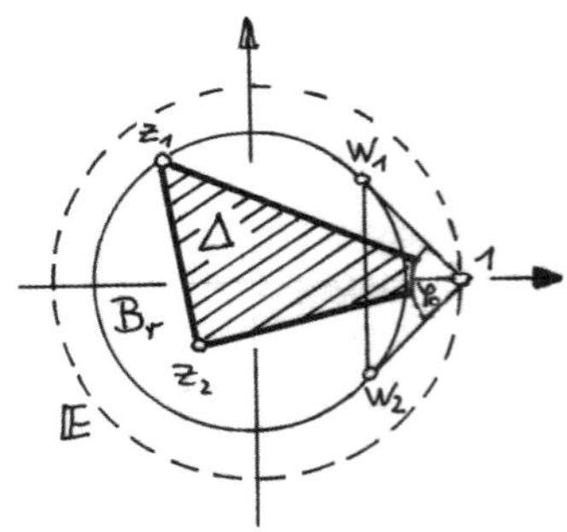

Seien w_1 und w_2 die Berührpunkte der Tangenten von 1 aus an die Kreisscheibe $\overline{B_r}$ und Δ' das Dreieck mit den Ecken $1, w_1, w_2$. Sei $2\varphi_0$ der Öffnungswinkel von Δ' bei 1.
Jedes $z \in \Delta'$ lässt sich schreiben in der Form

$$z = 1 - \varrho\, \mathrm{e}^{i\varphi} \quad \text{mit} \quad 0 \le \varrho \le |1 - w_1| = |1 - w_2| = \cos\varphi_0 \text{ und } |\varphi| \le \varphi_0 \; .$$

Für diese z, $\varrho = |1-z|$ und φ gilt $|z|^2 = 1 - 2\varrho\cos\varphi + \varrho^2$, sowie:

$$\begin{aligned}
-2\varrho\cos\varphi + \varrho^2 &\le -2\varrho\cos\varphi_0 + \varrho^2 \le -2\varrho\cos\varphi_0 + \varrho\cos\varphi_0 \\
&= -\varrho\cos\varphi_0 \le -\varrho\cos\varphi_0 + \tfrac{1}{4}\varrho^2\cos^2\varphi_0 \\
1 - 2\varrho\cos\varphi + \varrho^2 &\le 1 - \varrho\cos\varphi_0 + \tfrac{1}{4}\varrho^2\cos^2\varphi_0 = \left(1 - \tfrac{\varrho\cos\varphi_0}{2}\right)^2 \\
1 - |z| &= 1 - \sqrt{1 - 2\varrho\cos\varphi + \varrho^2} \ge \tfrac{\varrho\cos\varphi_0}{2} \; .
\end{aligned}$$

Also ist $\dfrac{|1-z|}{1-|z|} \le \dfrac{2}{\cos\varphi_0} =: K_2$ für alle $z \in \Delta'$.

Wegen $\Delta \subset \Delta' \cup \overline{B_r}$ ist $K := \max(K_1, K_2)$ eine Konstante der gesuchten Art.

7.3 Einheitswurzeln

Es seien $m, n \geq 0$ natürliche Zahlen, ε eine m-te und δ eine n-te Einheitswurzel. Dann gilt

1) Es gibt $k \in \mathbb{N}$ derart, dass $\varepsilon\delta$ eine k-te Einheitswurzel ist.
2) Die Menge G aller Einheitswurzeln ist eine unendliche abelsche Gruppe, die nicht endlich erzeugbar ist.

Seien $1 \leq p < n \in \mathbb{N}$ und $\varepsilon := \mathrm{e}^{2\pi i/n}$. Man berechne $\sum_{k=0}^{n-1} \varepsilon^{kp}$ und $\prod_{k=0}^{n-1} \varepsilon^k$.

Sei $n \in \mathbb{N}$ und $\varepsilon := \mathrm{e}^{2\pi i/n}$.

1) Zeigen Sie, dass $\sum_{k=0}^{n-1} z^k = \prod_{k=1}^{n-1} (z - \varepsilon^k)$ für alle $z \in \mathbb{C}$.
2) Gewinnen Sie daraus die Formeln

$$n = 2^{n-1} \prod_{k=1}^{n-1} \sin \frac{k\pi}{n} \qquad \text{und} \qquad 2n+1 = 2^{2n} \prod_{k=1}^{n} \sin^2 \frac{k\pi}{2n+1} .$$

3) Bestimmen Sie Betrag und Argument des Produkts $\prod_{\mathsf{Im}\,\varepsilon^k > 0} (1 + \varepsilon^k)$.

Sei $n \in \mathbb{N}$ und $\varepsilon := \mathrm{e}^{2\pi i/n}$. Bestimmen Sie den Betrag der Vandermondeschen Determinante d_n der n-ten Einheitswurzeln:

$$d_n \ := \ \det \left(\varepsilon^{jk}\right)_{j,k=0,\dots,n-1} . \tag{1}$$

ungen:

(A.1) Sei ε eine m-te und δ eine n-te Einheitswurzel, sowie $k := kgV(m, n)$ das kleinste gemeinsame Vielfache von n und m. Dann ist $k = nn_1 = mm_1$ mit geeigneten $n_1, m_1 \in \mathbb{N}$. Es folgt $(\varepsilon\delta)^k = \varepsilon^k\delta^k = (\varepsilon^m)^{m_1}(\delta^n)^{n_1} = 1$.

Also ist $\varepsilon\delta$ eine k-te Einheitswurzel.

(A.2) Ist ε eine m-te und δ eine n-te Einheitswurzel, so ist nach Teil 1) dieser Aufgabe auch $\varepsilon\delta$ eine Einheitswurzel. Da mit ε auch $1/\varepsilon$ eine Einheitswurzel ist, bildet die Menge G aller Einheitswurzeln bzgl der Multiplikation eine abelsche Gruppe. Die Einheitswurzeln $\varepsilon_n := \mathrm{e}^{2\pi i/n}$ sind alle voneinander verschieden. Also ist G eine unendliche Gruppe. Sie ist nicht endlich erzeugbar, da je endlich viele Einheitswurzeln nach Teil 1) dieser Aufgabe für geeignetes $k \in \mathbb{N}$ in der endlichen Gruppe der k-ten Einheitswurzeln liegen.

B Wegen $\big(\varepsilon^p\big)^n = \big(\varepsilon^n\big)^p = 1$ liefert die geometrische Summenformel 1.6.4(5)

$$\sum_{k=0}^{n-1} \varepsilon^{kp} = \sum_{k=0}^{n-1} (\varepsilon^p)^k = \frac{\big(\varepsilon^p\big)^n - 1}{\varepsilon^p - 1} = 0 \,. \tag{2}$$

Wegen $\sum\limits_{k=0}^{n-1} k = \frac{n(n-1)}{2}$ gilt außerdem

$$\prod_{k=0}^{n-1} \varepsilon^k = \varepsilon^{n(n-1)/2} = \mathrm{e}^{2\pi i n(n-1)/2n} = \mathrm{e}^{\pi i(n-1)} = (-1)^{n-1} \,. \tag{3}$$

C **(C.1)** Die $\varepsilon^k := \mathrm{e}^{2k\pi i/n} = \cos\frac{2k\pi}{n} + i\sin\frac{2k\pi}{n}$, $k = 0, \ldots, n-1$ sind genau die n-ten Einheitswurzeln, also die Nullstellen des Polynoms $z^n - 1$.

Also ist $z^n - 1 = \prod\limits_{k=0}^{n-1}(z - \varepsilon^k) = (z-1)\prod\limits_{k=1}^{n-1}(z - \varepsilon^k)$. Daraus folgt

$$(z-1)\Big(\sum_{k=0}^{n-1} z^k\Big) = z^n - 1 = (z-1)\prod_{k=1}^{n-1}(z - \varepsilon^k) \tag{4}$$

und damit die Behauptung

$$\sum_{k=0}^{n-1} z^k = \prod_{k=1}^{n-1}(z - \varepsilon^k) \,. \tag{5}$$

(C.2) Mit den Formeln für den doppelten Winkel folgt

$$\begin{aligned} 1 - \varepsilon^k &= 1 - \cos\tfrac{2k\pi}{n} - i\sin\tfrac{2k\pi}{n} \\ &= 2\sin\tfrac{k\pi}{n}\,\big[\sin\tfrac{k\pi}{n} - i\cos\tfrac{k\pi}{n}\big] \,. \end{aligned} \tag{6}$$

$z = 1$ in die Formel (5) eingesetzt liefert

$$n = 2^{n-1}\left(\prod_{k=1}^{n-1}\sin\tfrac{k\pi}{n}\right)\left(\prod_{k=1}^{n-1}\big[\sin\tfrac{k\pi}{n} - i\cos\tfrac{k\pi}{n}\big]\right) . \tag{7}$$

Das zweite Produkt muss reell sein. Da die Faktoren $\big[\sin\frac{k\pi}{n} - i\cos\frac{k\pi}{n}\big]$ den Betrag 1 und positiven Realteil haben, muss es gleich 1 sein. Also folgt

$$n = 2^{n-1}\prod_{k=1}^{n-1}\sin\tfrac{k\pi}{n} \,. \tag{8}$$

Ersetzt man in dieser Formel n durch $2n+1$, so erhält man:

$$2n+1 \;=\; 2^{2n} \prod_{k=1}^{2n} \sin \tfrac{k\pi}{2n+1} \;. \tag{9}$$

Für $k = 1, \ldots, n$ ist $\sin \frac{k\pi}{2n+1} = \sin \frac{(2n+1-k)\pi}{2n+1}$. Also kann man je 2 Faktoren zusammenfassen und erhält

$$2n+1 \;=\; 2^{2n} \prod_{k=1}^{n} \sin^2 \tfrac{k\pi}{2n+1} \;. \tag{10}$$

(C.3) Zu bestimmen ist Betrag und Argument von $P := \prod_{\mathrm{Im}\,\varepsilon^k > 0} (1+\varepsilon^k)$.

Es ist $\mathrm{Im}\,\varepsilon^k = \sin \frac{2k\pi}{n} > 0$ genau dann, wenn $1 \le k < \frac{n}{2}$, also für $k = 1, \ldots, \left[\frac{n-1}{2}\right] =: m$. Ferner gilt

$$\begin{aligned} 1+\varepsilon^k &= 1 + \cos \tfrac{2k\pi}{n} + i \sin \tfrac{2k\pi}{n} \\ &= 1 + \cos^2 \tfrac{k\pi}{n} - \sin^2 \tfrac{k\pi}{n} + i2 \sin \tfrac{k\pi}{n} \cos \tfrac{k\pi}{n} \\ &= 2\cos \tfrac{k\pi}{n} \left[\cos \tfrac{k\pi}{n} + i \sin \tfrac{k\pi}{n} \right] \;=\; 2\cos \tfrac{k\pi}{n}\, \mathrm{e}^{k\pi i/n} \;. \end{aligned} \tag{11}$$

Also ist das gesuchte Produkt

$$\begin{aligned} P \;:=\; \prod_{k=1}^{m} (1+\varepsilon^k) &= 2^m \prod_{k=1}^{m} \cos \tfrac{k\pi}{n} \prod_{k=1}^{m} \mathrm{e}^{k\pi i/n} \\ &= 2^m \prod_{k=1}^{m} \cos \tfrac{k\pi}{n} \, \exp\left(i \sum_{k=1}^{m} \tfrac{k\pi}{n} \right) . \end{aligned} \tag{12}$$

Daraus folgt zunächst

$$\begin{aligned} \arg P &= \sum_{k=1}^{m} \frac{k\pi}{n} \;=\; \frac{\pi}{n} \cdot \frac{m(m+1)}{2} \;=\; \begin{cases} \frac{\pi(n^2-1)}{8n} & \text{falls } n \text{ ungerade} \\ \frac{\pi(n-2)}{8} & \text{falls } n \text{ gerade} \end{cases} \\ |P| &= 2^m \prod_{k=1}^{m} \cos \tfrac{k\pi}{n} \;. \end{aligned} \tag{13}$$

Formel (4) liefert weiter

$$z^n - 1 \;=\; (z-1) \sum_{k=0}^{n-1} z^k \;=\; (z-1) \prod_{k=1}^{n-1} (z - \varepsilon^k) \;, \tag{14}$$

wobei hier ε^k alle n-ten Einheitswurzeln $\neq 1$ durchläuft.

Sei zunächst <u>n ungerade</u>, also -1 keine Einheitswurzel. Dann gilt

$$\begin{aligned} z^n - 1 &= (z-1)\Big(\prod_{\operatorname{Im}\varepsilon^k>0}(z-\varepsilon^k)\Big)\Big(\prod_{\operatorname{Im}\varepsilon^k<0}(z-\varepsilon^k)\Big) \\ &= (z-1)\prod_{\operatorname{Im}\varepsilon^k>0}(z-\varepsilon^k)(z-\overline{\varepsilon^k}) . \end{aligned} \tag{15}$$

$z=-1$ einsetzen liefert

$$1 = \prod_{\operatorname{Im}\varepsilon^k>0}(-1-\varepsilon^k)(-1-\overline{\varepsilon^k}) = \Big|\prod_{\operatorname{Im}\varepsilon^k>0}(1+\varepsilon^k)\Big|^2 = |P|^2 ,$$

also $|P| = 1$ für ungerade n.

Ist nun <u>n gerade</u>, so ist -1 eine Einheitswurzel. Dann gilt

$$z^n - 1 = (z^2-1)\big(z^{n-2}+z^{n-4}+\ldots+z^2+1\big) = (z^2-1)\prod_{\varepsilon^k\neq\pm1}(z-\varepsilon^k)$$

$$z^{n-2}+z^{n-4}+\ldots+z^2+1 = \prod_{\operatorname{Im}\varepsilon^k>0}(z-\varepsilon^k)(z-\overline{\varepsilon^k}) .$$

$z=-1$ einsetzen liefert $\frac{n}{2} = |P|^2$, also $|P| = \sqrt{\frac{n}{2}}$ für gerade n.

D Sei $\varepsilon := \mathrm{e}^{2\pi i/n}$. Aus der Linearen Algebra ist bekannt, dass für die Vandermondesche Determinante gilt

$$d_n := \begin{vmatrix} 1 & 1 & \cdots & 1 \\ 1 & \varepsilon & \cdots & \varepsilon^{n-1} \\ \vdots & \vdots & & \vdots \\ 1 & \varepsilon^{n-1} & \cdots & \varepsilon^{(n-1)^2} \end{vmatrix} = \prod_{j,k=0;\, j>k}^{n-1}(\varepsilon^j-\varepsilon^k) .$$

Mit $m := \frac{n(n-1)}{2}$ gilt auch $d_n = (-1)^m \prod\limits_{j,k=0;\, j<k}^{n-1}(\varepsilon^j-\varepsilon^k)$, also

$$\begin{aligned} d_n^2 &= (-1)^m \prod_{j,k=0;\, j\neq k}^{n-1}(\varepsilon^j-\varepsilon^k) = (-1)^m \prod_{j=0}^{n-1}\Big[\big(\varepsilon^j\big)^{n-1}\prod_{k=0;\, k\neq j}^{n-1}\big(1-\varepsilon^{k-j}\big)\Big] \\ &= (-1)^m \prod_{j=0}^{n-1}\varepsilon^{-j}n = (-1)^m(-1)^n n^n = (-1)^{n(n+1)/2}\, n^n . \end{aligned} \tag{16}$$

Dabei wurden die Formeln (3) und (5) benutzt.

Also ist $|d_n^2| = n^n$ und daher $|d_n| = \sqrt{n^n}$.

7.4 Stereographische Projektion

Im folgenden sei $S := \left\{ (\xi, \eta, \zeta) \in \mathbb{R}^3 \,;\, \xi^2 + \eta^2 + \left(\zeta - \frac{1}{2}\right)^2 = \frac{1}{4} \right\}$ die Riemannsche Zahlenkugel und $\sigma\colon S \to \widehat{\mathbb{C}}$ die stereographische Projektion von S auf die erweiterte Zahlenebene $\widehat{\mathbb{C}} = \mathbb{C} \cup \{\infty\}$ (siehe Abschnitt 1.4.2).

Beweisen Sie die Winkeltreue der stereographischen Projektion σ.

Beweisen Sie die Kreistreue der stereographischen Projektion σ.

Zeigen Sie, dass zwei Punkte $P_1, P_2 \in S$ genau dann die Endpunkte eines Kugeldurchmessers sind, wenn $\overline{\sigma(P_1)} = -1/\sigma(P_2)$.

Welche Kreise in $\mathbb{C}$ entsprechen unter σ den Großkreisen der Kugel S?

Welche Möbius-Abbildungen $w = \dfrac{az+b}{cz+d}$ von $\widehat{\mathbb{C}}$ entsprechen den Kugeldrehungen?

ungen:

Für die stereographische Projektion $\sigma\colon S \to \widehat{\mathbb{C}}$ und ihre Umkehrung gilt:

$$\sigma(\xi,\eta,\zeta) = \frac{\xi + i\eta}{1-\zeta} \qquad \sigma(0,0,1) = \infty \tag{1}$$

$$\sigma^{-1}(z) = \frac{1}{1+|z|^2}\left(\mathrm{Re}\, z, \mathrm{Im}\, z, |z|^2\right) \qquad \sigma^{-1}(\infty) = (0,0,1) \tag{2}$$

Sei g eine Gerade in $\mathbb{C}$, die nicht durch 0 geht. Die Geraden durch den Nordpol N und einen Punkt von g bilden eine Ebene E, die die Kugel S in einem Kreis k durch N schneidet. Die Tangente an k im Nordpol N ist parallel zur Geraden g, da sie die Schnittgerade von E mit der zu $\mathbb{C}$ parallelen Tangentialebene an die Kugel in N ist.

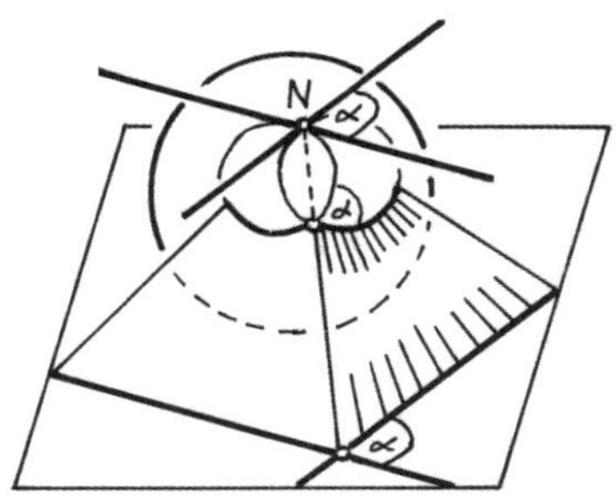

Zwei Geraden g_1, g_2 in $\mathbb{C}$, die sich in einem Punkt $a \in \mathbb{C}$ schneiden, entsprechen auf der Kugel zwei Kreise k_1, k_2, die sich im Nordpol N und im Urbildpunkt $P := \sigma^{-1}(a)$ schneiden. Die Schnittwinkel von k_1 und k_2 in den beiden Schnittpunkten N und P sind gleich. Nach der Eingangsüberlegung sind aber auch die Schnittwinkel von g_1 und g_2 in a, sowie von k_1 und k_2 in N gleich. Fertig.

Zu zeigen ist, dass σ und σ^{-1} Kreise auf Kreise abbilden. Dabei werden wie üblich Geraden in $\mathbb{C}$ zusammen mit dem Punkt ∞ als Kreise aufgefasst.

Ist g eine Gerade in $\mathbb{C}$, so ist geometrisch klar, dass $\sigma^{-1}(g)$ ein Kreis auf der Kugel S ist. Die Projektionsstrahlen vom Nordpol N zu den Punkten von g bilden ja eine Ebene. Und Ebenen, die eine Kugel in mehr als einem Punkt treffen, schneiden diese Kugel in einem Kreis.

Ein beliebiger Kreis in der Ebene genügt einer Gleichung der Form

$$\alpha(x^2+y^2)+\beta x+\gamma y+\delta=0\ , \quad \beta^2+\gamma^2-4\alpha\delta>0 \tag{3}$$

mit $\alpha,\beta,\gamma,\delta\in\mathbb{R}$. Siehe dazu Aufgabe 7.2.C. Setzt man darin die Transformationsgleichung (1) ein, so erhält man

$$\frac{1}{1-\zeta}\left[\alpha\zeta+\beta\xi+\gamma\eta+\delta(1-\zeta)\right] \;=\; 0\ . \tag{4}$$

Die entsprechenden Punkte auf der Kugel S erfüllen also die Ebenengleichung

$$\beta\xi+\gamma\eta+(\alpha-\delta)\zeta+\delta \;=\; 0\ . \tag{5}$$

Der Abstand dieser Ebene E vom Kugelmittelpunkt $M:=(0,0,1/2)$ ist

$$d(M,E) \;=\; \frac{\big\langle(0,0,1/2),(\beta,\gamma,\alpha-\delta)\big\rangle}{\sqrt{\beta^2+\gamma^2+(\alpha-\gamma)^2}} \;=\; \tfrac{1}{2}\sqrt{\frac{(\alpha+\delta)^2}{\beta^2+\gamma^2-4\alpha\delta+(\alpha+\delta)^2}} \;<\; \tfrac{1}{2}\ .$$

Sie schneidet also S in einem Kreis.

Ist $\alpha\neq 0$, so ist stets $\zeta<1$. Die entsprechenden Kreise auf der Kugel gehen daher nicht durch den Nordpol N.

Ist $\alpha=0$, so beschreibt die Gleichung (3) eine Gerade. In diesem Fall geht die Ebenengleichung (5) über in

$$\beta\xi+\gamma\eta-\delta\zeta+\delta \;=\; 0\ . \tag{6}$$

Diese Ebene schneidet die Kugel in einem Kreis durch den Nordpol.

Umgekehrt ist ein Kreis auf der Kugel festgelegt durch die Kugelgleichung

$$\xi^2+\eta^2+\left(\zeta-\tfrac{1}{2}\right)^2 \;=\; \tfrac{1}{4} \tag{7}$$

und eine Ebenengleichung der Form

$$\alpha\xi+\beta\eta+\gamma\zeta+\delta=0\ , \quad \alpha^2+\beta^2-4(\gamma+\delta)\delta>0\ , \quad \alpha,\beta,\gamma,\delta\in\mathbb{R}\ . \tag{8}$$

Setzt man hierin die Umkehrformeln (2) ein, so erhält man

$$(\gamma+\delta)(x^2+y^2)+\alpha x+\beta y+\delta=0\ , \tag{9}$$

und diese Gleichung beschreibt einen Kreis oder eine Gerade in der Ebene $\mathbb{R}^2$.

Seien $P_1, P_2 \in S$ die Endpunkte eines Kugeldurchmessers und $z_k := \sigma(P_k) \in \widehat{\mathbb{C}}$ die projizierten Punkte. Im Spezialfall, dass $P_1 = N = (0,0,1)$ der Nord- und $P_2 = (0,0,0)$ der Südpol der Zahlenkugel sind, gilt $\sigma(P_1) = \infty = -1/\overline{\sigma(P_2)}$ nach den üblichen Verabredungen über das Rechnen mit 0 und ∞ .

Geometrisch folgt die Behauptung aus dem Höhensatz (siehe Skizze). Er liefert $|z_1||z_2| = 1$ und $\arg z_2 = \arg z_1 + \pi$, also $z_2 = -1/\overline{z_1}$.
Rechnerisch kann man so schließen:
Zwei Punkte $P_k = (\xi_k, \eta_k, \zeta_k)$ aus

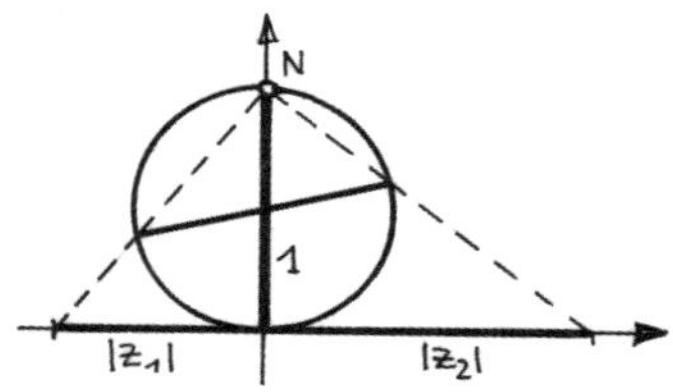

$$S = \left\{ (\xi, \eta, \zeta) \in \mathbb{R}^3 \,;\, \xi^2 + \eta^2 + \left(\zeta - \tfrac{1}{2}\right)^2 = \tfrac{1}{4} \right\}$$

sind genau dann Diametralpunkte der Riemannschen Zahlenkugel, wenn $(\xi_1, \eta_1, \zeta_1 - \frac{1}{2}) = -(\xi_2, \eta_2, \zeta_2 - \frac{1}{2})$.

Unter der stereographischen Projektion σ werden die Punkte P_k auf $z_k = \sigma(P_k) = \dfrac{\xi_k + i\eta_k}{1 - \zeta_k}$ abgebildet. Also gilt für die Bildpunkte z_k von Diametralpunkten P_k :

$$\begin{aligned} -\frac{1}{\overline{z}_2} &= -(1-\zeta_2)\frac{1}{\xi_2 - i\eta_2}\frac{\xi_2 + i\eta_2}{\xi_2 + i\eta_2} \;=\; -(1-\zeta_2)\frac{\xi_2 + i\eta_2}{\xi_2^2 + \eta_2^2} \\ &= -(1-\zeta_2)\frac{\xi_2 + i\eta_2}{\frac{1}{4} - (\zeta_2 - \frac{1}{2})^2} \;=\; \frac{-\xi_2 - i\eta_2}{\zeta_2} \;=\; \frac{\zeta_1 + i\eta_1}{1 - \zeta_1} \qquad (10) \\ &= z_1 \ . \end{aligned}$$

Die Umkehrung beweist man durch ähnliche Rechnung.

Großkreise auf einer Kugel sind definitionsgemäß solche, die als Schnitt der Kugel mit einer Ebene durch den Mittelpunkt der Kugel entstehen. Großkreise auf der Riemannschen Zahlenkugel $S := \left\{ (\xi, \eta, \zeta) \in \mathbb{R}^3 \,;\, \xi^2 + \eta^2 + \left(\zeta - \frac{1}{2}\right)^2 = \frac{1}{4} \right\}$ sind daher einmal der Äquator $A := \left\{ (\xi, \eta, \zeta) \in S \,;\, \zeta = \frac{1}{2} \right\}$ und zweitens alle Kreise, die den Äquator in Diametralpunkten schneiden. Die stereographische Projektion bildet den Äquator auf den Einheitskreis ab, und zwar so, dass Diametralpunkte in Diametralpunkte übergehen.

Bilder von Großkreisen unter der stereographischen Projektion sind daher einmal der Einheitskreis und zum anderen alle Kreise, die den Einheitskreis in Diametralpunkten schneiden. Darunter fallen auch die Geraden durch 0 als Bilder der Großkreise durch Nord- und Südpol (Längenkreise).

E Sei $w = T(z) = \dfrac{az+b}{cz+d}$ eine Möbius-Abbildung von $\mathbb{C}$, die unter der stereographischen Projektion σ einer Drehung der Zahlenkugel S entspricht.

Kugeldrehungen bilden beliebige Diametralpunkte in Diametralpunkte ab. Sei $P \in S$ ein beliebiger Kugelpunkt und P^* sein Gegenüber. Seien $z := \sigma(P)$ und $z^* := \sigma(P^*)$ die projizierten Punkte.

Nach Aufgabe 7.4.C gilt $\overline{z} = -1/z^*$ und ebenso $\overline{w} = -1/w^*$ für die Bildpunkte $w = T(z)$ und $w^* = T(z^*)$. Es folgt

$$\begin{aligned} w &= -\frac{1}{\overline{w^*}} = -\frac{1}{\overline{T(z^*)}} = -\frac{\overline{c}\,\overline{z^*}+\overline{d}}{\overline{a}\,\overline{z^*}+\overline{b}} \\ &= -\frac{-\overline{c}\frac{1}{z}+\overline{d}}{-\overline{a}\frac{1}{z}+\overline{b}} = \frac{\overline{d}z-\overline{c}}{-\overline{b}z+\overline{a}} \,. \end{aligned} \tag{11}$$

Also $w = T(z) = \dfrac{az+b}{cz+d} = \dfrac{\overline{d}z-\overline{c}}{-\overline{b}z+\overline{a}}$ für beliebige $z \in \mathbb{C}$. Es folgt

$$\frac{a}{\overline{d}} = -\frac{b}{\overline{c}} = -\frac{c}{\overline{b}} = \frac{d}{\overline{a}} \tag{12}$$

und damit $|a| = |d|$, also $d = \mathrm{e}^{i\varphi}\overline{a}$ und $c = -\,\mathrm{e}^{i\varphi}\overline{b}$ für ein $\varphi \in \mathbb{R}$. Als komplexe Zahl vom Betrag 1 ist $\mathrm{e}^{i\varphi}$ von der Form $\overline{\mu}/\mu$.

Damit ist $\mu d = \overline{\mu}\,\overline{a} =: \overline{A}$ und $\mu c = -\overline{\mu}\,\overline{b} =: -\overline{B}$. Also gilt

$$w = T(z) = \frac{Az+B}{-\overline{B}z+\overline{A}} \quad \text{mit} \quad A\overline{A}+B\overline{B} \neq 0 \,. \tag{13}$$

Einer Kugeldrehung um die ζ-Achse entspricht z.B. eine Drehung der z-Ebene um den Ursprung: $w = \mathrm{e}^{i\varphi}z$.

Andererseits entsprechen Möbius-Abbildungen der Form (13) Kugeldrehungen. Man rechnet direkt nach, dass sie chordale Abstände unverändert lassen.

7.5 Topologisches

Man konstruiere eine topologische Abbildung von $\mathbb{C}$ auf $\mathbb{E}$.

Gibt es eine topologische Abbildung von $\widehat{\mathbb{C}}$ auf $\mathbb{E}$?

Man zeige, dass die beiden Funktionen $z \mapsto \operatorname{Re} z$ und $z \mapsto \operatorname{Im} z$ keine stetige Fortsetzung auf $\widehat{\mathbb{C}}$ zulassen.

Der Rand eines Gebietes besitzt keine inneren Punkte.

Geben Sie eine Menge $M \subset \mathbb{C}$ an, für die ∂M innere Punkte besitzt.

Sei $a \in \mathbb{C}$ mit $|a| = 1$. Bestimmen Sie die abgeschlossene Hülle der Menge $X_a := \{ a^n \,;\, n \in \mathbb{N} \}$.

Sei $\emptyset \neq D \subset \mathbb{C}$ offen. Man konstruiere eine abzählbare Punktmenge $M \subset D$ derart, dass $\overline{M} = M \cup \partial D$.

Sei $D \subset \mathbb{C}$ offen. Ist $M \subset D$ überabzählbar, so besitzt M überabzählbar viele Häufungspunkte in D. Liegt insbesondere M diskret in D, so ist M abzählbar.

Zu jeder offenen Menge $D \subset \mathbb{C}$ gibt es eine Folge D_n offener Mengen $D_n \subset D$ mit $D_1 \Subset D_2 \Subset ...$ und $\bigcup D_n = D$.

Sei $G \subset \mathbb{C}$ ein Gebiet, $z_0 \in G$ und $\zeta \in \partial G$ ein Randpunkt von G.
Gibt es dann notwendigerweise eine Kurve von z_0 nach ζ, die bis auf den Endpunkt ζ ganz in G liegt?

Sei $S := \{ z \in \mathbb{C} \,;\, |\operatorname{Re} z| \le 1 \}$. Sind S, $\mathbb{C} \setminus S$, $\widehat{\mathbb{C}} \setminus S$ zusammenhängend?

Ist $\mathbb{C} \setminus S$ offen in $\mathbb{C}$? Ist $\widehat{\mathbb{C}} \setminus S$ offen in $\widehat{\mathbb{C}}$?

Sei (X, d) ein metrischer Raum und K eine kompakte Teilmenge von X. Dann ist K zusammenhängend genau dann, wenn es zu jedem $\varepsilon > 0$ und je zwei Punkten $x_1, x_2 \in K$ endlich viele Punkte $\xi_0, \ldots, \xi_n \in K$ gibt derart, dass $x_1 = \xi_0$, $x_2 = \xi_n$ und $d(\xi_{k-1}, \xi_k) < \varepsilon$ für $1 \le k \le n$.

Man zeige, dass ein metrischer Raum (X, d) genau dann zusammenhängend ist, wenn jede lokal-konstante Funktion $f \colon X \to \mathbb{C}$ konstant ist.

Dabei heißt $f \colon X \to \mathbb{C}$ lokal-konstant, wenn jeder Punkt $x \in X$ eine Umgebung $U \subset X$ besitzt, so dass die Einschränkung $f|_U$ konstant ist.

Man zeige, dass offene Mengen in $\mathbb{C}$ höchstens abzählbar viele Zusammenhangskomponenten besitzen.

Man zeige, dass dies für beliebige Teilmengen von $\mathbb{C}$ falsch ist.

Lösungen:

A $\{z = r\,\mathrm{e}^{i\varphi} \mapsto \frac{r}{1+r}\,\mathrm{e}^{i\varphi}\}$ definiert eine topologische Abbildung von $\mathbb{C}$ auf $\mathbb{E}$.

Eine topologische Abbildung von $\widehat{\mathbb{C}}$ auf $\mathbb{E}$ gibt es nicht. $\widehat{\mathbb{C}}$ ist nämlich kompakt und $\mathbb{E}$ ist nicht kompakt. Das stetige Bild einer kompakten Menge ist aber kompakt.

B Die Folgen $(in)_n$ und $(1+in)_n$ streben beide bzgl des chordalen Abstandes gegen ∞. Andererseits gilt für die Realteile

$$\lim_{n\to\infty} \mathsf{Re}\, in \;=\; 0 \;\neq\; 1 \;=\; \lim_{n\to\infty} \mathsf{Re}\,(1+in) \tag{1}$$

Also kann man die Funktion $\{z \mapsto \mathsf{Re}\, z\}$ nicht stetig in $\infty \in \widehat{\mathbb{C}}$ ergänzen.

Analog für $\{z \mapsto \mathsf{Im}\, z\}$.

C Sei $D \subset \mathbb{C}$ offen. Angenommen $z_0 \in \partial D$ ist ein innerer Punkt von ∂D. Dann gibt es ein $\varepsilon > 0$ derart, dass $B_\varepsilon(z_0) \subset \partial D$. Da z_0 ein Randpunkt von D ist, gibt es ein $z_1 \in D$ mit $|z_1 - z_0| < \varepsilon$. D ist offen, also ist z_1 innerer Punkt von D. Wegen $z_1 \in B_\varepsilon(z_0) \subset \partial D$ ist z_1 aber auch Randpunkt von D.

Widerspruch! Ein innerer Punkt kann kein Randpunkt sein. Sonst würde jede Umgebung auch Punkte des Komplementes enthalten.

Beispiel: Die Menge $M := \mathbb{Q} + i\mathbb{Q}$ liegt dicht in $\mathbb{C}$ und ebenso ihr Komplement $\mathbb{C} \setminus M$. Also ist $\overline{M} = \mathbb{C} = \overline{\mathbb{C} \setminus M}$ und daher $\partial M = \mathbb{C} = \partial(\mathbb{C} \setminus M)$. Hier ist sogar jeder Randpunkt von M innerer Punkt von ∂M.

D Sei $a \in \mathbb{C}$ mit $|a| = 1$, also $a = \mathrm{e}^{2\pi i x}$ für ein $x \in [0, 1[$.

Dann ist $\arg a^n = (nx - [nx])2\pi$, wobei $[y] := \max\{\, k \in \mathbb{Z}\,;\, k \le y \,\}$ die Gauß-Klammer ist. Man könnte nun die Aufgabe [RA1 2.2.4.B] benutzen. Es ist jedoch einfacher, die folgenden Untersuchungen rein komplex zu führen.

1. Fall: $1 \in X_a$
Sei $m := \min\{\, n \in \mathbb{N}\,;\, a^n = 1 \,\}$. Dann enthält X_a genau die m Elemente $\{a, a^2, a^3, \ldots, a^m\}$. Also ist die Hülle $\overline{X_a} = X_a$.

2. Fall: $1 \notin X_a$
Dann ist $a^n \neq a^m$ für $n > m$ (sonst wäre $a^{n-m} = 1$), also enthält X_a unendlich viele Elemente. Also besitzt $X_a \subset \partial\mathbb{E}$ einen Häufungspunkt b in dem kompakten Einheitskreisrand $\partial\mathbb{E}$.

Sei (n_k) eine streng monoton wachsende Folge natürlicher Zahlen derart, dass a^{n_k} gegen b konvergiert. Dann ist $b_k := a^{n_{k+1}}/a^{n_k} \in X_a$, $b_k \neq 1$ für alle k und $b_k \to 1$. Also ist auch 1 ein Häufungspunkt von X_a.

Beh.: Jeder Punkt von $\partial\mathbb{E}$ ist Häufungspunkt von X_a , also $\overline{X_a} = \partial\mathbb{E}$.
Beweis indirekt. Annahme: $c = \mathrm{e}^{i\varphi}$ mit $0 < \varphi < 2\pi$ ist kein Häufungspunkt von X_a . Dann existiert ein $\varepsilon > 0$ derart, dass $\arg a^n \notin]\varphi - \varepsilon, \varphi[\cup]\varphi, \varphi + \varepsilon[$ für alle $a^n \in X_a$.

Da 1 Häufungspunkt von X_a ist, gibt es ein $a^m \in X_a$ mit $\arg a^m \in] - \varepsilon, 0[\cup]0, \varepsilon[$.

Dann ist aber $\arg(a^m)^j = j \arg a^m \in]\varphi - \varepsilon, \varphi[\cup]\varphi, \varphi + \varepsilon[$ für ein $j \in \mathbb{N}$. Widerspruch.

Sei $\emptyset \neq D \subset \mathbb{C}$ offen und $D_n := D \cap B_n = \{ z \in D ; |z| < n \}$.

Der Rand ∂D_n von D_n ist abgeschlossen und beschränkt, also kompakt.
$\mathcal{U} := \left\{ B_{1/n}(\zeta) ; \zeta \in \partial D_n \right\}$ ist eine offene Überdeckung von D_n und besitzt daher eine endliche Teilüberdeckung $\mathcal{U}' = \{B_{1/n}(\zeta_1^n), \ldots, B_{1/n}(\zeta_{m_n}^n)\}$.
In jeder der Kreisscheiben $B_{1/n}(\zeta_k^n)$ $(k = 1, \ldots, m_n)$ liegt ein $z_k^n \in D_n \subset D$.

Sei $M_n := \{z_1^n, \ldots, z_{m_n}^n\}$ die Menge dieser z_k^n und $M := \displaystyle\bigcup_{n \in \mathbb{N}} M_n$.

Dann ist M eine abzählbare Vereinigung endlicher Mengen, also abzählbar. Da alle M_n in D liegen, gilt auch $M \subset D$.

Beh. 1: $\overline{M} \cap D = M$
Sei $z \in D \setminus M$. Zu zeigen ist, dass $z \notin \overline{M}$ ist.

Sei $n \in \mathbb{N}$ so groß, dass $|z| < n$. Dann ist $z \in D_n$. Der Rand ∂D_n ist abgeschlossen, also ist $d := d(z, \partial D_n) > 0$. Sei $m > n$ so groß, dass $\frac{1}{m} < \frac{d}{2}$. Dann ist $B_{1/m}(z) \cap M_k = \emptyset$ für alle $k \geq m$. Also kann die Kreisscheibe $B_{1/m}(z)$ höchstens endlich viele Punkte von M enthalten. Wegen $z \notin M$ folgt $z \notin \overline{M}$.

Beh. 2: $\overline{M} = M \cup \partial D$
Wegen Beh. 1 reicht dafür zu zeigen, dass $\partial D \subset \overline{M}$.

Sei also $z \in \partial D$ und $\varepsilon > 0$ beliebig. Zu zeigen ist $B_\varepsilon(z) \cap M \neq \emptyset$.

Wähle $n \in \mathbb{N}$ so groß, dass $1/n < \varepsilon$. Es ist auch $z \in \partial D_{2n}$. Also gibt es einen Randpunkt $\zeta_k^{2n} \in \partial D_{2n}$ mit $z \in B_{1/2n}(\zeta_k^{2n})$. Nach Konstruktion von M gibt es ein $z_k^{2n} \in B_{1/2n}(\zeta_k^{2n})$ mit $z_k^{2n} \in M_{2n} \subset M$. Dann gilt

$$|z - z_k^{2n}| \;\leq\; |z - \zeta_k^{2n}| + |\zeta_k^{2n} - z_k^{2n}| \;<\; \frac{1}{2n} + \frac{1}{2n} \;=\; \frac{1}{n} \;<\; \varepsilon\,. \tag{2}$$

Also ist $z_k^{2n} \in B_\varepsilon(z) \cap M$. Fertig.

F Sei $M \subset D \subset \mathbb{C}$ eine überabzählbare Menge. Jedes Element von M ist entweder ein isolierter oder ein Häufungspunkt von M.

Beh.: M besitzt nur abzählbar viele isolierte Punkte.

Sei $\xi \in M$ ein isolierter Punkt von M, so gibt es ein $\varepsilon = \varepsilon(\xi) > 0$ derart, dass $U_\varepsilon(\xi) \cap M = \{\xi\}$. In $U_{\varepsilon/2}(\xi)$ liegt ein Element $a(\xi)$ der abzählbaren Menge $A := \mathbb{Q} + i\mathbb{Q}$.

Sind $\xi \neq \eta$ zwei verschiedene isolierte Punkte von M, so gilt $a(\xi) \neq a(\eta)$. Die Zuordnung $\{\xi \mapsto a(\xi)\}$ definiert also eine injektive Abbildung der Menge der isolierten Punkte von M in die abzählbare Menge A. Also besitzt M höchstens abzählbar viele isolierte Punkte.

Die überabzählbar vielen anderen Elemente von M müssen dann Häufungspunkte von M sein. Fertig!

G Sei $D \subset \mathbb{C}$ offen und $D_n := \left\{ z \in D\,;\, |z| < n \text{ und } d(z, \mathbb{C} \setminus B) > \frac{1}{n} \right\}$.
Dabei ist der Abstand $d(z, A)$ eines Punktes z zu einer Menge A definiert durch

$$d(z, A) := \inf_{w \in A} |z - w| . \tag{3}$$

Siehe dazu z.B. 1.5.1. D_n ist offen als Durchschnitt der beiden offenen Mengen $B_n(0) = \{|z| < n\}$ und $\left\{ z\,;\, d(z, \mathbb{C} \setminus B) > \frac{1}{n} \right\}$.

Die abgeschlossene Hülle $\overline{D_n}$ ist kompakt, da beschränkt und abgeschlossen. Außerdem ist $\overline{D_n} \subset D_{n+1}$, also $D_n \Subset D_{n+1}$.

Schließlich gilt auch $\bigcup D_n = D$.

Bemerkung: Man kann auch zeigen, dass sich jedes Gebiet $G \subset \mathbb{C}$ durch eine solche Folge von Gebieten (also offen und zusammenhängend) D_n ausschöpfen lässt.

H Nein! Sei etwa $G \subset \mathbb{C}$ definiert durch

$$G := \{ x + iy\,;\, 0 < x < 3,\ 0 < y < 3 \} \setminus \bigcup_{n \in \mathbb{N}} \{ x + iy\,;\, x = 1/n,\ 0 < y \leq 2 \}$$

Dann ist G offen und zusammenhängend, also ein Gebiet. $\zeta := i$ ist ein Randpunkt von G, der von dem inneren Punkt $z_0 := 2 + i \in G$ nicht durch eine Kurve erreicht werden kann, die bis auf den Endpunkt ζ ganz in G liegt.

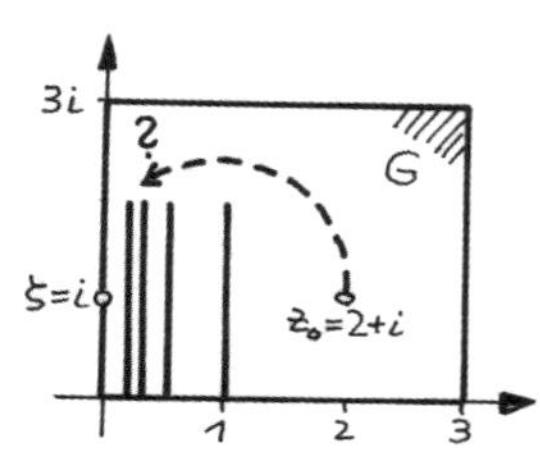

I Zum Zusammenhangs-Begriff siehe Abschnitt 1.5.4.

(I.1) Sei $S := \{ z \in \mathbb{C}\,;\, |\mathsf{Re}\, z| \leq 1 \}$. S ist zusammenhängend, sogar konvex und damit insbesondere wegzusammenhängend. Mit je zwei Punkten $z, w \in S$ liegt auch die Verbindungsstrecke $\overline{z, w}$ in S.

(I.2) $A := \mathbb{C} \setminus S$ ist nicht zusammenhängend !
$O_1 := \{ z\,;\, \mathsf{Re}\, z < -1 \}$ und $O_2 := \{ z\,;\, \mathsf{Re}\, z > 1 \}$ sind nämlich offene Teilmengen von $\mathbb{C}$, für die gilt:

$$A \cap O_1 \neq \emptyset \neq A \cap O_2 \,, \quad A \subset O_1 \cup O_2 \quad \text{und} \quad A \cap O_1 \cap O_2 = \emptyset \,. \tag{4}$$

Also ist A nicht zusammenhängend.

(I.3) $B := \widehat{\mathbb{C}} \setminus S$ ist zusammenhängend !
Sei nämlich $C_1 := \{ z \in \mathbb{C}\,;\, \mathsf{Re}\, z < -1 \}$, $C_2 := \{ z \in \mathbb{C}\,;\, \mathsf{Re}\, z > 1 \}$ und $B_j := C_j \cup \{\infty\}$. Dann sind C_1, C_2 zusammenhängend, da sie sogar konvex sind.

Für $j = 1, 2$ gilt $C_j \subset B_j \subset \overline{C_j}$, wobei die Hülle natürlich in $\widehat{\mathbb{C}}$ zu bilden ist. Also sind B_1, B_2 zusammenhängend. Schließlich ist $B_1 \cap B_2 = \{\infty\} \neq \emptyset$. Also ist auch $B = B_1 \cup B_2$ zusammenhängend.

(I.4) $A := \mathbb{C} \setminus S$ ist offen in $\mathbb{C}$!
A ist nämlich das Urbild der offenen Menge $]1, \infty[\subset \mathbb{R}$ unter der stetigen Funktion $f\colon \mathbb{C} \to \mathbb{R}$, $f(z) := |\mathsf{Re}\, z|$. Stetige Urbilder offener Mengen sind aber offen.

Man kann die Offenheit von A auch direkt nachprüfen, indem man zeigt, dass jeder Punkt $z \in A$ eine $\mathbb{C}$-Umgebung besitzt, die noch ganz in A liegt.

(I.5) $B := \widehat{\mathbb{C}} \setminus S$ ist nicht offen in $\widehat{\mathbb{C}}$!
Der Punkt $\infty \in B$ besitzt nämlich in $\widehat{\mathbb{C}}$ keine Umgebung, die ganz in B liegt. Eine $\widehat{\mathbb{C}}$-Umgebung von ∞ enthält nämlich das Äußere einer Kreisscheibe um 0 und enthält damit sicherlich rein-imaginäre Punkte, also Punkte aus S.

Sei (X, d) ein metrischer Raum und K eine kompakte Teilmenge von X.

(J.1) Angenommen K ist nicht zusammenhängend. Dann gibt es offene Mengen $O_1, O_2 \subset X$ mit

$$K \cap O_1 \neq \emptyset \neq K \cap O_2 \,, \quad K \subset O_1 \cup O_2 \quad \text{und} \quad K \cap O_1 \cap O_2 = \emptyset \,. \tag{5}$$

Für $j = 1, 2$ sei $K_j := K \cap O_j$. Dann sind die $K_j \neq \emptyset$ und es gilt

$$d(K_1, K_2) \;=\; \inf \{ d(x_1, x_2)\,;\, x_1 \in K_1,\; x_2 \in K_2 \} \;>\; 0 \,. \tag{6}$$

Sonst würde es nämlich Folgen $(x_j^n)_n$ in K_j geben mit $d(x_1^n, x_2^n) \to 0$ für $n \to \infty$. Als kompakte Teilmenge eines metrischen Raumes ist K auch folgenkompakt. Also gibt es ein $\xi \in K$ und Teilfolgen $(\xi_j^{n_k})_k$ von $(x_j^n)_n$ mit $\xi_j^{n_k} \to \xi$ für $j = 1, 2$ und $k \to \infty$. Wegen $K \subset O_1 \cup O_2$ ist $K = K_1 \cup K_2$. Sei etwa $\xi \in K_1$. Dann liegt eine ganze Umgebung $U(\xi) \subset O_1$. Wegen $\xi_2^{n_k} \to \xi$ gibt es dann Punkte $\xi_2^{n_k} \in K \cap O_1 \cap O_2$. Widerspruch zu (5): $K \cap O_1 \cap O_2 = \emptyset$.

Sei nun $x_j \in K_j$ und $\varepsilon := d(K_1, K_2)$. Dann kann es nicht $\xi_0, \ldots, \xi_n \in K$ geben, mit $x_1 = \xi_0,\ x_2 = \xi_n$ und $d(\xi_{k-1}, \xi_k) < \varepsilon$ für $1 \le k \le n$.

(J.2) Sei nun K zusammenhängend, $x_1, x_2 \in K$ und $\varepsilon > 0$ beliebig. $\mathcal{U} := \{\, B_{\varepsilon/2}(y)\,;\ y \in K \,\}$ ist eine offene Überdeckung von K. Sei

$$\mathcal{V} := \{\, B \in \mathcal{U}\,;\ \exists B_0, \ldots B_k \in \mathcal{U}\ :\ x_1 \in B_0,\ B_k = B,\ B_{j-1} \cap B_j \ne \emptyset \,\}\ . \qquad (7)$$

Sei $O_1 := \bigcup \{\, B\,;\ B \in \mathcal{V} \,\}$ und $O_2 := \bigcup \{\, B\,;\ B \in \mathcal{U} \setminus \mathcal{V} \,\}$.

Dann sind O_1, O_2 offen als Vereinigung von offenen Mengen.
Es gilt $K \subset O_1 \cup O_2$, da $K \subset \bigcup \mathcal{U}$.

Es ist $K \cap O_1 \ne \emptyset$, da $x_1 \in B_{\varepsilon/2}(x_1) \subset O_1$. Schließlich muss $K \cap O_1 \cap O_2 = \emptyset$ sein. Wäre nämlich $\xi \in K \cap O_1 \cap O_2$, so gibt es $B \in \mathcal{V}$ und $B' \in \mathcal{U} \setminus \mathcal{V}$ mit $\xi \in B \cap B'$. Widerspruch zur Definition (7) von $\mathcal{V}$.

Da K zusammenhängend ist, folgt $K \cap O_2 = \emptyset$, also $K \subset O_1$ und damit $x_2 \in O_1$. Also gibt es $B_1 = B_{\varepsilon/2}(\xi_1), \ldots, B_k = B_{\varepsilon/2}(\xi_k)$ in $\mathcal{U}$ mit $x_1 \in B_0,\ x_2 \in B_k$ und $B_{j-1} \cap B_j \ne \emptyset$ für $j = 1, \ldots, k$. Für $\xi_0 := x_1,\ \xi_1, \ldots, \xi_k,\ \xi_{k+1} := x_2$ gilt dann $d(\xi_{j-1}, \xi_j) < \varepsilon$ für $1 \le j \le k+1$. Fertig

(J.3) Für den Beweis der 2. Richtung wurde die Kompaktheit von K nicht benutzt. Dass die Kompaktheit von K für die 1. Richtung wesentlich ist, zeigt das folgende Beispiel:

$K := \{\, z \in \mathbb{C}\,;\ \mathsf{Re}\, z \ne 0 \,\}$ ist nicht zusammenhängend und nicht kompakt. Es gibt aber zu je zwei Punkten $z_1, z_2 \in K$ endlich viele Punkte $\zeta_0, \ldots, \zeta_n \in K$ mit $z_1 = \zeta_0,\ z_2 = \zeta_n$ und $d(\zeta_{k-1}, \zeta_k) < \varepsilon$ für $1 \le k \le n$.

K **(K.1)** Der metrische Raum (X, d) habe die Eigenschaft, dass jede lokal-konstante Funktion $f\colon X \to \mathbb{C}$ konstant ist. Zu zeigen: X ist zusammenhängend, d.h. $\emptyset$ und X sind die einzigen offen und abgeschlossenen Teilmengen von X.

Angenommen, es ist $\emptyset \ne A \ne X$ sowohl offen, als auch abgeschlossen.
$f\colon X \to \mathbb{C}$ sei definiert durch $f(x) := 1$ falls $x \in A$ und $f(y) := 0$ falls $y \notin A$. Dann ist f lokal konstant, aber nicht konstant.

(K.2) Sei nun X zusammenhängend, d.h. $\emptyset$ und X sind die einzigen offen und abgeschlossenen Teilmengen von X. Sei $f\colon X \to \mathbb{C}$ lokal-konstant. Zu zeigen ist, dass f konstant ist.

Sei $c \in \mathbb{C}$ ein Funktionswert von f. Dann ist $A := \{\, x \in X\,;\ f(x) = c \,\} \ne \emptyset$ und $A \subset X$. Da f lokal-konstant ist, ist A offen. Lokal-konstante Funktionen sind stetig. Also ist A stetiges Urbild der abgeschlossenen Menge $\{c\} \subset \mathbb{C}$, also auch abgeschlossen.

Wegen des Zusammenhangs von X folgt $A = X$, also ist $f(x) \equiv c$ konstant.

(L.1) Sei $D \subset \mathbb{C}$ offen und G eine Zusammenhangskomponente von D.

Beh.: G ist offen.
Sei $z \in G$. Da D offen ist, gibt es eine Kreisscheibe $B := B_\varepsilon(z)$, die noch ganz in D liegt. Jede Kreisscheibe ist zusammenhängend, da sie sogar konvex ist. Also liegt die Kreisscheibe B auch in der Zusammenhangskomponente G von D, d.h. z ist innerer Punkt von G. Fertig.

Die Menge $M := \mathbb{Q} + i\mathbb{Q}$ der komplexen Zahlen mit rationalem Real- und Imaginärteil ist abzählbar und liegt dicht in $\mathbb{C}$. Die Zusammenhangskomponenten G von D sind offen und nicht-leer, enthälten also mindestens ein Element m_G von M. Verschiedene Zusammenhangskomponenten sind disjunkt. Also ist die Abbildung $\{G \mapsto m_G\}$ eine injektive Abbildung der Menge der Zusammenhangskomponenten in die abzählbare Menge M. Also ist die Menge der Zusammenhangskomponenten abzählbar oder endlich.

(L.2) Sei $I := \mathbb{R} \setminus \mathbb{Q}$ die Menge der reellen irrationalen Zahlen und $J := I + iI$. I ist überabzählbar, also auch J.

Beh.: Die Zusammenhangskomponenten von J sind einelementig.
Angenommen, es gibt eine zusammenhängende Teilmenge $K \subset J$, die zwei verschiedene Punkte $\zeta_1 = \xi_1 + i\eta_1 \neq \zeta_2 = \xi_2 + i\eta_2$ enthält. Seien o.B.d.A. die Realteile verschieden, etwa $\xi_1 < \xi_2$. Sei $r \in \mathbb{Q}$ und $\xi_1 < r < \xi_2$. Sei $O_1 := \{ z \in \mathbb{C} ; \operatorname{Re} z < r \}$ und $O_2 := \{ z \in \mathbb{C} ; \operatorname{Re} z > r \}$.

Dann gilt für $j = 1, 2$:

$$\zeta_j \in K \cap O_j \neq \emptyset \,, \quad K \subset J \subset O_1 \cup O_2 \quad \text{und} \quad A \cap O_1 \cap O_2 = \emptyset \,. \tag{8}$$

Widerspruch zum Zusammenhang von K.

7.6 Folgen und Reihen

Resultate für Funktionenfolgen und Reihen sind natürlich auch stets Resultate für Zahlenfolgen und Reihen! Siehe daher auch Abschnitte 8.2 und 11.4. Für Aufgaben zu Folgen siehe auch 7.5.D und 7.5.E.

A Für welche $z \in \mathbb{C}$ existieren die Grenzwerte

$$\lim_n \frac{z^n}{n!} \quad \text{und} \quad \lim_n \frac{z^n}{n} \; ? \tag{1}$$

B Seien (z_n) und (w_n) konvergente Folgen komplexer Zahlen. Dann gilt

$$\lim_n \frac{z_1 w_n + z_2 w_{n-1} + \ldots + z_n w_1}{n} = \left(\lim_k z_k\right)\left(\lim_k w_k\right) . \tag{2}$$

C Seien a, $a_0 \in \mathbb{C} \setminus \{0\}$ und die Folge (a_n) definiert durch

$$a_{n+1} := \frac{1}{2}\left(a_n + \frac{a}{a_n}\right) . \tag{3}$$

Konvergiert die Folge $a_n \to w$, so gilt $w^2 = a$.
Sei $w \in \mathbb{C}$ eine der Quadratwurzeln von a, also $w^2 = a$. Dann gilt:

1) $|a_0 - w| < |a_0 + w| \iff (a_n) \to +w$
2) $|a_0 - w| > |a_0 + w| \iff (a_n) \to -w$
3) Ist $|a_0 - w| = |a_0 + w|$, so divergiert die Folge (a_n).

D Man beweise oder widerlege: $z_n \to \infty \iff |\mathsf{Re}\, z_n| \to \infty$ oder $|\mathsf{Im}\, z_n| \to \infty$.

E Zeigen Sie, dass es eine Folge (z_n) in $\mathbb{C}$ gibt, die jedes $w \in \mathbb{C}$ als Häufungswert besitzt.

F Für $c \in \mathbb{C}$ sei $P_c \colon \mathbb{C} \to \mathbb{C}$ definiert durch $P_c(z) := z^2 + c$. Ferner sei $P_c^1 := P_c$ und $P_c^{n+1} := P_c^n \circ P_c$. Man beweise:

1) $|c| > 2 \implies |P_c^n(0)| \geq |c|(|c| - 1)^{2^{n-2}}$ für alle $n \geq 2$
2) $M := \{\, c \in \mathbb{C}\,;\ (P_c^n(0))_n \text{ ist beschränkt} \,\} \subset \overline{B_2(0)}$.
3) $M = \{\, c \in \mathbb{C}\,;\ |P_c^n(0)| \leq 2 \text{ für alle } n \geq 1 \,\}$
4) M ist abgeschlossen.
5) $\mathbb{C} \setminus M$ besitzt keine beschränkten Zusammenhangskomponenten, d.h. M ist einfach-zusammenhängend.
6) $M \cap \mathbb{R} = [-2, \frac{1}{4}]$

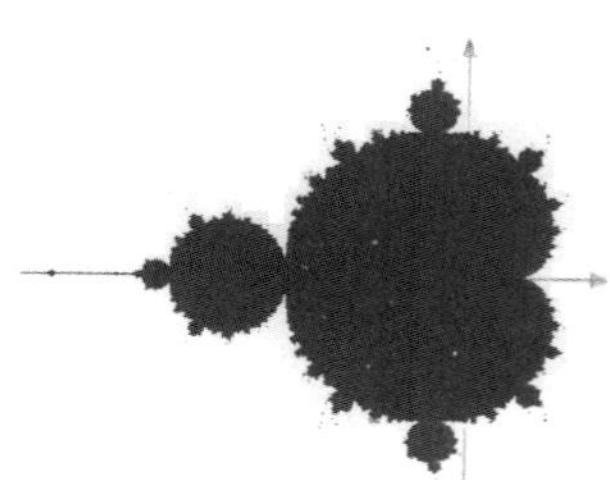

M heißt auch *Mandelbrot-Menge (Apfelmännchen).*

Sei $0 < \mu < \pi/2$ fest und (a_k) eine Folge komplexer Zahlen mit $|\arg a_k| < \mu$. Dann ist die Reihe $\sum a_k$ genau dann konvergent, wenn sie absolut konvergiert.

Für $k \in \mathbb{N}$ seien z_k komplexe Zahlen mit positivem Realteil. Ferner seien die Reihen $\sum z_k$ und $\sum z_k^2$ konvergent.
Dann konvergiert die Reihe $\sum z_k^2$ sogar absolut.

Sei (z_k) eine Folge komplexer Zahlen, für die die Reihe $\sum z_k$ nicht absolut konvergiert.
Dann gibt es eine Richtung $\varphi_0 \in]-\pi, \pi[$ derart, dass für jedes $\varepsilon > 0$ die Teilreihe, die aus den z_k im Winkelraum $\{ z\,;\, \varphi_0 - \varepsilon < \arg z < \varphi_0 + \varepsilon \}$ gebildet wird, nicht absolut konvergiert.

ungen:

(A.1) Die Reihe $\displaystyle\sum_{n=0}^{\infty} \frac{z^n}{n!}$ konvergiert für alle $z \in \mathbb{C}$. Beweis z.B. mit dem Quotienten-Kriterium. Also gilt $\displaystyle\lim_{n\to\infty} \frac{z^n}{n!} = 0$ für alle $z \in \mathbb{C}$.

(A.2) Es gilt $$\lim_n \frac{z^n}{n} = \begin{cases} 0 & \text{falls } |z| \le 1 \\ \infty & \text{falls } |z| > 1 \end{cases} .$$

Seien $z_n \to z$ und $w_n \to w$ zwei konvergente Folgen komplexer Zahlen. Dann sind die Folgen (z_n) und (w_n) beschränkt, etwa $|z_n|, |w_n| \le K$ für alle n und dann auch $|z|, |w| \le K$.

Sei $\varepsilon > 0$ beliebig. Dann existiert ein $m \in \mathbb{N}$ derart, dass $|z_j - z|, |w - w_k| \le \varepsilon/K$ für alle $k, j \ge m$. Für diese k, j gilt dann

$$|z_j w_k - zw| \;\le\; |z_j - z||w| + |w - w_k||z_j| \;\le 2\varepsilon \tag{4}$$

Also gilt für $n > 2m$:

$$\frac{|z_{m+1}w_{n-m} - zw| + \ldots + |z_{n-m}w_{m+1} - zw|}{n} \;\le\; \frac{n-2m}{n} \cdot 2\varepsilon \;<\; 2\varepsilon\,. \tag{5}$$

Ferner existiert ein $p \ge 2m$ derart, dass für alle $n \ge p$ gilt

$$\begin{aligned} \frac{|z_1 w_n - zw| + \ldots + |z_m w_{n+1-m} - zw|}{n} &\le \varepsilon \qquad \text{und} \\ \frac{|z_{n+1-m} w_m - zw| + \ldots + |z_n w_1 - zw|}{n} &\le \varepsilon\,. \end{aligned} \tag{6}$$

Aus (4), (5) und (6) folgt für $n \ge p$:

$$\left| \frac{z_1 w_n + z_2 w_{n-1} + \ldots + z_n w_1}{n} - zw \right| \;\le\; 4\varepsilon\,. \tag{7}$$

Da $\varepsilon > 0$ beliebig gewählt war, folgt die Behauptung.

Dies ist übrigens ein Spezialfall eines Satzes über *Töplitz-Matrizen.*

C **(C.1)** Gilt $a_n \to w$, so ist sicherlich $w \neq 0$.
Sonst wäre nämlich $|a_n| < \min\{\frac{|a|}{3}, \frac{1}{2}\}$ ab einem n_0 und damit

$$|a_{n+1}| = \left|\frac{1}{2}\left(a_n + \frac{a}{a_n}\right)\right| \geq \frac{1}{2}\frac{|a|}{|a_n|} - \frac{1}{2}|a_n| > \frac{3}{2} - \frac{1}{4} > 1 \qquad (8)$$

für $n > n_0$ und das ist ein Widerspruch.

Die Funktion $f(w) := \frac{1}{2}\left(w + \frac{a}{w}\right)$ ist aber an jeder Stelle $w \neq 0$ stetig. Also gilt $f(a_n) \to f(w)$ wegen $a_n \to w$. Aber auch $f(a_n) = a_{n+1} \to w$. Also $f(w) = w$ und daraus $w^2 = a$.

(C.2) Sei zunächst $\underline{|w - a_0| < |w + a_0|}$. Dann gilt für $b_n := \dfrac{a_n - w}{a_n + w}$:

$$b_{n+1} = \frac{a_{n+1} - w}{a_{n+1} + w} = \frac{a_n^2 - 2a_n w + a}{a_n^2 + 2a_n w + a} = \left(\frac{a_n - w}{a_n + w}\right)^2 = b_n^2 . \qquad (9)$$

Also $b_n = (b_0)^{2^n}$ und wegen $|b_0| < 1$ folgt $b_n \to 0$, also $a_n \to w$.

Im Fall $\underline{|w - a_0| > |w + a_0|}$ betrachte man $c_n := \dfrac{a_n + w}{a_n - w}$. Dann folgt wie im ersten Fall $c_n \to 0$, also $a_n \to -w$.

Bleibt der Fall $\underline{|w - a_0| = |w + a_0|}$. Dann ist $|b_0| = |b_n| = 1$ für alle $n \in \mathbb{N}$. Wäre nun (a_n) konvergent, dann gegen w oder $-w$ und damit $b_n \to 0$ oder $b_n \to \infty$. Widerspruch.

Bemerkung 1: Für $a = 0$ konvergiert die Folge für alle $a_0 \in \mathbb{C}$ gegen 0.

Bemerkung 2: Die Folge (a_n) ergibt sich aus dem Newtonschen Iterationsverfahren $a_{n+1} = a_n - \dfrac{g(a_n)}{g'(a_n)}$ angewendet auf die Funktion $g(z) := z^2 - a$. Siehe dazu auch Aufgabe 2.2.2.B aus [RA1].

D Eine Richtung stimmt. Es gilt

$$|\mathsf{Re}\, z_n| \to \infty \text{ oder } |\mathsf{Im}\, z_n| \to \infty \implies |z_n| \to \infty \implies z_n \to \infty . \qquad (10)$$

Die andere Richtung ist falsch. Für $z_n := (2i)^n$ gilt z.B. $z_n \to \infty$. Wegen $\mathsf{Im}\, z_{4k} = 0$ und $\mathsf{Re}\, z_{4k+1} = 0$ gilt aber weder $|\mathsf{Re}\, z_n| \to \infty$ noch $|\mathsf{Im}\, z_n| \to \infty$.

E Die Menge $\mathbb{Q} + i\mathbb{Q} = \{\, r + is\, ;\, r, s \in \mathbb{Q}\,\}$ ist abzählbar. Es gibt also eine Folge (z_n) in $\mathbb{C}$, in der jede komplexe Zahl mit rationalem Real- und Imaginärteil genau einmal vorkommt.

Beh.: Jedes $w \in \mathbb{C}$ ist Häufungswert einer solchen Folge (z_n) .

Seien $w \in \mathbb{C}$, $\varepsilon > 0$ und $n_0 \in \mathbb{N}$ beliebig. Zu zeigen ist, dass es einen Index $n \geq n_0$ derart gibt, dass $0 < |z_n - w| < \varepsilon$.

Sei $\delta := \min\{\,|w - z_k|\,;\, k \leq n_0,\ z_k \neq w\,\} \cup \{\varepsilon\}$. Als Minimum einer endlichen Menge positiver Zahlen ist $\delta > 0$.

Die rationalen Zahlen liegen dicht in $\mathbb{R}$. Also gibt es Zahlen $r, s \in \mathbb{Q}$ mit $\mathsf{Re}\, w < r < \mathsf{Re}\, w + \delta/2$ und $\mathsf{Im}\, w < s < \mathsf{Im}\, w + \delta/2$. Sei $z := r + is$.

Dann ist $0 < |z - w| \leq |\mathsf{Re}\, w - r| + |\mathsf{Im}\, w - s| < \delta \leq \varepsilon$. Insbesondere ist $|z - w| < \delta \leq |w - z_k|$ für alle $k \leq n_0$ mit $z_k \neq w$. Also ist $z \neq z_k$ für alle $k \leq n_0$. Wegen $z \in \mathbb{Q} + i\mathbb{Q}$ gibt es ein $n > n_0$ mit $z = z_n$. Fertig!

Bemerkung: Hier wurde im wesentlichen gezeigt, dass $\mathbb{Q} + i\mathbb{Q}$ dicht in $\mathbb{C}$ liegt.

(F.1) Beweis mit Induktion. Sei $|c| > 2$. Dann gilt für $n = 2$:

$$|P_c^2(0)| \;=\; |c^2 + c| \;\geq\; |c|^2 - |c| \;=\; |c|(|c| - 1)^{2^{2-2}} \tag{11}$$

Gilt nun $|P_c^n(0)| \geq |c|(|c| - 1)^{2^{n-2}}$ für ein $n \geq 2$, so folgt

$$\begin{aligned} |P_c^{n+1}(0)| &= \big|P_c(P_c^n)\big| \;=\; \big|(P_c^n(0))^2 + c\big| \\ &\geq\; |P_c^n(0)|^2 - |c| \;\geq\; |c|^2\,(|c| - 1)^{2^{n-1}} - |c| \\ &\geq\; |c|(|c| - 1)^{2^{n-1}} \end{aligned} \tag{12}$$

und das ist der Induktionsschluss.

(F.2) Aus Teil 1 dieser Aufgabe folgt $|P_c^n(0)| \to \infty$ für $|c| > 2$.
Also ist $M := \{\, c \in \mathbb{C}\,;\, (P_c^n(0))_n \text{ ist beschränkt}\,\} \subset \overline{B_2(0)}$.

(F.3) Sei $M' := \{\, c \in \mathbb{C}\,;\, |P_c^n(0)| \leq 2 \text{ für alle } n \geq 1\,\}$. Zu zeigen: $M = M'$.
Sicherlich gilt $c \notin M \implies c \notin M'$.

Sei nun $c \notin M'$, also $|P_C^m(0)| = 2 + \delta > 2$ für ein $m \geq 1$.
Ist $|c| > 2$, so ist $c \notin M$ nach Teil 2 dieser Aufgabe.
Ist $|c| \leq 2$, so folgt $|P_c^{m+1}(0)| \geq (2 + \delta)^2 - 2 \geq 2 + 4\delta$. Induktion liefert $|P_c^{m+k}(0)| \to \infty$ für $k \to \infty$, also auch in diesem Fall $c \notin M$. Fertig.

(F.4) Die Abbildung $\{c \mapsto P_c^n(0)\}$ ist stetig.

Also sind die Mengen $M_n := \{\, c \in \mathbb{C}\,;\, |P_c^n(0)| \leq 2\,\}$ als stetige Urbilder des abgeschlossenen Intervalls $[0, 1]$ ebenfalls abgeschlossen.

Dann ist aber auch $M = M' = \bigcap_{n \in \mathbb{N}} M_n$ abgeschlossen.

(F.5) Angenommen G ist eine beschränkte Zusammenhangskomponente der offenen Menge $C \setminus M$.

Dann ist G ein Gebiet und für alle $c \in G$ gibt es $n \in \mathbb{N}$ mit $|P_c^n(0)| > 2$. Aber $\partial G \subset M$ und damit $|P_c^n(0)| \leq 2$ für alle $c \in \partial G$. Das ist ein Widerspruch zum Maximum-Prinzip angewendet auf die in ganz $\mathbb{C}$ holomorphe Funktion $\{c \mapsto P_c^n(0)\}$.

(F.6) Sei im folgenden $c \in \mathbb{R}$.

Für $c < -2$ gilt $c \notin M$ nach Teil 2 dieser Aufgabe.

Für $c > \frac{1}{4}$ gilt $P_c(x) = x^2 + c > x$ für alle $x \in \mathbb{R}$. Also wächst die reelle Folge $(P_c^n(0))_n$ streng monoton. Dann strebt sie gegen ∞ oder sie hat einen endlichen Grenzwert $\xi \in \mathbb{R}$. Wegen $P_c^{n+1}(0) = P_c(P_c^n(0))$ muss im 2. Fall $\xi = P_c(\xi)$ gelten. Widerspruch. Also $P_c^n(0) \to \infty$ und damit $c \notin M$.

Sei nun $-2 \leq c \leq \frac{1}{4}$. Dann folgt mit Induktion $|P_c^n(0)| \leq a := \frac{1}{2}(1+\sqrt{1-4c})$ für alle $n \in \mathbb{N}$. Der Induktionsanfang $|c| = |P_c(0)| \leq a$ folgt aus leichter Kurvendiskussion. Ferner

$$|P_c^n(0)| \leq a \implies \left|P_c^{n+1}(0)\right| = \left|(P_c^n(0))^2 + c\right| \leq a^2 + c = a\ . \tag{13}$$

Also ist die Folge $(P_c^n(0))_n$ für $-2 \leq c \leq \frac{1}{4}$ beschränkt, d.h. $[-2, \frac{1}{4}] \subset M \cap \mathbb{R}$.

G Seien o.B.d.A. alle $a_k \neq 0$. Wegen $-\mu < \arg a_k < \mu < \pi/2$ ist $\mathsf{Re}\, a_k > 0$. Also gilt

$$|a_k| \; = \; \frac{\mathsf{Re}\, a_k}{\cos(\arg a_k)} \; \leq \; \frac{\mathsf{Re}\, a_k}{\cos \mu}\ . \tag{14}$$

Ist nun $\sum a_k$ konvergent, so konvergiert auch $\sum \mathsf{Re}\, a_k$ und die Konvergenz von $\sum |a_k|$ folgt nach dem Majorantenkriterium.

Die andere Richtung gilt sowieso.

H Sei $z_n = x_n + iy_n$, $x_n, y_n \in \mathbb{R}$. Mit $\sum z_n$ ist auch $\sum x_n$ konvergent. Da nach Voraussetzung alle $x_n > 0$ sind, ist dann auch $\sum x_n^2$ konvergent (Majorantenkriterium).

Außerdem konvergiert mit $\sum z_n^2$ auch die Reihe $\sum \mathsf{Re}\, z_n^2 = \sum \left(x_n^2 - y_n^2\right)$. Damit folgt wie behauptet die Konvergenz der Reihe

$$\sum |z_n|^2 \; = \; \sum \left(x_n^2 + y_n^2\right) \; = \; 2\sum x_n^2 - \sum \left(x_n^2 - y_n^2\right)\ . \tag{15}$$

Für die Folge $z_n := \dfrac{\cos(2\pi in\xi) + i\sin(2\pi in\xi)}{\log(n+1)}$, $\xi \in \mathbb{R}\setminus\mathbb{Q}$ fest, gilt übrigens, dass für alle $k \in \mathbb{N}$ die Reihen $\sum z_n^k$ konvergieren und die Reihen $\sum |z_n|^k$ divergieren.

Sei $\sum |z_k|$ divergent. Betrachte die beiden Winkelräume

$$W_0 := \{ z ; -\pi < \arg z \leq 0 \} \quad \text{und} \quad W_1 := \{ z ; 0 < \arg z \leq \pi \} .$$

Dann muss eine der beiden Reihen $\sum\limits_{z_k \in W_0} |z_k|$ und $\sum\limits_{z_k \in W_1} |z_k|$ divergieren. O.B.d.A. sei dies W_1.

Durch fortgesetzte Winkelhalbierung erhält man so eine Folge $W_1 \supset W_2 \supset W_3 \supset \ldots$ von Winkelräumen W_j mit Öffnungswinkel $2\pi/2^j$ derart, dass die Teilreihen $\sum\limits_{z_k \in W_j} |z_k|$ divergieren.

Die Richtungen φ_j der Winkelhalbierenden dieser W_j konvergieren gegen eine Grenzrichtung φ_0. Für $\varepsilon > 0$ sei $W_\varepsilon := \{ z ; \varphi_0 - \varepsilon < \arg z < \varphi_0 + \varepsilon \}$.

Der Winkelraum W_ε enthält einen der Winkelräume W_j. Also divergiert die Reihe $\sum\limits_{z_k \in W_\varepsilon} |z_k|$.

7.7 Produkte

A Man beweise $\prod_{k=2}^{\infty} \frac{k^3-1}{k^3+1} = \frac{2}{3}$ und $\prod_{k=2}^{\infty} \frac{k^2-1}{k^2} = \frac{1}{2}$.

B 1) Für welche α konvergiert das Produkt $\prod_{k=2}^{\infty} \left(1 \pm \frac{1}{k^\alpha}\right)$?

2) Das Produkt $\prod_{k=1}^{\infty} \left(1 + \frac{i}{k}\right)$ divergiert.

C Das Produkt $\prod (1 + a_k)$ konvergiert, wenn die Reihen $\sum a_k$ und $\sum |a_k|^2$ konvergieren.

D Seien $a_k \in \mathbb{C}$ derart, dass $\sum |a_k|^2$ konvergiert und $|a_k| < 1$ für alle $k \geq 1$.

Seien $P_n := \prod_{k=1}^{n} (1 + a_k)$ und $S_n := \sum_{k=1}^{n} a_k$.

Dann existiert der Grenzwert $L := \lim_{n\to\infty} \frac{e^{S_n}}{P_n}$ und es ist $0 < |L| < \infty$.

E 1) Das Produkt $\prod \cos z_k$ konvergiert, falls die Reihe $\sum |z_k|^2$ konvergiert.

2) Beweisen Sie speziell $\prod_{k=1}^{\infty} \cos \frac{z}{2^k} = \frac{\sin z}{z}$ für $z \in \mathbb{C}$.

Lösungen:

A **(A.1)** Wegen $(k+1)^2 - (k+1) + 1 = k^2 + k + 1$ gilt

$$\begin{aligned}
\prod_{k=2}^{n} \frac{k^3-1}{k^3+1} &= \prod_{k=2}^{n} \frac{(k-1)(k^2+k+1)}{(k+1)(k^2-k+1)} \\
&= \frac{1\cdot 7}{3\cdot 3}\,\frac{2\cdot 13}{4\cdot 7}\,\frac{3\cdot 21}{5\cdot 13}\cdots\frac{(n-1)(n^2+n+1)}{(n+1)(n^2-n+1)} \qquad (1)\\
&= \frac{1\cdot 2\cdot (n^2+n+1)}{3\cdot n\cdot (n+1)} \to \frac{2}{3} \quad \text{für } n\to\infty .
\end{aligned}$$

(A.2) Analog zeigt man

$$\prod_{k=2}^{n} \frac{k^2-1}{k^2} = \prod_{k=2}^{n} \frac{(k-1)(k+1)}{k\cdot k} = \frac{1}{2}\,\frac{n+1}{n} \to \frac{1}{2} \quad \text{für } n\to\infty . \qquad (2)$$

(B.1) Bekanntlich konvergieren die Reihen $\sum_{k=2}^{\infty} \frac{1}{k^\alpha}$ genau dann, wenn $\alpha > 1$.

Nach 1.6.7.5 konvergieren daher auch die Produkte $\prod_{k=2}^{\infty} \left(1 \pm \frac{1}{k^\alpha}\right)$ genau dann, wenn $\alpha > 1$.

(B.2) Das Produkt $\prod_{k=1}^{\infty} \left(1 + \frac{i}{k}\right)$ divergiert.

Für den Betrag der Teilprodukte $P_n := \prod_{k=1}^{n} \left(1 + \frac{i}{k}\right)$ gilt zwar

$$|P_n|^2 \;\to\; R^2 \;:=\; \prod_{k=1}^{\infty} \left(1 + \frac{1}{k^2}\right) \,. \tag{3}$$

Für die Argumente gilt aber

$$\arg \frac{P_n}{P_{n-1}} \;=\; \arctan \frac{1}{n} \to 0 \qquad \text{und} \qquad \sum_n \arctan \frac{1}{n} = \infty \tag{4}$$

da $(\arctan 1/n)/(1/n) \to 1$. Die Folge der Partialprodukte P_n häuft sich daher von innen gegen jeden Punkt der Kreislinie $\partial B_R = \{\, z\, ;\, |z| = R \,\}$.

Seien $a_k \in \mathbb{C}$ derart, dass die Reihen $\sum a_k$ und $\sum |a_k|^2$ konvergieren. Dann gilt $|a_k| \le 1/2$ ab einem Index k_0.
Wir betrachten $\prod(1 + a_k)$ und $\sum \log(1 + a_k)$ nur für $k \ge k_0$. Sei

$$\vartheta_k \;:=\; \frac{\log(1 + a_k) - a_k}{a_k^2} \quad \text{bzw} \quad \log(1 + a_k) \;=\; a_k + \vartheta_k \cdot a_k^2 \,. \tag{5}$$

Dabei ist der Hauptwert des Logarithmus zu nehmen.

Wegen $a_k \to 0$ gilt $\vartheta_k \to -1/2$.

Mit $\sum a_k$ und $\sum |a_k|^2$ ist dann auch die Reihe $\sum \log(1 + a_k)$ konvergent. Die Behauptung folgt aus Bemerkung 1.6.7.4.

Mit den Bezeichnungen von Aufgabe 7.7.C gilt

$$\begin{aligned} P_n \;&=\; \prod_{k=1}^{n}(1 + a_k) \;=\; \prod_{k=1}^{n} \exp\left[\,\log(1 + a_k)\right] \;=\; \prod_{k=1}^{n} \exp\left[a_k + \vartheta_k a_k^2\right] \\ &=\; \exp\left(\sum_{k=1}^{n} a_k\right) \cdot \exp\left(\sum_{k=1}^{n} \vartheta_k a_k^2\right) \;=\; \mathrm{e}^{S_n} \cdot \exp\left(\sum_{k=1}^{n} \vartheta_k a_k^2\right) \,. \end{aligned} \tag{6}$$

Die Behauptung folgt, da mit $\sum |a_k|^2$ auch die Reihe $\sum \vartheta_k a_k^2$ konvergiert.

E **(E.1)** Angenommen, die Reihe $\sum |z_k|^2$ konvergiert.
Dann ist sicherlich $|z_n| < 1$ ab einem Index n_0. Für

$$a_n \;:=\; -\frac{z_n^2}{2!} + \frac{z_n^4}{4!} - \frac{z_n^6}{6!} + - \ldots \;=\; \sum_{k=1}^{\infty} (-1)^k \frac{z_n^{2k}}{(2k)!} \tag{7}$$

gilt dann $\cos z_n = 1 + a_n$ und

$$|a_n| \;\le\; \frac{|z_n|^2}{2} + \frac{|z_n|^4}{4} + \frac{|z_n|^6}{8} + \ldots \;=\; |z_n|^2 \quad \text{für } n \ge n_0 \,. \tag{8}$$

Die Behauptung folgt damit aus Bemerkung 1.6.7.5.

(E.2) Mit Induktion zeigt man

$$\frac{\sin z}{2^n \sin(z/2^n)} \;=\; \cos\frac{z}{2} \cdot \cos\frac{z}{4} \cdot \ldots \cdot \cos\frac{z}{2^n} \,. \tag{9}$$

Wegen $\lim\limits_{n\to\infty} \dfrac{\sin(z/2^n)}{z/2^n} = 1$ strebt die rechte Seite für $n \to \infty$ gegen $\dfrac{\sin z}{z}$.
Also ist für alle $z \in \mathbb{C}$:

$$\frac{\sin z}{z} \;=\; \lim_{n\to\infty} \prod_{k=1}^{n} \cos\frac{z}{2^k} \,. \tag{10}$$

Für $z = \pi/2$ ist dies das sog *Vieta-Produkt*:

$$\begin{aligned} \frac{2}{\pi} \;&=\; \cos\frac{\pi}{4} \cdot \cos\frac{\pi}{8} \cdot \cos\frac{\pi}{16} \cdot \ldots \\ &=\; \sqrt{\tfrac12} \cdot \sqrt{\tfrac12 + \tfrac12\sqrt{\tfrac12}} \cdot \sqrt{\tfrac12 + \tfrac12\sqrt{\tfrac12 + \frac12\sqrt{\tfrac12}}} \cdot \ldots \,. \end{aligned} \tag{11}$$

8 Komplexe Funktionen

8.1 Polynome und rationale Funktionen

1) Zeigen Sie, dass $\{w = z^2\}$ die Halbebene $\{\mathsf{Re}\, z > 0\}$ bijektiv auf die geschlitzte Ebene $\mathbb{C} \setminus \mathbb{R}_{\leq 0}$ abbildet.
2) Bestimmen und zeichnen Sie die Bilder einiger Gitterlinien $\{\mathsf{Re}\, z = a\}$, $\{\mathsf{Im}\, z = b\}$ bzw Urbilder von $\{\mathsf{Re}\, w = c\}$, $\{\mathsf{Im}\, w = d\}$.
3) Bestimmen Sie das Bild des Kreises $\{|z-1| = 1\}$ unter dieser Abbildung.

Wachstumslemma: Sei $p(z) = a_n z^n + \cdots + a_1 z + a_0$ ein Polynom vom Grad n, also $a_n \neq 0$. Dann gibt es ein $R > 0$ derart, dass

$$\tfrac{1}{2}|a_n||z|^n \;\leq\; |p(z)| \;\leq\; 2|a_n||z|^n \qquad \text{für alle } |z| \geq R\,. \tag{1}$$

Sei $p(z) = a_n z^n + \cdots + a_1 z + a_0$ ein Polynom mit reellen Koeffizienten a_k. Hat p in $z_0 \in \mathbb{C}$ eine Nullstelle der Ordnung m, dann auch in $\overline{z_0}$.

1) Zeigen Sie, dass sich jedes Polynom in zwei reellen Veränderlichen mit komplexen Koeffizienten sowohl in der Form $f(z) = \sum b_{\mu\nu}\, x^\mu\, y^\nu$ als auch in der Form $f(z) = \sum c_{\kappa\lambda}\, z^\kappa\, \overline{z}^\lambda$ schreiben lässt.
   Tun Sie dies für das Polynom $5x^2 - 4xy^2 + iy^5$.
2) Zeigen Sie, dass die Koeffizienten $b_{\mu\nu}$ bzw $c_{\kappa\lambda}$ eindeutig bestimmt sind.
3) Wie erkennt man, ob ein solches Polynom reellwertig ist?
   Wie erkennt man, ob es auf $\mathbb{R}$ nur reelle Werte annimmt?
4) Seien $\alpha, \beta, \gamma, \delta \in \mathbb{R}$. Schreiben Sie $f(x+iy) = \alpha x + \beta y + i(\gamma x + \delta y)$ in der Form $f(z) = az + b\overline{z}$, mit $a, b \in \mathbb{C}$.

$L := \{\, z\,;\, az + \overline{a}\,\overline{z} + \beta = 0 \,\}$ ist für $a \neq 0,\ \beta \in \mathbb{R}$ eine Gerade in $\mathbb{C}$.
$\sigma\colon \mathbb{C} \to \mathbb{C}$ sei die Spiegelung an einer solchen Geraden. Schreiben Sie σ als Polynom in z und $\overline{z}$.

Die Koeffizienten $a_1, \ldots, a_{n-1}$ seien nicht alle gleich 0. Dann hat das Polynom $p(z) := z^n - \sum\limits_{k=0}^{n-1} |a_k| z^k$ genau eine Nullstelle ξ auf der positiven reellen Achse.
Für alle Nullstellen ζ des Polynoms $q(z) := z^n + \sum\limits_{k=0}^{n-1} a_k z^k$ gilt $|\zeta| \leq \xi$.

Sei (a_k) eine streng monoton fallende Folge positiver reeller Zahlen und $n > 1$ beliebig.

Dann hat das Polynom $p(z) := a_n z^n + \ldots + a_1 z + a_0$ keine Nullstelle im abgeschlossenen Einheitskreis $\overline{\mathbb{E}}$.

H 1) Man kann die Anzahl der Nullstellen eines Polynoms $w = p(z)$ in einem Gebiet G dadurch bestimmen, dass man G einmal positiv umfährt und die Argumentänderung von w bestimmt. Diese ist von der Form $2k\pi$ mit $k \in \mathbb{N}$. Dabei ist k die Anzahl der Nullstellen.

2) Zeigen Sie, dass das Polynom $w = p(z) = z^3 - iz^2 - 2i$ im ersten Quadranten genau eine Nullstelle besitzt.

I Sei $p(z) \in \mathbb{C}[z]$ ein Polynom vom Grad $n \geq 2$.

Dann liegen alle Nullstellen der Ableitung $p'(z)$ in der konvexen Hülle der Nullstellen von p.

J *Koebe-Abbildung:* Sei $f\colon \mathbb{E} \to \mathbb{C}$ definiert durch

$$f(z) := \frac{z}{(1-z)^2} = \tfrac{1}{4}\left[\left(\frac{1+z}{1-z}\right)^2 - 1\right] . \qquad (2)$$

Bestimmen Sie die Potenzreihenentwicklung von f um $z_0 = 0$.

Zeigen Sie, dass f injektiv ist und bestimmen Sie das Bildgebiet $f(\mathbb{E})$.

K Sei $w = J(z) := \frac{1}{2}\left(z + \frac{1}{z}\right)$ die *Jukowski-Abbildung.* Bestimmen Sie das Bild des Kreisringsektors $S := \left\{ z\,;\ \frac{1}{2} < |z| < 4,\ \frac{\pi}{3} < \arg z < \frac{3\pi}{4} \right\}$.

Zeigen Sie, dass J in der Halbebene $H = \{\mathsf{Im}\, z > 0\}$ injektiv ist und bestimmen Sie das Bildgebiet $J(H)$.

L Bestimmen Sie die Partialbruchzerlegung von $f(z) := \dfrac{1}{z(z+i)^3}$.

Lösungen:

A **(A.1)** Die Quadratabbildung $w = z^2$ untersucht man zweckmäßigerweise mit Polarkoordinaten. Für $z = r\,\mathrm{e}^{i\varphi}$ gilt $w = z^2 = r^2\,\mathrm{e}^{2i\varphi}$.

Liegt $z = r\,\mathrm{e}^{i\varphi}$ in der rechten Halbebene, so ist $r > 0$ und $-\frac{\pi}{2} < \varphi < \frac{\pi}{2}$. Für das Bild $w = z^2$ gilt dann $|w| = |z|^2 > 0$ und $-\pi < \operatorname{Arg} w = 2\operatorname{Arg} z < \pi$. Die geschlitzte Ebene $\mathbb{C} \setminus \mathbb{R}_{\leq 0}$ ist das genaue Bildgebiet der rechten Halbebene.

Aus $z_1^2 = r_1^2\,\mathrm{e}^{2i\varphi_1} = z_2^2 = r_2^2\,\mathrm{e}^{2i\varphi_2}$ folgt $r_1^2 = r_2^2$ und $2\varphi_1 = 2\varphi_2 + 2k\pi$. Wegen $r_j > 0$ und $-\frac{\pi}{2} < \varphi_j < \frac{\pi}{2}$ (die Urbilder z_j liegen in der rechten Halbebene) folgt $r_1 = r_2$ und $\varphi_1 = \varphi_2$. Also ist die Quadratabbildung in der rechten Halbebene injektiv (übrigens in jeder Halbebene, die den Nullpunkt nicht enthält).

(A.2) Die Gerade $\{\mathsf{Re}\, z = a\}$ hat die Parameterdarstellung $z = a + it,\ t \in \mathbb{R}$. Die Bildkurve hat dann die Parameterdarstellung $w = u + iv = a^2 - t^2 + 2iat$. Man kann den Parameter t eliminieren und erhält die cartesische Darstellung $u = a^2 - (\frac{v}{2a})^2$ für die Bildkurven. Dies sind nach links geöffnete Parabeln mit der reellen Achse als Symmetrieachse.

Die Gerade $\operatorname{Im} z = b \neq 0$ hat die Parameterdarstellung $z = t + ib,\ t \in \mathbb{R}$. Die Bildkurve hat dann die Parameterdarstellung $w = u + iv = t^2 - b^2 + 2ibt$. Man kann den Parameter t wieder eliminieren und erhält die cartesische Darstellung $u = (\frac{v}{2b})^2 - b^2$ für die Bildkurven. Dies sind nach rechts geöffnete Parabeln mit der reellen Achse als Symmetrieachse. Die positive reelle Achse wird auf sich abgebildet. Die beiden Kurvenscharen bilden ein orthogonales Gitter. Klar, da die Quadratabbildung $w = z^2$ konform ist.

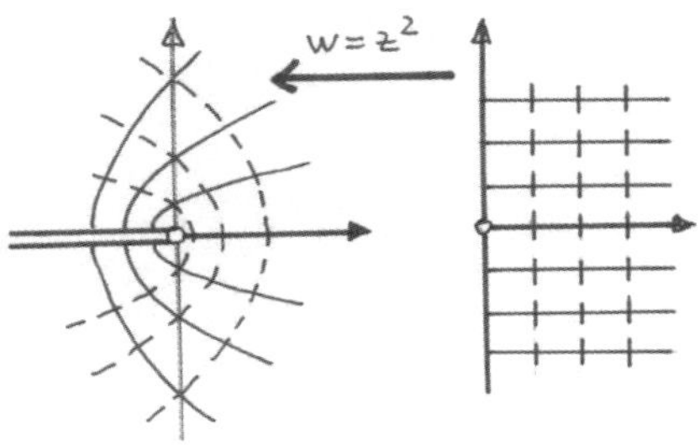

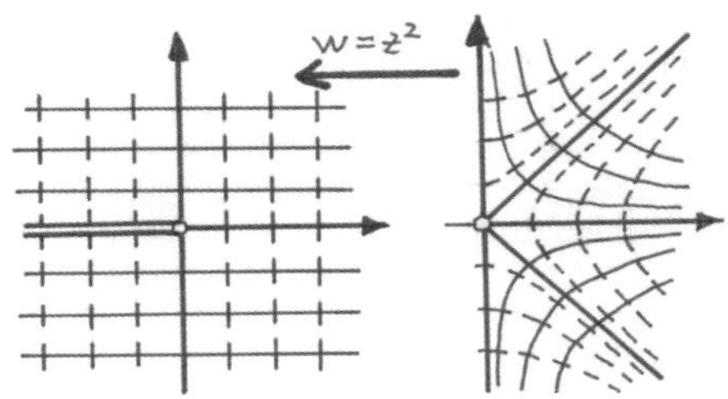

Für $z = x + iy,\ x, y \in \mathbb{R}$ gilt $w = z^2 = x^2 - y^2 + i2xy$. Urbilder der Geraden $\operatorname{Re} w = x^2 - y^2 = c$ sind Hyperbeläste mit den Winkelhalbierenden als Asymptoten. Urbilder der Geraden $\operatorname{Im} w = 2xy = d$ sind ebenfalls Hyperbeläste, jetzt mit den Koordinatenachsen als Asymptoten. Die beiden Hyperbelscharen bilden ein orthogonales Gitter. Klar, da mit der Quadratabbildung $w = z^2$ auch die Umkehrfunktion konform ist.

(A.3) Der Kreis $\{|z - 1| = 1\}$ besitzt die Parameterdarstellung

$$z = 1 + \mathrm{e}^{it}\ , \quad t \in [-\pi, \pi]\ .$$

Die Bildkurve

$$w = 1 + 2\,\mathrm{e}^{it} + \mathrm{e}^{i2t}$$

ist eine Kardioide.

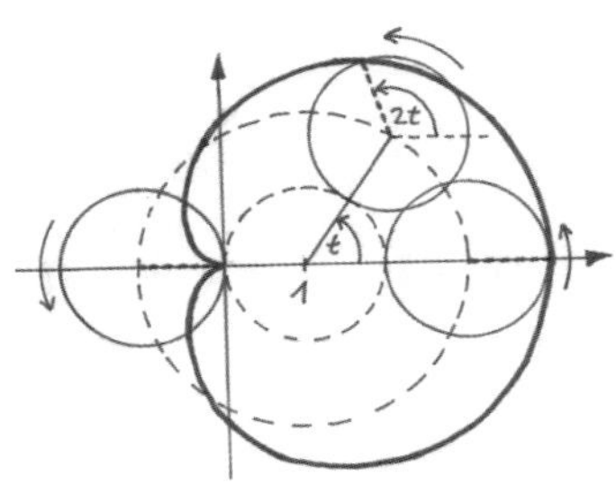

$p(z) = a_n z^n + \cdots + a_1 z + a_0$ hat den Grad n, also ist $a_n \neq 0$. Es ist

$$p(z) \;=\; a_n z^n \left[1 + \frac{a_{n-1}}{a_n}\frac{1}{z} + \ldots + \frac{a_0}{a_n}\frac{1}{z^n}\right] \;=:\; a_n z^n q(z)\ . \tag{3}$$

Wegen $q(z) \to 1$ für $z \to \infty$ gibt es ein $R > 0$ derart, dass $\frac{1}{2} \leq |q(z)| \leq 2$ für alle $|z| \geq R$. Damit folgt die Behauptung

$$\tfrac{1}{2}|a_n||z|^n \;\leq\; |p(z)| \;\leq\; 2|a_n||z|^n \quad \text{für alle } |z| \geq R\ . \tag{4}$$

C Über $\mathbb{C}$ zerfallen Polynome in Linearfaktoren. Es gilt also für alle $z \in \mathbb{C}$

$$p(z) \;=\; a_n z^n + \cdots + a_1 z + a_0 \;=\; a_n(z-z_1)^{\nu_1} \cdot \ldots \cdot (z-z_r)^{\nu_r} \tag{5}$$

mit paarweise verschiedenen Nullstellen z_j und Exponenten $\nu_j \in \mathbb{N}$. Für die reellen Koeffizienten gilt $\overline{a_j} = a_j$. Damit folgt

$$\overline{p(z)} \;=\; a_n\overline{z}^n + \cdots + a_1\overline{z} + a_0 \;=\; p(\overline{z}) \;=\; a_n(\overline{z}-\overline{z_1})^{\nu_1} \cdot \ldots \cdot (\overline{z}-\overline{z_r})^{\nu_r} \tag{6}$$

für alle $z \in \mathbb{C}$. Dann gilt aber auch

$$p(z) \;=\; a_n z^n + \cdots + a_1 z + a_0 \;=\; a_n(z-\overline{z_1})^{\nu_1} \cdot \ldots \cdot (z-\overline{z_r})^{\nu_r} \tag{7}$$

für alle $z \in \mathbb{C}$. Also hat p in $\overline{z_j}$ ebenfalls eine Nullstelle der Ordnung ν_j.

D **(D.1)** Die Behauptung folgt sofort aus den Formeln $x = \mathsf{Re}\, z = \frac{1}{2}(z+\overline{z})$ und $y = \mathsf{Im}\, z = \frac{1}{2i}(z-\overline{z})$. Damit ergibt sich

$$\begin{aligned} 5x^2 - 4xy^2 + iy^5 = \tfrac{5}{4}\left(z^2 + 2z\,\overline{z} + \overline{z}^2\right) + \tfrac{1}{2}\left(z^3 - z^2\,\overline{z} - z\,\overline{z}^2 + \overline{z}^3\right) \\ + 2^{-5}\left(z^5 - 5z^4\,\overline{z} + 10z^3\,\overline{z}^2 - 10z^2\,\overline{z}^3 + 5z\,\overline{z}^4 - \overline{z}^5\right) \end{aligned}$$

(D.2) Die Eindeutigkeit der Koeffizienten folgt aus dem Identitätssatz für Polynome in einer Variablen. Angenommen es ist

$$f(x,y) \;=\; \sum_{\mu,\nu} b_{\mu\nu} x^\mu y^\nu = \sum_\mu \left(\sum_\nu b_{\mu\nu} y^\nu\right) x^\mu = g(x,y) = \sum_\mu \left(\sum_\nu \widetilde{b_{\mu\nu}} y^\nu\right) x^\mu$$

für alle $x, y \in \mathbb{R}$. Dann folgt für festes y, dass die Koeffizienten von x^μ übereinstimmen müssen, also $\sum_\nu b_{\mu\nu} y^\nu \;=\; \sum_\nu \widetilde{b_{\mu\nu}} y^\nu$. Dies gilt für jedes $y \in \mathbb{R}$.

Erneute Anwendung des Identitätssatzes liefert $b_{\mu\nu} = \widetilde{b_{\mu\nu}}$.

Die Eindeutigkeit der Koeffizienten in der Darstellung $\sum c_{\kappa\lambda} z^\kappa \overline{z}^\lambda$ erhält man analog. Man setze $z = r\,\mathrm{e}^{it}$, $\overline{z} = r\,\mathrm{e}^{-it}$ und vergleiche zuerst die Koeffizienten von r^m, dann die von e^{int} .

(D.3) Das Polynom $f(z) = \sum c_{\kappa\lambda} z^\kappa\, \overline{z}^\lambda$ ist genau dann reellwertig, wenn $\overline{f(z)} = f(z)$ für alle $z \in \mathbb{C}$. Die Eindeutigkeit der Koeffizienten (8.1.D.2) liefert

$$\begin{aligned} \overline{f(z)} = f(z) \iff \overline{\sum_{\kappa,\lambda} c_{\kappa\lambda}\, z^\kappa\, \overline{z}^\lambda} = \sum_{\kappa,\lambda} \overline{c_{\kappa\lambda}}\, \overline{z}^\kappa\, z^\lambda = \sum_{\kappa,\lambda} c_{\kappa\lambda}\, z^\kappa\, \overline{z}^\lambda \\ \iff \overline{c_{\kappa\lambda}} = c_{\lambda\kappa} \quad \text{für alle } \kappa, \lambda \geq 0\ . \end{aligned} \tag{8}$$

Für $z \in \mathbb{R}$ ist $\overline{z} = z$, also

$$f(z) \;=\; \sum_{\kappa,\lambda} c_{\kappa\lambda} z^{\kappa+\lambda} \;=\; \sum_\mu \Big(\sum_{\kappa+\lambda=\mu} c_{\kappa\lambda}\Big) z^\mu \quad \text{für } z \in \mathbb{R} \tag{9}$$

Also ist f genau dann auf $\mathbb{R}$ reellwertig, wenn für alle $\mu \in \mathbb{N}_0$ die Koeffizientensummen $\sum\limits_{\kappa+\lambda=\mu} c_{\kappa\lambda}$ reell sind.

$f(z) = \sum b_{\mu,\nu} x^\mu y^\nu$ ist genau dann reellwertig, wenn alle $b_{\mu,\nu}$ reell sind.

$f(z) = \sum b_{\mu,\nu} x^\mu y^\nu$ ist genau dann auf $\mathbb{R}$ reellwertig, wenn alle $b_{\mu,0}$ reell sind.

(D.4) Wie üblich setzt man $z = x + iy$ mit reellen x, y.

Man rechnet nach, dass $\alpha x + \beta y + i(\gamma x + \delta y) = az + b\overline{z}$ für $a := \frac{1}{2}[(\alpha + \delta) + i(\gamma - \beta)]$ und $b := \frac{1}{2}[(\alpha - \delta) + i(\gamma + \beta)]$.

Es ist $az + \overline{a}\,\overline{z} + \beta = 0 \Longleftrightarrow \mathsf{Re}\,(2az) + \beta = 0$. Die Spiegelung an der Geraden $L := \{\, z\,;\, az + \overline{a}\,\overline{z} + \beta = 0 \,\}$ kann man daher aus den Abbildungen

$$z \;\mapsto\; \zeta_1 := 2az + \beta \;\mapsto\; \zeta_2 := -\overline{\zeta_1} \;\mapsto\; w = (\zeta_2 - \beta)/2a \qquad (10)$$

zusammensetzen. Also ist $\left\{ z \mapsto w = \frac{\overline{a}}{a}\overline{z} - \frac{\beta}{a} \right\}$ die Spiegelung an der Geraden $L := \{\, z\,;\, az + \overline{az} + \beta = 0 \,\}$.

Z.B. ist $\{z \mapsto w = \overline{z}\}$ die Spiegelung an der reellen Achse $\{z - \overline{z} = 0\}$ und $\{z = x + iy \;\mapsto\; w = -\overline{z} = -x + iy\}$ die Spiegelung an der imaginären Achse $i\mathbb{R} = \{z + \overline{z} = 0\}$.

(F.1) Sei $f(x) := |a_0|x^{-n} + |a_1|x^{-n+1} + \ldots + |a_{n-2}|x^{-2} + |a_{n-1}|x^{-1}$.
Es gilt $\lim\limits_{x\to 0^+} f(x) = +\infty$ und $\lim\limits_{x\to\infty} f(x) = 0$. In $]0,\infty[$ gilt $f'(x) < 0$.
Also ist f dort streng monoton fallend. Es gibt daher genau ein $\xi > 0$ mit $f(\xi) = 1$. Wegen $p(z) = z^n(1 - f(z))$ folgt die Behauptung. Außerdem gilt

$$f(x) > 1 \quad \text{für } x \in]0,\xi[\quad \text{und} \quad f(x) < 1 \quad \text{für } x \in]\xi,\infty[\,. \qquad (11)$$

(F.2) Sei z_0 eine Nullstelle des Polynoms $q(z) := z^n + \sum\limits_{k=0}^{n-1} a_k\, z^k$. Dann gilt

$$z_0^n \;=\; -\sum_{k=0}^{n-1} a_k z_0^k \,, \quad \text{also} \quad |z_0^n| \;\le\; \sum_{k=0}^{n-1} |a_k||z_0|^k \,. \qquad (12)$$

Für $z_0 = 0$ ist nichts zu beweisen. Sei also $z_0 \neq 0$. Mit f aus **(F.1)** folgt

$$f(|z_0|) \;=\; |a_{n-1}||z_0|^{-1} + \ldots + |a_1||z_0|^{-n+1} + |a_0||z_0|^{-n} \;\ge\; 1 \,. \qquad (13)$$

Wegen (11) folgt $|z_0| \le \xi$.

G Annahme $\sum_{k=0}^{n} a_k z^k = 0$. Dann folgt

$$0 = (z-1)\sum_{k=0}^{n} a_k z^k = \sum_{k=0}^{n} a_k z^{k+1} - \sum_{k=0}^{n} a_k z^k$$
$$= a_n z^{n+1} + \sum_{k=1}^{n}(a_{k-1}-a_k)z^k - a_0$$

Also $a_0 = z\left(a_n z^n + \sum_{k=1}^{n}(a_{k-1}-a_k)z^{k-1}\right)$. Für $|z| \le 1$ folgt

$$a_0 = |a_0| = |z|\left|a_n z^n + \sum_{k=1}^{n}(a_{k-1}-a_k)z^{k-1}\right|$$
$$\le |a_n| + \sum_{k=1}^{n}|a_{k-1}-a_k| = a_n + \sum_{k=1}^{n}(a_{k-1}-a_k) = a_0 .$$

Also ist $|z| = 1$ und

$$\left|a_n z^n + \sum_{k=1}^{n}(a_{k-1}-a_k)z^{k-1}\right| = |a_n z^n| + \sum_{k=1}^{n}|a_{k-1}-a_k||z|^{k-1} .$$

Daraus folgt wiederum

$$\arg(a_n z^n) = \arg\left((a_{n-1}-a_n)z^{n-1}\right) = \cdots = \arg(a_0 - a_1) = 0 .$$

und damit $z = 1$. Widerspruch, denn $z = 1$ ist offensichtlich keine Nullstelle.

H **(H.1)** Nach dem Fundamentalsatz der Algebra hat mit Vielfachheit gezählt jedes Polynom $w = p(z) = a_n z^n + \ldots a_1 z + a_0$ vom Grad n auch n Nullstellen in $\mathbb{C}$. $p(z)$ ist daher von der Form $w = p(z) = a_n \prod_{j=1}^{n}(z - z_j)$.

Sei nun γ eine einfach geschlossene Kurve in der z-Ebene, die durch keine der Nullstellen z_j von p läuft.

Durchläuft z die Kurve γ einmal positiv bzgl des Innengebiets von γ, so ändert sich das Argument von $(z - z_j)$ um 2π bzw um 0 je nachdem, ob z_j im Innengebiet von γ oder außerhalb liegt.

Liegen k Nullstellen von $p(z)$ im Innengebiet von γ , so ändert sich daher das Argument von w um $2k\pi$.

(H.2) Wir betrachten

$$w = p(z) = z^3 - iz^2 - 2i$$

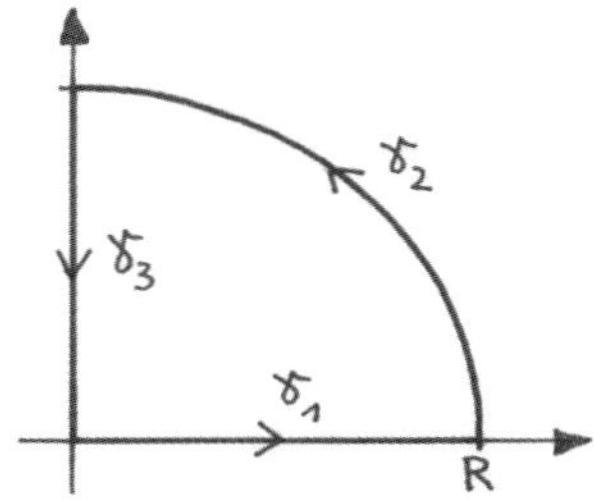

während z um den skizzierten einfach geschlossenen Weg $\gamma = \gamma_1 + \gamma_2 + \gamma_3$ läuft.
Läuft $z = x$ auf der reellen Achse von 0 nach ∞, so durchläuft $w = x^3 - i(x^2 + 2)$ den im 4. Quadranten gelegenen Teil der Neilschen Parabel $u^2 = -(v+2)^3$. Dabei ändert sich $\arg w$ von $-\frac{\pi}{2}$ bis 0, nimmt also um $\pi/2$ zu.
Für hinreichend großes R ist die Argumentänderung von w längs γ_1 daher von der Form $\pi/2 + \delta_1$ mit einem $|\delta_1| < 1/2$.

Wegen $\arg w = \arg z^3 + \arg(1 - \frac{i}{z} - \frac{2i}{z^3})$ ändert sich das Argument von w auf dem Viertelkreis $\gamma_2 \colon z = R\,\mathrm{e}^{it}$, $0 \le t \le \pi/2$ für hinreichend großes R um $3\pi/2 + \delta_2$ mit einem $|\delta_2| < 1/2$.

Bewegt sich $z = iy$ längs der imaginären Achse, so ist $w = -i(y^3 - y^2 + 2)$ ebenfalls rein imaginär und ungleich Null, $\arg w$ ändert sich also nicht.

Zusammen ergibt sich also für w eine Argumentänderung von $2\pi + \delta$ mit einem $|\delta| < 1$. Die Argumentänderung muss aber ein Vielfaches von 2π sein, da ja z und damit auch w einen geschlossenen Weg durchläuft. Also ist die Änderung 2π und $p(z)$ besitzt im ersten Quadranten genau eine Nullstelle.

Es ist übrigens $p(z) = (z - 1 - i)(z + 1 - i)(z + i)$.

Sei $p(z) = a_n \prod_{j=1}^{n} (z - z_j)$ ein Polynom vom Grad $n \ge 2$ mit den Nullstellen z_j. Sei ferner $w \in \mathbb{C}$ eine Nullstelle von p'. Zu zeigen ist: Es gibt $\lambda_j \in \mathbb{R}$ mit

$$\lambda_j \ge 0\,; \quad \sum_{j=1}^{n} \lambda_j = 1 \quad \text{und} \quad w = \sum_{j=1}^{n} \lambda_j z_j\,. \tag{14}$$

Ist w auch gleich einer Nullstelle z_j von p, so sei $\lambda_j := 1$ und $\lambda_k := 0$ für $k \ne j$. Dann ist (14) erfüllt.

Für die logarithmische Ableitung p'/p gilt

$$\frac{p'(z)}{p(z)} = \frac{1}{z - z_1} + \ldots + \frac{1}{z - z_n} = \overline{\sum_{j=1}^{n} \frac{z - z_j}{|z - z_j|^2}}\,. \tag{15}$$

Ist nun w keine Nullstelle von p, so folgt

$$0 = \overline{\left(\frac{p'(w)}{p(w)}\right)} = \sum_{j=1}^{n} \frac{w - z_j}{|w - z_j|^2}\,. \tag{16}$$

Für $m_j := |w - z_j|^{-2}$ und $m := \sum m_j$ gilt daher $mw = \sum m_j z_j$. Damit erfüllen $\lambda_j := m_j/m$ die Bedingung (14).

Für ganze Funktionen ist diese Aussage übrigens falsch. Siehe Aufgabe 9.4.G.

J **(J.1)** Für $|z| < 1$ ist

$$f(z) = \frac{z}{(1-z)^2} = z\frac{d}{dz}\left(\frac{1}{1-z}\right) = z\frac{d}{dz}\left(\sum_{k=0}^{\infty} z^k\right) = \sum_{k=1}^{\infty} k\, z^k .$$

(J.2) Die Koebe-Funktion f ist zusammengesetzt aus den folgenden Abbildungen:

$$\begin{array}{ccccccc} z & \mapsto & \dfrac{1+z}{1-z} =: \zeta_1 & \mapsto & \zeta_1^2 =: \zeta_2 & \mapsto & \frac{1}{4}(\zeta_2 - 1) =: w \\ \mathbb{E} & \to & \{\mathsf{Re}\, z > 0\} & \to & \mathbb{C}\backslash\mathbb{R}_{\le 0} & \to & \mathbb{C}\backslash\mathbb{R}_{\le -1/4} \end{array}$$

Die Teilfunktionen sind in ihren jeweiligen Definitionsbereichen injektiv und für die angegebenen Zielbereiche auch surjektiv. Also ist f injektiv und das Bildgebiet von f ist die geschlitzte Ebene $\mathbb{C}\backslash\mathbb{R}_{\le -1/4}$.

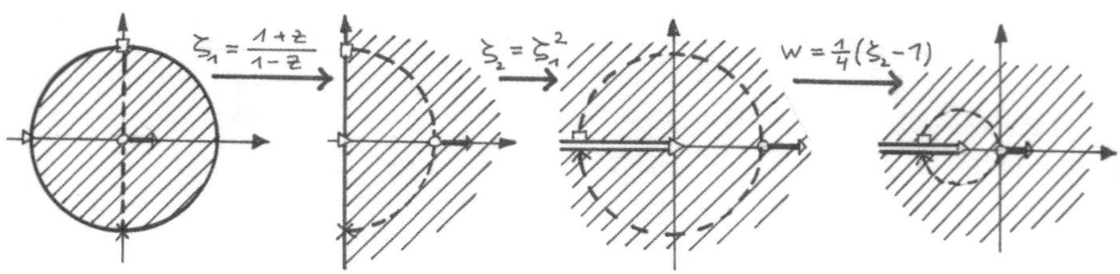

K Sei $w = J(z) := \frac{1}{2}\left(z + \frac{1}{z}\right)$ die Jukowski-Abbildung.
Für die Argumente $z = r\,\mathrm{e}^{i\varphi}$ erhält man die Bilder

$$w = u + iv = \tfrac{1}{2}\left(r\,\mathrm{e}^{i\varphi} + \tfrac{1}{r}\,\mathrm{e}^{-i\varphi}\right) = \tfrac{1}{2}\left(r + \tfrac{1}{r}\right)\cos\varphi + \tfrac{i}{2}\left(r - \tfrac{1}{r}\right)\sin\varphi .$$

Die Kreise $\{|z| = r\}$ werden daher abgebildet auf Ellipsen $\left\{\dfrac{u^2}{a^2} + \dfrac{v^2}{b^2} = 1\right\}$ mit den Halbachsen $a = \frac{1}{2}\left(r + \frac{1}{r}\right)$ und $b = \frac{1}{2}\left(r - \frac{1}{r}\right)$. Die Bildellipse des Einheitskreisrandes $\partial\mathbb{E}$ entartet zur reellen Strecke $\overline{-1, 1}$.

Die Strahlen $\{\arg z = \varphi\}$ werden auf die Hyperbeläste $\left\{\dfrac{u^2}{\cos^2\varphi} - \dfrac{v^2}{\sin^2\varphi} = 1\right\}$ abgebildet. Für $\varphi = k\pi$ erhält man die reellen Intervalle $]-\infty, -1]$ bzw $[1, \infty[$. Für $\varphi = (2k+1)\pi/2$ ergibt sich die imaginäre Achse.

Die Schar der Hyperbeln hat ebenso wie die Ellipsenschar die Brennpunkte ± 1. Die Scharen sind *konfokal* und stehen senkrecht aufeinander.

Auf der oberen Halbebene H ist J injektiv. Das Bildgebiet ist die geschlitzte Ebene $J(H) = \mathbb{C}\setminus\big(]-\infty,-1] \cup [1,\infty[\big)$.

Der Kreissektor $S := \left\{ z\,;\, \frac{1}{2} < |z| < 4,\ \frac{\pi}{3} < \arg z < \frac{3\pi}{4} \right\}$ wird auf das unten skizzierte Gebiet abgebildet:

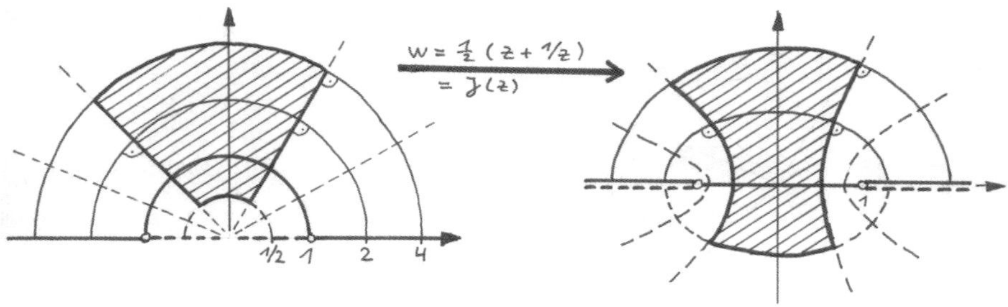

Man macht den Ansatz

$$f(z) \;=\; \frac{1}{z(z+i)^3} \;=\; \frac{A}{z} + \frac{B_1}{z+i} + \frac{B_2}{(z+i)^2} + \frac{B_3}{(z+i)^3}\,. \tag{17}$$

Für die Koeffizienten $A, B_j \in \mathbb{C}$ erhält man (siehe 2.4.1(2))

$$\begin{aligned}
A &= \operatorname{res}(f;0) \;=\; zf(z)\Big|_{z=0} \;=\; \frac{1}{(0+i)^3} \;=\; i\\
B_1 &= \operatorname{res}(f;-i) \;=\; \frac{1}{z^3}\Big|_{z=-i} \;=\; \frac{1}{(-i)^3} \;=\; -i\\
B_2 &= -\frac{1}{z^2}\Big|_{z=-i} \;=\; -\frac{1}{(-i)^2} \;=\; 1\\
B_3 &= (z+i)^3 f(z)\Big|_{z=-i} \;=\; \frac{1}{-i} \;=\; i
\end{aligned} \tag{18}$$

Also

$$f(z) \;=\; \frac{1}{z(z+i)^3} \;=\; \frac{i}{z} - \frac{i}{z+i} + \frac{1}{(z+i)^2} + \frac{i}{(z+i)^3}\,. \tag{19}$$

Den Hauptteil an der Stelle $-i$ hätte man auch leichter aus den Reihenentwicklungen

$$\frac{1}{z} = \frac{i}{1-\frac{z+i}{i}} = \sum_{k=0}^{\infty} \frac{(z+i)^k}{i^{k-1}}\;; \quad f(z) = -\sum_{k=-3}^{\infty} \frac{(z+i)^k}{i^k} \tag{20}$$

erhalten können.

8.2 Funktionen-Folgen und -Reihen

Siehe auch Abschnitt 9.5.

A Man untersuche die Folgen auf Konvergenz:

1) $f_n(z) := \frac{1}{n} \cdot \frac{n+iz}{1+iz}$ in $\widehat{\mathbb{C}}$

2) $f_n(z) := \left(1 + \frac{z}{n}\right)^n$ in $\mathbb{C}$

B Seien $D, D' \subset \mathbb{C}$ offen, $f_n \colon D \to D'$ und $g_n \colon D' \to \mathbb{C}$ stetig. Die Folgen (f_n) und (g_n) mögen in D bzw D' kompakt gegen f bzw g konvergieren und es gelte auch $f(D) \subset D'$.

Dann konvergiert die Folge $(g_n \circ f_n)$ in D kompakt gegen $g \circ f$.

C Man untersuche die folgenden Reihen auf Konvergenz:

1) $\sum\limits_{k=1}^{\infty} \frac{1}{z^{2^k} - z^{-2^k}}$ in $\mathbb{C}^* \setminus \partial\mathbb{E}$

2) $\sum\limits_{k=1}^{\infty} \frac{(-1)^k}{z^2 + k}$ im Streifen $S := \{\, z\, ;\, |\mathsf{Im}\, z| \le 1/2 \,\}$

3) $\sum\limits_{n=1}^{\infty} \frac{z^n}{n}$ in $\mathbb{C}$

4) $\sum\limits_{n=1}^{\infty} \frac{\sin nz}{n}$ in $\mathbb{C}$

D Aus lokal-gleichmäßig konvergenten Reihen kann man durch Klammersetzen stets normal konvergente Reihen machen.

E Beweisen Sie das *Abel-Kriterium* für gleichmäßige Konvergenz (2.5.2).

F Beweisen Sie das *Dirichlet-Kriterium* (2.5.2).

G *Dirichlet-Reihen:*
Seien a_k und $s_0 = \sigma_0 + it_0 \in \mathbb{C}$. Die Reihe $\sum\limits_{k=1}^{\infty} \frac{a_k}{k^{s_0}}$ sei absolut konvergent.

Dann konvergiert sie absolut und gleichmäßig in der Halbebene $\{\mathsf{Re}\, s \ge \mathsf{Re}\, s_0\}$.

Eine entsprechende Aussage gilt auch für gewöhnliche Konvergenz.

Zeigen Sie, dass die angegebenen Produkte im Einheitskreis $\mathbb{E}$ normal konvergieren:

$$1)\quad \prod_{k=0}^{\infty}(1+z^{2^k}) \;=\; \frac{1}{1-z} \qquad\qquad 2)\quad \prod_{k=0}^{\infty}(1+z^k)(1-z^{2k-1}) \;=\; 1$$

Sei $g_k := (-1)^{k-1}/k$. Dann konvergiert das Produkt $\prod\limits_{k=1}^{\infty}(1+g_k)$ in $\mathbb{C}$ kompakt gegen 1. Es ist aber nicht normal konvergent.

Das Teilprodukt $\prod\limits_{k=1}^{\infty}(1+g_{2k-1})$ ist nicht konvergent.

Konvergieren die Produkte $\prod f_k$ und $\prod g_k$ normal in D, so konvergiert auch das Produkt $\prod f_k\, g_k$ normal in D.

ungen:

(A.1) Die Funktionen $f_n(z) := \frac{1}{n}\,\frac{n+iz}{1+iz}$ sind Möbiusabbildungen, also bijektive Abbildungen von $\widehat{\mathbb{C}}$ auf sich. Mit den üblichen Verabredungen gilt $f_n(\infty) = \frac{1}{n}$ und $f_n(i) = \infty$ für alle $n \in \mathbb{N}$. Für $z \neq i, \infty$ gilt

$$f_n(z) \;=\; \frac{1}{n}\,\frac{n+iz}{1+iz} \;=\; \frac{1+iz/n}{1+iz} \;\to\; \frac{1}{1+iz}\,. \tag{1}$$

Die Folge (f_n) konvergiert daher in $\widehat{\mathbb{C}}$ punktweise gegen $f(z) := \dfrac{1}{1+iz}$. Wegen

$$\big|f_n(z)-f(z)\big| \;=\; \left|\frac{z/n}{1+iz}\right| \;=\; \frac{1}{n}\,\frac{|z|}{|z-i|} \tag{2}$$

konvergiert sie in $\widehat{\mathbb{C}}\backslash\{i\}$ kompakt bzgl des euklidischen Abstands.

Bzgl der chordalen Metrik konvergiert sie gleichmäßig in ganz $\widehat{\mathbb{C}}$. Es gilt nämlich

$$\chi\big(f_n(\infty), f(\infty)\big) \;=\; \chi(\tfrac{1}{n},0) \;=\; \frac{1/n}{\sqrt{1+1/n^2}} \;=\; \frac{1}{\sqrt{1+n^2}} \qquad \text{und} \tag{3}$$

$$\begin{aligned}\chi\big(f_n(z), f(z)\big) \;&=\; \frac{|f_n(z)-f(z)|}{\sqrt{1+|f_n(z)|^2}\,\sqrt{1+|f(z)|^2}}\\ &=\; \frac{|z/n|}{\sqrt{|i-z|^2+|i-z/n|^2}\,\sqrt{|i-z|^2+1}}\\ &\le\; \frac{1}{n}\cdot\frac{1}{\sqrt{|i/z-1|^2+|i/z-1/n|^2}} \;\le\; \frac{4}{n}\end{aligned} \tag{4}$$

für $n \geq 2$ und $z \neq \infty, i$. Für $z = i$ ist $f_n(z) = f(z)$ für alle n. Also gilt $\chi(f_n(z), f(z)) \to 0$ gleichmäßig in $\widehat{\mathbb{C}}$.

(A.2) *Beh.:* $f_n(z) := \left(1 + \frac{z}{n}\right)^n$ konvergiert in $\mathbb{C}$ kompakt gegen e^z.

Bew.: Sei $K \subset \mathbb{C}$ kompakt. Dann existiert ein $m \in \mathbb{N}$, so dass $|\frac{z}{n}| \leq \frac{1}{2}$ für alle $n \geq m$ und alle $z \in K$. Der Hauptwert $\operatorname{Log}(1 + \frac{z}{n})$ ist daher holomorph auf K. Mit Hilfe der Potenzreihenentwicklung von $\operatorname{Log}(1+w)$ (siehe z.B. Aufgabe 8.4.J) zeigt man $|\operatorname{Log}(1+w) - w| \leq |w|^2$ für $|w| \leq \frac{1}{2}$. Damit folgt

$$\left\|n\operatorname{Log}(1 + \tfrac{z}{n}) - z\right\|_K \;\leq\; \tfrac{1}{n}\|z\|_K^2 \quad \text{für alle } n \geq m\ . \tag{5}$$

Also konvergiert $n\operatorname{Log}(1 + \frac{z}{n})$ auf $\mathbb{C}$ kompakt gegen z. Wegen

$$\exp\left(n\operatorname{Log}(1 + \tfrac{z}{n})\right) \;=\; \left(1 + \tfrac{z}{n}\right)^n \tag{6}$$

und nach Aufgabe 8.2.B folgt die Behauptung.

Übrigens lässt sich auch der reelle Beweis aus [RA1 4.6.4.B] ins Komplexe übertragen.

B Sei $K \subset D$ ein beliebiges Kompaktum in D. $f(K)$ ist als stetiges Bild einer kompakten Menge ebenfalls kompakt und nach Voraussetzung ist $f(K) \subset D'$. $f(K)$ hat zur abgeschlossenen Menge $\mathbb{C} \backslash D'$ einen positiven Abstand $\varrho > 0$.

Auch $K' := \{\, z\,;\, d(z, f(K)) \leq \varrho/2 \,\}$ ist kompakt und Teilmenge von D'.

Die Folge (f_n) konvergiert in D kompakt gegen f, insbesondere also gleichmäßig auf K. Also gibt es ein $n_1 \in \mathbb{N}$ derart, dass $|f_n(z) - f(z)| < \varrho/2$ für alle $z \in K$ und $n \geq n_1$. Also ist $f_n(K) \subset K'$ für alle $n \geq n_1$.

Die Folge (g_n) konvergiert auf K' gleichmäßig gegen g. Also gibt es zu vorgegebenem $\varepsilon > 0$ ein n_2 derart, dass $|g(\zeta) - g_n(\zeta)| < \varepsilon/2$ für alle $n \geq n_2$ und alle $\zeta \in K'$.

g ist auf dem Kompaktum K' nicht nur stetig, sondern auch gleichmäßig stetig. Also gibt es zu $\varepsilon > 0$ ein $\delta > 0$ derart, dass $|g(\zeta_1) - g(\zeta_2)| < \varepsilon/2$ für alle $\zeta_j \in K'$ mit $|\zeta_1 - \zeta_2| < \delta$.

Wegen der gleichmäßigen Konvergenz von $f_n \to f$ in K gibt es ein n_3 derart, dass $|f_n(z) - f(z)| < \delta$ für alle $z \in K$ und $n \geq n_3$.

Sei $n_0 := \max(n_1, n_2, n_3)$. Dann gilt für $n \geq n_0$ und $z \in K$:

$$|g_n \circ f_n(z) - g \circ f(z)| \leq |g_n \circ f_n(z) - g \circ f_n(z)| + |g \circ f_n(z) - g \circ f(z)| < \varepsilon\ .$$

Also konvergiert die Folge $(g_n \circ f_n)$ in K gleichmäßig gegen $g \circ f$. Da $K \subset D$ beliebig gewählt war, konvergiert $(g_n \circ f_n)$ in D kompakt gegen $g \circ f$.

(C.1) Für die Partialsummen S_n gilt

$$S_n(z) := \sum_{k=1}^{n} \frac{1}{z^{2^k} - z^{-2^k}} = \sum_{k=1}^{n} \frac{z^{2^k}}{z^{2^{k+1}} - 1} \tag{7}$$

$$= \sum_{k=1}^{n} \left(\frac{1}{1 - z^{2^{k+1}}} - \frac{1}{1 - z^{2^k}} \right) = \frac{1}{1 - z^{2^{n+1}}} - \frac{1}{1 - z^2} .$$

Für $0 < |z| < 1$ konvergieren die Partialsummen $S_n(z)$ kompakt gegen

$$f_1(z) := 1 - \frac{1}{1 - z^2} = \frac{z^2}{z^2 - 1} . \tag{8}$$

Für $|z| > 1$ konvergieren sie dagegen kompakt gegen $f_2(z) := \dfrac{1}{z^2 - 1}$.

(C.2) Die Reihe $\displaystyle\sum_{k=1}^{\infty} \frac{(-1)^k}{z^2 + k}$ konvergiert im Streifen $S := \{ z \,;\, |\mathsf{Im}\, z| \le 1/2 \}$ gleichmäßig, aber in keinem Punkt von S absolut.

Für $|y| \le \frac{1}{4}$ gilt $|(x + iy)^2 + k| \ge |x^2 - y^2 + k| \ge k - \frac{1}{4}$.

Für $a_k := \frac{(-1)^k}{z^2+k}$ und $|\mathsf{Im}\, z| \le 1/2$ gilt daher

$$\left|a_{k+1} + a_k\right| = \frac{1}{|(z^2 + k)(z^2 + k + 1)|} \le \frac{1}{(k - 1/4)^2} . \tag{9}$$

Also ist die Reihe $\displaystyle\sum_{j=1}^{\infty} \left|a_{2j-1} + a_{2j}\right|$ in S gleichmäßig konvergent.

Außerdem gehen die Summanden a_k in S gleichmäßig gegen Null, denn

$$\left|a_k\right| = \frac{1}{|z^2 + k|} \le \frac{1}{k - 1/4} . \tag{10}$$

Also konvergiert auch die Reihe $\displaystyle\sum_{k=1}^{\infty} a_k$ gleichmäßig in S.

Sei nun $z \in S$ beliebig, aber fest gewählt. Dann gilt $k > |z^2|$ für hinreichend große k, also $|k + z^2| < 2k$ bzw $\left|\dfrac{(-1)^k}{k + z^2}\right| > (2k)^{-1}$ ab einem $k_0 \in \mathbb{N}$.

Die Reihe der Absolutbeträge kann daher in keinem $z \in S$ konvergieren.

(C.3) Für $|z| > 1$ gehen die Summanden z^n/n gegen ∞. Also divergiert die Reihe $\displaystyle\sum_{n=1}^{\infty} \frac{z^n}{n}$ für $|z| > 1$.

Für $z = 1$ divergiert sie ebenfalls, da sie dort mit der harmonischen Reihe übereinstimmt.

Für $|z| \leq 1,\ z \neq 1$ konvergiert die Reihe nach dem Dirichlet-Kriterium 2.5.2. Die Partialsummen der Reihe $\sum z^n$ sind wegen

$$\Big|\sum_{n=1}^{m} z^n\Big| = \Big|\frac{z^{m+1}-1}{z-1}\Big| \leq \frac{2}{|z-1|} \tag{11}$$

beschränkt und die reelle Folge $1/n$ strebt monoton gegen Null.

(C.4) Für $z = x + iy$ gilt $|\sin nz|^2 = \sin^2 nx + \sinh^2 ny \to \infty$ für festes $y \neq 0$ und $n \to \infty$. Also divergiert die Reihe $\displaystyle\sum_{n=1}^{\infty} \frac{\sin nz}{n}$ für $z \in \mathbb{C} \setminus \mathbb{R}$.

Für $x = 2k\pi,\ k \in \mathbb{Z}$ ist die Reihe $\displaystyle\sum_{n=1}^{\infty} \frac{\sin nx}{n}$ trivialerweise konvergent.

In Intervallen der Form $[2k\pi + \delta, 2(k+1)\pi - \delta]$, $k \in \mathbb{Z}$, $0 < \delta < \pi$ konvergiert sie nach dem Dirichlet-Kriterium 2.5.2 gleichmäßig. Dies folgt wegen $\sin nx/n = \mathsf{Im}\,(\mathrm{e}^{ix})^n/n$ ebenso wie in Aufgabe 8.2.C.3.

D Sei $f = \sum f_k$ eine in dem metrischen Raum X lokal-gleichmäßig konvergente Funktionenreihe. Sei $z_0 \in X$ beliebig. Sei (ε_μ) eine streng monoton fallende Folge positiver reeller Zahlen mit $\sum \varepsilon_\mu < \infty$. Wegen der lokal-gleichmäßigen Konvergenz existiert zu z eine Umgebung $U = U(z_0)$ und eine streng monoton wachsende Indexfolge (n_μ) derart, dass

$$\Big|\sum_{k=n_\mu}^{\infty} f_k(z)\Big| \leq \varepsilon_\mu \quad \text{für alle } z \in U\ . \tag{12}$$

Sei $\displaystyle S_{n_\mu} := \sum_{k=0}^{n_\mu - 1} f_k$ und $\displaystyle \widehat{f}_\mu := S_{n_{\mu+1}} - S_{n_\mu} = \sum_{k=n_\mu}^{n_{\mu+1}-1} f_k\ ,\ \widehat{f}_0 := S_{\mu_1}$.

Die Reihe $\sum_\mu \widehat{f}_\mu$ entsteht aus der Ausgangsreihe $\sum_k f_k$ durch Klammersetzen. Sie konvergiert daher mindestens dort, wo die Ausgangsreihe konvergiert, und zwar mit dem gleichen Grenzwert $f(z)$.

Wegen Gleichung (12) gilt

$$\Big|\widehat{f}_\mu(z)\Big| \leq \big|f(z) - S_{n_\mu}(z)\big| + \big|f(z) - S_{n_{\mu+1}}(z)\big| < \varepsilon_{\mu+1} + \varepsilon_\mu < 2\varepsilon_\mu$$

für alle $z \in U$.

Also konvergiert die Reihe $\displaystyle\sum_\mu \|\widehat{f}_\mu\|_U = \sum_\mu \sup\Big\{\ |\widehat{f}_\mu(z)|\,;\ z \in U\ \Big\}$. Fertig.

Abel-Kriterium:

Sei $\sum f_k$ eine auf $D \subset \mathbb{C}$ gleichmäßig konvergente Funktionenreihe. Die Folge (g_n) reellwertiger Funktionen $g_n \colon D \to \mathbb{R}$ sei auf D gleichmäßig beschränkt und für alle $z \in D$ sei die reelle Zahlenfolge $(g_k(z))$ monoton (wachsend oder fallend).
Zu zeigen ist die gleichmäßige Konvergenz der Reihe $\sum f_k g_k$ auf D .

Sei $F_m(z) := \sum\limits_{k=1}^{m} f_k(z)$ und $F(z) := \sum\limits_{k=1}^{\infty} f_k(z)$. Mit partieller Summation (siehe z.B. [RA1 1.3.5.3]) erhält man für $n, m \in \mathbb{N}$:

$$\sum_{k=1}^{n} f_k g_k = F_n g_n + \sum_{k=1}^{n-1} F_k(g_k - g_{k+1}) \tag{13}$$

$$\sum_{k=n+1}^{n+m} f_k g_k = F_{n+m} g_{n+m} - F_n g_n + \sum_{k=n}^{n+m-1} F_k(g_k - g_{k+1}) \tag{14}$$

$$= (F_{n+m} - F) g_{n+m} - (F_n - F) g_n + \sum_{k=n}^{n+m-1} (F_k - F)(g_k - g_{k+1}) .$$

Die letzte Gleichung folgt wegen $\sum\limits_{k=n}^{n+m-1} F(g_k - g_{k+1}) = F g_n - F g_{n+m}$.

Die Folge der Reihenreste $(F - F_k)$ konvergiert nach Voraussetzung auf D gleichmäßig gegen Null. Die g_k sind gleichmäßig beschränkt. Also gibt es zu vorgegebenem $\varepsilon > 0$ ein n_0 derart, dass die ersten beiden Summanden für $n > n_0,\ m > 0$ gleichmäßig kleiner als ε sind.
Der dritte Summand wird wegen der Monotonie der Zahlenfolgen $(g_k(z))$ ebenfalls gleichmäßig klein, denn für $\left|F_k(z) - F(z)\right| < \varepsilon$ und $\left|g_k(z)\right| < K$ gilt

$$\left| \sum_{k=n}^{n+m-1} \big(F_k(z) - F(z)\big) \big(g_k(z) - g_{k+1}(z)\big) \right|$$

$$\leq \varepsilon \sum_{k=n}^{n+m-1} \left|g_k(z) - g_{k+1}(z)\right| = \varepsilon \left| \sum_{k=n}^{n+m-1} g_k(z) - g_{k+1}(z) \right|$$

$$= \varepsilon \left|g_n(z) - g_{n+m}(z)\right| \leq 2\varepsilon K .$$

Dirichlet-Kriterium:

Der Beweis aus [RA1, 2.6.4.B] kann beinahe wörtlich ins Komplexe übertragen werden.

Die Folge (g_k) der reellwertigen Funktionen $g_k \colon D \to \mathbb{R}$ konvergiere auf D gleichmäßig gegen die Nullfunktion, und zwar so, dass für alle $z \in D$ die Zahlenfolgen $(g_k(z))$ monoton (wachsend oder fallend) sind. Die Partialsummen

$F_n := \sum_{k=1}^{n} f_k$ der Reihe $\sum f_k$ seien auf D gleichmäßig beschränkt. Zu zeigen ist die gleichmäßige Konvergenz der Reihe $\sum f_k g_k$ auf D .

Wie in Aufgabe 8.2.E ergibt sich mit partieller Summation:

$$\sum_{k=1}^{n} f_k g_k = F_n g_n + \sum_{k=1}^{n-1} F_k (g_k - g_{k+1}) . \tag{15}$$

Die Folge $(F_n g_n)$ konvergiert gleichmäßig gegen Null (siehe z.B. [RA1 2.5.4.4]). Die Reihe $\sum (g_k - g_{k+1})$ ist nach den Voraussetzungen eine absolut und gleichmäßig konvergente Teleskopreihe. Da die F_k gleichmäßig beschränkt sind, konvergiert auch $\sum_{k=1}^{n-1} F_k(g_k - g_{k+1})$ gleichmäßig (siehe z.B. [RA1 2.5.4.6]). Fertig.

G Für $s := \sigma + it \in \mathbb{C}$ und $\sigma \geq \sigma_0$ gilt

$$|n^{-s}| = |\mathrm{e}^{-s \log n}| = |\mathrm{e}^{-(\sigma + it) \log n}| = n^{-\sigma} \leq n^{-\sigma_0} . \tag{16}$$

Die Behauptung folgt aus dem Majorantenkriterium.

Der Beweis der entsprechenden Aussage für gewöhnliche Konvergenz ist etwas komplizierter. Man muss dann mit *abelscher partieller Summation* arbeiten. Siehe z.B. [KK XII.58] Satz 255.1 .

H **(H.1)** Das Produkt $\prod (1 + z^{2^k})$ konvergiert normal im Einheitskreis $\mathbb{E}$, da dort die Reihe $\sum z^{2^k}$ normal konvergiert. Mit Induktion zeigt man:

$$\begin{aligned} \prod_{k=0}^{1} (1 + z^{2^k}) &= 1 + z + z^2 + z^3 \\ p_n := \prod_{k=0}^{n} (1 + z^{2^k}) &= \sum_{j=0}^{2^{n+1}-1} z^j \end{aligned} \tag{17}$$

Also ist $\displaystyle \prod_{k=0}^{\infty} (1 + z^{2^k}) = \sum_{j=0}^{\infty} z^j = \frac{1}{1-z}$.

(H.2) Mit Induktion zeigt man:

$$\begin{aligned}\prod_{k=1}^{1}(1+z^k)(1-z^{2k-1}) &= 1-z^2\\ \prod_{k=1}^{2}(1+z^k)(1-z^{2k-1}) &= (1-z^4)(1-z^3)\\ &\vdots\\ p_n := \prod_{k=1}^{n}(1+z^k)(1-z^{2k-1}) &= \prod_{j=n+1}^{2n}(1-z^j)\end{aligned} \tag{18}$$

Das Produkt $\prod(1-z^j)$ konvergiert normal im Einheitskreis $\mathbb{E}$, da dort die geometrische Reihe $\sum z^j$ normal konvergiert. Also streben die Produkte p_n normal gegen 1.

Mit $g_k = \frac{(-1)^{k-1}}{k}$ folgt wegen $(1+g_{2j-1})(1+g_{2j}) = (1+\frac{1}{2j-1})(1-\frac{1}{2j}) = 1$:

$$\prod_{k=1}^{2n}(1+g_k) = 1 \quad \text{und} \quad \prod_{k=1}^{2n+1}(1+g_k) = 1+\frac{1}{2n+1}\,. \tag{19}$$

Das Produkt $\prod_{k=1}^{\infty}(1+g_k)$ (mit konstanten Funktionen!) konvergiert in $\mathbb{C}$ gleichmäßig gegen 1. Es ist aber nicht absolut und damit auch nicht normal konvergent. Das Produkt $\prod(1+|g_k|)$ divergiert gegen ∞.

Das Teilprodukt $\prod_{j=1}^{\infty}(1+g_{2j-1}) = \prod_{j=1}^{\infty}\left(1-\frac{1}{2j-1}\right)$ ist gegen Null divergent. Das Gesamtprodukt kann daher nicht normal konvergieren.

Die Produkte $\prod f_k = \prod(1+f_k^*)$ und $\prod g_k = \prod(1+g_k^*)$ seien normal konvergent in D. Dann konvergieren nach Definition die Reihen $\sum f_k^*$ und $\sum g_k^*$ normal in D. Nach den Rechenregeln für normal konvergente Reihen ist dann auch die Reihe $\sum(f_k^*+g_k^*+f_k^*g_k^*)$ in D normal konvergent (siehe z.B. RA2, 2.5.4). Also konvergiert auch das Produkt

$$\prod f_k g_k = \prod(1+f_k^*)(1+g_k^*) = \prod(1+f_k^*+g_k^*+f_k^*g_k^*) \tag{20}$$

normal in D.

Dies Resultat gilt auch für kompakte Konvergenz. Beweis?

8.3 Potenzreihen

Weitere Aufgaben siehe 8.2.C.3 und [RA1 4.4.5-6].

A Entwickeln sie die folgenden Funktionen $f(z)$ in Potenzreihen um z_0:

1) $f(z) := \dfrac{3z^2+1}{z+1}$ $\quad z_0 = 2$ und $z_0 = i$
2) $f(z) := \dfrac{z^2}{(z+i)(z-i)^2}$ $\quad z_0 = 0$
3) $f(z) := \sin^2 z$ $\quad z_0 = 0$
4) $f(z) := \cos(z^2-1)$ $\quad z_0 = 0$
5) $f(z) := \tan(\sin z) - \sin(\tan z)$ $\quad z_0 = 0$

B Bestimmen Sie den Konvergenzradius der folgenden Potenzreihen:

1) $\displaystyle\sum_{k=0}^{\infty} \frac{z^{3k}}{2^k}$
2) $\displaystyle\sum_{k=0}^{\infty} \left(\frac{3k^2+k}{2k^2+1}\right)^k z^k$
3) $\displaystyle\sum_{k=0}^{\infty} \frac{k!}{3^k(2k)!}(z+1)^k$
4) $\displaystyle\sum_{k=0}^{\infty} (k^2+b^k)\, z^k \quad (b \in \mathbb{C})$
5) $\displaystyle\sum_{k=0}^{\infty} \frac{(k!)^2}{(2k)!} z^k$
6) $\displaystyle\sum_{k=0}^{\infty} (\cos k)\, z^k$

C Sei $\varrho > 0$ der Konvergenzradius der Potenzreihe $\sum a_k z^k$.
Bestimmen Sie die Konvergenzradien der Reihen

$$\sum a_k z^{2k} \quad , \quad \sum a_k^2 z^k \quad , \quad \sum a_k^2 z^{2k} \quad , \quad \sum \frac{a_k}{k!} z^k \,.$$

D Seien ϱ_1 und ϱ_2 die Konvergenzradien der Potenzreihen $\sum a_k z^k$ und $\sum b_k z^k$.
Untersuchen Sie die Konvergenzradien der Reihen

$$\sum (a_k+b_k) z^k \quad , \quad \sum (a_k b_k) z^k \quad , \quad \sum \frac{1}{a_k} z^k \,.$$

E Für $|z| < R$ sei $f(z) := \displaystyle\sum_{n=0}^{\infty} a_n z^n$. Man zeige:

1) Für $0 < r < R$ gilt $\displaystyle\int_0^{2\pi} |f(r\,\mathrm{e}^{it})|^2\, dt \;=\; 2\pi \sum_{n=0}^{\infty} |a_n|^2 r^{2n}$ *(Parseval)*
2) Ist $p = p(z)$ irgendein Polynom k-ten Grades, so wird der 'Fehler' $\displaystyle\int_0^{2\pi} |f(r\,\mathrm{e}^{it}) - p(r\,\mathrm{e}^{it})|^2\, dt$ minimal für $p(z) = a_0 + a_1 z + \ldots + a_k z^k$.

Die Potenzreihe $\sum_{k=1}^{\infty} \frac{z^k}{k^2}$ hat den Konvergenzradius 1. Zeigen Sie, dass die durch sie dargestellte Funktion $f(z)$ in $B_{2/3} = \{|z| < 2/3\}$ injektiv ist.

Sei $f(z) := \sum_{k=0}^{\infty} \frac{z^{2k}}{2k+1}$. Dann gilt $f\left(\frac{2z}{1+z^2}\right) = (1+z^2)f(z)$.

Man beweise den *Abelschen Grenzwertsatz* (2.5.5).

Sei $b_k := 3^k$ falls k ungerade und $b_k := 2 \cdot 3^k$ falls k gerade. Dann konvergiert die Potenzreihe $\sum_{k=0}^{\infty} \frac{(-1)^k}{k} z^{b_k}$ für $|z| < 1$ und für $z = 1$.

Geben Sie eine Folge $z_m \in \mathbb{E}$ an mit $z_m \to 1$ und $f(z_m) \to \infty$ für $m \to \infty$.

1) Zeigen Sie, dass der Abelsche Grenzwertsatz nicht umkehrbar ist.

2) Die Potenzreihe $f(z) := \sum_{k=0}^{\infty} a_k z^k$ konvergiere für $|z| < 1$ und es gelte $ka_k \to 0$ für $k \to \infty$. Ferner existiere der Grenzwert $\lim_{x \to 1^-} f(x) =: s \in \mathbb{C}$. Dann ist $\sum_{k=0}^{\infty} a_k = s$.

Sei f in $B_r := \{|z - z_0| < r\}$ holomorph. Dann gilt für $z \in B_r$:

$$f(z) \;=\; f(z_0) + 2 \sum_{n=0}^{\infty} \frac{f^{(2n+1)}\left(\frac{z+z_0}{2}\right)}{2^{2n+1}(2n+1)!} \cdot (z - z_0)^{2n+1} .$$

Sei f holomorph im Einheitskreis $\mathbb{E}$. Die Potenzreihenentwicklung von f um $z_1 := \frac{1}{2}$ habe den Radius $\frac{1}{2}$.
Dann kann f in keine Umgebung von 1 holomorph fortgesetzt werden.

$f(z) = \sum a_k z^k$ habe den Konvergenzradius 1 und es gelte $a_k \geq 0$. Dann kann f nicht nach $z_0 = 1$ holomorph fortgesetzt werden.

$f(z)$ sei für $|z| < 1$ holomorph und habe in $z_0 = \mathrm{e}^{i\varphi_0}$ einen Pol.
Dann konvergiert die Potenzreihe $f(z) = \sum a_k z^k$ in keinem Randpunkt des Konvergenzkreises.

Die Reihen $f(z) := \sum_{k=0}^{\infty} z^{2^k}$ und $g(z) := \sum_{k=0}^{\infty} \frac{z^{2^k}}{2^k}$ konvergieren für $|z| < 1$ und lassen sich über keinen Randpunkt hinaus holomorph fortsetzen.

Lösungen:

A Jede Potenzreihe $\sum a_k(z-z_0)^k$ mit positivem Konvergenzradius ist die Taylorreihe der dargestellten Funktion $f(z)$ mit Entwicklungspunkt z_0. Also gilt für die Koeffizienten $a_k = f^{(k)}(z_0)/k!$. Aber nur in Ausnahmefällen erkennt man ein allgemeines Bildungsgesetz für die k-ten Ableitungen $f^{(k)}(z)$. Man wird daher meist versuchen, die gesuchte Reihe auf bekannte Reihenentwicklungen zurückzuführen. Bei rationalen Funktionen kommt man dabei im Prinzip mit der geometrischen Reihe aus. Siehe dazu die ersten beiden Aufgaben.

(A.1) Mit geeigneten Umformungen führt man das Problem auf die geometrische Reihe zurück. Es gilt

$$\frac{3z^2+1}{z+1} = \frac{1}{3}\cdot\frac{3z^2+1}{1-\frac{-(z-2)}{3}} = \frac{3(z-2)^2+12(z-2)+13}{3}\cdot\sum_{k=0}^{\infty}\left(\frac{-(z-2)}{3}\right)^k$$

$$= \frac{13}{3}+\frac{23}{9}(z-2)+\sum_{k=2}^{\infty}(-1)^k\,\frac{4}{3^{k+1}}\,(z-2)^k$$

$$\frac{3z^2+1}{z+1} = \frac{1}{1+i}\cdot\frac{3z^2+1}{1-\frac{-(z-i)}{1+i}} = \frac{3(z-i)^2+6i(z-i)-2}{1+i}\cdot\sum_{k=0}^{\infty}\left(\frac{-(z-i)}{1+i}\right)^k$$

$$= (-1+i)+(3+2i)(z-i)+\sum_{k=2}^{\infty}\frac{4\,(-1)^k}{(1+i)^{k+1}}\,(z-i)^k$$

Die erste Reihe konvergiert für $|z-2|<3$, die zweite für $|z-i|<\sqrt{2}$. Dies ergibt sich aus dem Konvergenzbereich der benutzten geometrischen Reihen.

Es folgt auch aus dem allgemeinen Satz, dass Potenzreihen in dem größten Kreis um den Entwicklungspunkt konvergieren, in dem die dargestellte Funktion holomorph ist. $\frac{3z^2+1}{z+1}$ ist in $\mathbb{C}\setminus\{-1\}$ holomorph.

(A.2) Man macht eine Partialbruchzerlegung und wendet wieder die geometrische Summenformel an. Es gilt

$$\frac{z^2}{(z+i)(z-i)^2} = \frac{1/4}{z+i}+\frac{3/4}{z-i}+\frac{i/2}{(z-i)^2} \tag{1}$$

$$\frac{1}{z+i} = \frac{1}{i}\frac{1}{1-iz} = \sum_{k=0}^{\infty} i^{k-1}z^k \tag{2}$$

$$\frac{1}{z-i} = -\frac{1}{i}\frac{1}{1+iz} = \sum_{k=0}^{\infty}(-i)^{k-1}z^k \tag{3}$$

$$\frac{1}{(z-i)^2} = -\frac{d}{dz}\left(\frac{1}{z-i}\right) = -\sum_{k=0}^{\infty}(k+1)(-i)^k z^k \tag{4}$$

Zusammen ergibt sich:

$$\frac{z^2}{(z+i)(z-i)^2} = \sum_{k=0}^{\infty} \frac{(-i)^{k+1}}{4} \left[2k - 1 + (-1)^k\right] z^k = iz^2 + z^3 - 2iz^4 - 2z^5 + \ldots$$

(A.3)

$$\begin{aligned} \sin^2 z &= \tfrac{1}{2}\left(1 - \cos 2z\right) = \tfrac{1}{2} - \tfrac{1}{2}\sum_{k=0}^{\infty} \frac{(-1)^k}{(2k)!}(2z)^{2k} \\ &= \frac{1}{2}\sum_{k=1}^{\infty} \frac{(-1)^{k+1}}{(2k)!}(2z)^{2k} = z^2 - \frac{z^4}{3} + \frac{2z^6}{45} - + \ldots \end{aligned} \quad (5)$$

(A.4)

$$\begin{aligned} \cos(z^2 - 1) &= \cos(z^2)\cos 1 + \sin(z^2)\sin 1 = \\ &= \cos 1 \sum_{k=0}^{\infty} \frac{(-1)^k}{(2k)!} z^{4k} + \sin 1 \sum_{k=0}^{\infty} \frac{(-1)^k}{(2k+1)!} z^{4k+2} \\ &= \cos 1 + (\sin 1) z^2 - \frac{\cos 1}{2} z^4 - \frac{\sin 1}{6} z^6 + + - - \ldots \end{aligned} \quad (6)$$

(A.5) Aus $\sin z = z - \frac{1}{6}z^3 + \frac{1}{120}z^5 - \frac{1}{5040}z^7 + - \ldots$ und $\tan z = z + \frac{1}{3}z^3 + \frac{2}{15}z^5 + \frac{17}{315}z^7 + \ldots$ erhält man

$$\sin^3 z = z^3 - \tfrac{1}{2}z^5 + \tfrac{13}{120}z^7 + \ldots \quad (7)$$

$$\sin^5 z = z^5 - \tfrac{5}{6}z^7 + \ldots \qquad \sin^7 z = z^7 + \ldots \quad (8)$$

$$\tan^3 z = z^3 + z^5 + \tfrac{11}{15}z^7 + \ldots \quad (9)$$

$$\tan^5 z = z^5 + \tfrac{5}{3}z^7 + \ldots \qquad \tan^7 z = z^7 + \ldots \quad (10)$$

$$\tan(\sin z) = z + \tfrac{1}{6}z^3 - \tfrac{1}{40}z^5 - \tfrac{107}{5040}z^7 + \ldots \quad (11)$$

$$\sin(\tan z) = z + \tfrac{1}{6}z^3 - \tfrac{1}{40}z^5 - \tfrac{275}{5040}z^7 + \ldots \quad (12)$$

Man erhält $f(z) := \tan(\sin z) - \sin(\tan z) = \frac{1}{30}z^7 + \ldots$.

f hat Singularitäten an den Polstellen von $\tan z$, also in $z = \frac{(2k+1)\pi}{2}$, und an den Stellen, in denen $\sin z = \frac{(2k+1)\pi}{2}$ ist. Das letztere ist der Fall für $z = \frac{(2k+1)\pi}{2} \pm i\operatorname{arcosh} \frac{(2k+1)\pi}{2}$. Die nächstgelegenen Singularitäten sind daher $\pm\frac{\pi}{2}$. Der Konvergenzradius der Reihenentwicklung von f ist also $\frac{\pi}{2}$.

B Verschiedene Möglichkeiten, den Konvergenzradius einer Potenzreihe zu bestimmen, finden Sie in Abschnitt 2.5.5.

(B.1) Die geometrische Reihe $\sum_{k=0}^{\infty} \frac{w^k}{2^k}$ konvergiert für $|w| < 2$ und divergiert für $|w| > 2$. Also konvergiert die Reihe $\sum_{k=0}^{\infty} \frac{z^{3k}}{2^k} = \sum_{k=0}^{\infty} \frac{(z^3)^k}{2^k}$ für $|z^3| < 2$ und divergiert für $|z^3| > 2$. Also ist der Konvergenzradius $\varrho = \sqrt[3]{2}$.

Achtung: Wenn man die Cauchy-Hadamard-Formel anwenden will, darf man <u>nicht</u> $a_k = 1/2^k$ setzen. Vielmehr ist $a_k = 1/2^j$ für $k = 3j$ und $a_k = 0$ sonst.

(B.2) Nach der Cauchy-Hadamard-Formel ist $\varrho = \left(\overline{\lim} \sqrt[k]{|a_k|}\right)^{-1}$. Für die Reihe $\sum_{k=0}^{\infty} \left(\frac{3k^2+k}{2k^2+1}\right)^k z^k$ ergibt sich

$$\sqrt[k]{|a_k|} = \sqrt[k]{\left(\frac{3k^2+k}{2k^2+1}\right)^k} = \frac{3k^2+k}{2k^2+1} \to \frac{3}{2} \tag{13}$$

für $k \to \infty$. Also ist $\varrho = \frac{2}{3}$.

(B.3) Für die Reihe $\sum_{k=0}^{\infty} \frac{k!}{3^k (2k)!} (z+1)^k$ gilt:

$$\left|\frac{a_k}{a_{k+1}}\right| = \frac{k!}{3^k(2k)!} \frac{3^{k+1}(2k+2)!}{(k+1)!} = \frac{3(2k+1)(2k+2)}{k+1} \to \infty \tag{14}$$

für $k \to \infty$. Also ist $\varrho = \infty$.

(B.4) Sei $a_k := k^2 + b^k$ und zunächst $|b| \le 1$. Dann ist $k \le |a_k| \le k^3$ für $k \ge 2$ und daher $\sqrt[k]{|a_k|} \to 1$ für $k \to \infty$. Also ist in diesem Fall $\varrho = 1$.

Sei nun $|b| > 1$. Wegen $b^k/k^2 \to \infty$ ist $\frac{|b|^k}{2} \le |a_k| \le 2|b|^k$ ab einer Stelle k_0. Also gilt $\sqrt[k]{|a_k|} \to |b|$ für $k \to \infty$ und daher $\varrho = 1/|b|$ für $|b| > 1$.

(B.5) Für die Reihe $\sum_{k=0}^{\infty} \frac{(k!)^2}{(2k)!} z^k$ gilt:

$$\left|\frac{a_k}{a_{k+1}}\right| = \frac{(k!)^2}{(2k)!} \frac{(2k+2)!}{((k+1)!)^2} = \frac{(2k+1)(2k+2)}{(k+1)^2} \to 4 \tag{15}$$

für $k \to \infty$. Also ist $\varrho = 4$.

(B.6) Wegen $|\cos k| \leq 1$ konvergiert die Reihe $\sum_{k=0}^{\infty}(\cos k)\, z^k$ für $|z| < 1$. Also ist ihr Konvergenzradius $\varrho \geq 1$.

Die Folge $|\cos k|$ ist nicht konvergent (siehe z.B. Aufgabe [RA1 4.6.2.B]). Also ist $1 \geq \overline{\lim}\,|\cos k| > 0$. Nach Cauchy-Hadamard folgt $\varrho = 1$.

Sei ϱ der Konvergenzradius der Potenzreihe $\sum a_k z^k$.

(C.1) Die Reihe $\sum a_k z^{2k} = \sum a_k (z^2)^k$ konvergiert für $|z^2| < \varrho$ und divergiert für $|z^2| > \varrho$.

Der Konvergenzradius der Reihe $\sum a_k z^{2k}$ ist daher $\sqrt{\varrho}$.

(C.2) Nach Cauchy-Hadamard ist $\varrho = \left(\overline{\lim}\, \sqrt[k]{|a_k^2|}\right)^{-1}$ der Konvergenzradius der Reihe $\sum a_k^2 z^k$. Wegen $\overline{\lim}\, \sqrt[k]{|a_k^2|} = \left(\overline{\lim}\, \sqrt[k]{|a_k|}\right)^2$ ist ϱ^2 der Konvergenzradius der Reihe $\sum a_k^2 z^k$.

(C.3) Nach den ersten beiden Teilaufgaben hat die Reihe $\sum a_k^2 z^{2k}$ den gleichen Konvergenzradius wie die Reihe $\sum a_k z^k$.

(C.4) Der Konvergenzradius ϱ der Reihe $\sum a_k z^k$ ist nach Voraussetzung $\neq 0$. Also gilt $\sqrt[k]{|a_k|} \not\to \infty$.

Andererseits gilt $\sqrt[k]{k!} \to \infty$ für $k \to \infty$ (siehe z.B. [RA1 2.2.6.8]). Also $\sqrt[k]{|a_k|/k!} \to 0$.

Infolgedessen ist $\varrho = \infty$ der Konvergenzradius der Reihe $\sum \frac{a_k}{k!} z^k$.

Seien ϱ_1 und ϱ_2 die Konvergenzradien der Potenzreihen $\sum a_k z^k$ und $\sum b_k z^k$.

(D.1) Die Reihe $\sum (a_k + b_k) z^k = \sum a_k z^k + \sum b_k z^k$ konvergiert für $|z| < \min(\varrho_1, \varrho_2)$. Also ist der Konvergenzradius ϱ der Reihe $\sum(a_k + b_k)z^k$ größer oder gleich $\min(\varrho_1, \varrho_2)$.

Das triviale Beispiel $b_k := -a_k$ zeigt, dass ϱ auch echt größer sein kann. Weitere allgemeine Aussagen kann man daher nicht machen.

Ist dagegen $\varrho_1 \neq \varrho_2$, so ist $\varrho = \min(\varrho_1, \varrho_2)$. Sei nämlich o.B.d.A. $\varrho_1 < \varrho_2$. Dann divergiert die Reihe $\sum (a_k + b_k) z^k$ für alle z mit $\varrho_1 < |z| < \varrho_2$. Also ist $\varrho \leq \varrho_1$.

(D.2) Sei ϱ der Konvergenzradius der Reihe $\sum (a_k b_k) z^k$.

Es ist $\overline{\lim}\, \sqrt[k]{|a_k b_k|} \leq \left(\overline{\lim}\, \sqrt[k]{|a_k|}\right) \cdot \left(\overline{\lim}\, \sqrt[k]{|b_k|}\right)$.

Also $\varrho = \left(\overline{\lim}\, \sqrt[k]{|a_k b_k|}\right)^{-1} \geq \varrho_1 \cdot \varrho_2$.

Der Fall $\varrho > \varrho_1\varrho_2$ kann eintreten, z.B. für $a_k := (2+(-1)^k)^k$ und $b_k := (2-(-1)^k)^k$. Hier ist $\varrho = \varrho_1 = \varrho_2 = 1/3$. Weitere Aussagen kann man daher nicht machen.

(D.3) Seien alle Koeffizienten $a_k \neq 0$.

Es ist $\overline{\lim}\,|a_k^{-1}| = (\underline{\lim}\,|a_k|)^{-1} \geq (\overline{\lim}\,|a_k|)^{-1}$. Für den Konvergenzradius ϱ der Reihe $\sum z^k/a_k$ gilt daher $\varrho \leq \varrho_1^{-1}$.

Für $a_k := (2+(-1)^k)^k$ ist $\varrho_1 = 1/3$ der Konvergenzradius der Reihe $\sum a_k z^k$ und $\varrho = 1$ der von $\sum z^k/a_k$. Hier gilt $\varrho < \varrho_1^{-1}$.

E **(E.1)** Die Potenzreihe $f(z) = \sum\limits_{n=0}^{\infty} a_n z^n$ konvergiert für $|z| < R$ kompakt und absolut. Für $0 < r < R$ folgt

$$\begin{aligned}\int_0^{2\pi} |f(r\,\mathrm{e}^{it})|^2\,dt &= \int_0^{2\pi} \left(\sum_{n=0}^{\infty} a_n r^n\,\mathrm{e}^{int}\right)\left(\sum_{n=0}^{\infty} \overline{a_n} r^n\,\mathrm{e}^{-int}\right) dt \\ &= \sum_{n=0}^{\infty}\sum_{k=0}^{\infty}\left(a_n\overline{a_k} r^{n+k}\int_0^{2\pi} \mathrm{e}^{i(n-k)t}\,dt\right) = 2\pi\sum_{n=0}^{\infty} |a_n|^2 r^{2n} ,\end{aligned}$$

denn die Reihen dürfen wie üblich multipliziert, sowie Summation und Integration vertauscht werden.

(E.2) Sei $s_k(z) := a_0 + a_1 z + \ldots + a_k z^k$ die k-te Partialsumme der gegebenen Reihe und $p(z) := b_0 + b_1 z + \ldots + b_k z^k$ ein beliebiges Polynom vom Grad höchstens k. Dann gilt

$$\begin{aligned}\int_0^{2\pi} |f(r\,\mathrm{e}^{it}) - p(r\,\mathrm{e}^{it})|^2\,dt &= 2\pi\sum_{n=0}^{k} |a_n - b_n|^2 r^{2n} + 2\pi\sum_{n=k+1}^{\infty} |a_n|^2 r^{2n} \\ &\geq 2\pi\sum_{n=k+1}^{\infty} |a_n|^2\,r^{2n}\end{aligned}$$

und '=' gilt genau dann, wenn $a_n = b_n$ für $n = 0, 1, \ldots, k$.

F Sei $f(z) := \sum\limits_{k=1}^{\infty} \dfrac{z^k}{k^2}$. Die Reihe konvergiert für $z = 1$ und divergiert für alle $|z| > 1$. Also ist ihr Konvergenzradius 1. Für $k \geq 2$ ist

$$z^k - w^k = (z-w)(z^{k-1} + z^{k-2}w + \ldots + zw^{k-2} + w^{k-1}) .$$

Für $z, w \in B_{2/3}$ ist $|z^{k-1} + z^{k-2}w + \ldots + zw^{k-2} + w^{k-1}| \leq k(\frac{2}{3})^{k-1}$.

Es folgt

$$\begin{aligned} |f(z)-f(w)| &= |z-w|\left|1+\sum_{k=2}^{\infty}\frac{1}{k^2}\left(z^{k-1}+z^{k-2}w+\ldots+zw^{k-2}+w^{k-1}\right)\right| \\ &\geq |z-w|\left|1-\sum_{k=2}^{\infty}\frac{(2/3)^k}{k}\right| \geq |z-w|\left|1-\tfrac{1}{2}\sum_{k=2}^{\infty}(\tfrac{2}{3})^k\right| \\ &\geq |z-w|\left|1-\tfrac{2}{3}\right| = \tfrac{1}{3}|z-w| . \end{aligned}$$

Also ist $f(z) \neq f(w)$ für $z \neq w \in B_{2/3}$.

Es ist $f(z) := \sum_{k=0}^{\infty} \frac{z^{2k}}{2k+1} = \frac{1}{2z}\log\frac{1+z}{1-z}$. Einsetzen liefert die Behauptung.

Sei $\sum a_k z^k$ eine Potenzreihe mit Konvergenzradius 1. Die Reihe sei auch im Randpunkt $z=1$ konvergent, d.h. $\sum a_k$ konvergiert. Sei Δ ein abgeschlossenes Dreieck mit den Ecken $1, z_1, z_2$, $|z_1|, |z_2| < 1$. Zu zeigen ist die gleichmäßige Konvergenz der Reihe $\sum a_k z^k$ in Δ.

Sei $S := \sum_{k=1}^{\infty} a_k$ und $S_m := \sum_{k=m+1}^{\infty} a_k$. Dann ist $S_{m+1} - S_m = -a_{m+1}$ und $S_0 = S$. Da die Reihe $\sum a_k$ konvergiert, gehen die Reihenreste $S_m \to 0$ für $m \to \infty$. Es gibt daher ein K_1 mit $|S_m| \leq K_1$ für alle $m \in \mathbb{N} \cup \{0\}$. Nach dem Majorantenkriterium konvergiert dann auch $\sum_{m=0}^{\infty} S_m z^{m+1}$ für $|z| < 1$ und es gilt:

$$\begin{aligned} (1-z)\sum_{m=1}^{\infty} S_m z^m &= \sum_{m=1}^{\infty} S_m z^m - \sum_{m=1}^{\infty} S_m z^{m+1} \\ &= \sum_{m=1}^{\infty} S_m z^m - \sum_{m=1}^{\infty} S_{m-1} z^m + S_0 \\ &= S_0 + \sum_{m=1}^{\infty} (S_m - S_{m-1}) z^m = S - \sum_{m=1}^{\infty} a_m z^m . \end{aligned}$$

Für beliebige $N \in \mathbb{N}$ folgt:

$$\begin{aligned} \left|S - \sum_{m=1}^{\infty} a_m z^m\right| &= |1-z|\left|\sum_{m=1}^{\infty} S_m z^m\right| \\ &\leq |1-z|\left|\sum_{m=1}^{N} S_m z^m\right| + |1-z| \sum_{m=N+1}^{\infty} |S_m||z|^m \\ &\leq |1-z|\sum_{m=1}^{N} |S_m| + |1-z| \cdot \sum_{m=N+1}^{\infty} |S_m||z|^m . \end{aligned}$$

Nach Aufgabe 7.2.F gibt es eine Konstante K derart, dass $\left|\dfrac{1-z}{1-|z|}\right| \le K$ im Dreieck Δ. Sei $\varepsilon > 0$ beliebig. Wähle $N \in \mathbb{N}$ so groß, dass $|S_m| < \varepsilon/2K$ für $m > N$. Wähle δ so klein, dass $0 < \delta < \varepsilon\Big(2\sum\limits_{m=1}^{N} |S_m|\Big)^{-1}$.

Dann gilt für $|z-1| < \delta,\ z \in \Delta$:

$$\Big|S - \sum_{m=1}^{\infty} a_m z^m\Big| \;<\; \delta \sum_{m=1}^{N} |S_m| + |1-z| \frac{\varepsilon}{2K} \sum_{m=N+1}^{\infty} |z|^m \;<\; \varepsilon\,. \tag{16}$$

$\varepsilon \longrightarrow 0$ liefert die Behauptung.

I Sei $b_k := 3^k$ falls k ungerade und $b_k := 2\cdot 3^k$ falls k gerade. Dann hat die Potenzreihe $f(z) := \sum\limits_{k=0}^{\infty} \dfrac{(-1)^k}{k} z^{b_k}$ den Konvergenzradius 1. Sie ist nämlich für jedes $|z| > 1$ divergent, da die Summanden nicht gegen Null streben. Andererseits konvergiert sie für alle $|z| < 1$.

Für $z = 1$ stimmt sie mit der alternierenden harmonischen Reihe überein, also konvergiert sie für $z = 1$.

Die harmonische Reihe $\sum \frac{1}{\nu}$ divergiert. Also gibt es eine streng monoton wachsende Indexfolge $k_1 < k_2 < k_3 < \ldots$ mit $\sum\limits_{\nu=n}^{k_n} \frac{1}{\nu} > 3 \sum\limits_{\nu=1}^{n-1} \frac{1}{\nu}$.

Für $k \ge m$ ist $b_k/3^m = 2$ falls k gerade ist und $b_k/3^m = 1$ falls k ungerade. Also ist in beiden Fällen $(-1)^k\, \mathrm{e}^{i\pi b_k/3^m} = 1$.

Sei $z_m := 2^{-1/b_{k_m}}\, \mathrm{e}^{i\pi/3^m}$. Dann gilt $|z_m| < 1$ und $z_m \to 1$ für $m \to \infty$. Es folgt

$$\begin{aligned} f(z_m) &= \sum_{k=0}^{\infty} \frac{(-1)^k}{k} z_m^{b_k} \\ &= \sum_{k=0}^{m-1} \frac{(-1)^k}{k} \frac{\mathrm{e}^{i\pi b_k/3^m}}{2^{b_k/b_{k_m}}} + \sum_{k=m}^{k_m} \frac{1}{k}\, 2^{-b_k/b_{k_m}} + \sum_{k=k_m+1}^{\infty} \frac{1}{k}\, 2^{-b_k/b_{k_m}}\,. \end{aligned} \tag{17}$$

$2^{-b_k/b_{k_m}}$ strebt monoton gegen ∞ für $k \to \infty$. Nach Wahl der Folge (k_m) ist $|f(z_m)| \ge \sum\limits_{k=1}^{m-1} 1/k$. Also gilt $f(z_m) \to \infty$ für $m \to \infty$.

Für ein anderes Beispiel siehe Hardy & Littlewood, Proc. London Math. Soc (2), 18(1918), 205-235.

(J.1) Z.B. ist $f(z) = 1/(z+1)$ bei $z = 1$ stetig ergänzbar, sogar holomorph fortsetzbar. Die in $\mathbb{E}$ gültige Reihenentwicklung $f(z) = \sum_{k=0}^{\infty} (-1)^k z^k$ ist aber für $z = 1$ nicht mehr konvergent.

(J.2) Sei $f(z) := \sum_{k=0}^{\infty} a_k z^k$, $S_m := \sum_{k=0}^{m} a_k$ die m-te Partialsumme der Reihe $\sum a_k$ und $s := \lim_{x \to 1^-} f(x)$. Zu zeigen ist $S_m \to s$ für $m \to \infty$.

Im folgenden sei $x \in [0,1[$. Es ist $S_m - f(x) = \sum_{k=0}^{m} a_k(1-x^k) - \sum_{k=m+1}^{\infty} a_k x^k$.

Sei $\varepsilon > 0$ beliebig und m so groß gewählt, dass $|ka_k| < \varepsilon$ für alle $k > m$. Für $x = 1 - \frac{1}{m}$ gilt dann

$$\begin{aligned} \left| \sum_{k=m+1}^{\infty} ka_k \frac{x^k}{k} \right| &< \frac{\varepsilon}{m+1} \sum_{k=m+1}^{\infty} x^k < \frac{\varepsilon}{m+1} \sum_{k=0}^{\infty} x^k \\ &= \frac{\varepsilon}{(m+1)(1-x)} < \varepsilon . \end{aligned} \tag{18}$$

Wegen $|1-x^k| = |1-x|\,|1+x+\ldots+x^{k-1}| \le k|1-x|$ gilt

$$\left| \sum_{k=0}^{m} a_k(1-x^k) \right| = \sum_{k=1}^{m} k|a_k||1-x| = \frac{1}{m} \sum_{k=1}^{m} k|a_k| . \tag{19}$$

Also $|S_m - f(x)| \le \frac{1}{m} \sum_{k=1}^{m} k|a_k| + \varepsilon$.

Mit $ka_k \to 0$ strebt auch das arithmetische Mittel $\frac{1}{m} \sum_{k=1}^{m} k|a_k| \to 0$.

Mit $f(x) = f(1-1/m) \to s$ für $m \to \infty$ folgt die Behauptung.

Sei z beliebig aber fest im Kreis $\{|z-z_0| < r\}$. Die Potenzreihenentwicklung von $f(\zeta)$ um den Punkt $\frac{z+z_0}{2}$ hat einen Konvergenzradius $\varrho > \frac{|z-z_0|}{2}$, konvergiert also noch für $\zeta = z_0$ und $\zeta = z$. Man erhält

$$\begin{aligned} f(z_0) &= \sum_{n=0}^{\infty} \frac{f^{(n)}(\frac{z+z_0}{2})}{n!} \left(\frac{-1}{2}\right)^n (z-z_0)^n \quad \text{und} \\ f(z) &= \sum_{n=0}^{\infty} \frac{f^{(n)}(\frac{z+z_0}{2})}{n!} \frac{1}{2^n} (z-z_0)^n . \end{aligned} \tag{20}$$

Subtraktion der beiden Gleichungen liefert die Behauptung.

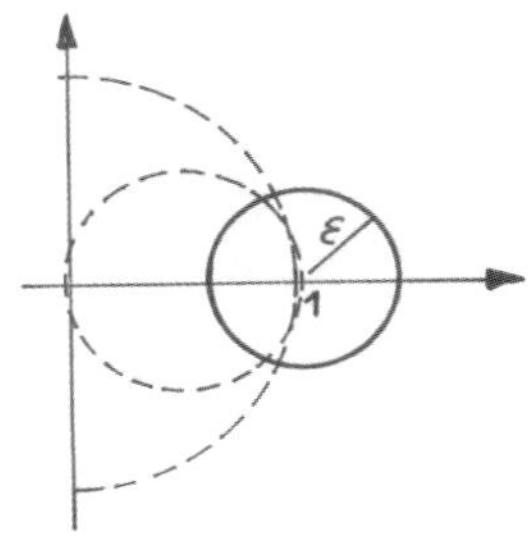

L Angenommen f kann noch in eine Umgebung $B_\varepsilon(1)$ von 1 holomorph fortgesetzt werden. Die Potenzreihenentwicklung von f um $\frac{1}{2}$ konvergiert in der größten Kreisscheibe mit Mittelpunkt $\frac{1}{2}$, in der f holomorph ist.
f ist holomorph mindestens in dem Gebiet $G := \mathbb{E} \cup B_\varepsilon(1)$. In G liegt aber eine Kreisscheibe um $\frac{1}{2}$ mit Radius $> \frac{1}{2}$. Widerspruch.

M Annahme, $f(z) = \sum\limits_{k=0}^{\infty} a_k z^k$ mit $a_k \geq 0$ kann nach $z_0 = 1$, also in eine Umgebung von 1 holomorph fortgesetzt werden.

Dann konvergiert die Potenzreihenentwicklung $\sum\limits_{k=0}^{\infty} b_k(z-\frac{1}{2})^k$ von f um $\frac{1}{2}$ auch noch in gewissen Punkten $z = 1+\alpha$ mit $\alpha > 0$, hat also einen Konvergenzradius größer als $\frac{1}{2}$. Es ist

$$\begin{aligned} f(z) &= \sum_{k=0}^{\infty} a_k \left((z-\tfrac{1}{2})+\tfrac{1}{2}\right)^k = \sum_{k=0}^{\infty} a_k \left(\sum_{j=0}^{k} \binom{k}{j} (z-\tfrac{1}{2})^j (\tfrac{1}{2})^{k-j} \right) \\ &= \sum_{k=0}^{\infty} \left(\sum_{j=0}^{\infty} \binom{j+k}{k} a_{j+k} (\tfrac{1}{2})^j \right) (z-\tfrac{1}{2})^k . \end{aligned} \tag{21}$$

Koeffizientenvergleich ergibt $b_k = \sum\limits_{j=0}^{\infty} \binom{j+k}{k} a_{j+k}(\frac{1}{2})^j$. Setzt man $z = 1+\alpha$ in die dort noch konvergente Reihe $\sum b_k(z-\frac{1}{2})^k$ ein, so erhält man:

$$\begin{aligned} f(z) &= \sum_{k=0}^{\infty} b_k(\tfrac{1}{2}+\alpha)^k = \sum_{k=0}^{\infty} \left(\sum_{j=0}^{\infty} \binom{j+k}{k} a_{j+k}(\tfrac{1}{2})^j \right) (\tfrac{1}{2}+\alpha)^k \\ &= \sum_{m=0}^{\infty} a_m \left(\sum_{k=0}^{m} \binom{m}{k} (\tfrac{1}{2})^{m-k} (\tfrac{1}{2}+\alpha)^k \right) = \sum_{m=0}^{\infty} a_m z^m . \end{aligned}$$

Widerspruch, denn die letzte Reihe ist nach Voraussetzung nicht mehr konvergent. Die Umordnungen sind nach dem *Großen Umordnungssatz* (1.6.4) erlaubt, da alle Summanden nicht-negativ sind.

N Man kann o.B.d.A. annehmen, dass $z_0 = 1$. Denn hat $f(z) = \sum a_k z^k$ in $z_0 = \mathrm{e}^{i\varphi_0}$ einen Pol, so hat $g(z) := f(z/\mathrm{e}^{i\varphi_0}) = \sum \dfrac{a_k}{\mathrm{e}^{ik\varphi_0}} z^k$ in $z_1 = 1$

einen Pol. Und konvergiert die Reihe von f in $\mathrm{e}^{i\varphi}$, so konvergiert die von g in $\mathrm{e}^{i(\varphi+\varphi_0)}$.

Konvergiert die Reihe $\sum a_k z^n$ für $z = \mathrm{e}^{i\varphi}$, so gilt $|a_k \,\mathrm{e}^{i\varphi}| = |a_k| \to 0$, also $a_k \to 0$. Wegen $a_k \to 0$ gibt es zu jedem $\varepsilon > 0$ ein N mit $|a_k| < \varepsilon/2$ für $k > N$. Zu ε und N gibt es ein $\delta > 0$ derart, dass $\left|(1-t)\sum\limits_{k=0}^{N} a_k t^k\right| < \varepsilon/2$ für $|1-t| < \delta$. Also gilt für $1-\delta < t < 1$:

$$\left|(1-t)\sum_{k=0}^{\infty} a_k t^k\right| \;\leq\; \left|(1-t)\sum_{k=0}^{N} a_k t^k\right| + \frac{\varepsilon}{2}\sum_{k=N+1}^{\infty} t^k \;<\; \varepsilon\,. \tag{22}$$

Also $\lim\limits_{t\to 1^-}(1-t)f(t) = 0$.

Aber $f(z)$ hat nach Voraussetzung in $z_0 = 1$ einen Pol, d.h. es gibt ein $\nu \geq 1$ und eine in einer Umgebung von 1 holomorphe Funktion $g(z)$ mit $g(1) \neq 0$ und $f(z) = \dfrac{1}{(1-z)^{\nu}}g(z)$. Widerspruch.

(O.1) Die Reihe $f(z) := \sum\limits_{k=0}^{\infty} z^{2^k} = z + z^2 + z^4 + z^8 + \ldots$ hat den Konvergenzradius 1, da sie für $|z| < 1$ konvergiert und für $z = 1$ divergiert.

Für $|z| < 1$ und $n \geq 1$ gilt $f(z^{2^n}) = f(z) - \left(z + z^2 + \ldots + z^{2^{n-1}}\right)$, insbesondere also $|f(z^{2^n})| \leq |f(z)| + n$.

Für $\left(\sqrt[2^m]{2}\right)^{-1} < t < 1$ und $m \in \mathbb{N}$ gilt

$$f(t) \;>\; \sum_{k=0}^{m} t^{2^k} \;>\; (m+1)t^{2^m} \;>\; \tfrac{1}{2}(m+1)\,. \tag{23}$$

Also ist $\lim\limits_{t\to 1^-} f(t) = \infty$.

Ist nun $\zeta = \mathrm{e}^{k2\pi i/2^n}$ eine 2^n-te Einheitswurzel, so folgt $f(t\zeta) \geq f(t^{2^n}) - n$, also $\lim\limits_{t\to 1^-} |f(t\zeta)| = \infty$. Also kann $f(z)$ nicht nach ζ holomorph fortgesetzt werden. Da die 2^n-ten Einheitswurzeln auf dem Einheitskreisrand dicht liegen, kann f über keinen Punkt aus $\partial\mathbb{E}$ fortgesetzt werden.

(O.2) Die Reihe $g(z) := \sum\limits_{k=0}^{\infty} \dfrac{z^{2^k}}{2^k}$ konvergiert auf dem abgeschlossenen Einheitskreis $\overline{\mathbb{E}}$ gleichmäßig. Also ist g in $\mathbb{E}$ holomorph und in $\overline{\mathbb{E}}$ sogar noch stetig.

Wäre nun g über einen Randpunkt hinaus holomorph fortsetzbar, so würde dies auch für $g'(z)$ und $zg'(z) = f(z)$ gelten. Nach der letzten Teilaufgabe ist aber $f(z)$ über keinen Randpunkt fortsetzbar.

Die Reihen dieser Aufgabe sind Beispiele zum

Lückensatz von Hadamard:
Sei $\delta > 0$ und (k_ν) eine streng monoton wachsende Folge natürlicher Zahlen mit $k_{\nu+1} - k_\nu \geq \delta k_\nu$ für fast alle $\nu \in \mathbb{N}$. Die Potenzreihe $f(z) := \sum\limits_{k=0}^{\infty} b_k z^{k_\nu}$ habe den Konvergenzradius $\varrho < \infty$.
Dann kann $f(z)$ über keinen Randpunkt $|z| = \varrho$ hinaus fortgesetzt werden.

Nach diesem Lückensatz kann man z.B. auch $\sum\limits_{k=0}^{\infty} z^{k!}$ über keinen Punkt von $\partial\mathbb{E}$ hinaus fortsetzen.

8.4 Exponentialfunktion und Logarithmus

Bestimmen Sie die Bilder der folgenden Punktmengen unter der Exponentialfunktion:

1) $A := \{\, z = x + iy\,;\, 0 < y < 2\pi \,\}$
2) $B := \{\, z = x + iy\,;\, -1 \le x \le 2,\ -\pi \le y \le \pi/4 \,\}$
3) $C := \{\, z = a + tb\,;\, t \in \mathbb{R} \,\} \qquad (a, b \in \mathbb{C},\ b \ne 0)$

Exponentielles Wachstum ist stärker als polynomiales:

$W_\varepsilon^+ := \{|\arg z| < \varepsilon\}$ und $W_\varepsilon^- := \{|\pi - \arg z| < \varepsilon\}$ sind für $0 < \varepsilon < \frac{\pi}{2}$ Winkelräume in der rechten bzw linken Halbebene. Strebt $z \to \infty$ in diesen Winkelräumen, so gilt für alle $k \in \mathbb{N}$:

$$\lim_{z\to\infty;\, z\in W_\varepsilon^+} z^{-k}\, \mathrm{e}^z \;=\; \infty \quad ; \quad \lim_{z\to\infty;\, z\in W_\varepsilon^-} z^k\, \mathrm{e}^z \;=\; 0\,. \tag{1}$$

Strebt $z \to \infty$ beliebig in der rechten bzw linken Halbebene, so sind die entsprechenden Aussagen falsch.

Bestimmen Sie diejenigen $z \in \mathbb{C}$, für die der Betrag des k-ten Summanden der Exponentialreihe größer ist als der Betrag eines jeden anderen Summanden.

Die Nullstellen der Taylorpolynome der Exponentialfunktion streben gegen ∞.

Genauer: Zu jedem $r > 0$ gibt es ein $N \in \mathbb{N}$ derart, dass $\sum_{k=0}^{n} \frac{z^k}{k!} \ne 0$ für alle $|z| < r$ und $n > N$.

Sei $\zeta \in \mathbb{C}$ und (ζ_n) eine komplexe Folge mit $\zeta_n \to \zeta$. Dann gilt

$$\lim_{n\to\infty} \left(1 + \frac{\zeta_n}{n}\right)^n \;=\; \mathrm{e}^\zeta\,. \tag{2}$$

Gegeben seien n verschiedene komplexe Zahlen $\alpha_1, \ldots, \alpha_n \in \mathbb{C}$ und n Polynome $p_1(z), \ldots, p_n(z)$. Dann gilt

$$\sum_{k=1}^{n} \mathrm{e}^{\alpha_k z} p_k(z) \;\equiv\; 0 \iff p_k(z) \equiv 0 \text{ für } k = 1, \ldots, n\,. \tag{3}$$

Bestimmen Sie alle Logarithmen von $z = i$ und alle Werte von $w = i^i$.

Bestimmen Sie die Bilder der folgenden Punktmengen unter einer Logarithmusfunktion:

1) $A := \{\, z = r\,\mathrm{e}^{i\varphi}\,;\, 1 < r < 2,\ \frac{\pi}{3} < \varphi < \frac{\pi}{2} \,\}$
2) $B := \{\, z\,;\, \mathsf{Re}\, z = a \,\} \qquad (a \in \mathbb{R} \setminus \{0\})$
3) $C := \{\, z\,;\, \mathsf{Im}\, z = b \,\} \qquad (b \in \mathbb{R} \setminus \{0\})$

I Entwickeln Sie den Hauptzweig $\operatorname{Log} z$ des Logarithmus in Potenzreihen um die Punkte $\mathrm{e}^{i\varphi}$ auf dem Einheitskreisrand.

J Man beweise für den Hauptwert $\operatorname{Log} z$ des Logarithmus die Abschätzung

$$|\operatorname{Log}(1+z) - z| \ \le\ \frac{1}{2}\,\frac{|z|^2}{1-|z|} \quad \text{für alle } |z| < 1\,. \tag{4}$$

K Man zeige: Eine in einem Gebiet $G \subset \mathbb{C}$ holomorphe und nullstellenfreie Funktion f besitzt genau dann einen in G holomorphen Logarithmus, wenn $\frac{f'}{f}$ in G eine Stammfunktion besitzt.

L In welchem Sinne gilt $\left(a^b\right)^c = a^{bc}$?

M Welche Fehler stecken in folgendem *falschen Beweis* :

Für alle $x \in \mathbb{R}$ gilt $\quad \mathrm{e}^{ix} = \mathrm{e}^{2\pi i x/2\pi} = \left(\mathrm{e}^{2\pi i}\right)^{x/2\pi} = 1^{x/2\pi} = 1\,.$

Lösungen:

A Für $x, y \in \mathbb{R}$ ist $\ \mathrm{e}^{x+iy} = \mathrm{e}^{x}(\cos y + i \sin y)$, also

$$\left|\mathrm{e}^{x+iy}\right| = \mathrm{e}^{x} \quad \text{und} \quad \arg \mathrm{e}^{x+iy} = y\,. \tag{5}$$

Daraus ergibt sich

(A.1) Für $A := \{\, z = x + iy\,;\, 0 < y < 2\pi \,\}$ ist $\exp(A)$ die längs der negativ reellen Achse geschlitzte Ebene $\mathbb{C} \setminus \mathbb{R}_{\ge 0}$.

(A.2) Für $B := \left\{\, z = x + iy\,;\, -1 \le x \le 2,\ -\pi \le y \le \frac{\pi}{4} \,\right\}$ ist

$$\exp(B) = \left\{\, w = r\,\mathrm{e}^{i\varphi}\,;\ \mathrm{e}^{-1} \le r \le \mathrm{e}^{2},\ -\pi \le \varphi \le \tfrac{\pi}{4} \,\right\} \tag{6}$$

der Kreisringsektor mit den Radien e^{-1} und e^{2} und den Randwinkeln $-\pi$ und $\frac{\pi}{4}$. Siehe Zeichnung.

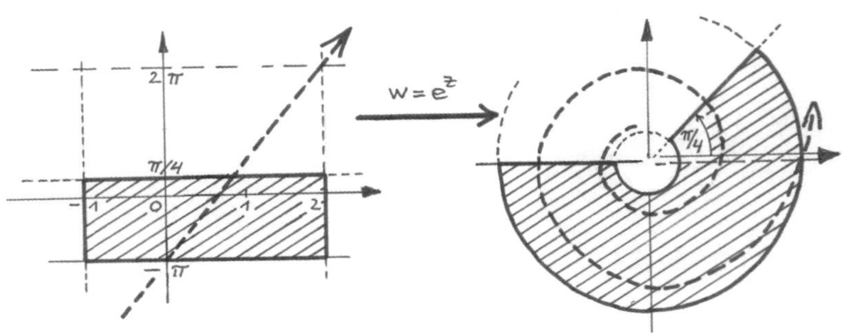

(A.3) Für $a, b \in \mathbb{C},\ b \neq 0$ ist $C := \{\, z = a + tb\,;\, t \in \mathbb{R}\,\}$ eine Gerade in $\mathbb{C}$ durch a mit Richtungsvektor b. Seien $a = \alpha + i\beta$ und $b = \gamma + i\delta$ die üblichen Zerlegungen in Real- und Imaginärteil. Dann gilt:

$$\mathrm{e}^{a+tb} = \mathrm{e}^{a}\,\mathrm{e}^{t\gamma}\,\mathrm{e}^{it\delta} = \mathrm{e}^{\alpha}\,\mathrm{e}^{t\gamma}\,\mathrm{e}^{i(\beta+t\delta)}\,, \quad \text{also} \tag{7}$$
$$R(t) := \left|\mathrm{e}^{a+tb}\right| = \mathrm{e}^{\alpha}\,\mathrm{e}^{t\gamma} \quad \text{und} \quad \psi(t) := \arg\left(\mathrm{e}^{a+tb}\right) = \beta + t\delta\,.$$

Für $\gamma = 0$ bewegt sich e^{a+tb} auf dem Kreis um 0 mit dem Radius $\mathrm{e}^{\alpha} = |\,\mathrm{e}^{a}|$ und zwar je nach Vorzeichen von δ gegen oder im Uhrzeigersinn.

Für $\delta = 0$ bewegt sich e^{a+tb} auf dem von 0 ausgehenden Strahl in Richtung e^{a} und zwar je nach Vorzeichen von γ in Richtung ∞ oder in Richtung 0.

Für $\gamma, \delta \neq 0$ ist das Bild der Geraden g eine logarithmische Spirale (siehe z.B. [RA2 8.2.4.c]) mit der Polarkoordinatendarstellung

$$R = R(\psi) = \mathrm{e}^{(\delta\alpha - \gamma\beta)/\delta}\,\mathrm{e}^{\gamma\psi/\delta}\,. \tag{8}$$

Sie schneidet alle vom Ursprung ausgehenden Strahlen unter dem gleichen Winkel $\arctan \delta/\gamma$.

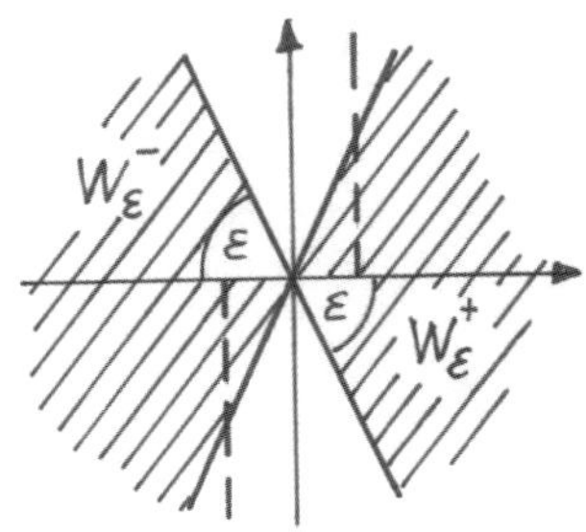

Sei $z = r\,\mathrm{e}^{i\varphi}$, also $|z| = r$ und $\arg z = \varphi$.
Für $z \in W_\varepsilon^+$ ist $\cos\varphi \geq \cos\varepsilon > 0$.
Wegen $|\,\mathrm{e}^{z}| = \mathrm{e}^{\mathsf{Re}\,z}$ gilt

$$\left|z^{-k}\,\mathrm{e}^{z}\right| \geq r^{-k}\,\mathrm{e}^{r\cos\varepsilon} \to \infty \quad \text{für } r \to \infty\,.$$

Also $\displaystyle\lim_{z\to\infty;\, z\in W_\varepsilon^+} z^{-k}\,\mathrm{e}^{z} = \infty$.

Für $z \in W_\varepsilon^-$ ist $\cos\varphi \leq -\cos\varepsilon < 0$.

Damit folgt $\left|z^{k}\,\mathrm{e}^{z}\right| \leq \dfrac{r^{k}}{\mathrm{e}^{r|\cos\varepsilon|}} \to 0$ für $r \to \infty$. Also $\displaystyle\lim_{z\to\infty;\, z\in W_\varepsilon^-} z^{k}\,\mathrm{e}^{z} = 0$.

Für beliebige Annäherung $z \to \infty$ in der rechten bzw linken Halbebene existiert kein Grenzwert für e^{z}.

Betrachte dafür $z = 1 + iy$ für $0 < y \to \infty$. Dann strebt z innerhalb der rechten Halbebene $\{\mathsf{Re}\,z > 0\}$ gegen ∞, aber $|\,\mathrm{e}^{1+iy}| = \mathrm{e} \not\to \infty$.

Ebenso strebt $-z$ innerhalb der linken Halbebene $\{\mathsf{Re}\,z < 0\}$ gegen ∞ und $|\,\mathrm{e}^{-1-iy}| = 1/\mathrm{e} \not\to -\infty$.

Für den k-ten Summanden a_k der Exponentialreihe gilt

$$\frac{k+1}{z}\,a_{k+1} = a_k = \frac{z^k}{k!} = \frac{z}{k}\,a_{k-1}\,. \tag{9}$$

Also $|a_k| > |a_{k-1}| \iff |z| > k$ und $|a_k| > |a_{k+1}| \iff |z| < k+1$.

Induktion zeigt, dass a_k genau im Kreisring $A_k := \{k < |z| < k+1\}$ betragsmäßig größer als alle anderen Summanden a_j ist.

D Sei $s_n(z) := \sum_{k=0}^{n} \frac{z^k}{k!}$ das n-te Taylorpolynom der Exponentialfunktion. Potenzreihen konvergieren kompakt im Inneren ihres Konvergenzkreises. Also konvergiert die Exponentialreihe kompakt in $\mathbb{C}$, insbesondere gleichmäßig auf der kompakten Kreisscheibe $\overline{B_r} = \{|z| \le r\}$.

Sei $\varepsilon := \min\{\,|\mathrm{e}^z|\,;\,|z| \le r\,\}$. Sicherlich ist $\varepsilon > 0$.

Wegen der gleichmäßigen Konvergenz von $s_n(z) \to \mathrm{e}^z$ auf $\overline{B_r}$ gibt es ein $N \in \mathbb{N}$ derart, dass $|s_n(z) - \mathrm{e}^z| < \varepsilon/2$ für alle $z \in \overline{B_r}$ und alle $n \ge N$. Für diese n und z gilt

$$|s_n(z)| \; > |\mathrm{e}^z| - \tfrac{\varepsilon}{2} \;\ge\; \tfrac{\varepsilon}{2}\,, \tag{10}$$

also $s_n(z) \ne 0$ in $\overline{B_r}$.

E Sei $\zeta \in \mathbb{C}$ und (ζ_n) eine komplexe Folge mit $\zeta_n \to \zeta$.

Die Funktionenfolge $f_n(z) := \left(1 + \frac{z}{n}\right)^n$ konvergiert in $\mathbb{C}$ kompakt gegen e^z. Siehe dazu Aufgabe 8.2.A.2. Damit folgt die Behauptung aus Satz [RAI, 3.1.3.8] über Grenzwerte der Grenzfunktion bei gleichmäßiger Konvergenz. Hier folgt ein direkter Beweis:

Sei $\varepsilon > 0$ beliebig vorgegeben. Sei $R > |\zeta|$. Dann ist ab einem n_1 auch $|\zeta_n| < R$. Ab einem $n_2 > n_1$ gilt $|f_n(z) - \mathrm{e}^z| < \frac{\varepsilon}{2}$ für alle $|z| \le R$.

Die Exponentialfunktion ist auf der kompakten Scheibe $\overline{B_R} = \{|z| \le R\}$ gleichmäßig stetig. Also gibt es zu $\frac{\varepsilon}{2}$ ein $\delta > 0$, so dass für alle $z_1, z_2 \in \overline{B_R}$ gilt:

$$|z_1 - z_2| \;<\; \delta \quad\Longrightarrow\quad \left|\mathrm{e}^{z_1} - \mathrm{e}^{z_2}\right| \;<\; \varepsilon/2\,. \tag{11}$$

Ab einem $n_3 > n_2$ gilt $|\zeta_n - \zeta| < \delta$. Dann gilt für alle $n \ge n_3$:

$$\left|f_n(\zeta_n) - \mathrm{e}^{\zeta}\right| \;\le\; \left|f_n(\zeta_n) - \mathrm{e}^{\zeta_n}\right| + \left|\mathrm{e}^{\zeta_n} - \mathrm{e}^{\zeta}\right| \;<\; \varepsilon\,. \tag{12}$$

Also wie behauptet $f_n(\zeta_n) \to \mathrm{e}^{\zeta}$.

F Seien $\alpha_k \in \mathbb{C}$ paarweise verschieden und $f(z) := \sum_{k=1}^{n} \mathrm{e}^{\alpha_k z} p_k(z) \equiv 0$.

Sei o.B.d.A. $|\alpha_1| = \max\{|\alpha_1|, \ldots, |\alpha_n|\}$. Für $|\alpha_1| = 0$ ist nichts zu zeigen. Sei also $|\alpha_1| > 0$ und $\widetilde{\alpha_k} := \frac{\alpha_k}{\alpha_1} - 1$. Dann ist $\mathrm{Re}\,\widetilde{\alpha_k} < 0$, da $|\alpha_k/\alpha_1| \le 1$ und $\alpha_k \ne \alpha_1$ für $k \ge 2$. Sei

$$g(z) \;:=\; f(\tfrac{z}{\alpha_1}) \;=\; \mathrm{e}^z \left[p_1(\tfrac{z}{\alpha_1}) + \sum_{k=2}^{n} p_k(\tfrac{z}{\alpha_1})\, \mathrm{e}^{\widetilde{\alpha_k} z} \right]\,. \tag{13}$$

Sei $p_1(z) = a_n z^n + \ldots + a_1 z + a_0$ mit $a_n \ne 0$.

Mit $f(z) \equiv 0$ ist auch $g(z) \equiv 0$ und da $\mathrm{e}^z \neq 0$ folgt

$$\begin{aligned} -p_1(\tfrac{z}{\alpha_1}) &= -(\tfrac{z}{\alpha_1})^n \left[a_n + a_{n-1}\tfrac{\alpha_1}{z} + \ldots + a_1(\tfrac{\alpha_1}{z})^{n-1} + a_0(\tfrac{\alpha_1}{z})^n\right] \\ &= \sum_{k=2}^{n} p_k(\tfrac{z}{\alpha_1})\, \mathrm{e}^{\widetilde{\alpha_k} z} . \end{aligned}$$

Sei $A := \max\{|a_n|, \ldots, |a_0|\}$, $B := \max\left\{|\alpha_1|, \frac{2nA|\alpha_1|}{|a_n|}\right\}$ und $|z| > B$. Dann ist $|\frac{z}{\alpha_1}| \geq 1$ und $|\frac{\alpha_1}{z}| \leq \frac{|a_n|}{2nA}$. Es folgt

$$\begin{aligned} \left| - p_1(\tfrac{z}{\alpha_1})\right| &\geq |a_n| - |a_{n-1}|\,|\tfrac{\alpha_1}{z}| - \ldots - |a_1|\,|\tfrac{\alpha_1}{z}| - |a_0|\,|\tfrac{\alpha_1}{z}| \\ &\geq |a_n| - |\tfrac{\alpha_1}{z}|\, nA \geq \tfrac{|a_n|}{2} > 0 . \end{aligned}$$

Für die rechte Seite von Gleichung (13) gilt andererseits:

$$\begin{aligned} 0 \leq \left|\sum_{k=2}^{n} p_k(\tfrac{z}{\alpha_1})\, \mathrm{e}^{\widetilde{\alpha_k} z}\right| &\leq \sum_{k=2}^{n} \left|p_k(\tfrac{z}{\alpha_1})\right| \left|\mathrm{e}^{\widetilde{\alpha_k} z}\right| \\ &\leq \sum_{k=2}^{n} \left|p_k(\tfrac{z}{\alpha_1})\right| \mathrm{e}^{\mathrm{Re}\, \widetilde{\alpha_k} z} \to 0 \end{aligned} \tag{14}$$

für $z \to +\infty$, $z \in \mathbb{R}$. Widerspruch, da die linke Seite von Gleichung (13) betragsmäßig größer als $\frac{|a_n|}{2} > 0$ bleibt. Also ist doch $a_n = 0$, d.h. $p_1 \equiv 0$. Dass alle $p_k \equiv 0$ sind, folgt durch Induktion.

Wegen $\mathrm{e}^{i\pi/2} = i$ ist $\log i = i\frac{\pi}{2} + 2k\pi i = (2k + \frac{1}{2})\pi i$ mit $k \in \mathbb{Z}$.

Also ist jeder Wert von i^i von der Form $\mathrm{e}^{i \log i} = \mathrm{e}^{-(4k+1)\pi/2}$ $(k \in \mathbb{Z})$.

Alle diese Werte liegen auf der positiven reellen Achse und häufen sich gegen Null und ∞.

Wegen $\mathrm{e}^{u+iv} = \mathrm{e}^u(\cos v + i \sin v)$ gilt für die Logarithmen

$$\log\left(r\,\mathrm{e}^{i\varphi}\right) = \log r + i\varphi + 2k\pi i \quad \text{mit} \quad k \in \mathbb{Z} . \tag{15}$$

Daraus ergibt sich:

(H.1) Für $A := \left\{ z = r\,\mathrm{e}^{i\varphi} ; 1 < r < 2,\ \frac{\pi}{3} < \varphi < \frac{\pi}{2} \right\}$ und einen Logarithmus $\log z$ ist $\log(A)$ eins der Rechtecke (siehe Zeichnung!)

$$\log(A) = R_k := \left\{ w = u + iv ; 0 < u < \log 2,\ \tfrac{\pi}{3} + 2k\pi < v < \tfrac{\pi}{2} + 2k\pi \right\} .$$

(H.2) Für $a, t \in \mathbb{R}$ ist $\log(a + it) = \log\sqrt{a^2 + t^2} + i \arctan t/a$. Daraus ergeben sich die unten skizzierten Bilder Γ_a der Geraden $\{\mathrm{Re}\, z = a\}$.

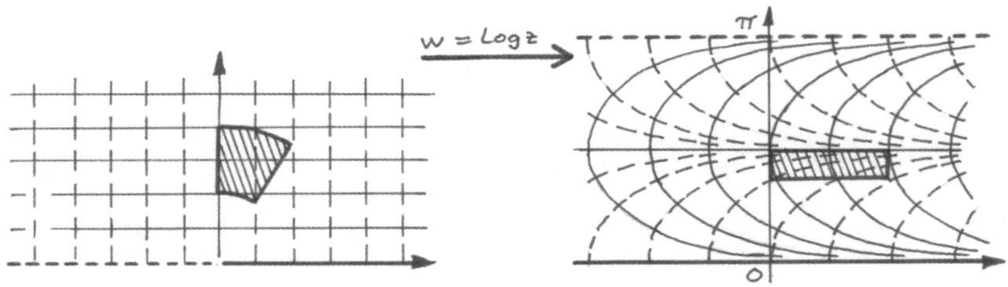

(H.3) Analog ergeben sich die Bilder Γ_b der Geraden $\{\operatorname{Im} z = b\}$:

$$\Gamma_b \;:=\; \Big\{\log(t+ib) = \log\sqrt{t^2+b^2} + i\operatorname{arccot}\, t/b\,;\, t\in\mathbb{R}\Big\}\;. \tag{16}$$

Die Geraden $\{\operatorname{Im} w = k\frac{\pi}{2}\}$ sind die Bilder der rellen bzw imaginären Halbachsen. Wegen der Winkeltreue holomorpher Funktionen stehen die Kurven Γ_b auf den Kurven Γ_a senkrecht.

Durch Verschieben um $\frac{\pi}{2}$ nach oben oder unten geht die Kurvenschar Γ_a in die Schar Γ_b über und umgekehrt. Das ist klar, da die Geraden $\{\operatorname{Im} z = b\}$ durch Drehung um $\pm\frac{\pi}{2}$ in die Geraden $\{\operatorname{Re} z = a\}$ übergehen.

I Für den Hauptzweig $\operatorname{Log} z$ des Logarithmus gilt für $|z-1|<1$:

$$\frac{d}{dz}\operatorname{Log} z \;=\; \frac{1}{z} \;=\; \frac{1}{1-(1-z)} \;=\; \sum_{k=0}^{\infty}(-1)^k(z-1)^k \tag{17}$$

und $\operatorname{Log} 1 = 0$. Integration liefert für $|z-1|<1$:

$$\operatorname{Log} z \;=\; \sum_{k=0}^{\infty}\frac{(-1)^k}{k+1}(z-1)^{k+1} \;=\; \sum_{k=1}^{\infty}\frac{(-1)^{k+1}}{k}(z-1)^k\;. \tag{18}$$

Mit $\frac{1}{z} = \sum_{k=0}^{\infty}(-1)^k\frac{(z-\mathrm{e}^{it})^k}{\mathrm{e}^{i(k+1)t}}$ und $\operatorname{Log}\mathrm{e}^{it} = it$ erhält man analog

$$\operatorname{Log} z \;=\; it + \sum_{k=1}^{\infty}\frac{(-1)^k}{k}\left(\frac{z-\mathrm{e}^{it}}{\mathrm{e}^{it}}\right)^k\;. \tag{19}$$

Die Konvergenzradien dieser Potenzreihen sind jeweils 1.

In der letzten Aufgabe 8.4.I wurde die Potenzreihenentwicklung für den Hauptwert $\operatorname{Log} z$ hergeleitet. Mit ihr folgt für alle $|z| < 1$:

$$\begin{aligned} \left|\operatorname{Log}(1+z) - z\right| &= \left|\sum_{k=2}^{\infty} \frac{(-1)^{k+1}}{k} z^k\right| = \left|-\frac{z^2}{2} + \frac{z^3}{3} - \frac{z^4}{4} + - \ldots\right| \\ &\leq \frac{1}{2}|z|^2 \left(1 + |z| + |z|^2 + \ldots\right) = \frac{1}{2}\frac{|z|^2}{1-|z|} . \end{aligned}$$

Sei f in dem Gebiet $G \subset \mathbb{C}$ holomorph und nullstellenfrei. Angenommen f besitzt einen Logarithmus g, also eine in G holomorphe Funktion $g(z)$ mit $\mathrm{e}^g = f$. Dann folgt:

$$f'(z) = \left(\mathrm{e}^{g(z)}\right)' = g'(z)\,\mathrm{e}^{g(z)} = g'(z)\,f(z) . \qquad (20)$$

Also ist $g'(z) = f'(z)/f(z)$, d.h. g ist Stammfunktion von f'/f.

Sei umgekehrt $F(z)$ eine Stammfunktion von f'/f in G und $h(z) := \mathrm{e}^{F(z)}$. Dann ist h auf G holomorph und nullstellenfrei.

Es gilt $h'(z) = F'(z)\,\mathrm{e}^{F(z)} = F'(z)h(z)$ und daher

$$\left(\frac{f(z)}{h(z)}\right)' = \frac{f'h - h'f}{h^2} = \frac{F'fh - F'hf}{h^2} \equiv 0 . \qquad (21)$$

Also ist f/h konstant. Mit $f/h \equiv c$ folgt $f(z) = c \cdot h(z) = \mathrm{e}^{F(z)+\log c}$, d.h. $g(z) := F(z) + \log c$ ist Logarithmus von f in G.

Die allgemeine Potenz ist mehrdeutig. Die möglichen Werte von a^b $(a \neq 0)$ sind

$$a^b = \mathrm{e}^{b \log a} = \mathrm{e}^{b(\operatorname{Log} a + 2k\pi i)} \quad (k \in \mathbb{Z}) . \qquad (22)$$

Dabei ist $\operatorname{Log} a = \log|a| + i\operatorname{Arg} a$ der Hauptwert des Logarithmus von a mit $-\pi < \operatorname{Arg} a \leq \pi$. Nur für $b \in \mathbb{Z}$ ist a^b eindeutig definiert.

Die möglichen Werte von a^{bc} sind $\exp[bc\operatorname{Log} a + bc2k\pi i]$, $(k \in \mathbb{Z})$.

Die möglichen Werte von $\left(a^b\right)^c$ sind $\exp[bc\operatorname{Log} a + bc2k\pi i + c2l\pi i]$, $(k, l \in \mathbb{Z})$.

Also ist jeder Wert von a^{bc} auch einer von $\left(a^b\right)^c$, aber nicht umgekehrt. Nur für $c \in \mathbb{Z}$ stimmen die Wertemengen überein.

M Der Fehler steckt im 2. und 4. Gleichheitszeichen:

$$\mathrm{e}^{ix} = \exp\left(2\pi i \frac{x}{2\pi}\right) \stackrel{?}{=} \left(\mathrm{e}^{2\pi i}\right)^{x/2\pi} = 1^{x/2\pi} \stackrel{?}{=} 1 \,. \tag{23}$$

Die allgemeine Potenz ist mehrdeutig. Es ist

$$a^b = \mathrm{e}^{b \log a} = \mathrm{e}^{b(\mathrm{Log}\, a + 2k\pi i)} \quad (k \in \mathbb{Z}) \,. \tag{24}$$

Deshalb ist zwar jeder Wert von a^{bc} auch einer von $\left(a^b\right)^c$, aber nicht umgekehrt. Und 1 ist nur einer der möglichen Werte von 1^z. Siehe dazu auch 8.4.L.

8.5 Trigonometrische Funktionen

1) a) Bestimmen Sie Real- und Imaginärteil der Abbildung $w = \cos z$.
   b) Für welche $z \in \mathbb{C}$ gilt $\cos z \in \mathbb{R}$, $\cos z \in [-1, 1]$, $\cos z = 1$?
   c) Bestimmen Sie die Perioden von $\cos z$.
   d) Für welche $\zeta_1, \zeta_2 \in \mathbb{C}$ gilt $\cos\zeta_1 = \cos\zeta_2$?
2) Analog für den Sinushyperbolicus.
3) Analog für den Tangens.

1) Zeigen Sie, dass cos im Streifen $S :=]0, \pi[\times\mathbb{R}$ injektiv ist und bestimmen Sie das Bildgebiet $\cos(S)$.
   Bestimmen Sie das Bild des cartesischen Gitters $\{x, y = const\}$ unter $w = \cos z$, sowie die Bilder der Streifen $\{\frac{\pi}{3} < x < \frac{\pi}{2}\}$ und $\{-1 < y < 0\}$.
2) Analog für $w = \sinh z$ und die Streifen $\{0 < x < 1\}$ und $\{0 < y < \frac{\pi}{3}\}$.
3) Analog für $w = \tan z$ und die Streifen $\{0 < x < \frac{\pi}{6}\}$ und $\{1 < y < 2\}$.

Beweisen Sie die Formeln

1) $\cos 4z = 8\cos^4 z - 8\cos^2 z + 1$
2) $\sin 4z = 8\cos^3 z \sin z - 4\cos z \sin z$
3) $\cosh 4z = 8\cosh^4 z - 8\cosh^2 z + 1$
4) $\sinh 4z = 8\cosh^3 z \sinh z - 4\cosh z \sinh z$

Beweisen Sie die Formeln

1) $\frac{1}{\sin z} = \cot z + \tan\frac{z}{2}$
2) $2\cot 2z = \cot z + \cot(z + \frac{\pi}{2})$
3) $\cot z_1 \cot z_2 + \cot z_2 \cot z_3 + \cot z_3 \cot z_1 = 1$ für alle $z_1 + z_2 + z_3 = 0$.

Für alle $z \in \mathbb{C}$ mit $\sin\frac{z}{2} \neq 0$ gilt

1) $$\frac{1}{2} + \cos z + \cos 2z + \ldots + \cos nz = \frac{\sin(n + \frac{1}{2})z}{2\sin\frac{z}{2}}$$

2) $$\sin z + \sin 2z + \ldots + \sin nz = \frac{\sin(\frac{nz}{2})\,\sin(n + \frac{1}{2})z}{\sin\frac{z}{2}} .$$

1) Man beweise, dass $|\sinh y| \leq |\cos z| \leq \cosh y$ für alle $z = x + iy \in \mathbb{C}$.
2) Sei $k \geq 1$ und Γ der Rand des Quadrates mit den Ecken

$$-k\pi(1+i)\ ,\ k\pi(1-i)\ ,\ k\pi(1+i)\ ,\ -k\pi(1-i)\ .$$

   Zeigen Sie, dass $|\cos z| \geq 1$ für alle $z \in \Gamma$.

G Sei $G := \left\{ z\,;\, -\pi < \arg\left(\frac{1+iz}{1-iz}\right) < \pi \right\}$, $\operatorname{Log}\zeta$ der Hauptwert des Logarithmus und $f\colon G \to \mathbb{C}$ definiert durch $f(z) \;:=\; \frac{1}{2i}\operatorname{Log}\frac{1+iz}{1-iz}$.

Bestimmen Sie $f(G)$.

Zeigen Sie, dass f injektiv ist und dass $\tan(f(z)) = z$ für alle $z \in G$.

H Für welche z und in welchem Sinn gelten die Gleichungen

1) $\arccos z \;=\; -i\log\left(z + \sqrt{z^2-1}\right)$

2) $\operatorname{arsinh} z \;=\; \log\left(z + \sqrt{z^2+1}\right)$

3) $\arctan z \;=\; \frac{1}{2i}\log\frac{1+iz}{1-iz}$.

Lösungen:

A **(A.1.a)** Etwas Rechnung liefert für $z = x + iy$ die cartesische Darstellung

$$\begin{aligned} \cos z &= \tfrac{1}{2}\left(e^{iz} + e^{-iz}\right) \\ &= \tfrac{1}{2}\left[e^{-y}\left(\cos x + i\sin x\right) + e^{y}\left(\cos x - i\sin x\right)\right] \\ &= \tfrac{1}{2}\left(e^{y} + e^{-y}\right)\cos x - \tfrac{i}{2}\left(e^{y} - e^{-y}\right)\sin x \\ &= \cos x\cosh y - i\sin x\sinh y\ . \end{aligned} \tag{1}$$

(A.1.b) Aus ihr ergibt sich

$$\begin{aligned} \cos z \in \mathbb{R} &\iff \sin x = 0 \ \text{ oder } \ \sinh y = 0 \\ &\iff x = k\pi\ (k \in \mathbb{Z}) \ \text{ oder } \ y = 0 \\ \cos z \in [-1,1] &\iff z \in \mathbb{R} \iff y = 0 \\ \cos z = 1 &\iff z = 2k\pi\ (k \in \mathbb{Z}) \end{aligned} \tag{2}$$

(A.1.c) Wegen $e^{2\pi i} = 1$ gilt $\cos z = \cos(z + 2\pi)$ für alle $z \in \mathbb{C}$. Also ist 2π und damit auch jedes ganzzahlige Vielfache $2k\pi$ eine Periode von cos.

Sei umgekehrt ω eine beliebige Periode von cos, also $\cos(z+\omega) = \cos z$ für alle $z \in \mathbb{C}$. Für $z = 0$ ergibt sich $\cos\omega = 1$. Für $z = -\pi/2$ ergibt sich $\sin\omega = 0$. Zusammen also $e^{i\omega} = 1$, d.h. es ist $\omega = 2k\pi$ für ein $k \in \mathbb{Z}$.

(A.1.d) Wir suchen zunächst alle $z \in \mathbb{C}$, in denen $\cos z$ einen vorgegebenen Wert w annimmt. Dafür reicht es, cos in einem Periodenstreifen, etwa in

$$S \;:=\; [-\pi,\pi[\,\times\mathbb{R} \;=\; \{\, z = x + iy\,;\, -\pi \le x < \pi,\ y \in \mathbb{R}\,\} \tag{3}$$

zu betrachten. Es gilt

$$\cos z \;=\; \tfrac{1}{2}\left(e^{iz} + e^{-iz}\right) \;=\; w \quad\iff\quad \left(e^{iz}\right)^2 - 2w\,e^{iz} + 1 \;=\; 0\ . \tag{4}$$

Dies ist eine quadratische Gleichung für $\zeta = \mathrm{e}^{iz}$. Sie besitzt die beiden Wurzeln $\zeta_{1,2} = w \pm \sqrt{w^2-1}$, deren Produkt 1 ist. Wir schreiben eine der beiden Wurzeln $\zeta_1 = w + \sqrt{w^2-1} = r\,\mathrm{e}^{i\varphi}$ mit einem Argument $-\pi \le \varphi < \pi$. Dann ist $\zeta_2 = \zeta_1^{-1} = \frac{1}{r}\,\mathrm{e}^{-i\varphi}$.

Die Lösungen der Gleichung $\mathrm{e}^{iz} = \mathrm{e}^{-y}(\cos x + i \sin x) = \zeta_1 = r\,\mathrm{e}^{i\varphi}$ sind $z = \varphi + 2k\pi - i\log r$ und davon liegt nur $z_1 := \varphi - i\log r$ im Streifen S.

Analog hat $\mathrm{e}^{iz} = \zeta_2$ die Lösungen $z = -\varphi + 2k\pi + i\log r$. Davon liegt nur $z_2 := -\varphi + i\log r$ im Streifen S (bzw $z_2 = -\pi + i\log r$ falls $\varphi = -\pi$).

Also nimmt $\cos z$ jeden Wert $w \in \mathbb{C} \setminus \{0\}$ im Periodenstreifen S in zwei Punkten $z_{1,2}$ an. Dabei ist $z_1 = -z_2$, es sei denn, die Lösungen z_j liegen auf der Randgeraden $\{-\pi + it\,;\, t \in \mathbb{R}\}$ von S. Dann ist $z_1 = \overline{z_2}$, weil die andere Randgerade nicht zu S gehört.

Der Wert $w = 1$ wird in S nur im Nullpunkt $z = 0$ angenommen. $\cos z$ hat in $z = 0$ eine *doppelte* 1-Stelle.

Insgesamt erhält man für beliebige $\zeta_1, \zeta_2 \in \mathbb{C}$:

$$\cos\zeta_1 = \cos\zeta_2 \iff \exists\, k \in \mathbb{Z} : \zeta_1 = \zeta_2 + 2k\pi \quad \text{oder} \quad \zeta_1 = -\zeta_2 + 2k\pi\ .$$

Man erhält dies auch aus mehr abbildungstheoretischen Überlegungen. Siehe dazu Aufgabe 8.5.B.1.

(A.2.a) Man kann den Hyperbel-Sinus analog wie in der letzten Teilaufgabe den Cosinus behandeln. Zur Abwechslung arbeiten wir mit den Additionstheoremen und erhalten:

$$\begin{aligned} \sinh z &= \sinh(x+iy) = \sinh x \cosh iy + \cosh x \sinh iy \\ &= \sinh x \cos y + i \cosh x \sin y\ . \end{aligned} \tag{5}$$

(A.2.b) Aus (5) ergibt sich

$$\begin{aligned} \sinh z \in \mathbb{R} &\iff \cosh x = 0 \ \text{ oder } \ \sin y = 0 \iff y = k\pi \ (k \in \mathbb{Z}) \\ \sinh z \in [-1,1] &\iff y = k\pi \ (k \in \mathbb{Z}) \ \text{ und } \ |\sinh x \cos y| \le 1 \\ &\iff y = k\pi \ (k \in \mathbb{Z}) \ \text{ und } \ |x| \le \operatorname{arsinh} 1 \\ \sinh z = 1 &\iff y = 2k\pi \ (k \in \mathbb{Z}) \ \text{ und } \ x = \operatorname{arsinh} 1 \approx 0{,}8814 \\ & \qquad \textit{oder} \\ & \qquad y = (2k+1)\pi \ (k \in \mathbb{Z}) \ \text{ und } \ x = -\operatorname{arsinh} 1\ . \end{aligned} \tag{6}$$

(A.2.c) $\sinh z$ hat die gleichen Perioden wie $\sin iz$, nämlich genau die ganzzahligen Vielfachen von $2\pi i$. Beweis wie in Aufgabe A.1.c oder direkt aus

$$\sinh z = \tfrac{1}{2}\left(\mathrm{e}^{z} - \mathrm{e}^{-z}\right) = \tfrac{i}{2i}\left(\mathrm{e}^{-i(iz)} - \mathrm{e}^{i(iz)}\right) = -i \sin iz\ . \tag{7}$$

(A.2.d) Wegen $\cos(z - \frac{\pi}{2}) = \sin z$ und Gleichung (7) erhält man

$$\begin{aligned} \sinh \zeta_1 = \sinh \zeta_2 &\iff \sin i\zeta_1 = \sin i\zeta_2 \\ &\iff \cos(i\zeta_1 - \tfrac{\pi}{2}) = \cos(i\zeta_2 - \tfrac{\pi}{2}) \\ &\iff \exists k \in \mathbb{Z} \ : \ i\zeta_1 - \tfrac{\pi}{2} = i\zeta_2 - \tfrac{\pi}{2} + 2k\pi \text{ oder} \\ &\qquad\qquad\quad i\zeta_1 - \tfrac{\pi}{2} = -(i\zeta_2 - \tfrac{\pi}{2}) + 2k\pi \\ &\iff \exists k \in \mathbb{Z} \ : \ \zeta_1 = \zeta_2 + 2k\pi i \ \text{ oder } \ \zeta_1 + \zeta_2 = k\pi i \ . \end{aligned} \tag{8}$$

(A.3.a) Es ist

$$\tan z \ = \ \frac{\sin z}{\cos z} \ = \ -i\,\frac{e^{iz} - e^{-iz}}{e^{iz} + e^{-iz}} \ = \ \frac{2i}{e^{2iz} + 1} - i \ . \tag{9}$$

Daraus ergibt sich mit etwas Rechnung die Zerlegung in Real- und Imaginärteil:

$$\tan(x + iy) \ = \ \frac{\sin 2x + i \sinh 2y}{\cos 2x + \cosh 2y} \ . \tag{10}$$

(A.3.b) Aus Gleichung (10) erhält man:

$$\begin{aligned} \tan z \in \mathbb{R} &\iff \sinh 2y = 0 \iff y = 0 \iff z \in \mathbb{R} \\ \tan z \in [-1, 1] &\iff y = 0 \text{ und } |\tan x| \le 1 \\ &\iff z \in [-\tfrac{\pi}{4} + k\pi, \tfrac{\pi}{4} + k\pi] \text{ für ein } k \in \mathbb{Z} \\ \tan z = 1 &\iff z = \tfrac{\pi}{4} + k\pi \ (k \in \mathbb{Z}) \end{aligned} \tag{11}$$

(A.3.c) Der Tangens hat genau die Perioden $k\pi$ $(k \in \mathbb{Z})$. Man erhält dies direkt aus Gleichung (9).

(A.3.d) Ebenfalls aus Gleichung (9) ergibt sich:

$$\tan \zeta_1 = \tan \zeta_2 \iff e^{2i\zeta_1} = e^{2i\zeta_2} \iff \zeta_1 = \zeta_2 + k\pi \ (k \in \mathbb{Z}) \ . \tag{12}$$

B **(B.1)** Es ist $w := \cos z = \frac{1}{2}(e^{iz} + e^{-iz})$. Man kann also $\cos = J \circ E$ zerlegen in die Funktion $\zeta = E(z) := e^{iz} = e^{-y}(\cos x + i \sin x)$, gefolgt von der Jukowski-Abbildung $w = J(\zeta) = \frac{1}{2}(\zeta + \frac{1}{\zeta})$.

$E(z) = e^{-y}(\cos x + i \sin x)$ bildet den offenen Streifen $S :=]0, \pi[\times \mathbb{R}$ bijektiv auf die obere Halbebene $H = \{\operatorname{Im} \zeta > 0\}$ ab.

Die Jukowski-Abbildung $J(\zeta) = \frac{1}{2}\left(\zeta + \frac{1}{\zeta}\right)$ bildet H bijektiv ab auf die rechts und links geschlitzte Ebene $C^{=} := \mathbb{C} \setminus \big(]-\infty, -1] \cup [1, \infty[\big)$. Siehe dazu Aufgabe 8.1.K.

Also bildet $w = \cos z = J(E(z))$ den Streifen S bijektiv auf $\mathbb{C}^{=}$ ab.

Dabei geht das cartesische Gitter $\{\mathsf{Re}\, z, \mathsf{Im}\, z = const\}$ in die Schar der Ellipsen und Hyperbeln mit den Brennpunkten ± 1 über. Wegen der Winkeltreue holomorpher Funktionen stehen diese wieder aufeinander senkrecht. Die Parallelen zur imaginären Achse werden auf Hyperbeläste abgebildet.

Genauer: Die Geraden $g_c := \{\, t + ic\,;\, t \in \mathbb{R}\}$ werden durch $E(z) = \mathrm{e}^{iz}$ abgebildet auf die Kreislinien $\gamma_c := E(g_c) = \left\{\, \mathrm{e}^{-c}\, \mathrm{e}^{it}\,;\, t \in \mathbb{R} \right\}$.

Die Geraden $h_d := \{\, d + it\,;\, t \in \mathbb{R}\}$ werden durch $E(z)$ abgebildet auf die Strahlen $\sigma_d := E(h_d) = \left\{\, s\, \mathrm{e}^{id}\,;\, 0 < s = \mathrm{e}^{-t} < \infty \right\}$.

Diese Strahlen bzw Kreislinien werden unter J abgebildet auf Hyperbeln bzw Ellipsen mit den Brennpunkten ± 1 . Siehe dazu Aufgabe 8.1.K.

$$\begin{aligned} \cos(h_d) &= J(\sigma_d) = \{\cos d \cosh t - i \sin d \sinh t\,;\, t \in \mathbb{R}\} \\ \cos(g_c) &= J(\gamma_c) = \{\cos t \cosh c - i \sin t \sinh c\,;\, t \in \mathbb{R}\}\,. \end{aligned} \tag{13}$$

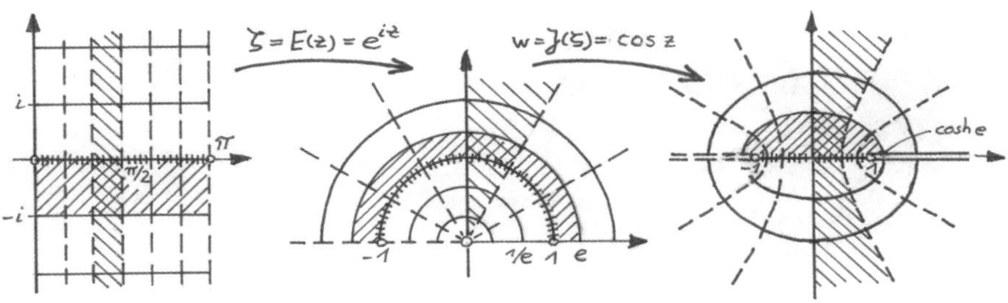

Man erhält die Ellipsen und Hyperbeln natürlich auch direkt aus der cartesischen Darstellung (1) des Cosinus.

Die Bilder der Streifen $\{\frac{\pi}{3} < x < \frac{\pi}{2}\}$ und $\{-1 < y < 0\}$ sind in der Zeichnung markiert.

Es treten u.a. folgende Sonderfälle auf:

$$\begin{array}{rclcrclcl} c &=& 2k\pi i & \Longleftrightarrow & \mathrm{e}^{-c} &=& 1 & \Longleftrightarrow & \cos(g_c) = J(\gamma_c) = [-1, 1] \\ d &=& (2k+1)\frac{\pi}{2} & \Longleftrightarrow & \mathrm{e}^{id} &=& \pm i & \Longleftrightarrow & \cos(h_d) = J(\sigma_d) = i\mathbb{R} \\ d &=& 2k\pi & \Longleftrightarrow & \mathrm{e}^{id} &=& 1 & \Longleftrightarrow & \cos(h_d) = [1, \infty[\\ d &=& (2k+1)\pi & \Longleftrightarrow & \mathrm{e}^{id} &=& -1 & \Longleftrightarrow & \cos(h_d) =]-\infty, -1] \end{array}$$

(B.2) Es ist $w := \sinh z = -i \sin iz = i \cos(iz + \frac{\pi}{2})$. Man kann daher die in der letzten Teilaufgabe behandelten Abbildungseigenschaften des Cosinus benutzen und erhält:

$\zeta_1 := iz + \frac{\pi}{2}$ bildet den Streifen $S_0 := \mathbb{R}\times\,]-\frac{\pi}{2}, \frac{\pi}{2}[= \{-\frac{\pi}{2} < \mathsf{Im}\, z < \frac{\pi}{2}\}$ bijektiv ab auf den Streifen $S_1 :=]0, \pi[\, \times \mathbb{R}$.

$\zeta_2 := \cos \zeta_1$ bildet den Streifen S_1 bijektiv ab auf die zweifach geschlitzte Ebene $\mathbb{C}^= := \mathbb{C} \setminus (]-\infty, -1] \cup [1, \infty[$. Siehe Aufgabe 8.5.A.1.

Schließlich bildet $w = i\zeta_2$ die zweifach waagerecht geschlitzte Ebene $\mathbb{C}^=$ bijektiv ab auf die senkrecht geschlitzte Ebene $\mathbb{C}^{\|} := \mathbb{C} \setminus \{\, iv\,;\, |v| \geq 1\,\}$.

Also bildet $w = \sinh z$ den Streifen S_0 bijektiv auf $\mathbb{C}^{\|}$ ab.

Hier geht das cartesische Gitter $\{\mathsf{Re}\, z, \mathsf{Im}\, z = const\}$ in die Schar der Ellipsen und Hyperbeln mit den Brennpunkten $\pm i$ über. Die Parallelen zur reellen Achse werden Hyperbeläste. Die Bilder der Streifen $\{0 < x < 1\}$ und $\{0 < y < \frac{\pi}{3}\}$ sind in der Zeichnung markiert.

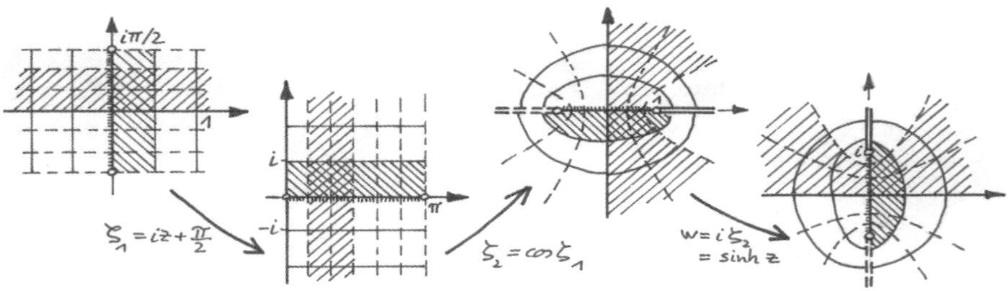

(B.3) Nach Aufgabe 8.5.A.3 ist

$$\tan z \;=\tan(x+iy) \;=\; i\,\frac{1-\mathrm{e}^{2iz}}{1+\mathrm{e}^{2iz}} \;=\; \frac{\sin 2x + i \sinh 2y}{\cos 2x + \cosh 2y}\,. \tag{14}$$

$\zeta := \mathrm{e}^{2iz}$ bildet den Streifen $S_0 :=]-\frac{\pi}{2}, \frac{\pi}{2}[\, \times \mathbb{R}$ bijektiv auf die geschlitzte Ebene $\mathbb{C}^- := \mathbb{C} \setminus \mathbb{R}_{\leq 0}$ ab.

Die Möbiusabbildung $w = T(\zeta) := i\dfrac{1-\zeta}{1+\zeta}$ bildet die geschlitzte Ebene $\mathbb{C}^-$ bijektiv ab auf die senkrecht geschlitzte Ebene $\mathbb{C}^{\|} := \mathbb{C} \setminus \{\, iv\,;\, |v| \geq 1\,\}$.

Also bildet $\tan z$ den Streifen S_0 bijektiv auf $\mathbb{C}^{\|}$ ab. Dabei wird das cartesische Gitter auf zwei Scharen orthogonaler Kreise abgebildet. Die Parallelen zur imaginären Achse gehen in Kreise durch $\pm i$ über.

Die Bilder der Streifen $\{0 < x < \frac{\pi}{6}\}$ und $\{1 < y < 2\}$ sind in der Zeichnung markiert.

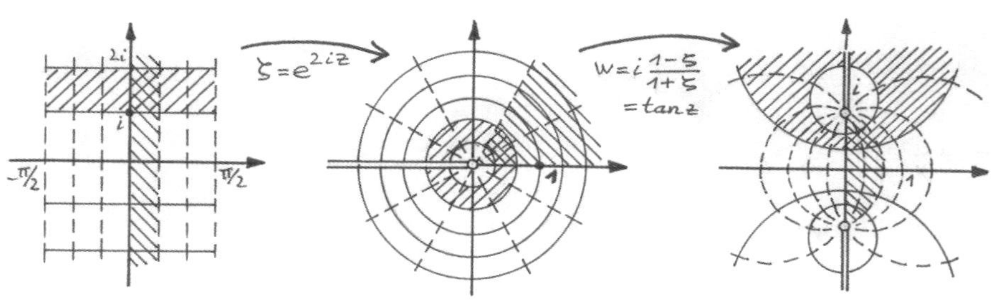

(C.1) , **(C.2)** Für $x \in \mathbb{R}$ gilt nach Moivre:

$$\begin{aligned} e^{4ix} &= \cos 4x + i \sin 4x = (\cos x + i \sin x)^4 \\ &= \left[\cos^4 x - 6\cos^2 x \sin^2 x + \sin^4 x\right] + 4i\left[\cos^3 x \sin x - \cos x \sin^3 x\right] \\ &= \left[8\cos^4 x - 8\cos^2 x + 1\right] + i\left[8\cos^3 x \sin x - 4 \sin x \cos x\right] . \end{aligned}$$

Vergleich von Real- und Imaginärteil liefert die ersten beiden Behauptungen für reelle x. Nach dem Identitätssatz für holomorphe Funktionen gelten die Formeln dann auch für alle $z \in \mathbb{C}$.

(C.3) , **(C.4)**

Wegen $\cosh z = \cos iz$ bzw $\sinh z = -i \sin iz$ folgen diese beiden Formeln sofort aus den Gleichungen für die trigonometrischen Sinus und Cosinus.

(D.1) Mit $w := \frac{z}{2}$ ist

$$\begin{aligned} \cot z + \tan \tfrac{z}{2} &= \frac{\cos 2w}{\sin 2w} + \frac{\sin w}{\cos w} \\ &= \frac{\cos^2 w - \sin^2 w}{2 \sin w \cos w} + \frac{2\sin^2 w}{2 \sin w \cos w} = \frac{1}{\sin 2w} = \frac{1}{\sin z} . \end{aligned} \tag{15}$$

(D.2) Man rechnet nach:

$$\begin{aligned} 2 \cot 2z &= 2\,\frac{\cos 2z}{\sin 2z} = 2\,\frac{\cos^2 z - \sin^2 z}{2 \sin z \cos z} = \frac{\cos z}{\sin z} - \frac{\sin z}{\cos z} \\ &= \cot z + \frac{\cos(z + \frac{\pi}{2})}{\sin(z + \frac{\pi}{2})} = \cot z + \cot(z + \tfrac{\pi}{2}) . \end{aligned} \tag{16}$$

(D.3) Aus den Additionstheoremen von Sinus und Cosinus folgt:

$$\cot(z + w) = \frac{\cos(z + w)}{\sin(z + w)} = \frac{\cos z \cos w - \sin z \sin w}{\sin z \cos w + \cos z \sin w} = \frac{\cot z \cot w - 1}{\cot w + \cot z} .$$

Daraus erhält man für $z_j \in \mathbb{C},\ z_1 + z_2 + z_3 = 0$:

$$\begin{aligned} S &:= \cot z_1 \cot z_2 + \cot z_2 \cot z_3 + \cot z_3 \cot z_1 \\ &= \cot(z_1 + z_2)\left(\cot z_1 + \cot z_2\right) + \cot(z_2 + z_3)\left(\cot z_2 + \cot z_3\right) + \\ &\qquad + \cot(z_3 + z_1)\left(\cot z_3 + \cot z_1\right) + 3 \\ &= \cot(-z_3)\left(\cot z_1 + \cot z_2\right) + \cot(-z_1)\left(\cot z_2 + \cot z_3\right) + \\ &\qquad + \cot(-z_2)\left(\cot z_3 + \cot z_1\right) + 3 \\ &= -2S + 3 \end{aligned}$$

und daher wie behauptet $S = 1$.

E **(E.1)** Wegen $\cos kz = \frac{1}{2}\left(e^{ikz} + e^{-ikz}\right)$ folgt aus der endlichen Summenformel:

$$\begin{aligned}\frac{1}{2} + \sum_{k=1}^{n} \cos kz &= \frac{1}{2} \sum_{k=-n}^{n} e^{ikz} = \frac{1}{2}\, e^{-inz} \sum_{k=0}^{2n} e^{ikz} \\ &= \frac{1}{2}\, e^{-inz}\, \frac{e^{i(2n+1)z} - 1}{e^{iz} - 1} = \frac{e^{i(n+1/2)z} - e^{-i(n+1/2)z}}{2(e^{iz/2} - e^{-iz/2})} \\ &= \frac{\sin(n+\frac{1}{2})z}{2\sin\frac{z}{2}} .\end{aligned}$$

Die nächste Teilaufgabe liefert einen anderen Beweis.

(E.2) Siehe [RA1 Aufgabe 4.6.1.A] für einen reellen Beweis. Es gilt

$$\begin{aligned}\sum_{k=0}^{n} e^{ikz} &= 1 + \sum_{k=0}^{n} \cos kz + i \sum_{k=0}^{n} \sin kz \\ &= \sum_{k=0}^{n} \left(e^{iz}\right)^k = \frac{1 - e^{(n+1)iz}}{1 - e^{iz}} = \frac{e^{-iz/2} - e^{(n+1/2)iz}}{e^{-iz/2} - e^{iz/2}} \\ &= \frac{i}{\sin\frac{z}{2}} \left[\left(\cos\frac{z}{2} - \cos\frac{(2n+1)z}{2} \right) - i \left(\sin\frac{z}{2} + \sin\frac{(2n+1)z}{2} \right) \right] \\ &= \frac{\left(\cos(n+1)z \, \sin\frac{(2n+1)z}{2} \right) + i \left(\sin(\frac{nz}{2}) \, \sin(n+\frac{1}{2})z \right)}{\sin\frac{z}{2}}\end{aligned}$$

Für $z = x \in \mathbb{R}$ ist dies die cartesische Zerlegung in Real- und Imaginärteil. Also gilt für $x \in \mathbb{R}$

$$\sin x + \sin 2x + \ldots + \sin nx = \mathsf{Im}\left(\sum_{k=0}^{n} e^{kix} \right) = \frac{\sin(\frac{nx}{2}) \, \sin(n+\frac{1}{2})x}{\sin\frac{x}{2}} .$$

Nach dem Identitätssatz für holomorphe Funktionen gilt dies dann auch für alle $z \in \mathbb{C}$, für die $\sin\frac{z}{2} \neq 0$ ist.

Der entsprechende Schluss für den Realteil liefert einen weiteren Beweis für die letzte Teilaufgabe.

F **(F.1)** Es ist $\cos z = \frac{1}{2}\left(e^{iz} + e^{-iz}\right)$, also für $z = x + iy$:

$$\begin{aligned}|\cos z| &\leq \frac{|e^{iz}| + |e^{-iz}|}{2} = \frac{e^{-y} + e^{y}}{2} = \cosh y \qquad \text{und} \\ |\cos z| &\geq \frac{\left||e^{iz}| - |e^{-iz}|\right|}{2} = \frac{\left|e^{-y} - e^{y}\right|}{2} = |\sinh y| .\end{aligned} \tag{17}$$

(F.2) Auf den Kanten $\gamma_{1,3}$ parallel zur x-Achse ist $|y| \geq \pi$.

Nach der letzten Teilaufgabe folgt

$$1 \leq \sinh \pi \leq |\cos z|$$

für alle $z \in \gamma_1 \cup \gamma_3$.
Auf den Kanten $\gamma_{2,4}$ parallel zur y-Achse ist $\sin x = 0$, also

$$1 \leq |\cos x| \cosh y = |\cos z|$$

für alle $z \in \gamma_2 \cup \gamma_4$.

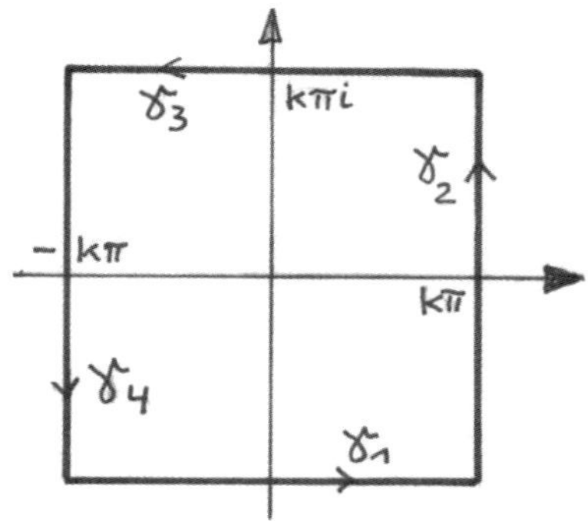

Die Möbiusabbildung $\zeta = T(z) := \dfrac{1+iz}{1-iz}$ ist eine bijektive Abbildung von $\widehat{\mathbb{C}}$ auf $\widehat{\mathbb{C}}$. Sie hat die Umkehrabbildung $z = T^{-1}(\zeta) = i\dfrac{1-\zeta}{1+\zeta}$.

$G := \left\{ z\,;\, -\pi < \arg\left(\dfrac{1+iz}{1-iz}\right) < \pi \right\}$ ist das Urbild $T^{-1}(\mathbb{C}^-)$ der längs der negativ reellen Achse geschlitzten Ebene $\mathbb{C}^- := \mathbb{C} \setminus \mathbb{R}_{\leq 0}$.

T^{-1} bildet die negativ reelle Achse (inklusive ∞) ab auf den Teil der imaginären Achse, der von $+i$ über ∞ bis $-i$ läuft.

Infolgedessen ist $G = \mathbb{C} \setminus \{ iy\,;\, |y| \geq 1 \} =: \mathbb{C}^{\|}$.

$T\colon G \to \mathbb{C}^-$ ist bijektiv. Der Hauptzweig $\operatorname{Log} \zeta = \log|\zeta| + i \arg \zeta$ des Logarithmus bildet $\mathbb{C}^-$ bijektiv auf $S_1 := \{ x + iy\,;\, -\pi < y < \pi \}$ ab.

Also ist $f(z) = \frac{1}{2i}\operatorname{Log}(T(z))$ eine bijektive Abbildung von $G = \mathbb{C}^{\|}$ auf den Streifen $S_2 := \left\{ x + iy\,;\, -\frac{\pi}{2} < x < \frac{\pi}{2} \right\}$.

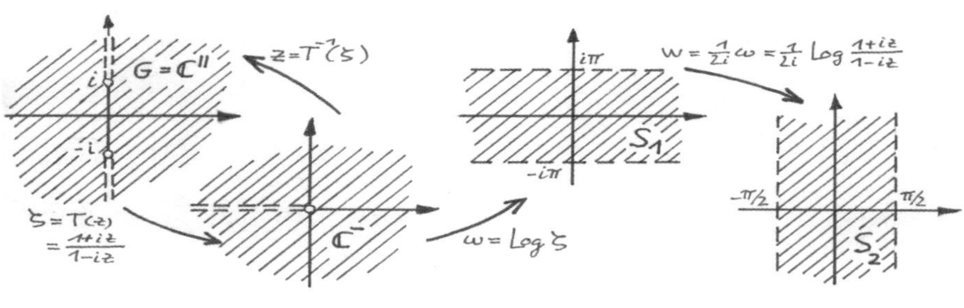

Nach Aufgabe 8.5.A.3(9) ist $\tan w = i\dfrac{1 - e^{2iw}}{1 + e^{2iw}} = T^{-1}(e^{2iw})$, also

$\tan(f(z)) = T^{-1}(e^{2if(z)}) = T^{-1}\left(\exp\left(\operatorname{Log}(T(z))\right)\right) = z$ für alle $z \in G$.
Siehe dazu auch Aufgabe 8.5.H.3.

H **(H.1)** Es gilt $\cos w = z \iff \left(\mathrm{e}^{iw}\right)^2 - 2z\,\mathrm{e}^{iw} + 1 = 0$ und diese quadratische Gleichung für $\zeta = \mathrm{e}^{iw}$ besitzt die Wurzeln $\zeta_{1,2} = z \pm \sqrt{z^2-1}$. Siehe dazu Aufgabe 8.5.A.1.

Die Gleichung $\arccos z = -i\log\left(z + \sqrt{z^2-1}\right)$ gilt daher in folgendem Sinn:

Sei $z \in \mathbb{C} \setminus \{\pm i\}$ beliebig und w einer der möglichen Werte $w = \arccos z$, also $\cos w = z$. Dann ist w auch ein möglicher Wert von $-i\log\left(z + \sqrt{z^2-1}\right)$, d.h. $\mathrm{e}^{-iw} = z \pm \sqrt{z^2-1}$. Und ebenso umgekehrt.

(H.2) Es gilt $\sinh w = z \iff \left(\mathrm{e}^{w}\right)^2 - 2z\,\mathrm{e}^{w} - 1 = 0$ und diese quadratische Gleichung für $\zeta = \mathrm{e}^{w}$ besitzt die Wurzeln $\zeta_{1,2} = z \pm \sqrt{z^2+1}$.

Die Gleichung $\operatorname{arsinh} z = \log\left(z + \sqrt{z^2+1}\right)$ gilt daher in folgendem Sinn:

Sei $z \in \mathbb{C} \setminus \{\pm i\}$ beliebig und w einer der möglichen Werte $w = \operatorname{arsinh} z$, also $\sinh w = z$. Dann ist w auch ein möglicher Wert von $\log\left(z + \sqrt{z^2+1}\right)$, d.h. $\mathrm{e}^{w} = z \pm \sqrt{z^2+1}$. Und ebenso umgekehrt.

(H.3) Wegen $\tan w = i\dfrac{1-\mathrm{e}^{2iw}}{1+\mathrm{e}^{2iw}}$ gilt die Gleichung $\arctan z = \dfrac{1}{2i}\log\dfrac{1+iz}{1-iz}$ in folgendem Sinn:

Sei $z \in \mathbb{C} \setminus \{\pm i\}$ beliebig und w einer der möglichen Werte $w = \arctan z$, also $\tan w = z$. Dann ist w auch einer der möglichen Werte von $\dfrac{1}{2i}\log\dfrac{1+iz}{1-iz}$, d.h. $\mathrm{e}^{2iw} = \dfrac{1+iz}{1-iz}$, und ebenso umgekehrt.

Für $z = \pm i$ gibt es kein w mit $\tan w = z$.

Siehe auch Aufgabe 8.5.G.

8.6 Spezielle Funktionen

Bernoulli-Zahlen:

1) Für $f(z) := \sum_{k=0}^{\infty} \frac{z^k}{(k+1)!}$ gilt $f(0) = 1$ und $f(z) = \frac{e^z - 1}{z}$ für $z \neq 0$.
   $g(z) := \frac{1}{f(z)}$ lässt sich um $z_0 = 0$ in eine Potenzreihe entwickeln, die man üblicherweise in der Form $g(z) = \sum_{k=0}^{\infty} \frac{B_k}{k!} z^k$ ansetzt.

2) Bestimmen Sie eine Rekursionsformel für die sog. Bernoulli-Zahlen B_k und berechnen Sie $B_0, \ldots, B_4$. Zeigen Sie, dass $B_{2n+1} = 0$ für alle $n \in \mathbb{N}$.

Man beweise, dass für alle z aus einer gewissen Umgebung von 0 gilt:

3) $\operatorname{Log} \frac{\sin z}{z} = \sum_{n=1}^{\infty} (-1)^n \frac{2^{2n-1}}{k\,(2n)!} B_{2n}\, z^{2n}$
   Dabei ist Log der Hauptwert des Logarithmus.

4) $z \cot z = \sum_{n=0}^{\infty} (-1)^n \frac{2^{2n}}{(2n)!} B_{2n}\, z^{2n}$

5) $\tan z = \sum_{n=1}^{\infty} (-1)^{n-1} \frac{2^{2n}(2^{2n}-1)}{(2n)!} B_{2n}\, z^{2n-1}$

Bernoulli-Polynome:

Die Bernoulli-Polynome $B_k(w)$, $k \in \mathbb{N}$, sind definiert durch die Potenzreihenentwicklung von $\frac{z\, e^{wz}}{e^z - 1} = \sum_{k=0}^{\infty} \frac{B_k(w)}{k!} z^k$ in $\{|z| < 2\pi\}$.

1) Zeigen Sie, dass die $B_k(w)$ Polynome in w sind vom Grad k.
2) Für $k \geq 1$ und beliebige $w \in \mathbb{C}$ gilt $B_k'(w) = kB_{k-1}(w)$
3) $B_k(w+1) - B_k(w) = kw^{k-1}$
4) $B_k(1-w) = (-1)^k B_k(w)$

Legendre-Polynome:

1) Es gibt für jedes $z \in \mathbb{C}$ eine in einer Umgebung von 0 holomorphe Funktion $G_z(w)$ mit $G_z(0) = 1$ und $(G_z(w))^2 = (1 - 2zw + w^2)^{-1}$.
   Beweisen Sie für die Koeffizienten $P_n(z)$ der Potenzreihenentwicklung

$$G_z(w) = \frac{1}{\sqrt{1 - 2zw + w^2}} = \sum_{n=0}^{\infty} P_n(z)\, w^n \tag{1}$$

die Rekursionsformel

$$(n+1)P_{n+1}(z) \;=\; (2n+1)zP_n(z) - nP_{n-1}(z)\ . \tag{2}$$

Insbesondere folgt daraus, dass die $P_n(z)$ Polynome n-ten Grades sind.

2) Beweisen Sie für diese *Legendre-Polynome* $P_n(z)$ die Darstellungen

$$P_n(z) \;=\; \frac{1}{2\pi i}\,\frac{1}{2^n}\oint \frac{(\zeta^2-1)^n}{(\zeta-z)^{n+1}}\,d\zeta \;=\; \frac{1}{2^n\,n!}\,\frac{d^n\left((z^2-1)^n\right)}{dz^n}\ . \tag{3}$$

D *Bessel-Funktionen:*

Die Bessel-Funktionen $J_n(w),\ n\in\mathbb{Z}$, sind definiert als die Koeffizienten der Laurent-Entwicklung von $\mathrm{e}^{w(z-1/z)/2} = \sum\limits_{n=-\infty}^{\infty} J_n(w)\,z^n$ in $\mathbb{C}\setminus\{0\}$.

Zeigen Sie, dass die $J_n(w)$ ganze Funktionen in w sind und beweisen Sie

$$\begin{aligned} J_n(w) \;&=\; \frac{1}{\pi}\int_0^{\pi}\cos(nt - w\sin t)\,dt \quad \text{für } n\in\mathbb{N} \text{ sowie} \\ J_n(w) \;&=\; \sum_{k=0}^{\infty}\frac{(-1)^k}{k!\,(n+k)!}\left(\frac{w}{2}\right)^{n+2k} \;=\; (-1)^n\,J_{-n}(w)\ . \end{aligned} \tag{4}$$

Lösungen:

A **(A.1)** Es ist

$$\frac{\mathrm{e}^z-1}{z} \;=\; \frac{1}{z}\sum_{k=1}^{\infty}\frac{z^k}{k!} \;=\; \sum_{k=0}^{\infty}\frac{z^k}{(k+1)!} \;=\; f(z) \quad \text{für alle } z\neq 0\ . \tag{5}$$

Für $z=0$ ist $f(0)=1$. Nach den Rechenregeln für Potenzreihen lässt sich $g(z) := \dfrac{1}{f(z)}$ um $z_0=0$ in eine Potenzreihe entwickeln.

(A.2) Der Ansatz $g(z)=\sum\limits_{k=0}^{\infty}\dfrac{B_k}{k!}\,z^k$ ergibt (Cauchy Produkt!) :

$$1 = g(z)f(z) = \Big(\sum_{k=0}^{\infty}\frac{B_k}{k!}\,z^k\Big)\Big(\sum_{k=0}^{\infty}\frac{z^k}{(k+1)!}\Big) = \sum_{n=0}^{\infty}\Big(\sum_{j=0}^{n}\frac{B_{n-j}}{(n-j)!}\,\frac{1}{(j+1)!}\Big)z^n\ .$$

Koeffizientenvergleich liefert $B_0=1$ und für $n\geq 1$ die Rekursionsformel:

$$\sum_{j=0}^{n}\frac{B_{n-j}}{(n-j)!}\,\frac{1}{(j+1)!} = \frac{B_n}{n!} + \frac{B_{n-1}}{(n-1)!}\,\frac{1}{2!} + \ldots + \frac{B_0}{0!}\,\frac{1}{(n+1)!} = 0\ .$$

Dies kann man in der Form

$$\sum_{k=0}^{n-1} \binom{n}{k} B_k = \begin{cases} 1 & \text{falls } n = 1 \\ 0 & \text{falls } n > 1 \end{cases} \tag{6}$$

schreiben. Daraus folgt der Reihe nach

$$\begin{aligned} B_1 + B_0 \frac{1}{2} &= 0\,, \quad \text{also} \quad B_1 = -\frac{1}{2} \\ B_2 \frac{1}{2!} + B_1 \frac{1}{2!} + B_0 \frac{1}{3!} &= 0\,, \quad \text{also} \quad B_2 = \frac{1}{6} \\ B_3 \frac{1}{3!} + B_2 \frac{1}{2!}\frac{1}{2!} + B_1 \frac{1}{3!} + B_0 \frac{1}{4!} &= 0\,, \quad \text{also} \quad B_3 = 0 \qquad \text{usw.} \end{aligned}$$

Es ist $g(z) - B_1 z$ eine gerade Funktion, denn

$$g(z) - B_1 z = \frac{z}{e^z - 1} + \frac{z}{2} = \frac{z}{2} \cdot \frac{e^z + 1}{e^z - 1} = \frac{-z}{2} \cdot \frac{e^{-z} + 1}{e^{-z} - 1}\,. \tag{7}$$

Also verschwinden alle Koeffizienten mit ungeradem Index > 1, d.h. $B_{2n+1} = 0$ für alle $n \geq 1$. Ferner

$$B_4 = -\frac{1}{30}\,,\; B_6 = \frac{1}{42}\,,\; B_8 = -\frac{1}{30}\,,\; B_{10} = \frac{5}{66}\,,\; B_{12} = -\frac{691}{2730}\,,\; \ldots \tag{8}$$

(A.3) $h(z) = \dfrac{\sin z}{z}$ ist bei 0 holomorph bzw durch $h(0) := 1$ holomorph ergänzbar. Daher ist auch $\operatorname{Log} h(z)$ in einer Umgebung von 0 holomorph und dort in eine Potenzreihe entwickelbar. Potenzreihen dürfen gliedweise differenziert und integriert werden. Es ist

$$\begin{aligned} \bigl(\operatorname{Log} h(z)\bigr)' &= \frac{1}{z}\,\frac{z\cos z - \sin z}{\sin z} = \frac{1}{z}\Bigl[-1 + iz + \frac{2iz}{e^{2iz} - 1}\Bigr] \\ &= \frac{1}{z}\Bigl[-1 + iz + \sum_{k=0}^{\infty} \frac{B_k}{k!}(2iz)^k\Bigr] = \sum_{k=1}^{\infty} (-1)^k \frac{B_{2k}}{(2k)!}\, 2^{2k}\, z^{2k-1} \end{aligned}$$

wegen $B_1 = -\frac{1}{2}$, $B_{2k+1} = 0$ für $k = 1, 2, \ldots$ und Aufgabe **(A.2)**. Durch Integration folgt (beachte $\operatorname{Log} h(0) = 0$)

$$\operatorname{Log} \frac{\sin z}{z} = \sum_{k=1}^{\infty} (-1)^k \frac{2^{2k-1}}{k\,(2k)!}\, B_{2k}\, z^{2k}\,. \tag{9}$$

Wegen $\cot z + \tan \frac{z}{2} = \frac{1}{\sin z}$ (8.5.D.1) folgt dies auch aus **(A.4)** und **(A.5)**.

(A.4) Es ist $z\cot z = iz + \dfrac{2iz}{e^{2iz}-1}$. Wegen $\dfrac{w}{e^w-1} = \sum\limits_{k=0}^{\infty} \dfrac{B_k}{k!}\,w^k$ **(A.1)** folgt

$$\begin{aligned} z\cot z &= \sum_{n=0}^{\infty}(-1)^n \frac{2^{2n}}{(2n)!}\,B_{2n}\,z^{2n} \qquad \text{bzw} \\ \frac{z}{2}\cot\frac{z}{2} &= 1 - B_2\,\frac{z^2}{2!} + B_4\,\frac{z^4}{4!} - B_6\,\frac{z^6}{6!} + - \dots . \end{aligned} \tag{10}$$

(A.5) Es ist $\tan z = \cot z - 2\cot 2z$. Aus **(A.4)** folgt

$$\begin{aligned} \tan z &= \frac{1}{z}\left[\sum_{n=0}^{\infty}(-1)^n \frac{2^{2n}}{(2n)!}\,B_{2n}\,z^{2n} - \sum_{n=0}^{\infty}(-1)^n \frac{2^{2n}}{(2n)!}\,B_{2n}\,(2z)^{2n}\right] \\ &= \sum_{n=1}^{\infty}(-1)^{n-1}\frac{2^{2n}(2^{2n}-1)}{(2n)!}\,B_{2n}\,z^{2n-1} \\ &= z + \frac{1}{3}\,z^3 + \frac{2}{15}\,z^5 + \frac{17}{315}\,z^7 + \dots . \end{aligned} \tag{11}$$

B **(B.1)** Für jedes $w \in \mathbb{C}$ ist $F_w(z) := \dfrac{z\,e^{wz}}{e^z-1}$ als Funktion von z holomorph in $\mathbb{C}\backslash\{\,\pm 2k\pi i\,;\,k\in\mathbb{N}\,\}$. Also kann $F_w(z)$ um $z_0 = 0$ in eine Potenzreihe entwickelt werden, die in der größten offenen Kreisscheibe um z_0 konvergiert, in der $F_w(z)$ noch holomorph ist, also im Kreis $\{|z| < 2\pi\}$. Man macht üblicherweise den Ansatz

$$F_w(z) = \frac{z\,e^{wz}}{e^z-1} = \sum_{k=0}^{\infty}\frac{B_k(w)}{k!}\,z^k \tag{12}$$

mit noch unbekannten, von w abhängenden Koeffizienten $B_k(w)$.

<u>Beh.:</u> Die $B_k(w)$ sind Polynome in w vom Grad k.

Wegen $F_w(z) = \dfrac{z\,e^{wz}}{e^z-1}$ und $\dfrac{z}{e^z-1} = \sum\limits_{k=0}^{\infty}\dfrac{B_k}{k!}\,z^k$ (8.6.A.1) gilt

$$\sum_{k=0}^{\infty}\frac{B_k(w)}{k!}\,z^k = \left(\sum_{k=0}^{\infty}\frac{1}{k!}\,w^k\,z^k\right)\left(\sum_{k=0}^{\infty}\frac{B_k}{k!}\,z^k\right) . \tag{13}$$

Ausmultiplizieren mit Cauchy-Produkt und Koeffizientenvergleich liefert

$$B_k(w) = \sum_{j=0}^{k}\frac{k!}{j!(k-j)!}\,B_j\,w^{k-j} = \sum_{j=0}^{k}\binom{k}{j}B_j\,w^{k-j} . \tag{14}$$

Also sind die $B_k(w)$ normierte Polynome vom Grad k. $B_k(w)$ heißt k-tes *Bernoulli-Polynom*. Es ist $B_k(0) = B_k$ die k-te *Bernoulli-Zahl.*

Die ersten Bernoulli-Polynome sind

$$\begin{aligned} B_0(w) = 1\,, \quad B_1(w) = w - \tfrac{1}{2}\,, \quad B_2(w) = w^2 - w + \tfrac{1}{6}\,, \\ B_3(w) = w^3 - \tfrac{3}{2}w^2 + \tfrac{1}{2}w\,, \quad B_4(w) = w^4 - 2w^3 + w^2 - \tfrac{1}{30}\,. \end{aligned} \tag{15}$$

(B.2) $F(z,w) := F_w(z) = \dfrac{z\,\mathrm{e}^{zw}}{\mathrm{e}^z - 1}$ ist für festes z eine holomorphe Funktion in w. Für sie gilt $\dfrac{d}{dw}F(z,w) = zF(z,w)$.

Für festes z ist die Reihe $\sum\limits_{k=0}^{\infty} \dfrac{B_k(w)}{k!} z^k$ normal konvergent in w und darf daher gliedweise differenziert werden. Man erhält

$$\frac{d}{dw}F(z,w) \;=\; \sum_{k=0}^{\infty} \frac{B_k'(w)}{k!} z^k \;=\; zF(z,w) \;=\; \sum_{k=1}^{\infty} \frac{B_{k-1}(w)}{(k-1)!} z^k\,. \tag{16}$$

Koeffizientenvergleich liefert $B_k'(w) = kB_{k-1}(w)$ für $k \geq 1$.

(B.3) Für $F(z,w) = \dfrac{z\,\mathrm{e}^{zw}}{\mathrm{e}^z - 1}$ gilt $F(z, w+1) - F(z,w) = z\,\mathrm{e}^{zw}$. Übergang zu den Potenzreihen und Koeffizientenvergleich liefert:

$$\begin{aligned} \sum_{k=0}^{\infty} \frac{B_k(w+1)}{k!} z^k - \sum_{k=0}^{\infty} \frac{B_k(w)}{k!} z^k \;&=\; z \sum_{k=0}^{\infty} \frac{1}{k!}\, w^k\, z^k \\ B_k(w+1) - B_k(w) \;&=\; kw^{k-1}\,. \end{aligned} \tag{17}$$

(B.4) Für $F(z,w) = \dfrac{z\,\mathrm{e}^{zw}}{\mathrm{e}^z - 1}$ gilt $F(z, 1-w) = F(-z, w)$. Übergang zu den Potenzreihen und Koeffizientenvergleich liefert:

$$\begin{aligned} \sum_{k=0}^{\infty} \frac{B_k(1-w)}{k!} z^k \;&=\; \sum_{k=0}^{\infty} \frac{B_k(w)}{k!} (-1)^k\, z^k \\ B_k(1-w) \;&=\; (-1)^k B_k(w)\,. \end{aligned} \tag{18}$$

(C.1) Sei $z \in \mathbb{C}$ und $g(w) := 1 - 2zw + w^2$. Es ist $g(0) = 1$. Sei $h(\zeta) := \sqrt{\zeta}$ der in einer Umgebung von 1 erklärte Hauptwert der Quadratwurzel.
Es ist $G_z(w) = \big(h(g(w))\big)^{-1}$, $G_z(0) = 1$ und $\big(G_z(w)\big)^2 = 1/g(w)$.

Für die Ableitung gilt $(G_z(w))' = \dfrac{z-w}{\sqrt{1-2zw+w^2}^3}$, also erfüllt $G_z(w)$ die Differentialgleichung

$$\left(1-2zw+w^2\right)(G_z(w))' - (z-w)G_z(w) \;=\; 0 \;. \tag{19}$$

Für die Potenzreihenentwicklung $G_z(w) = \sum_{n=0}^{\infty} P_n(z)\, w^n$ ergibt sich daher

$$(1-2zw+w^2)\sum_{n=0}^{\infty} nP_n(z)\, w^{n-1} - (z-w)\sum_{n=0}^{\infty} P_n(z)\, w^n \;=\; 0 \quad \text{bzw}$$

$$\begin{aligned}\sum_{n=0}^{\infty}(n+1)P_{n+1}(z)\, w^n - 2z\sum_{n=1}^{\infty} nP_n(z)\, w^n + \sum_{n=2}^{\infty}(n-1)P_{n-1}(z)\, w^n \\ - z\sum_{n=0}^{\infty} P_n(z)\, w^n + \sum_{n=1}^{\infty} P_{n-1}(z)\, w^n \;=\; 0 \;.\end{aligned} \tag{20}$$

Durch Koeffizientenvergleich ergibt sich die Rekursionsformel

$$(n+1)P_{n+1}(z) \;=\; (2n+1)zP_n(z) - nP_{n-1}(z) \;. \tag{21}$$

Wegen $P_0(z) = 1$ und $P_1(z) = z$ folgt daraus, dass die Koeffizienten $P_n(z)$ Polynome n–ten Grades sind. Die nächsten Legendre Polynome sind

$$\begin{aligned}&P_2(z) = \tfrac{1}{2}\left(3z^2-1\right) \;; \quad P_3(z) = \tfrac{1}{2}\left(5z^3-3z\right) \;; \\ &P_4(z) = \tfrac{1}{8}\left(35z^4-30z^2+3\right) \;; \quad P_5(z) = \tfrac{1}{8}\left(63z^5-70z^3+15z\right) \;.\end{aligned} \tag{22}$$

(C.2) Es ist $P_n(z) = \dfrac{1}{2\pi i}\oint \dfrac{d\zeta}{\zeta^{n+1}\sqrt{1-2z\zeta+\zeta^2}}$, wobei über einen hinreichend kleinen Kreis um 0 integriert wird (Cauchysche Integralformel). Durch die Substitution $t = \dfrac{1-\sqrt{1-2z\zeta+\zeta^2}}{\zeta}$, $\zeta = \dfrac{2(t-z)}{t^2-1}$ wird eine Umgebung von $\zeta = 0$ bijektiv auf eine Umgebung von $t = z$ abgebildet. Damit folgt

$$P_n(z) \;=\; \frac{1}{2\pi i}\oint \frac{d\zeta}{\zeta^{n+1}\sqrt{1-2z\zeta+\zeta^2}} \;=\; \frac{1}{2\pi i}\,\frac{1}{2^n}\oint \frac{(t^2-1)^n}{(t-z)^{n+1}}dt \;.$$

Dabei wird im umgeformten Integral positiv um z herum integriert. Wiederum nach der Cauchyschen Integralformel folgt

$$P_n(z) \;=\; \frac{1}{2^n\, n!}\,\frac{d^n\left((z^2-1)^n\right)}{dz^n} \;. \tag{23}$$

Mit $\mathrm{e}^{w(z-1/z)/2} = \sum_{n=-\infty}^{\infty} J_n(w)\, z^n$ folgt aus den Cauchy-Integralformeln

$$J_n(w) = \frac{1}{2\pi i} \int_{|z|=1} \frac{1}{z^{n+1}} \mathrm{e}^{w(z-1/z)/2}\, dz \,. \tag{24}$$

Der Integrand ist eine ganze Funktion in w, also ist auch $J_n(w)$ ganz.
Mit $z(t) = \mathrm{e}^{it}$ folgt

$$\begin{aligned} J_n(w) &= \frac{1}{2\pi} \int_0^{2\pi} \mathrm{e}^{-i(n+1)t}\, \mathrm{e}^{\frac{w}{2}(\,\mathrm{e}^{it} - \mathrm{e}^{-it})}\, \mathrm{e}^{it}\, dt = \frac{1}{2\pi} \int_0^{2\pi} \mathrm{e}^{-int}\, \mathrm{e}^{iw \sin t}\, dt \\ &= \underbrace{\frac{1}{2\pi} \int_{-\pi}^{\pi} \cos\big(w \sin t - nt\big)\, dt}_{=:I_1} + \underbrace{\frac{i}{2\pi} \int_{-\pi}^{\pi} \sin\big(w \sin t - nt\big)\, dt}_{=:I_2} \\ &= \frac{1}{\pi} \int_0^{\pi} \cos\big(nt - w \sin t\big)\, dt \,, \end{aligned}$$

da der Integrand von I_1 gerade und der von I_2 ungerade ist.

Die Exponentialreihe liefert

$$\begin{aligned} \mathrm{e}^{w(z-1/z)/2} &= \sum_{k=0}^{\infty} \frac{1}{k!} \left(\frac{w}{2}\right)^k \left(\sum_{j=0}^{k} \binom{k}{j} (-1)^j z^{k-2j} \right) \\ &= \sum_{k=0}^{\infty} \frac{1}{k!} \left(\frac{w}{2}\right)^k \left(\sum_{j=0}^{k} \binom{k}{j} (-1)^{k-j} z^{2j-k} \right) . \end{aligned} \tag{25}$$

Gesucht ist der Koeffizient $J_n(w)$ von z^n in der Laurentreihenentwicklung. Umsortieren ist erlaubt wegen absoluter Konvergenz.

Die erste Reihendarstellung liefert für $n \geq 0$ (setze $k = 2j + n$):

$$J_n(w) = \sum_{j=0}^{\infty} \frac{1}{(2j+n)!} \binom{2j+n}{j} (-1)^j \left(\frac{w}{2}\right)^{2j+n} = \sum_{k=0}^{\infty} \frac{(-1)^k}{k!\,(n+k)!} \left(\frac{w}{2}\right)^{n+2k} .$$

Die zweite Reihendarstellung liefert für $n < 0$ (mit $k = 2j - n$):

$$\begin{aligned} J_n(w) &= \sum_{j=0}^{\infty} \frac{1}{(2j-n)!} \binom{2j-n}{j} (-1)^{j-n} \left(\frac{w}{2}\right)^{2j-n} \\ &= (-1)^n \sum_{j=0}^{\infty} \frac{(-1)^j}{(j-n)!\, j!} \left(\frac{w}{2}\right)^{2j-n} = (-1)^n J_{-n}(w) \,. \end{aligned} \tag{26}$$

8.7 Komplexe Differenzierbarkeit

A Sei $D \subset \mathbb{C}$ offen, $z_0 \in D$ und $f\colon D \to \mathbb{C}$. Dann ist f genau dann (komplex) differenzierbar in z_0, wenn es eine in z_0 stetige Funktion $f_1\colon D \to \mathbb{C}$ gibt derart, dass

$$f(z) \;=\; f(z_0) + (z - z_0) f_1(z) \quad \text{für alle } z \in D\,. \tag{1}$$

In diesem Fall ist die Ableitung von f in z_0 gerade $f'(z_0) \;=\; f_1(z_0)$.

B Zeigen Sie, dass die komplexe Konjugierung $f(z) := \overline{z}$ in $\mathbb{C}$ nirgends komplex differenzierbar ist.

C Welche der folgenden Funktionen sind wo komplex differenzierbar bzw holomorph:

1) $f(x + iy) := xy + \frac{i}{2}(y^2 - x^2 + 20)$
2) $f(x + iy) := \mathrm{e}^y - i\,\mathrm{e}^x$
3) $f(x + iy) := ax + iby \quad (a, b \in \mathbb{C})$
4) $f(z) := z \operatorname{Re} z$

D Sei $f(z) = u(x, y) + iv(x, y)$ in einer Umgebung von $\zeta \in \mathbb{C}$ definiert.

1) Ist f in ζ komplex differenzierbar, so erfüllen u, v in ζ die Cauchy-Riemann Dgln.
2) Sind u, v in einer Umgebung von ζ stetig partiell differenzierbar und erfüllen sie in ζ die Cauchy-Riemann-Dgln, so ist f in ζ komplex differenzierbar.

E Seien $z = x + iy = r\,\mathrm{e}^{i\varphi}$ und $w = f(z) = u + iv = R\,\mathrm{e}^{i\Phi}$.
Formulieren und beweisen Sie die Cauchy-Riemann Dgln für

1) $u(r, \varphi),\ v(r, \varphi)$
2) $R(x, y),\ \Phi(x, y)$
3) $R(r, \varphi),\ \Phi(r, \varphi)$

F 1) Sei $G \subset \mathbb{C}$ ein Gebiet und $f\colon G \to \mathbb{C}$ holomorph. Zeigen Sie, dass $|f| = const \iff f = const$.

2) Sei $A := \{\, z\,;\, r < |z| < R \,\}$ ein Kreisring und $f\colon A \to \mathbb{C}$ holomorph. Ferner sei $|f| = const$ auf Kreisen $\{|z| = const\}$.
Zeigen Sie, dass dann f von der Form $f(z) = az^n$ mit $n \in \mathbb{Z},\ a \in \mathbb{C}$ ist.

G Sei $D \subset \mathbb{C}$ offen und $S \subset D$ eine diskrete Punktmenge in D. Ist f in D stetig und in $D \setminus S$ holomorph, so ist f in ganz D holomorph.

H Sei f holomorph in dem offenen Bereich $D \subset \mathbb{C}$. Zeigen Sie, dass die durch $f^*(z) := \overline{f(\overline{z})}$ definierte Funktion f^* im Gebiet $D^* := \{\, z\,;\, \overline{z} \in D \,\}$ holomorph ist.

Seien $G \subset \mathbb{C}$ ein Gebiet mit $0 \in G$ und $f\colon G \to \mathbb{C}$ stetig partiell differenzierbar. Dann gilt:

$$f \text{ ist in 0 komplex differenzierbar} \iff \lim_{r\to 0} \frac{1}{\pi r^2} \int_{|z|=r} f(z)\, dz = 0 .$$

Satz über die Holomorphie der Umkehrfunktion:

Seien $D \subset \mathbb{C}$ offen, $f\colon D \to \mathbb{C}$ holomorph, $z_0 \in D$ und $f'(z_0) \neq 0$.

Dann existieren offene Umgebungen $U \subset D$ von z_0 und V von $f(z_0)$ derart, dass $f(U) = V$ und $f|_U$ injektiv ist.

Die Umkehrfunktion $f^{-1}\colon V \to U$ von $f|_U$ ist in V holomorph und es gilt

$$(f^{-1})'(w) = \frac{1}{f'(f^{-1}(w))} \qquad \text{für alle } w \in V . \tag{2}$$

ungen:

"$\Longrightarrow$": Sei zunächst f in z_0 differenzierbar. Also existiert der Grenzwert $\lim\limits_{z\to z_0} \frac{f(z)-f(z_0)}{z-z_0} = f'(z_0)$. Sei $f_1\colon D \to \mathbb{C}$ definiert durch

$$f_1(z) := \begin{cases} \frac{f(z)-f(z_0)}{z-z_0} & \text{für } z \neq z_0 \\ f'(z_0) & \text{für } z = z_0 \end{cases} . \tag{3}$$

Dann ist f_1 in z_0 stetig und es gilt

$$f(z) = f(z_0) + (z-z_0) f_1(z) \quad \text{für alle } z \in D . \tag{4}$$

"$\Longleftarrow$": Sei nun $f_1\colon D \to \mathbb{C}$ in $z_0 \in D$ stetig und es gelte (4). Dann existiert der Grenzwert

$$f_1(z_0) = \lim_{z\to z_0} f_1(z) = \lim_{z\to z_0} \frac{f(z)-f(z_0)}{z-z_0} . \tag{5}$$

Also ist f in z_0 komplex differenzierbar und es ist $f'(z_0) = f_1(z_0)$.

Sei $f(z) := \overline{z}$ und $z_0 \in \mathbb{C}$ beliebig.

<u>Beh.:</u> f ist in z_0 nicht komplex differenzierbar.

Dafür reicht zu zeigen, dass der Grenzwert $\lim\limits_{z\to z_0} \frac{f(z)-f(z_0)}{z-z_0}$ nicht existiert.

Für $t \to 0$, $t \in \mathbb{R}$ strebt $z(t) := z_0 + t$ gegen z_0 parallel zur reellen Achse. Für diese Annäherung gilt

$$\frac{f(z(t))-f(z_0)}{z(t)-z_0} = \frac{\overline{z_0+t} - \overline{z_0}}{z_0+t-z_0} = \frac{t}{t} = 1 \to 1 . \tag{6}$$

Für $t \to 0$, $t \in \mathbb{R}$ strebt $z(t) := z_0 + ti$ gegen z_0 parallel zur imaginären Achse. Für diese Annäherung gilt

$$\frac{f(z(t)) - f(z_0)}{z(t) - z_0} = \frac{\overline{z_0 + it} - \overline{z_0}}{z_0 + it - z_0} = \frac{-it}{it} = -1 \to -1 . \tag{7}$$

Da sich bei zwei verschiedenen Annäherungen an z_0 verschiedene Grenzwerte ergeben, hat der Differenzenquotient für $z \to z_0$ keinen Grenzwert. Fertig!

C **(C.1)** Es ist

$$f(x + iy) := xy + \tfrac{i}{2}(y^2 - x^2 + 20) = -\tfrac{i}{2} z^2 + 10i . \tag{8}$$

Als Polynom ist $f(z)$ in ganz $\mathbb{C}$ komplex differenzierbar und holomorph.

(C.2) Für $f(x+iy) := e^y - i\,e^x = u(x,y) + iv(x,y)$ ist $u_x \equiv 0 \equiv v_y$. Aber

$$u_y(x,y) = e^y = -v_x(x,y) = e^x \iff x = y . \tag{9}$$

Also ist f auf der 'Winkelhalbierenden' $y = x$ komplex differenzierbar. f ist nirgends holomorph, da f auf keiner *offenen* Menge komplex differenzierbar ist.

(C.3) Es ist $f(z) := ax + iby = (x \operatorname{Re} a - y \operatorname{Im} b) + i(x \operatorname{Im} a + y \operatorname{Re} b)$. Also

$$u_x = v_y \;,\; u_y = -v_x \iff \operatorname{Re} a = \operatorname{Re} b \;,\; \operatorname{Im} b = \operatorname{Im} a \iff a = b .$$

Also ist f für $a = b$ in ganz $\mathbb{C}$ komplex differenzierbar und holomorph. Für $a \neq b$ ist f in keinem Punkt komplex differenzierbar und damit nirgends holomorph.

(C.4) $f(z) = u + iv = z \operatorname{Re} z = x^2 + ixy$ ist in ganz $\mathbb{C}$ definiert. Als Abbildung $\mathbb{R}^2 \to \mathbb{R}^2$ ist sie beliebig oft stetig partiell differenzierbar, also auch beliebig oft total differenzierbar. Es ist

$$u_x = 2x = v_y = x \iff x = 0 \quad \text{und} \quad u_y = 0 = -v_x = -y \iff y = 0 .$$

Also ist f nur im Nullpunkt komplex differenzierbar und nirgends holomorph.

Im Wirtinger-Kalkül kann man so schließen:
Es ist $f(z) = z \operatorname{Re} z = z(z + \overline{z})/2$ und daher

$$\frac{\partial f}{\partial \overline{z}} = \frac{z}{2} = 0 \iff z = 0 . \tag{10}$$

Also ist f nur im Nullpunkt komplex differenzierbar.

D **(D.1)** Sei f in $\zeta = \xi + i\eta$ komplex differenzierbar. Dann existiert der Grenzwert $\lim\limits_{z \to \zeta} \dfrac{f(z) - f(\zeta)}{z - \zeta}$. Insbesondere gilt für reelles $t \to 0$:

$$L_1 := \lim_{t \to 0} \frac{f(\zeta + t) - f(\zeta)}{\zeta + t - \zeta} = \lim_{t \to 0} \frac{f(\zeta + it) - f(\zeta)}{\zeta + it - \zeta} = L_2 . \tag{11}$$

Es ist

$$\begin{aligned} L_1 &= \lim_{t\to 0} \frac{u(\xi+t,\eta)+iv(\xi+t,\eta)-u(\xi,\eta)-iv(\xi,\eta)}{t} \\ &= \lim_{t\to 0} \frac{u(\xi+t,\eta)-u(\xi,\eta)}{t} + i\lim_{t\to 0}\frac{v(\xi+t,\eta)-v(\xi,\eta)}{t} \\ L_2 &= \lim_{t\to 0} \frac{u(\xi,\eta+t)+iv(\xi,\eta+t)-u(\xi,\eta)-iv(\xi,\eta)}{it} \\ &= \lim_{t\to 0} \frac{v(\xi,\eta+t)-v(\xi,\eta)}{t} + \lim_{t\to 0}\frac{u(\xi,\eta+t)-u(\xi,\eta)}{it} \end{aligned} \tag{12}$$

Also gilt $L_1 = L_2$ genau dann, wenn

$$\begin{aligned} \lim_{t\to 0} \frac{u(\xi+t,\eta)-u(\xi,\eta)}{t} &= \lim_{t\to 0} \frac{v(\xi,\eta+t)-v(\xi,\eta)}{t} \qquad \text{und} \\ \lim_{t\to 0} \frac{v(\xi+t,\eta)-v(\xi,\eta)}{t} &= -\lim_{t\to 0} \frac{u(\xi,\eta+t)-u(\xi,\eta)}{t} \end{aligned} \tag{13}$$

also genau dann, wenn

$$u_x(\xi,\eta) = v_y(\xi,\eta) \qquad \text{und} \qquad v_x(\xi,\eta) = -u_y(\xi,\eta)\,. \tag{14}$$

(D.2) Sei $f(z) = u(x,y)+iv(x,y)$ in einer ganzen Umgebung U von $\zeta = \xi+i\eta$ stetig partiell nach x und y differenzierbar und die Cauchy-Riemann-Dgln seien in ζ erfüllt. Dann ist f in ζ total reell differenzierbar und es gilt

$$\begin{aligned} f(z) &= \big[u(\xi,\eta)+u_x(\xi,\eta)(x-\xi)+u_y(\xi,\eta)(y-\eta)+r_1(z)\big] \\ &\qquad +i\big[v(\xi,\eta)+v_x(\xi,\eta)(x-\xi)+v_y(\xi,\eta)(y-\eta)+r_2(z)\big] \\ &= \big[u(\xi,\eta)+iv(\xi,\eta)\big]+\big[u_x(\xi,\eta)(x-\xi)-v_x(\xi,\eta)(y-\eta)+r_1(z)\big] \\ &\qquad +i\big[v_x(\xi,\eta)(x-\xi)+u_x(\xi,\eta)(y-\eta)+r_2(z)\big] \\ &= f(\zeta)+\big[u_x(\xi,\eta)+iv_x(\xi,\eta)\big]\big[(x-\xi)+i(y-\eta)\big]+\big[r_1(z)+ir_2(z)\big] \\ &= f(\zeta)+f_x(\zeta)(z-\zeta)+r_3(z)\,. \end{aligned}$$

Dabei gilt für die 'Restterme' $r_1(z)$, $r_2(z)$ und $r_3 = r_1+ir_2$, dass sie für $z \to \zeta$ von höherer als erster Ordnung gegen Null gehen, d.h. dass $\lim\limits_{z\to\zeta} \dfrac{r_j(z)}{z-\zeta} = 0$.

Dann ist aber $f(z)$ bei ζ komplex linear approximierbar, also komplex differenzierbar. Und zwar ist $f'(\zeta) = f_x(\zeta)$. Fertig!

E **(E.1)** Mit $\frac{\partial(x,y)}{\partial(r,\varphi)} = \begin{pmatrix} x_r & x_\varphi \\ y_r & y_\varphi \end{pmatrix} = \begin{pmatrix} \cos\varphi & -r\sin\varphi \\ \sin\varphi & r\cos\varphi \end{pmatrix}$ folgt nach der Kettenregel:

$$\begin{aligned} \frac{\partial(u,v)}{\partial(r,\varphi)} &= \frac{\partial(u,v)}{\partial(x,y)} \cdot \frac{\partial(x,y)}{\partial(r,\varphi)} \\ \begin{pmatrix} u_r & u_\varphi \\ v_r & v_\varphi \end{pmatrix} &= \begin{pmatrix} u_x & u_y \\ v_x & v_y \end{pmatrix} \cdot \begin{pmatrix} x_r & x_\varphi \\ y_r & y_\varphi \end{pmatrix} = \begin{pmatrix} u_x & u_y \\ v_x & v_y \end{pmatrix} \cdot \begin{pmatrix} \cos\varphi & -r\sin\varphi \\ \sin\varphi & r\cos\varphi \end{pmatrix} \\ &= \begin{pmatrix} u_x\cos\varphi + u_y\sin\varphi & r(-u_x\sin\varphi + u_y\cos\varphi) \\ v_x\cos\varphi + v_y\sin\varphi & r(-v_x\sin\varphi + v_y\cos\varphi) \end{pmatrix} \end{aligned}$$

und daraus wiederum:

$$u_x = v_y \ , \ u_y = -v_x \quad \Longleftrightarrow \quad ru_r = v_\varphi \ , u_\varphi = -rv_r \ . \tag{15}$$

"$\Longrightarrow$": folgt sofort durch Einsetzen.

"$\Longleftarrow$": Zunächst folgt

$$\begin{aligned} u_x\cos\varphi + u_y\sin\varphi &= v_y\cos\varphi - v_x\sin\varphi \qquad \text{und} \\ u_x\sin\varphi - u_y\cos\varphi &= v_x\cos\varphi + v_y\sin\varphi \end{aligned} \tag{16}$$

Multiplikation der 1. Gleichung mit $\cos\varphi$, der 2. Gleichung mit $\sin\varphi$ und anschließende Addition der beiden Gleichungen liefert $u_x = v_y$. Multiplikation der 1. Gleichung mit $\sin\varphi$, der 2. Gleichung mit $\cos\varphi$ und anschließende Subtraktion ergibt $u_y = -v_x$.

(E.2) Sei $f(z) = u + iv = R\,\mathrm{e}^{i\Phi}$. Wie in **(E.1)** folgt nach der Kettenregel:

$$\begin{aligned} \frac{\partial(u,v)}{\partial(x,y)} &= \frac{\partial(u,v)}{\partial(R,\Phi)} \cdot \frac{\partial(R,\Phi)}{\partial(x,y)} \\ \begin{pmatrix} u_x & u_y \\ v_x & v_y \end{pmatrix} &= \begin{pmatrix} \cos\Phi & -R\sin\Phi \\ \sin\Phi & R\cos\Phi \end{pmatrix} \cdot \begin{pmatrix} R_x & R_y \\ \Phi_x & \Phi_y \end{pmatrix} \\ &= \begin{pmatrix} R_x\cos\Phi - R\Phi_x\sin\Phi & R_y\cos\Phi - R\Phi_y\sin\Phi \\ R_x\sin\Phi + R\Phi_x\cos\Phi & R_y\sin\Phi + R\Phi_y\cos\Phi \end{pmatrix} \end{aligned} \tag{17}$$

Man erhält mit analoger Rechnung wie in **(E.1)**

$$u_x = v_y \ , \ u_y = -v_x \quad \Longleftrightarrow \quad R_x = R\Phi_y \ , \ R_y = -R\Phi_x \ . \tag{18}$$

(E.3) Analog wie bei den letzten beiden Teilaufgaben erhält man

$$u_x = v_y \ , \ u_y = -v_x \quad \Longleftrightarrow \quad rR_r = R\Phi_\varphi \ , \ R_\varphi = -rR\Phi_r \ . \tag{19}$$

(F.1) Sei $G \subset \mathbb{C}$ ein Gebiet und $f\colon G \to \mathbb{C}$ holomorph.

Die Richtung "$f = const \Longrightarrow |f| \equiv const$" ist trivial.

Ist $f = R\,\mathrm{e}^{i\Phi}$ und $|f| = R \equiv const$, so ist $R_x = R_y \equiv 0$ in G. Nach Aufgabe **(E.2)** ist dann auch $\Phi_x = \Phi_y \equiv 0$ in G. G ist ein Gebiet, also $f \equiv const$.

Die nicht-triviale Richtung folgt auch aus dem Satz von der Gebietstreue, bzw daraus, dass nicht-konstante holomorphe Funktionen offene Mengen auf offene Mengen abbilden. $|f| \equiv const$ bedeutet ja, dass das Bild $f(G)$ auf einer Kreislinie liegt, also nicht offen in $\mathbb{C}$ sein kann.

(F.2) Ist $|f|$ auf Kreisen $|z| = const$ im Kreisring A konstant, so ist f von der Form $f(\varrho\,\mathrm{e}^{i\varphi}) = g(\varrho)\,\mathrm{e}^{ih(\varphi)}$ mit reellen Funktionen g und h. Die Cauchy-Riemann-Dgln und Aufgabe **(E.3)** liefern

$$\varrho g'(\varrho) \;=\; g(\varrho)h'(\varphi)\;, \quad \text{also} \quad h'(\varphi) \;=\; c \;=\; \frac{\varrho g'(\varrho)}{g(\varrho)} \tag{20}$$

mit einer Konstanten $c \in \mathbb{R}$. Daraus folgt weiter

$$h(\varphi) = c\varphi + d\;;\; g(\varrho) = \alpha\varrho^c\;;\; f(z) = \alpha\varrho^c\,\mathrm{e}^{i(c\varphi+d)} = (\alpha\,\mathrm{e}^{id})\cdot z^c\;. \tag{21}$$

Da f im Kreisring A stetig ist, muss $c \in \mathbb{Z}$ sein. Fertig!

Sei $z_0 \in S \subset D \subset \mathbb{C}$ und $U = B_r(z_0) \subset D$ so klein, dass außer z_0 kein weiterer Punkt aus S in der Kreisscheibe U liegt. Nach Goursat verschwindet dann das Integral $\displaystyle\int_{\partial\Delta} f(z)\,dz$ für jedes in U gelegene abgeschlossene Dreieck Δ. Dann besitzt f eine Stammfunktion in U und ist infolgedessen holomorph in U und damit auch komplex differenzierbar in z_0. Da $z_0 \in S$ beliebig war, ist f in ganz D holomorph.

Dies Resultat gilt auch noch für allgemeinere Ausnahmemengen S. Z.B. kann S eine Gerade sein. Für eine Beweisidee siehe z.B. Aufgabe 10.1.G.

Die komplexe Konjugierung $\{z \mapsto \overline{z}\}$ ist ein Homöomorphismus der Ebene $\mathbb{C}$ auf sich. Daher ist mit $D \subset \mathbb{C}$ auch $D^* := \{\,\overline{z}\,;\, z \in D\,\}$ offen.

$f^*(z) = \overline{f(\bar{z})}$ ist holomorph in D^* , wenn es in jedem $\overline{z_0} \in D^*$ komplex differenzierbar ist. Sei also $\overline{z_0} \in D^*$. Dann existiert der Grenzwert

$$\begin{aligned} f^{*\prime}(\,\overline{z_0}\,) \;&=\; \lim_{\bar{z}\to\overline{z_0},\bar{z}\in D^*} \frac{f^*(\bar{z}) - f(\,\overline{z_0}\,)}{\bar{z} - \overline{z_0}} \;=\; \lim_{z\to z_0, z\in D} \frac{\overline{f(z)} - \overline{f(z_0)}}{\overline{z} - \overline{z_0}} \\ &=\; \overline{\lim_{z\to z_0, z\in D} \frac{f(z) - f(z_0)}{z - z_0}} \;=\; \overline{f'(z_0)}\;. \end{aligned} \tag{22}$$

Also ist f^* in $\overline{z_0}$ komplex differenzierbar mit der Ableitung $f^{*\prime}(\,\overline{z_0}\,) = \overline{f'(z_0)}$.

I "$\Longrightarrow$": Sei f bei $z_0 = 0$ komplex differenzierbar. Dann kann f bei 0 komplex linear approximiert werden, besitzt also eine Darstellung der Form

$$f(r\,\mathrm{e}^{i\varphi}) \;=\; f(0) + f'(0)r\,\mathrm{e}^{i\varphi} + g(r\,\mathrm{e}^{i\varphi}) \quad \text{mit} \quad \frac{g(r\,\mathrm{e}^{i\varphi})}{r} \to 0 \;\text{ für } r \to 0\,.$$

Damit folgt

$$\begin{aligned} \frac{1}{\pi r^2}\int_{|z|=r} f(z)\,dz &= \frac{1}{\pi r^2}\int_0^{2\pi} f(r\,\mathrm{e}^{i\varphi}) ir\,\mathrm{e}^{i\varphi}\,d\varphi \\ &= \frac{1}{\pi r^2}\int_0^{2\pi} \left[f(0) + f'(0)r\,\mathrm{e}^{i\varphi} + g(r\,\mathrm{e}^{i\varphi})\right] ir\,\mathrm{e}^{i\varphi}\,d\varphi \\ &= 0 + 0 + \frac{i}{\pi}\int_0^{2\pi} \mathrm{e}^{i\varphi}\frac{g(r\,\mathrm{e}^{i\varphi})}{r}\,d\varphi \;\to\; 0 \quad \text{für } r \to 0\,. \end{aligned} \tag{23}$$

"$\Longleftarrow$": Nach Voraussetzung sind u und v stetig partiell, also auch reell total differenzierbar. Also gilt

$$\begin{aligned} f(z) &= u(z) + iv(z) \\ &= \left[u(0) + u_x(0)x + u_y(0)y + g_1(z)\right] + i\left[v(0) + v_x(0)x + v_y(0)y + g_2(z)\right] \end{aligned}$$

mit $\dfrac{g_j(z)}{|z|} \to 0$ für $z \to 0$. Damit wird

$$\begin{aligned} \frac{1}{\pi r^2}\int_{|z|=r} f(z)\,dz &= \frac{1}{\pi r^2}\int_0^{2\pi} ir\,\mathrm{e}^{i\varphi}\left[u(0) + iv(0) + r\cos\varphi\left(u_x(0) + iv_x(0)\right) + \right. \\ &\qquad \left. + r\sin\varphi\left(u_y(0) + iv_y(0)\right) + g_1(z) + ig_2(z)\right]\,d\varphi \\ &= \frac{i}{\pi}\left[f_x(0)\int_0^{2\pi}\cos\varphi\,\mathrm{e}^{i\varphi}\,d\varphi + f_y(0)\int_0^{2\pi}\sin\varphi\,\mathrm{e}^{i\varphi}\,d\varphi\right] \\ &\qquad + \frac{i}{\pi r}\int_0^{2\pi}\mathrm{e}^{i\varphi}\left(g_1(z) + ig_2(z)\right)\,d\varphi \\ &= \frac{i}{\pi}\left[\pi f_x(0) + i\pi f_y(0)\right] + \frac{i}{\pi r}\int_0^{2\pi}\mathrm{e}^{i\varphi}\left(g_1(z) + ig_2(z)\right)\,d\varphi \\ &\to\; if_x(0) - f_y(0) \quad \text{für } r \to 0\,. \end{aligned} \tag{24}$$

Aber nach Voraussetzung geht das Integral gegen 0 für $r \to 0$. Es folgt

$$0 \;=\; if_x(0) - f_y(0) \;=\; -v_x(0) - u_y(0) + i\left(u_x(0) - v_y(0)\right)\,. \tag{25}$$

Also erfüllt f in 0 die Cauchy-Riemann-Dgln $u_x = v_y$ und $u_y = -v_x$. Da f nach Voraussetzung in einer Umgebung von 0 stetig partiell differenzierbar ist, ist f in 0 komplex differenzierbar (siehe 8.7.D).

Seien $D \subset \mathbb{C}$ offen, $z_0 \in D$ und $f = u + iv \colon D \to \mathbb{C}$ holomorph. Sei ferner $f'(z_0) = f_x(z_0) = u_x(z_0) + iv_x(z_0) \neq 0$. Aus den Cauchy-Riemann-Dgln folgt:

$$\det \begin{pmatrix} u_x & u_y \\ v_x & v_y \end{pmatrix}_{(z_0)} = u_x^2(z_0) + v_x^2(z_0) \neq 0 . \tag{26}$$

$f = (u, v)$ ist stetig partiell nach x und y differenzierbar. Sei $w := f(z)$ und $w_0 := f(z_0)$. Nach dem Satz über die lokale Umkehrbarkeit gibt es offene Umgebungen $U = U(z_0) \subset \mathbb{C}$ und $V = V(w_0) \subset \mathbb{C}$ derart, dass $f \colon U \to V$ bijektiv ist. Die Umkehrfunktion $f^{-1} \colon V \to U$ ist ebenfalls stetig differenzierbar und zwar mit der Funktionalmatrix $J_{f^{-1}}(w) = \big(J_f(z)\big)^{-1}$. Nun ist

$$\begin{pmatrix} u_x & u_y \\ v_x & v_y \end{pmatrix}^{-1} = \frac{1}{u_x^2 + v_x^2} \begin{pmatrix} u_x & -u_y \\ -v_x & v_y \end{pmatrix} . \tag{27}$$

Für $z = x + iy = f^{-1}(u + iv)$ gilt also $x_u(w) = y_v(w)$ und $x_v(w) = -y_u(w)$ für alle $w \in V$. Also ist f^{-1} in V holomorph und es ist

$$(f^{-1})'(w) = \frac{u_x - iv_x}{u_x^2 + v_x^2}(z) = \frac{1}{f'(z)} . \tag{28}$$

8.8 Wirtinger-Kalkül

Seien $D \subset \mathbb{C}$ offen und $f, g\colon D \to \mathbb{C}$. Die Wirtinger-Operatoren ∂ und $\bar\partial$ sind definiert durch

$$\partial f = f_z = \tfrac{1}{2}\left(f_x - i f_y\right) \quad \text{und} \quad \bar\partial f = f_{\bar z} = \tfrac{1}{2}\left(f_x + i f_y\right) \ . \tag{1}$$

A Sei f zweimal stetig reell differenzierbar in D.
Dann ist $f_{z\bar z} = f_{\bar z z} = \frac{1}{4}(f_{xx} + f_{yy})$.

B Seien f, g komplex differenzierbar, also holomorph in D.
Dann ist $\partial\bar\partial(f \cdot \bar g) = f' \cdot \overline{g'}$ in D.

C Sei $D \subset \mathbb{C}$ zusätzlich zusammenhängend, also ein Gebiet. $f_1, \ldots, f_n\colon D \to \mathbb{C}$ seien holomorph und es sei $|f_1|^2 + \ldots + |f_n|^2$ konstant in D.
Dann ist jede der Funktionen f_k konstant in D.

D Ist $f = u + iv$ reell differenzierbar in D, so gilt für die Funktionaldeterminante

$$\det\begin{pmatrix} u_x & u_y \\ v_x & v_y \end{pmatrix} = \det\begin{pmatrix} f_z & f_{\bar z} \\ \bar f_z & \bar f_{\bar z} \end{pmatrix} = |f_z|^2 - |f_{\bar z}|^2 \ . \tag{2}$$

E Drücken Sie Gradient, Divergenz und Rotation reell- bzw komplexwertiger Funktionen durch die Wirtinger-Operatoren ∂ und $\bar\partial$ aus.

Lösungen:

A Wegen der Linearität der Wirtinger-Operatoren ∂ und $\bar\partial$ reicht es, den Fall einer reellwertigen Funktion $f = u\colon D \to \mathbb{R}$ zu betrachten. Da u zweimal stetig reell differenzierbar ist, gilt $u_{xy} = u_{yx}$ (H.A.Schwarz [RA2 7.2.1]). Mit $2u_z = u_x - iu_y$ und $2u_{\bar z} = u_x + iu_y$ folgt

$$4u_{z\bar z} = 2u_{x\bar z} - 2iu_{y\bar z} = u_{xx} + iu_{xy} - i\left(u_{yx} + iu_{yy}\right) = u_{xx} + u_{yy} \ . \tag{3}$$

Wegen der Vertauschbarkeit der Differentiationsreihenfolge gilt auch

$$4u_{\bar z z} = u_{xx} + u_{yy} \ . \tag{4}$$

B f und g sind komplex differenzierbar, also holomorph und damit beliebig oft stetig reell differenzierbar in D. Auf Grund der Cauchy-Riemann-Dgln gilt ausserdem $f_{\bar z} \equiv 0 \equiv g_{\bar z}$ sowie $f_z = \partial f = f'$ und $\partial g = g'$ in D.
Aus den Produktregeln (3.1.3 (16)) folgt damit:

$$\begin{aligned} \partial(f\bar g) &= \partial f \cdot \bar g + f \cdot \partial\bar g = f' \cdot \bar g + f \cdot \overline{\bar\partial g} = f'\bar g \\ \bar\partial\partial(f\bar g) &= \bar\partial(f'\bar g) = \bar\partial f' \cdot \bar g + f' \cdot \bar\partial\bar g = f' \cdot \overline{\partial g} = f' \cdot \overline{g'} \end{aligned} \tag{5}$$

und das war die Behauptung.

Nach Aufgabe 8.8.B und wegen der Konstanz der Betragssumme folgt

$$0 = \bar{\partial}\partial\left(|f_1|^2 + \ldots + |f_n|^2\right) = \bar{\partial}\partial\left(\sum_{k=1}^{n} f_k \cdot \overline{f_k}\right) = \sum_{k=1}^{n} f_k' \cdot \overline{f_k'} \,. \qquad (6)$$

Wegen $f_k' \cdot \overline{f_k'} \geq 0$ folgt $f_k' \equiv 0$ in D für $k = 1, \ldots, n$. Da D zusammenhängend ist, ist jede der Funktionen f_k konstant in D.

Es gilt

$$2f_z = f_x - if_y = u_x + v_y + i(u_y - v_x) \;;\; 2f_{\bar{z}} = f_x + if_y = u_x - v_y + i(v_x + u_y)$$

also

$$4|f_z|^2 = (u_x + v_y)^2 + (u_y - v_x)^2 = u_x^2 + u_y^2 + v_x^2 + v_y^2 + 2u_xv_y - 2u_yv_x$$
$$4|f_{\bar{z}}|^2 = (u_x - v_y)^2 + (u_y + v_x)^2 = u_x^2 + u_y^2 + v_x^2 + v_y^2 - 2u_xv_y + 2u_yv_x \,.$$

Es folgt $4\left(|f_z|^2 - |f_{\bar{z}}|^2\right) = 4\left(u_xv_y - u_yv_x\right)$ und das ist die erste der beiden Behauptungen.

Wegen $\bar{f}_{\bar{z}} = \overline{f_z}$ und $\bar{f}_z = \overline{f_{\bar{z}}}$ erhält man

$$\det\begin{pmatrix} f_z & f_{\bar{z}} \\ \bar{f}_z & \bar{f}_{\bar{z}} \end{pmatrix} = f_z\overline{f_z} - f_{\bar{z}}\overline{f_{\bar{z}}} = |f_z|^2 - |f_{\bar{z}}|^2 \,. \qquad (7)$$

Im folgenden werden wie üblich $\mathbb{C}$ mit $\mathbb{R}^2$ und $x + iy$ mit (x, y) identifiziert.

Sei $D \subset \mathbb{C}$ offen und $u\colon D \to \mathbb{R}$ partiell differenzierbar nach x und y. Dann ist

$$\operatorname{grad} u = (u_x, u_y) = u_x + iu_y = 2u_{\bar{z}} \,. \qquad (8)$$

Sei $f = (u, v)\colon D \to \mathbb{C}$ nach x, y partiell differenzierbar. Dann gilt

$$\begin{aligned} \operatorname{div} f &= u_x + v_y = 2\,\mathsf{Re}\, f_z \qquad \text{und} \\ \operatorname{rot} f &= v_x - u_y = 2\,\mathsf{Im}\, f_z \,. \end{aligned} \qquad (9)$$

Es ist also das Feld $f = (u, v)$ quellen- und wirbelfrei, wenn $f_z \equiv 0$ ist.
Bzw: das Feld $\overline{f} = (u, -v)$ ist quellen- und wirbelfrei, wenn f holomorph ist.

8.9 Komplexe Integration

Zur Berechnung von Integralen längs geschlossener Wege mit Hilfe des Cauchy-Integralsatzes bzw der Cauchy-Integralformel siehe Abschnitte 9.2 und 9.1.

Zur Berechnung von Integralen mit Hilfe des Residuensatzes siehe Abschnitte 11.2 und 11.3.

A Berechnen Sie die folgenden Integrale längs der angegebenen Wege γ:

1) $\int_\gamma |z|\,dz$ $\qquad$ γ läuft geradlinig oder auf $\partial\mathbb{E}$ von $-i$ nach i

2) $\int_\gamma |z|^2\,dz$ $\qquad$ $\gamma:\ z(t) = a\cos t + ib\sin t \qquad t\in[0,2\pi],\ a,b>0$

3) $\int_{|z|=r} |z|\,d|z|$

4) $\int_\gamma \frac{z}{(z^2+4)^2}\,dz$ $\qquad$ $\gamma = \overline{z_1, z_2}$ (= Strecke von z_1 nach $z_2 \in \mathbb{C}$)

5) $\int_\gamma \cos z\, d\overline{z}$ $\qquad$ γ achsenparalleler Rechtwinkelzug von 0 nach $u+iv$

6) $\int_{\partial\mathbb{E}} z^2\,dx + z^{-2}\,dy$

B Sei $G\subset\mathbb{C}$ ein Gebiet, γ ein Weg in G und $f\colon G\to\widehat{\mathbb{C}}$ meromorph. Berechnen Sie die Länge des Weges $\sigma^{-1}\circ f\circ\gamma$ auf der Zahlenkugel.

C 1) Sei $g\colon \partial\mathbb{E}\to\mathbb{C}$ stetig. Dann gilt $\overline{\int_{|z|=1} g(z)\,dz} = -\int_{|z|=1} \overline{g(z)}\, z^{-2}\,dz$.

2) Die Potenzreihe $f(z) := \sum_{k=0}^{\infty} a_k z^k$ habe den Konvergenzradius $R>0$.

Dann gilt $\int_{|z|=r} \overline{f(z)}\,dz = 2\pi i\, r^2\, \overline{f'(0)}$ für $0<r<R$.

D Sei $G\subset\mathbb{C}$ ein Jordangebiet mit Flächeninhalt $A(G)$ und stückweise stetig differenzierbarem Rand ∂G. Beweisen Sie die Formeln

1) $\int_{\partial G} x\,dz = iA(G)$,

2) $\int_{\partial G} y\,dz = -A(G)$,

3) $\int_{\partial G} \overline{z}\,dz = 2iA(G)$.

Dabei wird der Rand ∂G wie üblich positiv bzgl G, also gegen den Uhrzeigersinn durchlaufen.

Beweisen Sie die komplexe Fassung der *Greenschen Formel:*

Sei $G \subset \mathbb{C}$ ein Jordangebiet mit stückweise stetig differenzierbarem Rand ∂G. Sei f in einer Umgebung von $\overline{G}$ stetig partiell nach x und y differenzierbar. Dann gilt:

$$\int_{\partial G} f(z)\,dz \;=\; 2i \int_G f_{\bar z}(x+iy)\,d(x,y)\;. \tag{1}$$

Vertauschen von Ableitung und Integral:
Sei $G \subset \mathbb{C}$ offen und γ ein Integrationsweg in $\mathbb{C}$ mit kompaktem Träger $|\gamma|$. Sei $f(\zeta, z)$ stetig auf $|\gamma| \times G$ und für jedes feste $\zeta \in |\gamma|$ sei $\{z \mapsto f(\zeta, z)\}$ holomorph in G.

Dann ist $F(z) := \int_\gamma f(\zeta, z)\,d\zeta$ holomorph in G und es gilt

$$F'(z) \;=\; \frac{d}{dz}\int_\gamma f(\zeta,z)\,d\zeta \;=\; \int_\gamma f_z(\zeta,z)\,d\zeta\;. \tag{2}$$

Sei f holomorph in dem konvexen Gebiet $G \subset \mathbb{C}$. Für alle $z \in G$ gelte $\operatorname{Re} f'(z) > 0$. Dann ist $f(z)$ injektiv in G.

Ist $f(z) := z + \mathrm{e}^z$ injektiv in der linken Halbebene $\{\operatorname{Re} z < 0\}$?

sungen:

(A.1) $z(t) = -i + ti,\ 0 \le t \le 2$ ist eine Parameterdarstellung der Strecke $\gamma_1 := \overline{-i, i}$. Mit $\dot z(t) = i$ ergibt sich

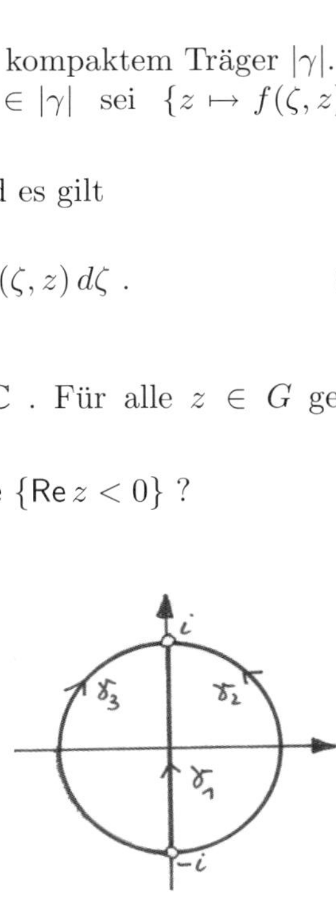

$$\int_{\gamma_1} |z|\,dz \;=\; \int_0^2 |-i+ti|\,i\,dt \;=\; i\int_0^2 |t-1|\,dt$$
$$= i\int_0^1 (1-t)\,dt + i\int_1^2 (t-1)\,dt \;=\; i\;.$$

$\gamma_2 : z(t) = \mathrm{e}^{it},\ t \in [-\frac{\pi}{2}, \frac{\pi}{2}]$ und $\gamma_3 : z(t) = \mathrm{e}^{-it},\ t \in [\frac{\pi}{2}, \frac{3\pi}{2}]$ sind Parameterdarstellungen der rechten bzw linken Hälfte des Einheitskreisrandes. Mit ihnen erhält man

$$\begin{aligned}\int_{\gamma_2} |z|\,dz &= \int_{-\pi/2}^{\pi/2} |\mathrm{e}^{it}|\,i\,\mathrm{e}^{it}\,dt \;=\; \mathrm{e}^{it}\Big|_{t=-\pi/2}^{\pi/2} \;=\; 2i\\ \int_{\gamma_3} |z|\,dz &= -\int_{\pi/2}^{3\pi/2} |\mathrm{e}^{-it}|\,i\,\mathrm{e}^{-it}\,dt \;=\; \mathrm{e}^{-it}\Big|_{t=\pi/2}^{3\pi/2} \;=\; 2i\end{aligned} \tag{3}$$

Alle drei Wege laufen von $-i$ nach i. Sie liefern aber z.T. verschiedene Integrale. Da $|z|$ nicht holomorph ist, war dies nicht anders zu erwarten.

Die Integrale über γ_2 und γ_3 kann man mit dem Hauptsatz auch ohne Rechnung bestimmen. Auf $\partial\mathbb{E}$ stimmt nämlich $|z|$ mit der holomorphen Funktion $f(z) \equiv 1$ mit der Stammfunktion $F(z) = z$ überein.

(A.2) Für $t \in [0, 2\pi]$ durchläuft $z(t) := a\cos t + ib\sin t$ den Rand einer Ellipse mit Mittelpunkt 0 und Halbachsen a und b im mathematisch positiven Sinn. Es ist

$$\dot{z}(t) \;=\; -a\sin t + ib\cos t \quad \text{und} \quad |z(t)|^2 \;=\; a^2\cos^2 t + b^2\sin^2 t\,. \tag{4}$$

Damit ergibt sich

$$\begin{aligned}\int_\gamma |z|^2\,dz \;&=\; \int_0^{2\pi} (a^2\cos^2 t + b^2\sin^2 t)(-a\sin t + ib\cos t)\,dt \\ &=\; -\int_0^{2\pi} \left(a^3\cos^2 t\sin t + ab^2\sin^3 t\right)\,dt \\ &\qquad\qquad + i\int_0^{2\pi} \left(a^2 b\cos^3 t + b^3\sin^2 t\cos t\right)\,dt \\ &=\; 0\,.\end{aligned} \tag{5}$$

Wegen der Punktsymmetrie von Integrationsweg und Integrand hätte man das auch ohne Rechnung sehen können.

(A.3) Mit $z(t) = r\,\mathrm{e}^{it}$ erhält man ($L(\gamma)$ = Länge von γ)

$$\int_\gamma |z|\,d|z| \;=\; r\int_\gamma d|z| \;=\; r\cdot L(\gamma) \;=\; 2\pi r^2\,. \tag{6}$$

(A.4) Der Integrand $f(z) := \dfrac{z}{(z^2+4)^2}$ besitzt die in $\mathbb{C}\setminus\{\pm 2i\}$ holomorphe Stammfunktion $F(z) := \dfrac{-1/2}{z^2+4}$. Infolgedessen ist

$$\int_\gamma \frac{z}{z^2+4}\,dz \;=\; F(z_2) - F(z_1) \tag{7}$$

für jeden Integrationsweg γ der in $\mathbb{C}\setminus\{\pm 2i\}$ von z_1 nach z_2 läuft. Liegen die Polstellen $\pm 2i$ auf dem Träger $|\gamma|$, so ist das Integral $\int_\gamma f dz$ nicht definiert.

(A.5) Der achsenparallele Rechtwinkelzug Γ von 0 nach $w = u + iv$ zerfällt in die beiden Strecken

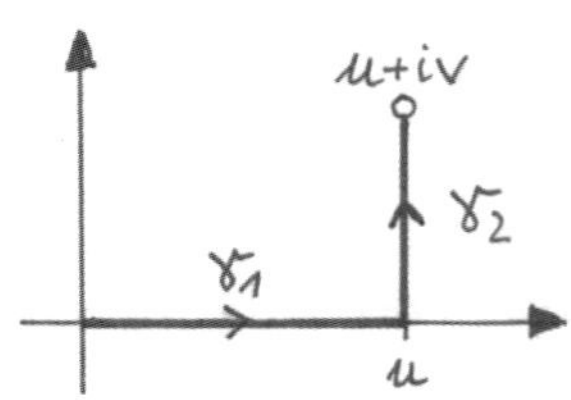

$$\gamma_1 : z(t) = tu \quad \text{und} \quad \gamma_2 : z(t) = u + itv$$

beide für $t \in [0,1]$. Mit $d\bar{z} = \overline{\dot{z}(t)}\,dt$ folgt

$$\begin{aligned}
\int_{\gamma_1} \cos z \, d\overline{z} &= \int_0^1 u \cos tu \, dt = \sin tu\Big|_{t=0}^1 = \sin u \, . \\
\int_{\gamma_2} \cos z \, d\overline{z} &= \int_0^1 -iv \cos(u+itv) \, dt = -\sin(u+itv)\,\Big|_{t=0}^1 \\
&= -\sin(u+iv) + \sin u \, .
\end{aligned}$$

Zusammen also

$$\int_\Gamma \cos z \, d\overline{z} = \int_{\gamma_1} \ldots + \int_{\gamma_2} \ldots = 2\sin u - \sin(u+iv) \, .$$

(A.6) Die übliche Parameterdarstellung $z(t) = \mathrm{e}^{it} = \cos t + i \sin t$, $t \in [0, 2\pi]$ des Einheitskreisrandes $\partial\mathbb{E}$ liefert

$$\begin{aligned}
\int_{\partial\mathbb{E}} z^2 \, dx + z^{-2} \, dy &= \int_0^{2\pi} \left(-\sin t \, \mathrm{e}^{2it} + \cos t \, \mathrm{e}^{-2it} \right) dt \qquad (8) \\
= \int_0^{2\pi} \big((\cos t - \sin t) \cos 2t &- i(\cos t + \sin t) \sin 2t \big) \, dt = 0 \, .
\end{aligned}$$

Sei $G \subset \mathbb{C}$ ein Gebiet, $\gamma : z = z(t)$ ein Weg in G und $f \colon G \to \widehat{\mathbb{C}}$ meromorph. Für $z_k := z(t_k), (k = 1, 2)$ gilt

$$\begin{aligned}
\frac{\chi(f(z_1), f(z_2))}{|z_1 - z_2|} &= \frac{|f(z_1) - f(z_2)|}{|z_1 - z_2|} \cdot \frac{1}{\sqrt{1 + |f(z_1)|^2}\sqrt{1 + |f(z_2)|^2}} \\
&\to \frac{f'(z_1)}{1 + |f(z_1)|^2}
\end{aligned} \qquad (9)$$

für $z_2 \to z_1$. Also ist $\displaystyle\int_\gamma \frac{|f'(z)|}{1 + |f(z)|^2} \, |dz|$ die Länge des Weges $\sigma^{-1} \circ f \circ \gamma$ auf der Zahlenkugel $S \subset \mathbb{R}^3$.

(C.1) Mit der üblichen Parameterdarstellung $z(t) = \mathrm{e}^{it}$, $t \in [0, 2\pi]$ folgt

$$\begin{aligned}
\overline{\int_{|z|=1} g(z) \, dz} &= \overline{\int_0^{2\pi} g(\mathrm{e}^{it}) i \, \mathrm{e}^{it} \, dt} = \int_0^{2\pi} \overline{g(\mathrm{e}^{it}) i \, \mathrm{e}^{it}} \, dt \\
&= -\int_0^{2\pi} \frac{\overline{g(\mathrm{e}^{it})}}{\mathrm{e}^{2it}} \, i \, \mathrm{e}^{it} \, dt = -\int_{|z|=1} \overline{g(z)} z^{-2} \, dz \, .
\end{aligned}$$

(C.2) Die Potenzreihe $f(z) = \sum_{n=0}^{\infty} a_n z^n$ konvergiert für $|z| < R$ kompakt, für $0 < r < R$ also auf $\{|z| = r\}$ gleichmäßig. Für $z = r\,\mathrm{e}^{it}$ gilt daher

$$\begin{aligned}\int_{|z|=r} \overline{f(z)}\,dz &= \int_0^{2\pi} ir\,\mathrm{e}^{i\varphi}\left(\sum_{k=0}^{\infty} \overline{a_k} r^k\,\mathrm{e}^{-ik\varphi}\right)d\varphi \\ &= ir\sum_{k=0}^{\infty}\left(r^k\int_0^{2\pi}\mathrm{e}^{i\varphi(1-k)}\overline{a_k}\,d\varphi\right) \\ &= ir^2\,2\pi\,\overline{a_1} \;=\; 2\pi i\,r^2\,\overline{f'(0)}\ .\end{aligned} \tag{10}$$

D Nach dem Gauß'schen Satz in der Ebene (siehe z.B. [RA2 11.3.5]) gilt $\int_{\partial G} P dx + Q dy = \int\int_G (Q_x - P_y)\,dx\,dy$. Es ergibt sich:

(D.1) $\displaystyle\int_{\partial G} x\,dz \;=\; \int_{\partial G} x\,dx + i\int_{\partial G} x\,dy \;=\; 0 + i\int\int_G dx\,dy \;=\; iA(G)\ .$

(D.2) $\displaystyle\int_{\partial G} y\,dz \;=\; \int_{\partial G} y\,dx + i\int_{\partial G} y\,dy \;=\; -\int\int_G dx\,dy + 0 \;=\; -A(G)\ .$

(D.3) $\displaystyle\int_{\partial G} \overline{z}\,dz \;=\; \int_{\partial G} x\,dz - i\int_{\partial G} y\,dz \;=\; 2iA(G)\ .$

Man erhält diese Formeln auch direkt aus der nächsten Aufgabe 8.9.E. Vergleiche dazu die Flächeninhaltsformeln aus [RA2 10.4.1] !

E Sei $G \subset \mathbb{C}$ ein Jordangebiet mit stückweise stetig differenzierbarem Rand ∂G. Sei f in einer Umgebung von $\overline{G}$ stetig partiell nach x und y differenzierbar. Dann kann man den Gauß'schen Integralsatz auf G und $f(z) = P(x,y) + iQ(x,y)$ anwenden und erhält so:

$$\begin{aligned}\int_{\partial G} f(z)\,dz &= \int_{\partial G}(P(x,y) + iQ(x,y))\,(dx + idy) \\ &= \int_{\partial G}(P\,dx - Q\,dy) + i\int_{\partial G}(Q\,dx + P\,dy) \\ &= -\int\int_G\left(\frac{\partial Q}{\partial x} + \frac{\partial P}{\partial y}\right)dx\,dy + i\int\int_G\left(\frac{\partial P}{\partial x} - \frac{\partial Q}{\partial y}\right)dx\,dy \\ &= i\int\int_G\left[\left(\frac{\partial P}{\partial x} - \frac{\partial Q}{\partial y}\right) + i\left(\frac{\partial P}{\partial y} + \frac{\partial Q}{\partial x}\right)\right]dx\,dy \\ &= 2i\int_G \frac{\partial f}{\partial \overline{z}}\,d(x,y)\ .\end{aligned}$$

] Sei $G \subset \mathbb{C}$ offen und γ ein Integrationsweg in $\mathbb{C}$ mit kompaktem Träger $|\gamma|$. Sei $f(\zeta, z)$ stetig auf $|\gamma| \times G$ und für jedes feste $\zeta \in |\gamma|$ sei $\{z \mapsto f(\zeta, z)\}$ holomorph in G.

Der Integrand ist dann für festes ζ partiell nach x und y differenzierbar mit stetigen partiellen Ableitungen $f_x(\zeta, z)$ und $f_y(\zeta, z)$. Nach Vertauschungssätzen der reellen Analysis (siehe z.B. [RA2 10.2.2]) ist dann auch $F(z) := \int_\gamma f(\zeta, z)\, d\zeta$ nach x und y partiell differenzierbar und die Ableitungen kann man durch Vertauschen von Differentiation und Integration berechnen.

Seien $\zeta = \xi + i\eta$, $f = u + iv$ und $F = U + iV$ die üblichen Zerlegungen in Real- und Imaginärteil. Dann gilt

$$\begin{aligned} F(z) &= \int_\gamma f(\zeta, z)\, d\zeta \\ &= \int_\gamma \big[u(\zeta, z)\, d\xi - v(\zeta, z)\, d\eta\big] + i \int_\gamma \big[v(\zeta, z)\, d\xi + u(\zeta, z)\, d\eta\big] \end{aligned} \tag{11}$$

und infolgedessen

$$U_x - V_y = \int_\gamma (u_x - v_y)\, d\xi - \int_\gamma (u_y + v_x)\, d\eta \equiv 0\ . \tag{12}$$

Analog $U_y + V_x \equiv 0$. Also ist $F = U + iV$ holomorph in G und es gilt

$$F'(z) = \frac{d}{dz} \int_\gamma f(\zeta, z)\, d\zeta = \int_\gamma f_z(\zeta, z)\, d\zeta\ . \tag{13}$$

] Seien $z_1, z_2 \in G$ beliebig. Da G konvex ist, liegt auch die Verbindungsstrecke $\overline{z_1, z_2}$ in G. Nach dem Hauptsatz 3.4 gilt

$$\begin{aligned} f(z_1) - f(z_2) &= \int_{\overline{z_1 z_2}} f'(z)\, dz = \int_0^1 f'\big(z_1 + t(z_2 - z_1)\big)\,(z_2 - z_1)\, dt \\ &= (z_2 - z_1) \Big[\underbrace{\int_0^1 \mathrm{Re}\, f'(z_1 + t(z_2 - z_1))\, dt}_{>0} + i \int_0^1 \mathrm{Im}\, f'(\dots)\, dt \Big] \\ &= 0 \iff z_2 = z_1\ . \end{aligned} \tag{14}$$

Also ist $f(z_1) \neq f(z_2)$ für $z_1 \neq z_2 \in G$, d.h. f ist injektiv in G.

Mit $f(z) := z + \mathrm{e}^z$ ist $f'(z) = 1 + \mathrm{e}^z$ und damit

$$\mathrm{Re}\, f'(z) = 1 + \mathrm{e}^x \cos y > 0 \quad \text{für} \quad x < 0\ . \tag{15}$$

Nach dem gerade Bewiesenen ist f injektiv in der linken Halbebene.

9 Holomorphe Funktionen

9.1 Zum Cauchy Integralsatz

A Leiten Sie den Cauchy-Integralsatz aus dem Satz von Stokes her.

B Man zeige, dass das Integral $I(a) := \int_{-\pi}^{\pi} \mathrm{e}^{\mathrm{e}^{a+iy}}\, dy$ unabhängig von $a \in \mathbb{R}$ ist und berechne seinen Wert.

C *Ungleichung von Fejér-Riesz:*
Sei f auf einer Umgebung von $\overline{\mathbb{E}} = \{|z| \le 1\}$ holomorph. Man zeige:

1) $\left|\int_{-1}^{1} f(x)\, dx\right| \le \frac{1}{2}\int_0^{2\pi} |f(\mathrm{e}^{it})|\, dt$.

2) $\int_{-1}^{1} |f(x)|^2\, dx \le \frac{1}{2}\int_0^{2\pi} |f(\mathrm{e}^{it})|^2\, dt$.

D Integrieren Sie $f(z) := \mathrm{e}^{-z^2}$ längs des skizzierten Rechtecks $\partial R = \gamma_1 + \ldots + \gamma_4$ und zeigen Sie damit, dass für $a \in \mathbb{R}$, $a > 0$

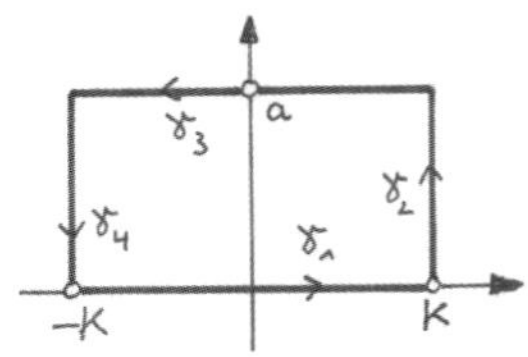

$$\int_0^{\infty} \mathrm{e}^{-x^2} \cos 2ax\, dx = \frac{\sqrt{\pi}}{2}\mathrm{e}^{-a^2} .$$

E Man beweise, dass $\int_{-\infty}^{\infty} \mathrm{e}^{-u^2x^2}\, dx = u^{-1}\int_{-\infty}^{\infty} \mathrm{e}^{-x^2}\, dx = u^{-1}\sqrt{\pi}$ für alle $u \ne 0$ mit $|\mathsf{Im}\, u| \le \mathsf{Re}\, u$.

F Man berechne die *Fresnel Integrale:*

$$\int_0^{\infty} \cos(x^2)\, dx = \int_0^{\infty} \sin(x^2)\, dx = \frac{1}{\sqrt{2}}\int_0^{\infty} \mathrm{e}^{-t^2}\, dt = \sqrt{\frac{\pi}{8}} .$$

G Man beweise, dass $\int_0^{\infty} \frac{\sin x}{x}\, dx = \frac{\pi}{2}$.

Lösungen:

A Sei etwa $G \subset \mathbb{C}$ ein Gebiet, $f = u + iv\colon G \to \mathbb{C}$ holomorph und $B \Subset G$ ein relativ kompakter Teilbereich von G, der mitsamt seinem stückweise glatten Rand ∂B in G liegt. Dann besagt der Stokes'sche Integralsatz angewendet auf ein in G stetig differenzierbares Vektorfeld (P, Q) :

$$\iint_B \mathrm{rot}\,(P,Q)\, d(x,y) = \iint_B (Q_x - P_y)\, d(x,y) = \int_{\partial B} (P\, dx + Q\, dy) .$$

Dies liefert für das komplexe Kurvenintegral von f längs ∂B :

$$\begin{aligned}\int_{\partial B} f\,dz = \int_{\partial B}(u+iv)(dx+idy) &= \int_{\partial B}(u\,dx - v\,dy) + i\int_{\partial B}(v\,dx+u\,dy)\\ = -\iint_B \big(v_x+u_y\big)\,d(x,y) + i\iint_B \big(u_x - v_y\big)\,d(x,y) &= 0\,,\end{aligned}$$

denn wegen der Cauchy-Riemann-Dgln verschwinden die Integranden in den Bereichsintegralen über B.

In der Ebene sind der Stokes'sche und der Gauß'sche Integralsatz äquivalent (siehe z.B. [RA2 11.3.5]). Man kann also auch mit Gauß argumentieren.

Seien $a<b$ beliebig aus $\mathbb{R}$ und $\Gamma = \sum \gamma_j$ der rechts zkizzierte rechteckige Integrationsweg. $f(z) := \mathrm{e}^{\mathrm{e}^z}$ ist in ganz $\mathbb{C}$ holomorph. Nach Cauchy gilt daher

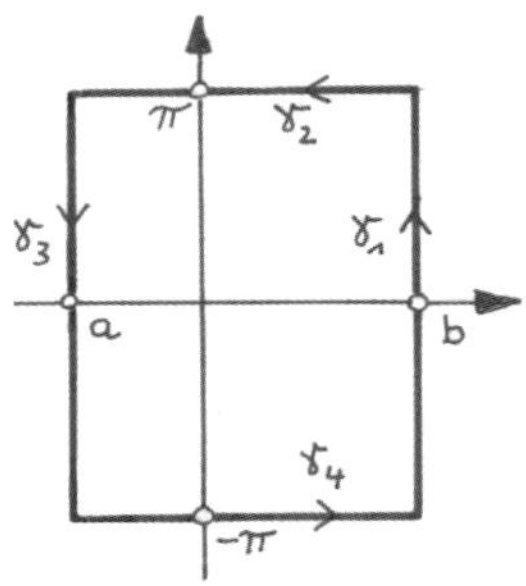

$$0 = \int_\Gamma \mathrm{e}^{\mathrm{e}^z}\,dz = \sum_{j=1}^{4}\left(\int_{\gamma_j}\mathrm{e}^{\mathrm{e}^z}\,dz\right).$$

Da $\mathrm{e}^{\mathrm{e}^z}$ $2\pi i$-periodisch ist, heben sich die Integrale über γ_2 und γ_4 gegenseitig weg. Es folgt

$$\int_{\gamma_1}\mathrm{e}^{\mathrm{e}^z}\,dz = iI(b) = -\int_{\gamma_3}\mathrm{e}^{\mathrm{e}^z}\,dz = iI(a)\,. \tag{1}$$

Also ist $I(a)=I(b)$ für alle $a,b\in\mathbb{R}$ und damit gilt für alle $a\in\mathbb{R}$

$$I(a) = I(0) = \int_{-\pi}^{\pi}\mathrm{e}^{\mathrm{e}^{iy}}\,dy = -i\int_{|z|=1}\frac{\mathrm{e}^z}{z}\,dz = 2\pi \tag{2}$$

nach der Cauchy-Integralformel.

(C.1) f ist auf einer Umgebung von $\overline{\mathbb{E}}$ holomorph.
Nach Cauchy folgt (siehe Skizze)

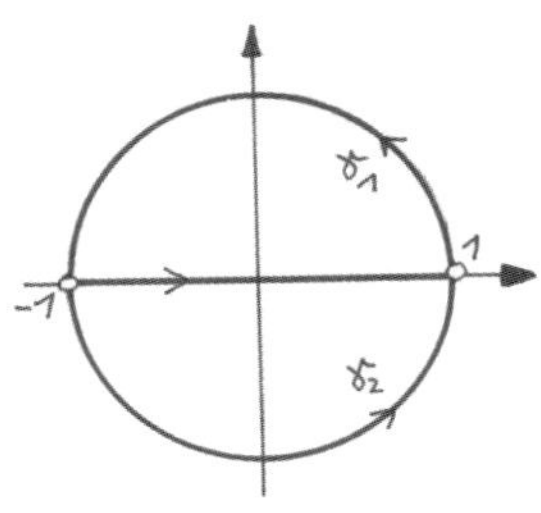

$$\int_{-1}^{1} f(x)\,dx = -\int_{\gamma_1} f(z)\,dz = \int_{\gamma_2} f(z)\,dz\,.$$

$$\left|\int_{-1}^{1} f(x)\,dx\right| \le \int_0^{\pi}|f(\mathrm{e}^{it})|\,dt$$

$$\left|\int_{-1}^{1} f(x)\,dx\right| \le \int_{\pi}^{2\pi}|f(\mathrm{e}^{it})|\,dt\,. \tag{3}$$

Addition liefert

$$\Big|\int_{-1}^{1} f(x)\,dx\Big| \;\le\; \frac{1}{2}\int_{0}^{2\pi} |f(\mathrm{e}^{it})|\,dt\;. \tag{4}$$

(C.2) Sei nun $f(z) := \sum_{k=0}^{\infty} a_k z^k$ die in einer Umgebung von $\overline{\mathbb{E}}$ konvergente Potenzreihenentwicklung von f. Sei $a_k = \alpha_k + i\beta_k$ die Zerlegung von a_k in Real- und Imaginärteil und

$$g(z) \;:=\; \sum_{k=0}^{\infty} \alpha_k z^k \quad ; \qquad h(z) \;:=\; \sum_{k=0}^{\infty} \beta_k z^k\;, \tag{5}$$

also $f(z) = g(z) + ih(z)$. Dann folgt aus dem ersten Teil angewendet auf die in einer Umgebung von $\overline{\mathbb{E}}$ holomorphen Funktionen g^2 und h^2 :

$$\begin{aligned}\int_{-1}^{1} |f(x)|^2\,dx \;&=\; \int_{-1}^{1} g^2(x)\,dx + \int_{-1}^{1} h^2(x)\,dx \\ &\le\; \frac{1}{2}\int_{0}^{2\pi} \left(|g(\mathrm{e}^{it})|^2 + |h(\mathrm{e}^{it})|^2\right)\,dt\;.\end{aligned} \tag{6}$$

g und h sind auf $[-1,1]$ reellwertig. Also gilt $g(\mathrm{e}^{-it}) = g(\,\overline{\mathrm{e}^{it}}\,) = \overline{g(\mathrm{e}^{it})}$ nach Identitätssatz und entsprechend für h. Die Behauptung folgt damit wegen

$$\begin{aligned}\int_{0}^{2\pi} |f(\mathrm{e}^{it})|^2\,dt &= \int_{-\pi}^{\pi} \Big[\,\big|g(\mathrm{e}^{it})\big|^2 + \big|h(\mathrm{e}^{it})\big|^2 + \underbrace{i\overline{g(\mathrm{e}^{it})}h(\mathrm{e}^{it}) - ig(\mathrm{e}^{it})\overline{h(\mathrm{e}^{it})}}_{ungerade}\,\Big]\,dt \\ &= \int_{0}^{2\pi} \Big(\big|g(\mathrm{e}^{it})\big|^2 + \big|h(\mathrm{e}^{it})\big|^2\Big)\,dt\;.\end{aligned} \tag{7}$$

D Nach dem Cauchy-Integralsatz gilt $\int_{\partial R} \mathrm{e}^{-z^2}\,dz = 0$. Bekanntlich gilt

$$\int_{\gamma_1} \mathrm{e}^{-z^2}\,dz \;=\; \int_{-K}^{K} \mathrm{e}^{-x^2}\,dx \;\to\; \sqrt{\pi} \quad \text{für } K \to \infty\;. \tag{8}$$

Für die anderen Randstrecken von R erhält man für $K \to \infty$:

$$\Big|\int_{\gamma_2} \mathrm{e}^{-z^2}\,dz\Big| \;\le\; \int_{0}^{a} \Big|\mathrm{e}^{-K^2+t^2-2itK}\Big|\,dt \;\le\; a\,\mathrm{e}^{a^2-K^2} \;\to\; 0\;, \tag{9}$$

$$\begin{aligned}
\int_{\gamma_3} e^{-z^2}\,dz &= -\int_{-K}^{K} e^{-(-t+ia)^2}\,dt \\
&= -\int_{-K}^{K} e^{-t^2}\,e^{a^2}\,\big(\cos 2at + i\sin 2at\big)\,dt \\
&= -\,e^{a^2}\left[\int_{-K}^{K} e^{-t^2}\cos 2at\,dt + \underbrace{i\int_{-K}^{K} e^{-t^2}\sin 2at\,dt}_{=0,\ \text{da sin ungerade}}\right] \\
&\to\ -2\,e^{a^2}\int_{0}^{\infty} e^{-t^2}\cos 2at\,dt\ . \qquad (10)
\end{aligned}$$

Da auch $\displaystyle\int_{\gamma_4} e^{-z^2}\,dz$ für $K\to\infty$ gegen Null strebt, liefert Addition:

$$0 = \int_{\partial R} e^{-z^2}\,dz \ \to\ \sqrt{\pi} - 2e^{a^2}\int_0^\infty e^{-t^2}\cos 2at\,dt\ . \qquad (11)$$

Die Behauptung folgt.

O.B.d.A sei $|u| = 1$, also $u = e^{i\varphi}$ mit $|\varphi| \le \frac{\pi}{4}$. Für $\varphi = 0$ wird die Formel als bekannt vorausgesetzt. Sei nun $0 < \varphi < \frac{\pi}{4}$. Der Fall $0 > \varphi > -\pi/4$ wird analog behandelt. $f(z) := e^{-z^2}$ ist in ganz $\mathbb{C}$ holomorph. Das Integral von f über den geschlossenen Weg $\Gamma = \gamma_1 + \gamma_2 + \gamma_3$ verschwindet daher. Also

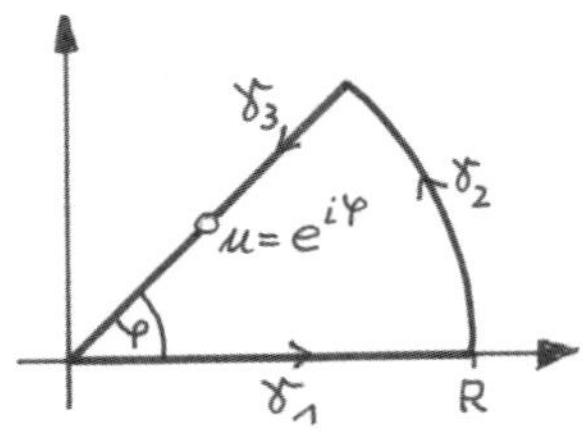

$$0 = \int_\Gamma e^{-z^2}\,dz = \int_{\gamma_1}\ldots + \int_{\gamma_2}\ldots + \int_{\gamma_3}\ldots \qquad (12)$$

Für die einzelnen Teilintegrale ergibt sich:

$$\lim_{R\to\infty}\int_{\gamma_1} e^{-z^2}\,dz = \int_0^\infty e^{-x^2}\,dx = \frac{\sqrt{\pi}}{2}\ , \qquad (13)$$

$$\lim_{R\to\infty}\int_{\gamma_3} e^{-z^2}\,dz = -u\int_0^\infty e^{-u^2x^2}\,dx\ . \qquad (14)$$

$z = Re^{it}$, $dz = iRe^{it}$, $t\in[0,\varphi]$ ist eine Parameterdarstellung von γ_2 . Wegen der Konkavität von $\cos 2t$ gilt $\cos 2t \ge 1 - 4t/\pi$ in $[0,\frac{\pi}{4}]$. Damit folgt

$$\begin{aligned}
\left|\int_{\gamma_2} e^{-z^2}\,dz\right| &= \left|\int_0^\varphi e^{-R^2(\cos 2t + i\sin 2t)}\,iRe^{it}\,dt\right| \\
&\le R\int_0^\varphi e^{-R^2\cos 2t}\,dt \ \le\ Re^{-R^2}\int_0^{\pi/4} e^{4R^2t/\pi}\,dt \ \to\ 0 \qquad (15)
\end{aligned}$$

für $R \to \infty$. Es folgt

$$\int_0^\infty e^{-u^2x^2}\,dx \;=\; u^{-1}\int_0^\infty e^{-x^2}\,dx \;=\; u^{-1}\frac{\sqrt{\pi}}{2} \tag{16}$$

und daraus die Behauptung.

F Das Resultat ergibt sich für $u := (1-i)/\sqrt{2}$ aus Aufgabe 9.1.E, denn:

$$\int_{-\infty}^\infty e^{ix^2}\,dx \;=\; 2\int_0^\infty \cos(x^2)\,dx + 2i\int_0^\infty \sin(x^2)\,dx \;=\; \frac{1+i}{\sqrt{2}}\sqrt{\pi}\,. \tag{17}$$

Zur Berechnung der Fresnel-Integrale mit Hilfe der Γ-Funktion siehe 11.5.E.

G Für den Kurvenzug $\gamma = \gamma_1+\gamma_2+\gamma_3+\gamma_4$ (siehe Zeichnung) gilt $\displaystyle\int_\gamma \frac{e^{iz}}{z}\,dz = 0$. Für die einzelnen Teilbögen γ_j gilt für $r \to 0^+$ bzw $R \to \infty$:

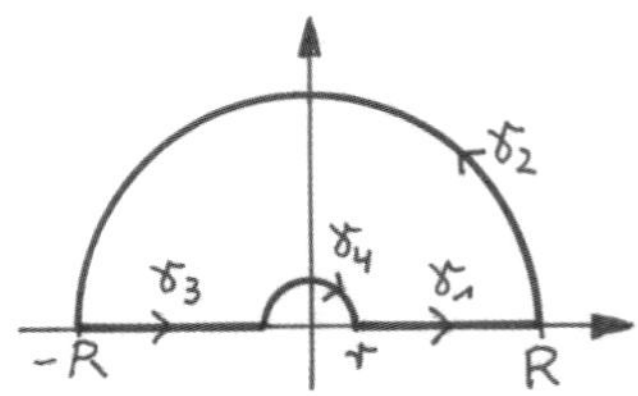

$$\operatorname{Im}\int_{\gamma_1}\frac{e^{iz}}{z}\,dz \;=\; \operatorname{Im}\int_{\gamma_3}\frac{e^{iz}}{z}\,dz$$

$$=\; \int_r^R \frac{\sin x}{x}\,dx \;=\; \int_{-R}^{-r}\frac{\sin x}{x}\,dx \;\to\; \int_0^\infty \frac{\sin x}{x}\,dx \tag{18}$$

$$\left|\int_{\gamma_2}\frac{e^{iz}}{z}\,dz\right| \;=\; \left|\int_0^\pi \frac{e^{iRe^{it}}}{Re^{it}}\,iRe^{it}\,dt\right| \;\le\; \int_0^\pi \left|e^{iRe^{it}}\right| dt \;=\; \int_0^\pi e^{-R\sin t}\,dt$$

$$=\; 2\int_0^{\pi/2} e^{-R\sin t}\,dt \;\le\; 2\int_0^{\pi/2} e^{-2tR/\pi}\,dt \;=\; \frac{\pi}{R}\left(1-e^{-R}\right) \;\to\; 0 \tag{19}$$

$$\lim_{r\to 0^+}\int_{\gamma_4}\frac{e^{iz}}{z}\,dz = \lim_{r\to 0^+}\int_0^\pi \frac{e^{ir\,e^{i(\pi-t)}}}{r\,e^{i(\pi-t)}}\left(-ir\,e^{i(\pi-t)}\right)dt$$

$$= \lim_{r\to 0^+} -i\int_0^\pi e^{ir\,e^{i(\pi-t)}}\,dt = -i\int_0^\pi \left[\lim_{r\to 0^+} e^{ir\,e^{i(\pi-t)}}\right]dt = -i\pi\,. \tag{20}$$

Limes und Integration dürfen vertauscht werden, da im Intervall $[0,\pi]$ der Integrand $e^{ir\,e^{i(\pi-t)}}$ gleichmäßig gegen 1 konvergiert. Zusammen also

$$0 \;=\; \int_\gamma \frac{e^{iz}}{z}\,dz \;=\; \lim_{\substack{r\to 0^+\\ R\to\infty}}\left(\int_{\gamma_1}+\ldots+\int_{\gamma_4}\right) \;=\; -i\pi + \lim_{\substack{r\to 0^+\\ R\to\infty}}\left(\int_{\gamma_1}+\int_{\gamma_3}\right)\,.$$

Übergang zum Imaginärteil liefert

$$\int_0^\infty \frac{\sin x}{x}\,dx \;=\; \frac{\pi}{2}\,. \tag{21}$$

Übrigens erhält man das richtige Ergebnis auch, wenn man in dem Resultat von Aufgabe 11.3.E.1 verbotenerweise(!) $b = 0$ setzt.

Eine Herleitung mit Hilfe der Partialbruchentwicklung von $\dfrac{\pi^2}{\sin^2 \pi z}$ finden Sie in Aufgabe 11.4.C.

9.2 Cauchy-Integralformel und -Ungleichungen

Siehe auch Aufgabe 9.6.K.

A Berechnen Sie die folgenden Integrale mit Hilfe der Cauchy Integralformel:

1) $\displaystyle\int_{|z|=2} \frac{\sin z}{z+i}\,dz$ 2) $\displaystyle\int_{|z+2i|=3} \frac{dz}{z^2+\pi^2}$

3) $\displaystyle\int_{|z|=2} \frac{dz}{z^4-1}$ 4) $\displaystyle\int_{|z-3/2|=1} \frac{\mathrm{e}^z}{z(z-1)^3}\,dz$

5) $\displaystyle\int_{|z|=3} \frac{\mathrm{e}^{az}}{z^2(z^2+2z+2)}\,dz$

6) $\displaystyle\int_{|z|=r} \frac{dz}{(z-a)^n(z-b)^m}\,, \quad |a|<r<|b|\,,\ m,n\in\mathbb{N}$

7) $\displaystyle\int_0^{2\pi} \cos^{2n} t\,dt \;=\; \int_0^{2\pi} \sin^{2n} t\,dt \;=\; 2\pi\frac{3\cdot 5\cdot\ldots\cdot(2n-1)}{2\cdot 4\cdot\ldots\cdot(2n)}$

B Sei f holomorph in $\mathbb{E} := \{|z|<1\}$ und es gelte $|f(z)|<1$ für alle $|z|<1$. Dann ist $|f'(0)|\le 1$.

C Sei $f(z) := \sum_{n=0}^{\infty} a_n z^n$ holomorph in $\{|z|<R\}$ und für $0<r<R$ sei $A(r) := \max\{\operatorname{Re} f(z)\,;\,|z|=r\}$. Man zeige

$$|a_n|r^n \;\le\; 2A(r) \;-\; 2\operatorname{Re} f(0) \quad \text{für alle } 0<r<R,\ n\in\mathbb{N}\,. \tag{1}$$

D Sei $f\colon \mathbb{E}\to\mathbb{C}$ injektiv und holomorph, $0<r<1$, und $G := f\big(\{|z|<r\}\big)$. Man zeige, dass für die Umkehrfunktion $f^{-1}\colon G\to\mathbb{E}$ gilt:

$$f^{-1}(w) \;=\; \frac{1}{2\pi i}\int_{|\zeta|=r} \frac{\zeta f'(\zeta)}{f(\zeta)-w}\,d\zeta\,. \tag{2}$$

Insbesondere folgt daraus, dass die Umkehrfunktion holomorph ist.

E Sei $f(z) := \sum_{n=0}^{\infty} a_n z^n$ holomorph in $\mathbb{E} := \{|z|<1\}$ und $|f(z)| \le \dfrac{1}{1-|z|}$ für alle $|z|<1$. Dann gilt $|a_n| < \mathrm{e}(n+1)$ für alle $n\in\mathbb{N}$.

F Sei f eine ganze Funktion und $M(r,f) := \max\{\,|f(z)|\,;\,|z|=r\,\}$. Man zeige:

1) Gilt in den Cauchy Ungleichungen $\dfrac{|f^{(n)}(0)|}{n!} \le \dfrac{1}{r^n}M(r,f)$ für ein $n\in\mathbb{N}$ und ein $r>0$ das Gleichheitszeichen, so ist f von der Form $f(z)=az^n$ für ein $a\in\mathbb{C}$.

2) Seien $R, a, n > 0$ und es gelte $|f(z)| < a|z|^n$ für alle $|z| > R$.
Dann ist f ein Polynom und zwar höchstens vom Grad n.

3) Seien $R, a, n > 0$ und es gelte $|f(z)| > a|z|^n$ für alle $|z| > R$.
Dann ist f ein Polynom und zwar mindestens vom Grad n.

f sei in einer Umgebung der abgeschlossenen Scheibe $\overline{B}_r(z_0)$ holomorph und es sei $|f(z_0)| < \min\{\,|f(z)|\,;\,|z - z_0| = r\,\}$.
Dann besitzt f in $B_r(z_0)$ eine Nullstelle.

ungen:

Natürlich kann man diese Integrale auch mit Hilfe des Residuensatzes auswerten. Sie sollen hier mit der Cauchy-Integralformel 4.3(1) berechnet werden.

(A.1) Die Funktion $\sin z$ ist in ganz $\mathbb{C}$ holomorph. Die einfache Nullstelle $z_0 := -i$ des Nenners liegt im Inneren des Integrationsweges $\{|z| = 2\}$. Die Cauchy-Integralformel liefert daher

$$\int_{|z|=2} \frac{\sin z}{z+i}\,dz \;=\; 2\pi i \sin(-i) \;=\; \pi\left(\mathrm{e} - \frac{1}{\mathrm{e}}\right) \;=\; 2\pi \sinh 1\,. \tag{3}$$

(A.2) Der Nenner $z^2 + \pi^2 = (z - i\pi)(z + i\pi)$ hat die beiden einfachen Nullstellen $\pm i\pi$. Davon liegt nur $z_0 := -i\pi$ im Inneren des Integrationsweges $\{|z - (-2i)| = 3\}$. Die Funktion $f(z) := \dfrac{1}{z - i\pi}$ ist daher in einer Umgebung der abgeschlossenen Kreisscheibe $\overline{B_3}(-2i) = \{|z + 2i| \le 3\}$ holomorph. Die Cauchy-Integralformel liefert daher

$$\int_{|z+2i|=3} \frac{dz}{z^2+\pi^2} \;=\; \int_{|z+2i|=3} \frac{f(z)\,dz}{z+i\pi} \;=\; 2\pi i\, f(-i\pi) \;=\; \frac{2\pi i}{-2\pi i} \;=\; -1\,.$$

(A.3) Der Nenner $z^4 - 1$ hat einfache Nullstellen in den 4.-ten Einheitswurzeln $\mathrm{e}^{ik\pi/2}$, die sämtlich im Inneren des Integrationsweges $\{|z| = 2\}$ liegen. PBZ und Cauchy-Integralformel liefern:

$$\begin{aligned}\int_{|z|=2} \frac{dz}{z^4-1} \;&=\; \int_{|z|=2} \left(\frac{1/4}{z-1} - \frac{1/4}{z+1} - \frac{i/4}{z+i} + \frac{i/4}{z-i}\right) dz \\ &=\; 2\pi i\left(\frac{1}{4} - \frac{1}{4} - \frac{i}{4} + \frac{i}{4}\right) \;=\; 0\,.\end{aligned} \tag{4}$$

Bemerkung: Der Integrand $f(z) := (z^4 - 1)^{-1}$ ist in der Kugel $\widehat{\mathbb{C}}$ holomorph bis auf einfache Pole in den 4.-ten Einheitswurzeln. Der Nennergrad ist um 4 größer als der Zählergrad. Nach Aufgabe 11.2.D ist das Residuum $\operatorname{res}(f;\infty) = 0$ und damit auch $\int_{|z|=2} f(z)\,dz = 0$.

(A.4) Die Funktion $f(z) := e^z/z$ ist in $\mathbb{C} \setminus \{0\}$, also in einer Umgebung der abgeschlossenen Scheibe $\overline{B_1}(3/2)$ holomorph. Es ist

$$f'(z) = \frac{e^z}{z} - \frac{e^z}{z^2} \quad ; \quad f''(z) = \frac{e^z}{z} - \frac{2\,e^z}{z^2} + \frac{2\,e^z}{z^3} . \tag{5}$$

Also liefert die Cauchy-Integralformel für die 2. Ableitung (4.3(3)) :

$$\int_{|z-3/2|=1} \frac{e^z}{z(z-1)^3}\, dz = 2\pi i\, \frac{f''(1)}{2} = i\pi\, e . \tag{6}$$

(A.5) Der Nenner hat in der Kreisscheibe $\{|z| \leq 3\}$ die Nullstellen 0 und $-1 \pm i$. Partialbruchzerlegung liefert

$$\begin{aligned} \int_{|z|=3} \frac{e^{az}}{z^2(z^2+2z+2)}\, dz &= \int_{|z|=3} \frac{e^{az}}{2} \left(\frac{1}{z^2} - \frac{1}{z} + \frac{1/2}{z+1-i} + \frac{1/2}{z+1+i} \right) dz \\ &= 2\pi i \left(\frac{a-1}{2} + \frac{e^{(-1+i)a}}{4} + \frac{e^{(-1-i)a}}{4} \right) \\ &= \pi i \left(a - 1 + e^{-a} \cos a \right) . \end{aligned} \tag{7}$$

(A.6) $f(z) := (z-b)^{-m}$ ist nach Voraussetzung ($|a| < r < |b|$) in einer Umgebung der abgeschlossenen Kreisscheibe $\overline{B_r} = \{|z| \leq r\}$ holomorph. Die Cauchy-Integralformel für die Ableitungen (4.3(3)) liefert daher:

$$\begin{aligned} \frac{1}{2\pi i} \int_{|z|=r} \frac{dz}{(z-a)^n (z-b)^m} &= \frac{1}{(n-1)!} \frac{d^{n-1}}{dz^{n-1}} (z-b)^{-m} \Big|_{z=a} \\ &= \binom{m+n-2}{n-1} \frac{(-1)^{n-1}}{(a-b)^{m+n-1}} . \end{aligned} \tag{8}$$

(A.7) Wir schreiben das reelle Integral als komplexes Kurvenintegral über den Einheitskreisrand $\partial\mathbb{E}$ und werten dies mit Hilfe der Binomialformel und der Cauchy-Integralformel aus. Es ist

$$\begin{aligned} \int_0^{2\pi} \sin^{2n} t\, dt &= \int_0^{2\pi} \cos^{2n} t\, dt = \frac{-i}{2^{2n}} \int_{\partial\mathbb{E}} \tfrac{1}{z} \left(z + \tfrac{1}{z}\right)^{2n} dz \\ &= \frac{-i}{2^{2n}} \int_{\partial\mathbb{E}} \left[\binom{2n}{0} z^{2n-1} + \ldots + \binom{2n}{k} z^{2n-2k-1} + \ldots + \binom{2n}{2n} z^{-2n-1} \right] dz \\ &= \frac{2\pi}{2^{2n}} \binom{2n}{n} = \frac{2\pi\,(2n)!}{2^n\, n! \cdot 2^n\, n!} = 2\pi\, \frac{3 \cdot 5 \cdot \ldots \cdot (2n-1)}{2 \cdot 4 \cdot \ldots \cdot (2n)} . \end{aligned}$$

(Siehe auch Aufgabe [RA1 5.3.2.B] für eine andere Methode.)

Siehe dazu auch das Lemma von Schwarz (Aufgabe 9.3.E).

Sei $0 < r < 1$. Wegen $|f(z)| < 1$ folgt aus der Cauchy-Integralformel:

$$\begin{aligned} |f'(0)| &= \left| \frac{1}{2\pi i} \int_{|z|=r} \frac{f(z)}{z^2} \, dz \right| = \left| \frac{1}{2\pi} \int_0^{2\pi} \frac{f(r\, e^{it})}{r\, e^{it}} \, dt \right| \\ &\leq \frac{1}{2\pi} \int_0^{2\pi} \frac{|f(r\, e^{it})|}{r} \, dt \leq \frac{1}{2\pi} \int_0^{2\pi} \frac{dt}{r} = \frac{1}{r} . \end{aligned} \tag{9}$$

Grenzübergang $r \to 1^-$ liefert die Behauptung $|f'(0)| \leq 1$.

Nach den Cauchy-Integralformeln gilt für $f(z) = \sum a_n z^n$ und für $0 < r < R$:

$$\begin{aligned} a_n &= \frac{1}{2\pi i} \int_{|z|=r} \frac{f(z)}{z^{n+1}} \, dz = \frac{1}{2\pi} \int_0^{2\pi} f(r\, e^{it}) r^{-n} \, e^{-int} \, dt \\ a_n r^n &= \frac{1}{2\pi} \int_0^{2\pi} f(r\, e^{it}) \, e^{-int} \, dt \quad (n \geq 0) \\ 0 &= \frac{1}{2\pi} \int_0^{2\pi} f(r\, e^{it}) \, e^{int} \, dt \quad (n \geq 1) . \end{aligned} \tag{10}$$

Addieren liefert

$$\begin{aligned} a_n r^n &= \frac{1}{2\pi} \int_0^{2\pi} f(r\, e^{it}) 2 \cos nt \, dt \\ 2f(0) &= \frac{1}{2\pi} \int_0^{2\pi} f(r\, e^{it}) 2 \, dt \\ a_n r^n + 2f(0) &= \frac{1}{2\pi} \int_0^{2\pi} f(r\, e^{it}) 2(1 + \cos nt) \, dt \\ &= \frac{2}{\pi} \int_0^{2\pi} f(r\, e^{it}) \cos^2 \frac{nt}{2} \, dt . \end{aligned} \tag{11}$$

Für $A(r) := \max \{ \operatorname{Re} f(z) \, ; \, |z| = r \}$ folgt

$$\operatorname{Re} a_n r^n + 2 \operatorname{Re} f(0) \leq A(r) \frac{2}{\pi} \int_0^{2\pi} \cos^2 \frac{nt}{2} \, dt = 2A(r) . \tag{12}$$

Sei nun $a_n = |a_n| \, e^{i\varphi_n}$ und $g(z) := f\left(e^{-i\varphi_n/n} z \right)$. Dann ist $g(z) = \sum b_n z^n$ mit $b_n = |a_n|$, $f(0) = g(0)$ und $\max_{|z|=r} \operatorname{Re} g(z) = \max_{|z|=r} \operatorname{Re} f(z) = A(r)$.

Ungleichung (12) angewendet auf g liefert $|a_n| r^n = b_n r^n \leq 2A(r) - 2 \operatorname{Re} f(0)$.

D Sei $w = f(z) \in G := f(\{|\zeta| < r\})$ fest gewählt. Sei $g(\zeta) := \dfrac{f(\zeta) - w}{\zeta - z}$.

Für $\zeta \to z$ ist g durch $g(z) := f'(z) \neq 0$ stetig ergänzbar. Also ist g im Einheitskreis $\mathbb{E}$ holomorph. Für $\zeta \neq z$ ist $g(\zeta) \neq 0$, da f injektiv ist.

Nach der Cauchy-Integralformel folgt:

$$\frac{1}{2\pi i} \int_{|\zeta|=r} \frac{\zeta f'(\zeta)}{f(\zeta) - w}\, d\zeta = \frac{1}{2\pi i} \int_{|\zeta|=r} \frac{1}{\zeta - z} \frac{\zeta f'(\zeta)}{g(\zeta)}\, d\zeta = \frac{z f'(z)}{g(z)} = z = f^{-1}(w)$$

Vertauschen von Differenzieren und Integrieren liefert die Holomorphie der Umkehrfunktion.

E Sei $f(z) := \sum_{n=0}^{\infty} a_n z^n$ holomorph in $\mathbb{E}$ und $|f(z)| \leq \dfrac{1}{1 - |z|}$ für alle $|z| < 1$.
Dann folgt aus den Cauchy-Ungleichungen für alle $0 < r < 1$:

$$|a_n| \;\leq\; \frac{1}{r^n} \max\{\, |f(z)|\,;\, |z| = r \,\} \;\leq\; \frac{1}{r^n(1 - r)} \,. \tag{13}$$

Mit $r := \dfrac{n}{n+1}$ folgt $|a_n| = (n+1)(1 + \frac{1}{n})^n < \mathrm{e}(n+1)$.

F **(F.1)** Da f eine ganze Funktion ist, gilt $f(z) = \sum_{k=0}^{\infty} \dfrac{f^{(k)}(0)}{k!}\, z^k$ für alle $z \in \mathbb{C}$.

Gilt nun $|a_n| = \left|\frac{f^{(n)}(0)}{n!}\right| = \frac{1}{r^n} M(r, f)$, so ergibt die Parsevalsche Gleichung 8.3.E:

$$\begin{aligned} \big(M(r,f)\big)^2 \;&\geq\; \frac{1}{2\pi} \int_0^{2\pi} \big|f(re^{it}\big|^2\, dt \;=\; \sum_{k=0}^{\infty} \big|a_k\big|^2\, r^{2k} \\ &= \big(M(r,f)\big)^2 + \sum_{k \neq n} \big|a_k\big|^2\, r^{2k} \,. \end{aligned} \tag{14}$$

Also gilt $a_k = 0$ für $k \neq n$, also $f(z) = a_n z^n$ für alle $z \in \mathbb{C}$.

(F.2) Sei $f(z) = \sum a_n z^n$ eine ganze Funktion. Nach den Cauchy-Ungleichungen gilt $|a_k| \leq r^{-k} M(r, f)$ für alle $r > 0,\ k \in \mathbb{N}$. Ist nun $|f(z)| < a|z^n|$, also $M(r, f) < ar^n$ für $r > R$, so folgt $|a_k| \leq ar^{n-k}$. Mit $r \to \infty$ folgt daraus $a_k = 0$ für $k > n$. Also ist f ein Polynom höchstens vom Grad n.

(F.3) Gilt $|f(z)| > a|z|^n$ für alle $|z| > R$, so hat f für $|z| > R$ keine Nullstellen und für $|z| \leq R$ höchstens endlich viele. Seien $z_1, \ldots, z_m$ diese endlich vielen Nullstellen von f, jede entsprechend ihrer Vielfachheit aufgezählt. Dann ist $h(z) := \dfrac{f(z)}{\prod_{k=1}^{m}(z - z_k)}$ in $\mathbb{C}$ holomorph und nullstellenfrei und ebenso auch $g(z) := 1/h(z)$.

Für hinreichend große $|z|$ und geeignetes $A > 0$ gilt

$$|g(z)| = \left|\frac{\prod_{k=1}^{m}(z - z_k)}{f(z)}\right| \leq \frac{A|z|^m}{a|z|^n} = \frac{A}{a}\, z^{m-n} \,. \tag{15}$$

Nach **(F.2)** ist g ein Polynom. Aber g ist nullstellenfrei, also muss $g \equiv c \neq 0$ sein. Also gilt $f(z) = c\prod_{k=1}^{m}(z - z_j)$, d.h. f ist ein Polynom vom Grad m und wegen der Abschätzung (15) ist $m \geq n$.

Die Behauptung folgt sofort aus dem Minimumprinzip.

Mit Hilfe der Cauchy-Ungleichungen kann man so schließen:

f sei in einer Umgebung der abgeschlossenen Scheibe $\overline{B_r}(z_0)$ holomorph. Angenommen, es ist $f(z) \neq 0$ für alle $z \in B_r(z_0)$. Nach Voraussetzung gilt dies auch auf dem Rand $\{|z - z_0| = r\}$.

Da $\overline{B_r}(z_0)$ kompakt ist, gibt es eine Umgebung von $\overline{B_r}(z_0)$, in der $f(z) \neq 0$ ist, in der also $g(z) := 1/f(z)$ holomorph ist.

Die Cauchy-Ungleichung 4.3 (4) für g und $n = 0$ liefert

$$\begin{aligned} |g(z_0)| &\leq \max_{|z-z_0|=r} |f(z)| \\ \frac{1}{|f(z_0)|} &\leq \max_{|z-z_0|=r} |f(z)| = \Big(\min_{|z-z_0|=r} |f(z)|\Big)^{-1} \\ |f(z_0)| &\geq \min_{|z-z_0|=r} |f(z)| \end{aligned} \tag{16}$$

Widerspruch und fertig.

9.3 Zum Maximumprinzip

A Beweisen Sie mit Hilfe der Mittelwertformel

$$f(z_0) = \frac{1}{2\pi}\int_0^{2\pi} f(z_0 + r\,e^{it})\,dt \tag{1}$$

das Maximumprinzip für holomorphe Funktionen f.

B Beweisen Sie das Maximumprinzip mit Hilfe des Satzes von der Gebietstreue und umgekehrt.

C Seien f und g holomorph in einer Umgebung von $\overline{\mathbb{E}} := \{|z| \le 1\}$.

Dann nimmt $h(z) := |f(z)| + |g(z)|$ sein Maximum in $\overline{\mathbb{E}}$ auf dem Rand an.

D Sei f holomorph und nicht-konstant in einer Umgebung der abgeschlossenen Einheitskreisscheibe $\overline{\mathbb{E}}$. Auf dem Rand $\partial\mathbb{E}$ sei $|f(z)| \equiv const \neq 0$.

Dann ist f eine rationale Funktion und besitzt eine Nullstelle in $\mathbb{E}$.

E Beweisen Sie das *Lemma von Schwarz:*

Ist $f\colon \mathbb{E} \to \mathbb{E}$ eine holomorphe Abbildung der offenen Einheitskreisscheibe $\mathbb{E}$ in sich mit $f(0) = 0$, so gilt $|f'(0)| \le 1$ und $|f(z)| \le |z|$ für alle $|z| < 1$.

Gibt es ein $z_0 \in \mathbb{E} \setminus \{0\}$ mit $|f(z_0)| = |z_0|$, oder ist $|f'(0)| = 1$, so ist f eine Drehung.

F Sei f holomorph und beschränkt im Einheitskreis $\mathbb{E}$. $a_1, \ldots, a_n \in \mathbb{E}$ seien verschiedene Nullstellen von f. Dann gilt in $\mathbb{E}$:

$$|f(z)| \le \|f\|_{\mathbb{E}} \cdot \prod_{k=1}^{n} \left| \frac{z - a_k}{\overline{a_k} z - 1} \right| . \tag{2}$$

G Beweisen Sie das *Lemma von Schwarz-Pick:*

Ist $f\colon \mathbb{E} \to \mathbb{E}$ holomorph, so gilt für beliebige $z, w \in \mathbb{E}$:

$$\left| \frac{f(z) - f(w)}{1 - \overline{f(w)} f(z)} \right| \le \left| \frac{z - w}{1 - \overline{w} z} \right| . \tag{3}$$

Wann gilt für irgendwelche $z \neq w \in \mathbb{E}$ das Gleichheitszeichen?

H Sei $f\colon \mathbb{E} \to \mathbb{E}$ holomorph und $|z| < 1$. Beweisen Sie mit Hilfe des Lemmas von Schwarz-Pick (9.3.G), dass dann

1) $\left|1 - \overline{f(0)} f(z)\right| \le \dfrac{1 - |f(0)|^2}{1 - \big|f(0)\big|\,|z|}$,

2) $\quad |f(z)-f(0)| \;\leq\; |z|\cdot\left|1-\overline{f(0)}f(z)\right| \;\leq\; |z|\cdot\dfrac{1-|f(0)|^2}{1-|f(0)||z|}$.

Sei $E := \left\{ z\,;\, \dfrac{x^2}{a^2}+\dfrac{y^2}{b^2}\leq 1 \right\}$ eine Ellipse mit den Brennpunkten 1 und -1. Sei $p(z)$ ein Polynom vom Grad n und $K := \max\{\,|p(x)|\,;\,-1\leq x\leq 1\,\}$. Dann gilt $|p(z)| \leq K(a+b)^n$ für alle $z\in E$.

Sei f holomorph im Einheitskreis $\mathbb{E} := \{|z|<1\}$ derart, dass $f(0)=0$ und $\operatorname{Re} f(z) < 1$ für alle $|z|<1$. Zeigen Sie, dass dann

$$|f(z)| \;\leq\; \frac{2\,|z|}{1-|z|} \quad \text{für alle } |z|<1\,. \tag{4}$$

ungen:

Sei f holomorph im Gebiet $G\subset\mathbb{C}$ und $z_0\in G$.

Annahme: $|f|$ hat in z_0 ein lokales Maximum.

Wähle $R>0$ so klein, dass die Kreisscheibe $\overline{B_R}(z_0)=\{|z-z_0|\leq R\}$ in G enthalten ist, und so dass $|f(z)|\leq|f(z_0)|$ für alle $|z-z_0|\leq R$. Aus der Mittelwertformel (1) folgt für alle $0<r\leq R$:

$$\begin{aligned} |f(z_0)| \;&=\; \left|\frac{1}{2\pi}\int_0^{2\pi} f(z_0+r\,\mathrm{e}^{it})\,dt\right| \\ &\leq\; \max\{\,|f(z)|\,;\,|z-z_0|=r\,\} \;\leq\; |f(z_0)|\,. \end{aligned} \tag{5}$$

Also gilt in beiden Abschätzungen sogar das Gleichheitszeichen.

Da $|f|$ stetig ist, muss $|f(z)|\equiv|f(z_0)|$ sein für alle $|z-z_0|\leq r$. Da $0<r\leq R$ beliebig war, folgt $|f(z)|\equiv|f(z_0)|$ für alle $|z-z_0|\leq R$.

Mit $|f|$ ist aber auch f konstant in $\overline{B_R}(z_0)$ (siehe Aufgabe 8.7.F.1). Nach dem Identitätssatz ist f konstant im Gebiet G.

(B.1) Zunächst *Gebietstreue* $\Rightarrow$ *Maximumprinzip* :

Sei f holomorph und nicht konstant in dem Gebiet G und $z_0\in G$. Wegen der Gebietstreue ist $w_0 := f(z_0)$ ein innerer Punkt von $f(G)$. Dann gibt es aber auch noch Punkte $w=f(z)\in f(G)$ mit $|w|>|w_0|$. Also kann $|f|$ kein Maximum in z_0 haben.

(B.2) Jetzt *Maximumprinzip* $\Rightarrow$ *Gebietstreue* :

Sei G ein Gebiet (also zusammenhängend und offen) und $f\colon G\to\mathbb{C}$ holomorph und nicht konstant. Da f stetig ist, ist mit G auch $f(G)$ zusammenhängend. Zu zeigen bleibt die Offenheit von $f(G)$.

Sei $w_0 = f(z_0) \in f(G)$. Nach dem Identitätssatz gibt es einen abgeschlossenen Kreis $\overline{B_r}(z_0) \subset G$ derart, dass $f(z) \neq w_0$ für alle z mit $0 < |z - z_0| \leq r$.

Auf dem kompakten Kreisrand $\{|z - z_0| = r\}$ ist $|f(z) - w_0| > 0$, also gibt es ein $\varepsilon > 0$ derart, dass $|f(z) - w_0| > 3\varepsilon > 0$ ist für alle $|z - z_0| = r$.

Beh.: $B_\varepsilon(w_0) \subset f(G)$.

Sei $w \in B_\varepsilon(w_0)$ beliebig aber fest und $|z - z_0| = r$. Dann gilt

$$|f(z) - w| \;\geq\; |f(z) - w_0| - |w - w_0| \;\geq\; 3\varepsilon - \varepsilon \;=\; 2\varepsilon \,. \tag{6}$$

Für $z = z_0$ gilt $|f(z_0) - w| = |w - w_0| < \varepsilon$. Nach Aufgabe 9.2.G muss $f(z) - w$ eine Nullstelle in $B_r(z_0)$ haben, d.h. $w \in f(B_r(z_0)) \subset f(G)$. Fertig.

C Sei $z_0 \in \overline{\mathbb{E}}$ beliebig, aber fest gewählt. $\alpha, \beta \in \mathbb{R}$ seien so bestimmt, dass $|f(z_0)| = \mathrm{e}^{i\alpha} f(z_0)$ und $|g(z_0)| = \mathrm{e}^{i\beta} g(z_0)$. Dann ist $\varphi(z) := \mathrm{e}^{i\alpha} f(z) + \mathrm{e}^{i\beta} g(z)$ in einer Umgebung von $\overline{\mathbb{E}}$ holomorph. Nach dem Maximumprinzip folgt für $h(z) := |f(z)| + |g(z)|$:

$$\begin{aligned} h(z_0) \;&=\; |h(z_0)| \;=\; |f(z_0)| + |g(z_0)| \;=\; \varphi(z_0) \;=\; |\varphi(z_0)| \\ &\leq\; \max_{|z|=1} |\varphi(z)| \;\leq\; \max_{|z|=1} |f(z)| + |g(z)| \;=\; \max_{|z|=1} h(z) \,. \end{aligned} \tag{7}$$

D Nach dem Minimumprinzip muss f eine Nullstelle in $\mathbb{E}$ besitzen. Da f in einer Umgebung von $\overline{\mathbb{E}}$ holomorph ist, können nur endlich viele Nullstellen in $\overline{\mathbb{E}}$ liegen. Diese seien $z_1, \ldots, z_m$, jede entsprechend ihrer Vielfachheit aufgezählt. Sicher ist $|z_k| < 1$ für $k = 1, \ldots, m$.

Die Möbius-Abbildung $T_k(z) := \dfrac{z - z_k}{1 - \overline{z_k} z}$ hat auf $\partial\mathbb{E}$ konstanten Betrag 1. Sie ist holomorph in $\mathbb{C}$ bis auf einen einfachen Pol in $1/\overline{z_k}$, also holomorph in einer Umgebung von $\overline{\mathbb{E}}$. Sie hat ferner z_k als einzige (einfache) Nullstelle.

Sei $g(z) := f(z) \displaystyle\prod_{k=1}^{m} \frac{1 - \overline{z_k} z}{z - z_k}$. Dann ist g nullstellenfrei in $\overline{\mathbb{E}}$, holomorph in einer Umgebung von $\overline{\mathbb{E}}$ und hat ebenso wie f auf $\{|z| = 1\}$ konstanten Betrag. Nach dem Minimumprinzip muss g konstant sein, etwa $g(z) \equiv a$. Also ist $f(z) = a \displaystyle\prod_{k=1}^{m} \frac{z - z_k}{1 - \overline{z_k} z}$ eine rationale Funktion.

E Betrachte $g(z) := f(z)/z$. Wegen $f(0) = 0$ wird g durch

$$g(0) \;:=\; \lim_{z \to 0} \frac{f(z)}{z} \;=\; f'(0) \tag{8}$$

im Nullpunkt holomorph ergänzt. Wegen $f(\mathbb{E}) \subset \mathbb{E}$ gilt $|g(z)| \leq 1/r$ für alle $|z| = r < 1$. Nach dem Maximumprinzip folgt $|g(z)| \leq 1/r$ für alle $|z| \leq r$.

Da $r < 1$ beliebig war, folgt $|g(z)| \leq 1$, also $|f(z)| \leq |z|$ für alle $z \in \mathbb{E}$. Insbesondere auch $|g(0)| = |f'(0)| \leq 1$.

Gibt es nun ein $z_0 \in \mathbb{E} \setminus \{0\}$ mit $|f(z_0)| = |z_0|$, oder ist $|f'(0)| = 1$, so nimmt $|g|$ sein Maximum (nämlich 1) im Inneren von $\mathbb{E}$ an. Dann muss g nach dem Maximumprinzip konstant sein, also $g \equiv c$ mit $|c| = 1$.
Dann ist aber $f(z) \equiv cz$ eine reine Drehung.

Siehe dazu auch die Aufgabe 9.2.B.

Sei f holomorph und beschränkt im Einheitskreis $\mathbb{E}$. Für $k = 1, \ldots, n$ sei $a_k \in \mathbb{E}$ und $f(a_k) = 0$.

Die Abbildungen $T_k(z) := \dfrac{z - a_k}{\overline{a_k} z - 1}$ sind Möbius-Abbildungen des Einheitskreises $\mathbb{E}$ auf sich. Sei $T(z) := \prod_{k=1}^{n} T_k(z)$ und $g(z) := f(z)/T(z)$.

Dann ist g in $\mathbb{E}$ holomorph, da sich nach Voraussetzung die Nullstellen von f und T rauskürzen.

Mit f ist auch g beschränkt, da $|T(z)| \to 1$ für $|z| \to 1$. Nach dem Maximumprinzip ist $\|f\|_{\mathbb{E}} = \|g\|_{\mathbb{E}}$ und $|g(z)| \leq \|g\|_{\mathbb{E}}$. Dann folgt direkt

$$|f(z)| \ \leq \ \|g\|_{\mathbb{E}} \cdot |T(z)| \ \leq \ \|f\|_{\mathbb{E}} \cdot \prod_{k=1}^{n} \left| \frac{z - a_k}{\overline{a_k} z - 1} \right| . \tag{9}$$

$T(z) := \dfrac{z + w}{1 + \overline{w} z}$ und $S(z) := \dfrac{z - f(w)}{1 - \overline{f(w)} z}$ sind Möbius-Abbildungen des Einheitskreises $\mathbb{E}$ auf sich. Die Verknüpfung $g := S \circ f \circ T$ ist daher eine holomorphe Abbildung von $\mathbb{E}$ in sich und es gilt $g(0) = 0$. Nach dem Schwarzschen Lemma (9.3.E) folgt $|g(z)| \leq |z|$ und daher

$$\left| \frac{f(z) - f(w)}{1 - \overline{f(w)} f(z)} \right| = |g(T^{-1}(z))| \ \leq \ |T^{-1}(z)| \ = \ \left| \frac{z - w}{1 - \overline{w} z} \right| . \tag{10}$$

Gilt für gewisse $z \neq w \in \mathbb{E}$ die Gleichheit, so ist $\zeta := T^{-1}(z) \neq 0 = T^{-1}(w)$ und $|g(\zeta)| = |\zeta|$. Wiederum nach dem Schwarzschen Lemma ist $S \circ f \circ T$ eine Drehung, also f eine Möbius-Abbildung von $\mathbb{E}$ auf sich.

Ist umgekehrt f eine Möbius-Abbildung des Einheitskreises auf sich, so ist auch die Umkehrabbildung f^{-1} eine solche. Also gilt

$$\left| \frac{f(z) - f(w)}{1 - \overline{f(w)} f(z)} \right| \leq \left| \frac{z - w}{1 - \overline{w} z} \right| = \left| \frac{f^{-1}(f(z)) - f^{-1}(f(w))}{1 - \overline{f^{-1}(f(w))} f^{-1}(f(z))} \right| \leq \left| \frac{f(z) - f(w)}{1 - \overline{f(w)} f(z)} \right| .$$

Also gilt die Gleichheit für alle $z, w \in \mathbb{E}$.

H **(H.1)** Sei $h(z) := \dfrac{f(z) - f(0)}{1 - \overline{f(0)}f(z)}$ und $g(z) := \dfrac{h(z)}{z}$.

Wegen $f(\mathbb{E}) \subset \mathbb{E}$ ist $1 - \overline{f(0)}f(z) \neq 0$ in $\mathbb{E}$. Also ist g in $\mathbb{E}$ außer evt in 0 holomorph. Aber $h(0) = 0$, also kürzt sich die Nullstelle des Nenners raus und g ist in 0 holomorph ergänzbar und zwar durch

$$g(0) \;:=\; \lim_{z\to 0} g(z) \;=\; \lim_{z\to 0} \frac{f(z) - f(0)}{z - 0} \cdot \frac{1}{1 - \overline{f(0)}f(z)} \;=\; \frac{f'(0)}{1 - |f(0)|^2} \;.$$

Ferner ist $|g(z)| \leq 1$ in $\mathbb{E}$, denn $|h(z)| < 1$ in $\mathbb{E}$ (Maximumprinzip!) und $|1/z| \to 1$ für $|z| \to 1$. Wegen $f(z) = \dfrac{zg(z) + f(0)}{1 + zg(z)\overline{f(0)}}$ folgt:

$$\begin{aligned}
\left|1 - \overline{f(0)}f(z)\right| \;&=\; \left|1 - \overline{f(0)}\frac{zg(z) + f(0)}{1 + zg(z)\overline{f(0)}}\right| \\
&=\; \left|\frac{1 + zg(z)\overline{f(0)} - zg(z)\overline{f(0)} - |f(0)|^2}{1 + zg(z)\overline{f(0)}}\right| \\
&=\; \left|\frac{1 - |f(0)|^2}{1 + zg(z)\overline{f(0)}}\right| \;\leq\; \frac{1 - |f(0)|^2}{1 - |z||g(z)||f(0)|} \;\leq\; \frac{1 - |f(0)|^2}{1 - |z||f(0)|}
\end{aligned} \tag{11}$$

und das war die Behauptung.

(H.2) Aus dem Lemma von Schwarz-Pick (Aufgabe 9.3.G) folgt für $w := 0$:

$$\left|\frac{f(z) - f(0)}{1 - \overline{f(0)}f(z)}\right| \;\leq\; \left|\frac{z - 0}{1 - \overline{0}z}\right| \;=\; |z| \;. \tag{12}$$

Aus Teil 1 der Aufgabe folgt damit

$$|f(z) - f(0)| \;\leq\; |z||1 - \overline{f(0)}f(z)| \;\leq\; |z|\,\frac{1 - |f(0)|^2}{1 - |f(0)||z|} \tag{13}$$

und das war die Behauptung.

I Die Ellipse E hat die Brennpunkte ± 1, also ist $a^2 - b^2 = 1$. Sei $r := \dfrac{1}{a + b}$ und $A_r := \{\, w\,;\, r < |w| < 1 \,\}$ der Kreisring mit den Radien r und 1. Die Jukowski-Abbildung $f(w) := \frac{1}{2}\left(w + \frac{1}{w}\right)$ bildet den Kreisring A_r auf die längs der Strecke $[-1, 1]$ geschlitzte Ellipse E ab (vgl 8.1.K).

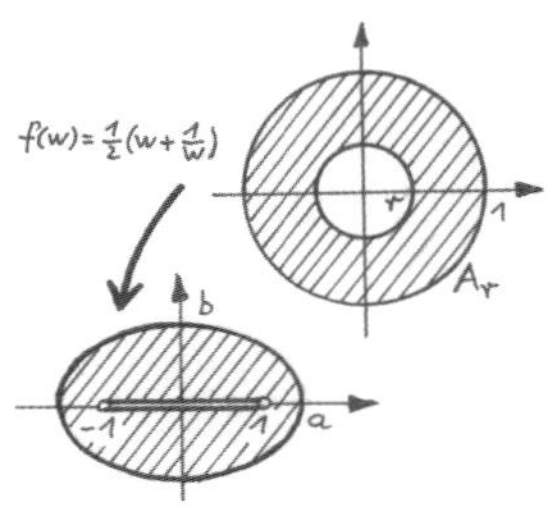

p ist ein Polynom n-ten Grades, also ist $q(w) := p\left(f(w)\right) w^n$ ein Polynom, also holomorph im Einheitskreis $\mathbb{E}$. Nach dem Maximumprinzip folgt für alle $w \in A_r$:

$$|q(w)| \leq \max_{|w|=1} |q(w)| = \max_{-1\leq x\leq 1} |p(x)| = K . \tag{14}$$

Daraus folgt $\max_{z\in E} |p(z))| = \frac{1}{r^n} \max_{|w|=1} |q(w)| = \frac{K}{r^n}$.

Wegen $a+b=1/r$ folgt die Behauptung.

Die Möbius-Abbildung $T(w) := \frac{w}{2-w}$ bildet die Halbebene $\{\mathsf{Re}\, w < 1\}$ auf den Einheitskreis $\mathbb{E}$ ab. Also ist $T\circ f$ eine holomorphe Abbildung von $\mathbb{E}$ in sich und es gilt $T\circ f(0) = 0$. Das Schwarzsche Lemma 9.3.E liefert

$$|T\circ f(z)| = \left|\frac{f(z)}{2-f(z)}\right| \leq |z| . \tag{15}$$

Also ist $|f(z)| \leq |z||2-f(z)| \leq |z|\left(2+|f(z)|\right)$ und damit $|f(z)| \leq \frac{2\,|z|}{1-|z|}$.

9.4 Ganze Funktionen

A Beweisen Sie den Fundamentalsatz der Algebra aus dem Satz von Liouville.

B 1) Ist f ganz und nicht konstant, so liegt der Wertebereich $f(\mathbb{C})$ dicht in $\mathbb{C}$.

2) Ist f ganz und $\operatorname{Re} f(z)$ beschränkt, so ist f konstant.

3) Ist f ganz und $f(\mathbb{C}) \subset \mathbb{C} \setminus \mathbb{R}_{\leq 0}$, so ist f konstant.

4) Ist f ganz und gilt $f(z) = f(z+1) = f(z+i)$ für alle $z \in \mathbb{C}$, so ist f konstant.

C Sei f ganz und für jedes $\zeta \in \mathbb{C}$ gebe es ein $n = n(\zeta)$ so dass $f^{(k)}(\zeta) = 0$ für alle $k \geq n(\zeta)$. Dann ist f ein Polynom.

D Ist f ganz transzendent, so konvergiert die Taylorreihe von f um 0 nicht gleichmäßig in $\mathbb{C}$.

E Seien f, g ganz und für alle $z \in \mathbb{C}$ gelte $|f(z)| \leq |g(z)|$.
Dann gibt es ein $\lambda \in \mathbb{C}$ mit $f(z) = \lambda g(z)$.

F Der Ring der ganzen Funktionen $\mathcal{O}(\mathbb{C})$ ist mit den üblichen Operationen ein kommutativer, nullteilerfreier Ring mit Einselement $f \equiv 1$.

1) Zeigen Sie, dass er kein Hauptidealring ist.

2) Man bestimme die primen und irreduziblen Elemente von $\mathcal{O}(\mathbb{C})$.

G Es gibt eine ganze Funktion derart, dass nicht alle Nullstellen der Ableitung f' in der konvexen Hülle der Nullstellen von f liegen.

H 1) Es gibt eine ganze Funktion f mit $f(0) \neq 0$ und $f(r\,\mathrm{e}^{i\varphi}) \to 0$ für alle festen $\varphi \in \mathbb{R}$ und $r \to \infty$.

2) Zeigen Sie, dass die mit diesem f gebildete Funktionenfolge $g_n(z) := f(nz)$ in $\mathbb{C}$ punktweise gegen eine unstetige Grenzfunktion konvergiert.

I Jede nullstellenfreie ganze Funktion besitzt einen Logarithmus.

J Man bestimme alle ganzen Funktionen f, g für die gilt $f^2 + g^2 \equiv 1$.

Lösungen:

A Sei $p(z)$ ein Polynom vom Grad $n \geq 1$ ohne Nullstellen. Dann ist $f := 1/p$ eine ganze Funktion. Nach dem Wachstumslemma (8.1.B) gibt es $M, R > 0$ mit $|p(z)| \geq M|z|^n$ für $|z| \geq R$. Also ist $1/p$ für $|z| \geq R$ beschränkt durch

$$\left|1/p(z)\right| \leq \frac{1}{M|z|^n} \leq \frac{1}{M \cdot R^n} . \tag{1}$$

Auf der kompakten Scheibe $\overline{B_R}(0)$ ist die stetige Funktion $1/p$ ebenfalls beschränkt. Nach Liouville ist $1/p$ und damit auch p konstant. Widerspruch.

(B.1) Angenommen, f ist ganz und der Wertebereich $f(\mathbb{C})$ liegt nicht dicht in $\mathbb{C}$. Dann gibt es ein $w_0 \in \mathbb{C}$ und ein $r > 0$ so dass die Kreisscheibe $B_r(w_0)$ im Komplement $\mathbb{C} \setminus f(\mathbb{C})$ liegt.

Die Funktion $g(z) := \dfrac{1}{f(z) - w_0}$ ist ganz und wegen $|g(z)| \leq 1/r$ beschränkt, also konstant. Dann ist aber auch f konstant.

(B.2) Sei f ganz und $\operatorname{Re} f(z)$ beschränkt. Dann kann der Wertebereich $f(\mathbb{C})$ nicht dicht in $\mathbb{C}$ liegen. Nach Aufgabe 9.4.B.1 ist f konstant.

(B.3) In $\mathbb{C} \setminus \mathbb{R}_{\leq 0}$ ist der Hauptwert $\sqrt{\zeta}$ der Quadratwurzel und damit auch $g(\zeta) := \dfrac{\sqrt{\zeta} - 1}{\sqrt{\zeta} + 1}$ holomorph. $g \circ f$ bildet $\mathbb{C}$ in den Einheitskreis ab, ist also eine beschränkte ganze Funktion und damit konstant. Dann ist auch f konstant.

(B.4) f ist in dem kompakten Quadrat P mit den Ecken $0, 1, i, 1+i$ beschränkt. Für jedes $z \in \mathbb{C}$ gibt es ganze Zahlen $k, l \in \mathbb{Z}$ und ein $w \in P$ mit $w = z + k + li$. Wegen der Periodizität von f gilt $f(z) = f(w)$.

Also ist f eine in $\mathbb{C}$ beschränkte holomorphe Funktion und damit konstant.

Sei f ganz und für jedes $\zeta \in \mathbb{C}$ gebe es ein $n = n(\zeta)$ so dass $f^{(k)}(\zeta) = 0$ für alle $k \geq n(\zeta)$. Für $n \in \mathbb{N}$ sei $A_n := \{\, \zeta \, ; \, f^{(k)}(\zeta) = 0 \text{ für alle } k \geq n \,\}$.

Nach Voraussetzung ist $\mathbb{C} = \bigcup_{n \in \mathbb{N}} A_n$. Wären alle A_n abzählbar, so wäre auch $\mathbb{C}$ abzählbar. Also gibt es ein $m \in \mathbb{N}$ derart, dass A_m überabzählbar ist.

Jede überabzählbare Teilmenge von $\mathbb{C}$ besitzt aber einen Häufungspunkt in $\mathbb{C}$ (siehe Aufgabe 7.5.F). Sei also z_0 ein Häufungspunkt von A_m.

Der Identitätssatz angewendet auf die holomorphen Funktionen $f^{(k)}$ liefert $f^{(k)}(z_0) = 0$ für alle $k \geq m$. Da f ganz ist, wird f in ganz $\mathbb{C}$ durch die Taylorreihe von f mit Entwicklungspunkt z_0 beschrieben, d.h.

$$f(z) \;=\; \sum_{k=0}^{\infty} \frac{f^{(k)}(z_0)}{k!}\,(z - z_0)^k \;=\; \sum_{k=0}^{m-1} \frac{f^{(k)}(z_0)}{k!}\,(z - z_0)^k \qquad (2)$$

für alle $z \in \mathbb{C}$. Also ist f ein Polynom.

Sei f ganz transzendent, also in ganz $\mathbb{C}$ holomorph und kein Polynom. Sei $\sum\limits_{k=0}^{\infty} a_k z^k$ die Taylorreihe von f um 0. Sie konvergiert in der größten Kreisscheibe um 0, in der f holomorph ist, also in ganz $\mathbb{C}$.

Angenommen, sie konvergiert gleichmäßig in $\mathbb{C}$. Dann existiert z.B. zu $\varepsilon := 1$ ein $k_0 \in \mathbb{N}$ derart, dass $|a_k z^k| < \varepsilon$ ist für alle $z \in \mathbb{C}$ und $k \geq k_0$.

Da f kein Polynom ist, existiert ein $k \geq k_0$ mit $a_k \neq 0$. Für solch ein k existiert aber sicher ein $z \in \mathbb{C}$ mit $|a_k z^k| > \varepsilon$. Widerspruch.

E Seien f, g ganz und für alle $z \in \mathbb{C}$ gelte $|f(z)| \leq |g(z)|$. Für $g \equiv 0$ ist auch $f \equiv 0$ und damit alles trivial. Sei also $g \not\equiv 0$.

Dann betrachten wir die in $\mathbb{C}$ meromorphe Funktion $h := f/g$.

h ist überall holomorph außer in den isoliert liegenden Nullstellen von g. Wegen $|h(z)| = |f(z)|/|g(z)| \leq 1$ ist h beschränkt. Also sind die isolierten Singularitäten von h hebbar (Riemannscher Hebbarkeitssatz 6.2.1).

Also ist h in $\mathbb{C}$ holomorph und beschränkt und nach Liouville damit konstant, etwa $h(z) \equiv \lambda$. Dann gilt $f(z) = \lambda g(z)$ für alle $z \in \mathbb{C}$ und das war die Behauptung.

F **(F.1)** Sei $I := \{ f \in \mathcal{O}(\mathbb{C}) ; \exists m \in \mathbb{N} \ : \ f(k) = 0 \text{ für alle } k \geq m \}$.

Dann ist I ein Ideal in $\mathcal{O}(\mathbb{C})$, das kein Hauptideal ist. Dass I ein Ideal ist, rechnet man direkt nach. Insbesondere ist $(0) \neq I \neq \emptyset$, da z.B. $f(z) = \sin \pi z$ in I liegt.

Annahme: I ist ein Hauptideal, etwa $I = (f) = \{ fg ; g \in \mathcal{O}(\mathbb{C}) \}$.

Wegen $f \not\equiv 0$ und $f \in I$ gibt es ein $m \in \mathbb{N}$ mit $f(k) = 0$ für alle $k \geq m$.

Sei μ die Nullstellenordnung von f in m. Dann ist $h(z) := \dfrac{f(z)}{(z-m)^\mu} \in I$ und $h \notin (f)$. Widerspruch.

(F.2) Die Menge der invertierbaren Elemente, also der Einheiten von $\mathcal{O}(\mathbb{C})$ bezeichnet man mit

$$\mathcal{O}(\mathbb{C})^* \ := \ \{ f \in \mathcal{O}(\mathbb{C}) ; f \text{ Einheit} \} \ . \tag{3}$$

Die Einheiten von $\mathcal{O}(\mathbb{C})$ sind genau die nullstellenfreien ganzen Funktionen.

$$\mathcal{O}(\mathbb{C})^* \ = \ \{ f \in \mathcal{O}(\mathbb{C}) ; f(z) \neq 0 \ \forall z \in \mathbb{C} \} \tag{4}$$

$f \in \mathcal{O}(\mathbb{C})$ heißt *irreduzibel*, wenn $f \notin \mathcal{O}(\mathbb{C})^* \cup \{0\}$ und

$$f = gh, \ g, h \in \mathcal{O}(\mathbb{C}) \quad \Longrightarrow \quad g \in \mathcal{O}(\mathbb{C})^* \text{ oder } h \in \mathcal{O}(\mathbb{C})^* \ . \tag{5}$$

Man sieht sofort, dass $f \in \mathcal{O}(\mathbb{C})$ irreduzibel ist, wenn f mit Vielfachheit gezählt genau eine Nullstelle in $\mathbb{C}$ hat.

Seien $f, g \in \mathcal{O}(\mathbb{C})$. Man sagt f *teilt* g, geschrieben $f \mid g$, wenn es eine Funktion $h \in \mathcal{O}(\mathbb{C})$ gibt mit $fh = g$. $f \in \mathcal{O}(\mathbb{C})$ heißt *prim*, wenn $f \notin \mathcal{O}(\mathbb{C})^* \cup \{0\}$ und

$$f \mid gh \ ; \ \ g, h \in \mathcal{O}(\mathbb{C}) \quad \Longrightarrow \quad f \mid g \ \text{ oder } \ f \mid h \ . \tag{6}$$

Die primen Elemente von $\mathcal{O}(\mathbb{C})$ sind genau die irreduziblen. (In Hauptidealringen ist das immer so, aber $\mathcal{O}(\mathbb{C})$ ist ja kein Hauptidealring.)

Weiteres zur Idealtheorie von $\mathcal{O}(\mathbb{C})$ siehe Aufgabe 11.4.H.

Sei $f(z) = z\,\mathrm{e}^z$. Dann ist f eine ganze Funktion mit der einzigen Nullstelle $z_0 = 0$. Aber $f'(z) = (z+1)\,\mathrm{e}^z$ verschwindet für $z = -1$.

Also liegen nicht alle Nullstellen der Ableitung f' in der konvexen Hülle der Nullstellen von f.

Für Polynome gilt dies. Siehe Satz von Gauß (2.3).

(H.1) Sei $g(z) := \displaystyle\int_0^\infty \mathrm{e}^{zt}\,t^{-t}\,dt$.

$g_1(t) := t^t$ (Hauptwert) ist in der geschlitzten Ebene $\mathbb{C} \setminus \mathbb{R}_{\le 0}$ holomorph.
Für $t = r\,\mathrm{e}^{i\varphi} = r(\cos\varphi + i\sin\varphi)$, $-\pi < \varphi < \pi$, $0 < r$ ist $\operatorname{Log} t = \log r + i\varphi$ und

$$t^t = \mathrm{e}^{t \operatorname{Log} t} = \exp\left[r(\log r\cos\varphi - \varphi\sin\varphi) + ir(\log r\sin\varphi + \varphi\cos\varphi)\right] .$$

Mit $z = x + i(\frac{\pi}{2} + c)$ erhält man

$$\left|\frac{\mathrm{e}^{zt}}{t^t}\right| = \exp\left[r\cos\varphi(x - \log r) + r\sin\varphi(\varphi - \tfrac{\pi}{2} - c)\right] . \tag{7}$$

Nach Cauchy verschwindet das Integral über den skizzierten Integrationsweg

$$\Gamma = \gamma_1 + \gamma_R + \gamma_3 + \gamma_\varepsilon .$$

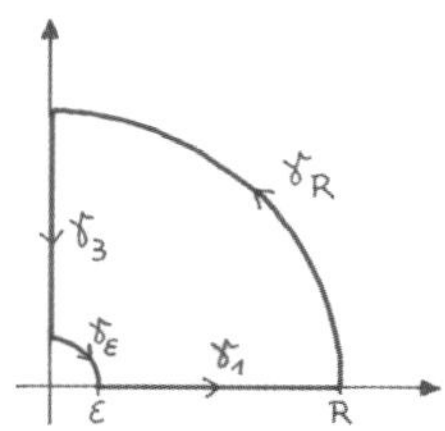

Für $t \in |\gamma_R|$ gilt $r = R$ und $0 \le \varphi \le \pi/2$.
Für $\log R > x + c$ liefert (7)

$$\left|\frac{\mathrm{e}^{zt}}{t^t}\right| \le \mathrm{e}^{-cR(\cos\varphi + \sin\varphi)} \le \mathrm{e}^{-cR} \tag{8}$$

und damit

$$\left|\int_{\gamma_R} \mathrm{e}^{zt}\,t^{-t}\,dt\right| \le \frac{\pi}{2} R\,\mathrm{e}^{-cR} \to 0 \quad \text{für } R \to \infty . \tag{9}$$

Für $t \in |\gamma_\varepsilon|$ gilt $r = \varepsilon$ und $0 \le \varphi \le \pi/2$. (7) liefert

$$\left|\frac{\mathrm{e}^{zt}}{t^t}\right| \le \mathrm{e}^{\varepsilon(x - \log\varepsilon)} \le \mathrm{e}^{\varepsilon x + 1/\mathrm{e}} \tag{10}$$

und damit

$$\left|\int_{\gamma_\varepsilon} \mathrm{e}^{zt}\,t^{-t}\,dt\right| \le \frac{\pi}{2}\varepsilon\,\mathrm{e}^{\varepsilon x + 1/\mathrm{e}} \to 0 \quad \text{für } \varepsilon \to 0^+ . \tag{11}$$

Auf der imaginären Achse γ_3 gilt schließlich $\varphi = \frac{\pi}{2}$ und $\varepsilon \le r \le R$. Also

$$\Big|\int_{\gamma_3} \mathrm{e}^{zt}\, t^{-t}\, dt\Big| \;\le\; \int_{\varepsilon}^{R} \mathrm{e}^{-cr}\, dr \;\le\; \frac{1}{c}\,. \tag{12}$$

Zusammen erhält man $|g(z)| \le 1/c$ für $c > 0$ und $\operatorname{Im} z = \pm\left(\frac{\pi}{2} + c\right)$. Infolgedessen ist $h(z) := g(z+4i)$ eine nicht-konstante ganze Funktion, die auf jeder Geraden durch 0 beschränkt ist.

Sei $a := h(0)$, μ die Ordnung der a-Stelle 0 von h und $f(z) := \dfrac{h(z)-a}{z^{\mu}}$. Dann gilt $f(r\,\mathrm{e}^{i\varphi}) \to 0$ für alle festen $\varphi \in \mathbb{R}$ und $r \to \infty$.

Siehe dazu D.J.Newman: *An Entire Function Bounded in Every Direction*, Amer.Math.Monthly 83(1976), 192-193.

(H.2) Wegen $f(0) \ne 0$ ist $g(0) := \lim\limits_{n\to\infty} g_n(0) = f(0) \ne 0$.

Dagegen ist für alle $z \ne 0$ der Grenzwert $g(z) := \lim\limits_{n\to\infty} f(nz) = 0$. Also ist die Grenzfunktion unstetig.

I Jede ganze Funktion besitzt eine Stammfunktion in $\mathbb{C}$. Beweis z.B. mit Hilfe der in ganz $\mathbb{C}$ konvergenten Potenzreihenentwicklung.

Ist f nullstellenfrei und ganz, so ist auch f'/f ganz und besitzt daher eine Stammfunktion in $\mathbb{C}$. Nach Aufgabe 8.4.K besitzt f einen Logarithmus in $\mathbb{C}$, d.h. es existiert eine ganze Funktion g mit $\mathrm{e}^{g(z)} = f(z)$ für alle $z \in \mathbb{C}$.

J Seien f, g ganze Funktionen mit

$$f^2 + g^2 \;=\; (f+ig)(f-ig) \;\equiv\; 1\,. \tag{13}$$

Dann ist $f + ig$ ganz und nullstellenfrei, besitzt also nach Aufgabe 9.4.I einen holomorphen Logarithmus. Dann gibt es aber auch eine ganze Funktion h mit $\mathrm{e}^{ih} = f + ig$. Für diese gilt $f - ig = (f+ig)^{-1} = \mathrm{e}^{-ih}$.

Aus den letzten beiden Gleichungen folgt

$$\begin{aligned} f(z) \;&=\; \tfrac{1}{2}\left(\mathrm{e}^{ih(z)} + \mathrm{e}^{-ih(z)}\right) \;=\; \cos h(z) \quad \text{und} \\ g(z) \;&=\; \tfrac{1}{2i}\left(\mathrm{e}^{ih(z)} - \mathrm{e}^{-ih(z)}\right) \;=\; \sin h(z)\,. \end{aligned} \tag{14}$$

Ist andererseits h eine beliebige ganze Funktion und $f(z) := \cos h(z)$, $g(z) := \sin h(z)$, so gilt $f^2 + g^2 \equiv 1$.

9.5 Folgen und Familien holomorpher Funktionen

Siehe auch Abschnitt 8.2.

Sei $\sum f_k$ eine Reihe in $\mathbb{E}$ holomorpher Funktionen derart, dass die Reihe $\sum |f_k|$ der Absolutbeträge in $\mathbb{E}$ kompakt konvergiert. Zeigen Sie, dass dann die Reihe $\sum f_k$ normal konvergiert.

Zeigen Sie außerdem, dass dafür die kompakte Konvergenz von $\sum f_k$ nicht reicht.

Beweisen Sie den Satz von Weierstraß (4.5.1) über die Holomorphie der Grenzfunktion einer kompakt konvergenten Folge holomorpher Funktionen.

Sei $\mathcal{F} := \{ f_n \,;\, n \in \mathbb{N} \}$ eine im Gebiet G normale Familie holomorpher Funktionen. Ferner sei

$$L \;:=\; \{ w \in G \,;\, (f_n(w)) \text{ konvergiert} \} \;\neq\; \emptyset \tag{1}$$

und nicht diskret in G. Dann konvergiert die Folge (f_n) kompakt gegen eine in G holomorphe Grenzfunktion.

$\mathcal{F}$ und $\mathcal{G}$ seien zwei in einem offenen Bereich $D \subset \mathbb{C}$ normale Familien und h eine ganze Funktion. Man zeige:

1) $\mathcal{F} \cdot \mathcal{G} \;:=\; \{ f \cdot g \,;\, f \in \mathcal{F}, g \in \mathcal{G} \}$ ist normal in D,
2) $h \circ \mathcal{F} \;:=\; \{ h \circ f \,;\, f \in \mathcal{F} \}$ ist normal in D,
3) $\mathcal{F}^{(k)} \;:=\; \left\{ f^{(k)} \,;\, f \in \mathcal{F} \right\}$ ist normal in D.
4) Die Familie der Funktionen $f_n(z) := n(z^2 - n)$ $(n \in \mathbb{N})$ ist in $\mathbb{C}$ im weiteren Sinn normal, aber nicht die Familie ihrer Ableitungen.

Welche der folgenden Familien ist normal im Einheitskreis $\mathbb{E}$?

1) $\mathcal{F}_M \;:=\; \left\{ \sum a_k z^k \,;\, |a_k| \le M \text{ für alle } k \right\}$
2) $\mathcal{F}_2 \;:=\; \{ f \,;\, f \text{ holomorph in } \mathbb{E},\ f(0) = 0,\ f'(0) = 1 \}$
3) $\mathcal{F}_3 \;:=\; \{ f \,;\, f \text{ holomorph in } \mathbb{E},\ f(0) = 0,\ f'(0) = 1,\ f(z) \neq 0 \text{ für } z \neq 0 \}$

Seien $G_1, G_2 \subset \mathbb{C}$ Gebiete, G_1 beschränkt und (f_n) eine kompakt konvergente Folge konformer Abbildungen $f_n \colon G_1 \to G_2$.

Dann ist die Grenzfunktion $f := \lim f_n$ entweder konstant oder ebenfalls eine konforme Abbildung $f \colon G_1 \to G_2$. Im 2. Fall konvergiert auch die Folge der Umkehrabbildungen f_n^{-1} in G_2 kompakt gegen die Umkehrfunktion f^{-1}.

Sei $G \subset \mathbb{C}$ ein beschränktes Gebiet und $f \colon G \to G$ holomorph. Sei (f_n) die Folge der *Iterierten* $f_n := f \circ f \circ \ldots \circ f$ (n mal) mit $f_0 := \mathrm{id}_G$.

Hat davon eine Teilfolge (f_{n_k}) eine nicht-konstante Grenzfunktion, so ist f ein Automorphismus von G.
(Dann sind alle f_n und die Grenzfunktion ebenfalls Automorphismen von G.)

H Sei $G \subset \mathbb{C}$ ein beschränktes Gebiet und $f\colon G \to G$ holomorph.

Hat f zwei Fixpunkte in G, so ist f ein Automorphismus von G.

Zeigen Sie, dass dies Resultat für unbeschränkte Gebiete G falsch wird.

Lösungen:

A **(A.1)** Sei K ein beliebiges Kompaktum in der offenen Einheitskreisscheibe $\mathbb{E}$. Wähle $0 < r_1 < r_2 < 1$ derart, dass $K \subset \overline{B_{r_1}} = \{|z| \le r_1\}$.

$|f_k|$ ist stetig und nimmt auf dem Kompaktum K sein Maximum an. Also existiert ein $z_k \in K$ mit

$$|f_k(z_k)| \;=\; \|f_k\|_K \;:=\; \sup\{\,|f_k(z)|\,;\, z \in K\,\}\ . \tag{2}$$

Nach der Cauchy-Integralformel gilt $f_k(z_k) = \dfrac{1}{2\pi i}\displaystyle\int_{|z|=r_2} \frac{f_k(z)}{z - z_k}\,dz$.

Sei $\varepsilon > 0$ beliebig. $\{|z| = r_2\}$ ist ein Kompaktum. Da die Reihe $\sum |f_k|$ kompakt konvergiert, gibt es ein $n_0 \in \mathbb{N}$ so, dass für alle $n > m > n_0$ und alle $|z| = r_2$ gilt: $\displaystyle\sum_{k=m}^{n} \big|f_k(z)\big| < \varepsilon\,\frac{(r_2 - r_1)}{r_2}$. Also gilt für $n > m > n_0$:

$$\begin{aligned}
\sum_{k=m}^{n} \|f_k(z)\|_K \;&=\; \sum_{k=m}^{n} \big|f_k(z_k)\big| \;=\; \sum_{k=m}^{n} \left|\frac{1}{2\pi i}\int_{|z|=r_2} \frac{f_k(z)}{z - z_k}\,dz\right| \\
&\le\; \sum_{k=m}^{n} \frac{1}{2\pi}\int_0^{2\pi} \frac{|f_k(r_2\,\mathrm{e}^{it})|}{r_2 - r_1}\, r_2\,dt \\
&=\; \frac{r_2}{2\pi(r_2 - r_1)}\int_0^{2\pi} \sum_{k=m}^{n} \big|f_k(r_2\,\mathrm{e}^{it})\big|\,dt \;\le\; \varepsilon\ .
\end{aligned} \tag{3}$$

Also konvergiert die Reihe $\sum \|f_k(z)\|_K$. Also konvergiert $\sum f_k$ normal.

(A.2) Ein Gegenbeispiel liefern die Funktionen $f_k(z) := \dfrac{(-1)^k}{z + k}$.

Sie sind im Einheitskreis $\mathbb{E}$ holomorph. Für festes $0 < r < 1$ und $K := \overline{B_r}$ gilt $\|f_k\|_K = \dfrac{1}{k - r}$ und die Reihe $\displaystyle\sum_k \frac{1}{k - r}$ divergiert.

Andererseits gilt auf K ab einem k_0

$$|f_k(z) + f_{k+1}(z)| = \left|\frac{1}{(z+k)(z+k+1)}\right| \leq \frac{2}{k^2} \tag{4}$$

und die Reihe $\sum \frac{2}{k^2}$ konvergiert. Also konvergiert die geklammerte Reihe $\sum(f_k + f_{k+1})$ gleichmäßig auf K. Da die Summanden auf K gleichmäßig gegen Null gehen, tut dies auch die ungeklammerte Reihe. Warum? Beweis!

] Von den vielen möglichen Beweisen geben wir hier einen mit Hilfe des Satzes von Morera (siehe Abschnitt 4.1.5).

Sei $D \subset \mathbb{C}$ offen, (f_k) eine auf D kompakt konvergente Folge holomorpher Funktionen und $f = \lim f_k$ die Grenzfunktion.

Wegen der kompakten Konvergenz ist die Grenzfunktion stetig in D.

Wegen der kompakten Konvergenz und weil die f_k holomorph sind, gilt

$$\int_{\partial\Delta} f\, d\zeta = \lim_{k\to\infty} \int_{\partial\Delta} f_k\, d\zeta = 0 \tag{5}$$

für alle Dreiecke Δ, die in D liegen. Nach dem Satz von Morera (4.1.5) ist f holomorph.

Noch zu zeigen ist die kompakte Konvergenz der Ableitungen f'_k gegen f'. Sei dafür $K \subset D$ kompakt und $\varepsilon > 0$ beliebig vorgegeben. Zunächst existiert ein $\delta > 0$ derart, dass für alle $z \in K$ die Kreisscheibe $B_{2\delta}(z)$ noch ganz in D liegt. $K' := \bigcup \left\{ \overline{B_\delta(z)}\,;\, z \in K \right\}$ ist ebenfalls kompakt und liegt in D. Dann gilt für hinreichend große k

$$\|f_k - f\|_{K'} = \sup\{\, |f_k(z) - f(z)|\,;\, z \in K' \,\} < \varepsilon\delta\,. \tag{6}$$

Die Cauchy-Integralformel für die Ableitung liefert für alle $z \in K$

$$\begin{aligned} |f'_k(z) - f'(z)| &= \left| \frac{1}{2\pi i} \int_{|\zeta - z| = \delta} \frac{f_k(\zeta) - f(\zeta)}{(\zeta - z)^2}\, d\zeta \right| \\ &= \left| \frac{1}{2\pi i} \int_0^{2\pi} \frac{f_k(z + \delta\,\mathrm{e}^{it}) - f(z + \delta\,\mathrm{e}^{it})}{(\delta\,\mathrm{e}^{it})^2}\, i\delta\,\mathrm{e}^{it}\, dt \right| \\ &\leq \frac{1}{2\pi} \int_0^{2\pi} \frac{\varepsilon\delta}{\delta}\, dt = \varepsilon\,. \end{aligned}$$

Also konvergiert die Folge der Ableitungen f'_k auf K gleichmäßig gegen f' und da $K \subset D$ beliebig war, konvergiert (f'_k) auf D kompakt gegen f'. Induktion liefert die entsprechende Aussage für alle Ableitungen.

C *Beh.:* $L := \{ w \in G\,;\, (f_n(w)) \text{ konvergiert} \} = G$.

Annahme: $w_0 \in G \setminus L$. $\mathcal{F}$ ist normal, also lokal beschränkt, also ist die Folge $(f_n(w_0))$ beschränkt. Da sie nicht konvergiert, muss es zwei konvergente Teilfolgen mit verschiedenen Limiten geben, etwa $f_{m_k}(w_0) \to a$, $f_{n_k}(w_0) \to b$ mit $a \neq b$.

Da $\mathcal{F}$ normal ist, müssen diese Teilfolgen wiederum Teilfolgen besitzen, die in G kompakt gegen eine holomorphe Grenzfunktion konvergieren. Sei F_1 Limes der ersten und F_2 Limes der zweiten Teilfolge. Auf L gilt $F_1 = F_2$, nach dem Identitätssatz also $F_1 \equiv F_2$ auf G. Widerspruch zu $F_1(w_0) = a \neq b = F_2(w_0)$.

Also existiert in allen Punkten $w \in G$ der Grenzwert $\lim\limits_{n\to\infty} f_n(w) =: f(w)$.

Beh.: $f_n \to f$ kompakt in G.

Annahme: Es gibt ein Kompaktum $K \subset G$, ein $\varepsilon > 0$ und eine Teilfolge (f_{n_k}) mit $\|f - f_{n_k}\|_K \geq \varepsilon$ für alle n_k. Die Teilfolge (f_{n_k}) muss wiederum eine kompakt konvergente Teilfolge besitzen, da $\mathcal{F}$ normal ist. Die Grenzfunktion kann aber nach der ersten Behauptung nur f sein. Widerspruch.

D Nach Montel (4.5.2) gilt $\mathcal{F}$ normal $\iff$ $\mathcal{F}$ lokal beschränkt.

(D.1) Sei $z_0 \in D$. Da $\mathcal{F}$ und $\mathcal{G}$ normal sind, existiert eine Umgebung $V \subset D$ von z_0 und Schranken $K_1, K_2 > 0$ mit

$$|f(z)| \leq K_1 \quad \text{und} \quad |g(z)| \leq K_2 \quad \text{für alle } f \in \mathcal{F},\ g \in \mathcal{G},\ z \in V\ . \tag{7}$$

Dann ist $|f(z) \cdot g(z)| \leq K_1 K_2$ für alle $fg \in \mathcal{F} \cdot \mathcal{G}$ und alle $z \in V$.

Also ist $\mathcal{F} \cdot \mathcal{G}$ lokal beschränkt, also normal.

(D.2) Sei $z_0 \in D$. Wegen der Normalität von $\mathcal{F}$ existiert eine Umgebung $V \subset D$ von z_0 und eine Schranke $K_1 > 0$ mit $|f(z)| \leq K_1$ für alle $f \in \mathcal{F}$ und alle $z \in V$. Sei $K_2 > 0$ derart, dass $|h(w)| \leq K_2$ für alle $|w| \leq K_1$. Dann ist $|h \circ f(z)| \leq K_2$ für alle $h \circ f \in h \circ \mathcal{F}$ und alle $z \in V$.

Also ist $h \circ \mathcal{F}$ lokal beschränkt, also normal.

(D.3) Sei $z_0 \in D$ und $B := B_{2r}(z_0)$ eine Kreisscheibe um z_0 mit $\overline{B} \subset D$. $\mathcal{F}$ ist normal, also lokal beschränkt. Also gibt es eine Schranke $M > 0$ derart, dass $|f(z)| \leq M$ für alle $z \in \overline{B}$ und alle $f \in \mathcal{F}$.

Nach der Cauchy-Integralformel für die k-te Ableitung (4.3(3)) gilt

$$|f^{(k)}(z)| = \left| \frac{k!}{2\pi i} \int_{|\zeta - z| = r} \frac{f(\zeta)}{(\zeta - z)^{k+1}}\, d\zeta \right| \leq \frac{2k!M}{r^k} \tag{8}$$

für alle $z \in \overline{B_r}(z_0)$, $f \in \mathcal{F}$. Also ist $\mathcal{F}^{(k)}$ lokal beschränkt, also normal in D.

(D.4) Die Funktionenfolge $f_n(z) := n(z^2 - n)$ $(n \in \mathbb{N})$ ist in $\mathbb{C}$ im weiteren Sinn normal, da sie auf jedem Kompaktum $K \subset \mathbb{C}$ in der sphärischen Metrik gleichmäßig gegen ∞ strebt.

Die Ableitungen $f_n'(z) = 2nz$ streben aber für $z \neq 0$ gegen ∞, und für $z = 0$ gegen 0. Die Ableitungsfolge kann also keine in $\mathbb{C}$ lokal gleichmäßig konvergente Teilfolge besitzen.

(E.1) Ist $|a_k| \leq M$ für alle k, so konvergiert $f(z) := \sum a_k z^k$ in $\mathbb{E}$ und ist dort holomorph. Für $|z| \leq r < 1$ gilt

$$|f(z)| \leq \sum_{k=0}^{\infty} M|z|^k = \frac{M}{1-|z|} \leq \frac{M}{1-r} \tag{9}$$

für alle $f \in \mathcal{F}_M$. Also ist $\mathcal{F}_M$ lokal beschränkt, also normal in $\mathbb{E}$.

(E.2) Für alle $n \in \mathbb{N}$ ist $f_n(z) := \frac{1}{n}(\mathrm{e}^{nz} - 1) \in \mathcal{F}_2$. Wegen $f_n(0) = 0$ und $f_n(\frac{1}{2}) \to \infty$ für $n \to \infty$ kann $\mathcal{F}_2$ nicht normal sein.

(E.3) Sei $f \in \mathcal{F}_3$, also f holomorph in $\mathbb{E}$, $f(0) = 0$, $f'(0) = 1$ und $f(z) \neq 0$ für $z \neq 0$. Dann besitzt $f(z)/z$ einen holomorphen Logarithmus $g = \log(f(z)/z)$ in $\mathbb{E}$ mit $g(0) = 0$. Siehe z.B. Aufgabe 8.4.K.

Für alle $f \in \mathcal{F}_3$ ist $g(z) \neq \pm 2\pi i$. Also ist $\{\, g(z) = \log(f(z)/z)\, ;\, f \in \mathcal{F}_3 \,\}$ normal. Nach Aufgabe 9.5.D.2 ist dann auch $\mathcal{F}_3$ normal.

Sei $G_1 \subset \mathbb{C}$ ein beschränktes Gebiet und (f_n) eine kompakt konvergente Folge konformer Abbildungen $f_n \colon G_1 \to G_2$. Die Grenzfunktion $f := \lim f_n$ sei nicht konstant. Sie ist sicherlich holomorph.

Da G_1 beschränkt ist, bildet die Folge der Umkehrabbildungen $g_n := f_n^{-1}$ eine normale Familie in G_2. Nach Montel besitzt sie eine in G_2 kompakt konvergente Teilfolge (g_{n_k}). Sei $g := \lim_k g_{n_k}$.

Für alle n gilt $g_n \circ f_n = \mathrm{id}_{G_1}$. Nach Kettenregel folgt $g_n'(f_n(z))f_n'(z) = 1$ für alle $z \in G_1$. Nach Weierstraß gilt $f_n' \to f'$ und $g_{n_k}' \to g'$. Nach Aufgabe 8.2.B gilt $g_{n_k}' \circ f_{n_k} \to g' \circ f$. Es folgt $g'(f(z))f'(z) = 1$ für alle $z \in G_1$.
Also ist g nicht konstant.

Aus $f_n \circ g_n = \mathrm{id}_{G_2}$ und $g_n \circ f_n = \mathrm{id}_{G_1}$ folgt wiederum nach Aufgabe 8.2.B angewendet auf die Teilfolge (g_{n_k}), dass $f \circ g = \mathrm{id}_{G_2}$ und $g \circ f = \mathrm{id}_{G_1}$.
Also ist f bijektiv und damit konform. Es ist $g = f^{-1}$.

Gezeigt wurde auch, dass jede kompakt konvergente Teilfolge von $(g_n) = (f_n^{-1})$ gegen $g = f^{-1}$ konvergiert. Dann konvergiert aber auch die Gesamtfolge (f_n^{-1}) kompakt gegen f^{-1}.

Sei $G \subset \mathbb{C}$ ein beschränktes Gebiet, $f \colon G \to G$ holomorph und (f_n) die Folge der *Iterierten* $f_n := f \circ f \circ \ldots \circ f$ (n mal) mit $f_0 := \mathrm{id}_G$. Da G beschränkt ist, sind alle f_n gleichmäßig beschränkt.

Sei (f_{n_k}) eine Teilfolge mit nicht-konstanter Grenzfunktion F. Insbesondere kann f nicht konstant sein. Die Indexfolge (n_k) sei o.B.d.A. streng monoton wachsend.

Sei $h_k := f_{n_{k+1}-n_k}$. Dann gilt $h_k \circ f_{n_k} = f_{n_{k+1}}$. Die Folge (h_k) besitzt nach Montel eine kompakt konvergente Teilfolge. Für deren Limes H gilt $H \circ F = F$ nach Aufgabe 8.2.B.

Da F nicht konstant ist, ist $F(G) \subset G$ nicht-leer und offen und auf $F(G)$ gilt $H \equiv \mathrm{id}$. Nach dem Identitätssatz folgt $H \equiv \mathrm{id}_G$.

Mit H muss auch f injektiv sein, denn aus $f(z_1) = f(z_2)$ folgt $H(z_1) = H(z_2)$.

Es ist $h_k(G) \subset f(G)$ für alle k, also auch $H(G) \subset f(G)$. Also muss mit H auch f surjektiv sein. Also ist f ein Automorphismus von G.

H **(H.1)** Sei $G \subset \mathbb{C}$ ein beschränktes Gebiet und $f\colon G \to G$ holomorph. Sei (f_n) die Folge der *Iterierten* von f wie in der Lösung der letzten Aufgabe.

Da G beschränkt ist, ist diese Folge gleichmäßig beschränkt. Nach Montel existiert eine in G kompakt konvergente Teilfolge (f_{n_k}). Für deren Grenzwert g gilt $g(z_j) = z_j$ für jeden Fixpunkt z_j von f. Hat f zwei Fixpunkte, so kann g nicht konstant sein. Nach Aufgabe 9.5.G ist f ein Automorphismus von G.

(H.2) Dies Resultat wird für unbeschränkte Gebiete G falsch.

Z.B. ist $f(z) := z^2 + z + 1$ eine holomorphe Abbildung von $\mathbb{C}$ in $\mathbb{C}$. f hat die beiden Fixpunkte $\pm i$, ist aber kein Automorphismus von $\mathbb{C}$.

9.6 Harmonische Funktionen

Welche der folgenden Funktionen $u = u(x, y)$ sind harmonisch, welche können als Realteil einer holomorphen Funktion $f = u + iv$ aufgefasst werden?

Geben Sie diese holomorphen Funktionen gegebenenfalls an.

1) $x + \sin(xy)$ 2) $e^x \sin y$

3) $e^{-2xy} \sin(x^2 - y^2)$ 4) $\frac{1}{2} \ln(x^2 + y^2)$

1) Für welche Wahl der Koeffizienten $a, b, c \in \mathbb{R}$ ist das Polynom $ax^2 + 2bxy + cy^2$ Real- bzw Imaginärteil eines Polynoms in z ?
2) Für welche k und m ist $u(x, y) := \sin(kx) \cdot \cosh(my)$ harmonisch in $\mathbb{C}$?

Seien u und v harmonische Funktionen und f holomorph.

Wann sind $u + v$, $u \cdot v$, $u \circ f$, $|f|$, $\log |f|$ harmonisch ?

Man beweise für den *Poissonkern* $P(\zeta, z) := \dfrac{1}{2\pi} \dfrac{|\zeta|^2 - |z|^2}{|\zeta - z|^2}$ und $|z| < |\zeta|$:

1) $\dfrac{1}{2\pi} \dfrac{|\zeta| - |z|}{|\zeta| + |z|} \leq P(\zeta, z) \leq \dfrac{1}{2\pi} \dfrac{|\zeta| + |z|}{|\zeta| - |z|}$.

2) $\displaystyle\int_0^{2\pi} P(R e^{i\vartheta}, z)\, d\vartheta = 1$

Beweisen Sie das *Harnacksche Lemma:*

Sei u harmonisch und nicht negativ in der Kreisscheibe B_R und noch stetig auf der abgeschlossenen Hülle $\overline{B}_R$. Dann gilt für alle $|z| \leq r < R$:

$$\frac{R - r}{R + r}\, u(0) \;\leq\; u(z) \;\leq\; \frac{R + r}{R - r}\, u(0) \,. \tag{1}$$

Seien $h = h(u, v)$ zweimal stetig differenzierbar, $f = u + iv$ holomorph und Δ wie üblich der Laplace-Operator.

Dann ist $\Delta(h \circ f) = ((\Delta h) \circ f)|f'|^2$. Insbesondere folgt

1) $\Delta |f(z)|^2 \;=\; 4|f'(z)|^2$

2) $\Delta \log(1 + |f(z)|^2) \;=\; \dfrac{4|f'(z)|^2}{(1 + |f(z)|^2)^2}$

3) Ist h harmonisch, so ist auch $g = h \circ f$ harmonisch.

Sei $u(x, y) = u(r \cos\varphi, r \sin\varphi) = U(r, \varphi)$ eine in $\mathbb{R}^2$ definierte reellwertige Funktion. Zeigen Sie, dass

$$\Delta u \;=\; u_{xx} + u_{yy} \;=\; U_{rr} + \frac{1}{r^2}\, U_{\varphi\varphi} + \frac{1}{r} U_r \,. \tag{2}$$

H Konvergieren die harmonischen Funktionen u_n lokal gleichmäßig gegen u, so ist auch u harmonisch.

In diesem Fall konvergiert auch die Folge (u'_n) der Ableitungen lokal gleichmäßig und zwar gegen u'.

I Sei f im gelochten Einheitskreis $\overline{\mathbb{E}}^* = \{0 < |z| \leq 1\}$ harmonisch und beschränkt. Dann kann f in den Nullpunkt harmonisch fortgesetzt werden.

J Eine stetige Funktion ist genau dann harmonisch, wenn sie die Mittelwerteigenschaft hat.

K
1) Beweisen Sie die Poisson-Formel 4.6.2(6).
2) Stellen Sie die konjugiert harmonische Funktion v durch ein Kurvenintegral über u dar.
3) Stellen Sie $f(z)$ durch ein Kurvenintegral über $u = \mathsf{Re}\, f$ dar.

L Lösen Sie das Dirichlet-Problem für den Einheitskreis $\mathbb{E}$ und die durch

$$u(\mathrm{e}^{it}) := \begin{cases} 1 & \text{falls } 0 < t < \pi \\ -1 & \text{falls } -\pi < t < 0 \end{cases}$$

gegebene unstetige Randfunktion u .

M
1) Sei $u\colon \mathbb{R} \to \mathbb{R}$ stetig und beschränkt. Dann wird durch

$$U(x+iy) := \frac{1}{\pi}\int_{-\infty}^{\infty} \frac{y}{(x-\xi)^2+y^2}\, u(\xi)\, d\xi \tag{3}$$

eine in der oberen Halbebene $H := \{\, z\,;\, \mathsf{Im}\, z > 0\,\}$ harmonische Funktion U definiert. Sie wird durch $U(x) := u(x)$ stetig auf $\overline{H}$ fortgesetzt.

2) Sei $u\colon \overline{H} \to \mathbb{R}$ in der abgeschlossenen oberen Halbebene $\overline{H}$ stetig und beschränkt und in H harmonisch. Dann gilt für alle $z = x + iy \in H$:

$$u(z) = \frac{1}{\pi}\int_{-\infty}^{\infty} \frac{y}{(x-\xi)^2+y^2}\, u(\xi)\, d\xi\ . \tag{4}$$

sungen:

] Ist u Realteil einer holomorphen Funktion, so muss $\Delta u = u_{xx} + u_{yy} \equiv 0$ sein. Die Umkehrung gilt nur lokal, bzw in einfach zusammenhängenden Gebieten!

(A.1) In jedem offenen Bereich $\emptyset \neq D \subset \mathbb{C}$ gilt

$$\Delta\left(x + \sin(xy)\right) = \Delta \sin(xy) = -\sin(xy)(x^2+y^2) \not\equiv 0 . \qquad (5)$$

Also ist $u = x + \sin xy$ nicht harmonisch und damit auch nicht Realteil einer holomorphen Funktion in D.

(A.2) Für $u(x,y) := \mathrm{e}^x \sin y$ gilt

$$\Delta u = u_{xx} + u_{yy} = \mathrm{e}^x \sin y - \mathrm{e}^x \sin y \equiv 0 \qquad (6)$$

in $\mathbb{C}$. Da $\mathbb{C}$ einfach zusammenhängend ist, ist u Realteil einer in $\mathbb{C}$ holomorphen Funktion f. Mit etwas Erfahrung sieht man direkt, dass

$$u(x,y) = \mathsf{Im}\left(\mathrm{e}^x(\cos y + i \sin y)\right) = \mathsf{Im}\ \mathrm{e}^z = \mathsf{Re}\left(-i\,\mathrm{e}^z\right) . \qquad (7)$$

Wenn man das nicht sieht, kann man durch Integration der Cauchy-Riemann-Dgln die zu u konjugiert harmonische Funktion v bestimmen. Hier ergibt sich:

$$\begin{aligned} v_y \overset{!}{=} u_x = \mathrm{e}^x \sin y \quad &\Longrightarrow \quad v(x,y) = -\mathrm{e}^x \cos y + g(x) \\ &\Longrightarrow \quad v_x = -\mathrm{e}^x \cos y + g'(x) \overset{!}{=} -u_y = -\mathrm{e}^x \cos y \\ &\Longrightarrow \quad g'(x) \equiv 0 \\ &\Longrightarrow \quad v(x,y) = -\mathrm{e}^x \cos y + const \end{aligned}$$

Also ist $v(x,y) := -\mathrm{e}^x \cos y$ eine zu u konjugiert harmonische Funktion. (Konjugiert harmonische Funktionen sind nur bis auf eine additive Konstante bestimmt.)

Dann ist $f(z) = u(x,y) + iv(x,y) = \mathrm{e}^x\left(\sin x - i\cos x\right) = -i\,\mathrm{e}^z$ holomorph und es ist $u = \mathsf{Re}\, f$.

(A.3) Es ist

$$\mathrm{e}^{iz^2} = \exp\left(-2xy + i(x^2-y^2)\right) = \mathrm{e}^{-2xy}\left(\cos(x^2-y^2) + i\sin(x^2-y^2)\right) .$$

Also ist $u(x,y) := \mathrm{e}^{-2xy}\sin(x^2-y^2)$ der Imaginärteil der in ganz $\mathbb{C}$ holomorphen Funktion e^{iz^2} bzw der Realteil der in $\mathbb{C}$ holomorphen Funktion $-i\,\mathrm{e}^{iz^2}$.

(A.4) $u(x,y) := \frac{1}{2}\ln(x^2+y^2)$ ist in der gelochten Ebene $\mathbb{C}^* = \mathbb{C}\setminus\{0\}$ zweimal stetig differenzierbar und dort gilt $\Delta u \equiv 0$.

Bew.: Der komplexe Logarithmus $\log z = \ln|z| + i\arg z$ ist in jeder Kreisscheibe, die den Nullpunkt nicht enthält, holomorph. Also ist $u = \ln|z| = \mathsf{Re}\ \ln z$

in der gelochten Ebene $\mathbb{C}^*$ harmonisch. Man kann aber auch $\Delta u \equiv 0$ zu Fuß oder mit Hilfe von Aufgabe 9.6.G nachrechnen.

u ist nicht Realteil einer in der gelochten Ebene holomorphen Funktion f. Diese müsste nämlich (bis auf eine additive Konstante) mit $\log z$ übereinstimmen. log kann aber in $\mathbb{C}^*$ nicht stetig definiert werden.

B **(B.1)** Sei $p(z) := ax^2 + 2bxy + cy^2$. Ist p Real- oder Imaginärteil einer holomorphen Funktion, so muss p harmonisch, also $\Delta p \equiv 0$ sein.

Es ist $\Delta p(z) = 2a + 2c = 0$ genau dann, wenn $a = -c$. In diesem Fall ist p der Realteil des Polynoms $f(z) := (a - ib)z^2$.

(B.2) Für $u(x, y) := \sin(kx) \cdot \cosh(my)$ ist

$$\Delta u \;=\; u_{xx} + u_{yy} \;=\; (m^2 - k^2)u \;\equiv\; 0 \quad \Longleftrightarrow \quad m = \pm k \text{ oder } u \equiv 0 \;.$$

Für $u \equiv 0$ ist jede Konstante $v \equiv const$ konjugiert harmonisch.

Für $m = \pm k$ ist $u = \mathsf{Re}\,(\pm \sin kz)$. Eine konjugiert harmonische Funktion zu u ist daher $v := \mathsf{Im}\,(\pm \sin kz) = \pm \cos kx \sinh ky$.

C Seien u, v harmonisch und f holomorph in offenen Bereichen. Die Verknüpfungen $u + v, u \circ f, \ldots$ seien definiert.

(C.1) Wegen $\Delta(u + v) = \Delta u + \Delta v$ ist mit u und v auch $u + v$ harmonisch.

(C.2) Für $\Delta u \equiv 0 \equiv \Delta v$ ist

$$\begin{aligned} \Delta(u \cdot v) &= (vu_x + uv_x)_x + (vu_y + uv_y)_y \\ &= 2(v_x u_x + v_y u_y) + v\Delta u + u\Delta v \\ &= 2\langle (v_x, v_y)\,,\,(u_x, u_y)\rangle \;. \end{aligned} \tag{8}$$

Also ist für harmonische u, v das Produkt $u \cdot v$ genau dann harmonisch, wenn $\operatorname{grad} u \perp \operatorname{grad} v$, also wenn die Niveaulinien von u und v orthogonale Kurvenscharen bilden.

(C.3) $u(\xi, \eta)$ sei im Bildgebiet von $f(z) = \xi + i\eta$ definiert und harmonisch. Dann ist u zumindest lokal Realteil einer holomorphen Funktion g. Es ist $u(f(z)) = \mathsf{Re}\, g(f(z))$ und mit f und g ist auch $g \circ f$ holomorph. Also ist $u(f(z))$ harmonisch, wenn u harmonisch und f holomorph ist.

Man kann natürlich auch zu Fuß mit Kettenregel und Cauchy-Riemann-Dgln oder mit Aufgabe 9.6.F die Laplace-Gleichung $\Delta u(f(z)) \equiv 0$ überprüfen.

(C.4) $|f|$ ist genau dann harmonisch, wenn $f \equiv const$ ist.

Wegen $\Delta r = 1/r$ und Aufgabe 9.6.F gilt nämlich $\Delta|f| = |f'|^2/|f|$.

(C.5) Ist f holomorph und $f(z) \neq 0$, so ist $\log|f|$ harmonisch. Dies folgt aus Aufgabe 9.6.F, da $\log|w|$ harmonisch ist.

Mit $\zeta = R\,\mathrm{e}^{i\vartheta}$ und $z = r\,\mathrm{e}^{it}$ gilt für den Poissonkern $P(\zeta, z)$:

$$P(\zeta,z) \;:=\; \frac{1}{2\pi}\frac{|\zeta|^2-|z|^2}{|\zeta-z|^2} \;=\; \frac{1}{2\pi}\frac{R^2-r^2}{R^2-2Rr\cos(\vartheta-t)+r^2} \;=\; \mathsf{Re}\left(\frac{1}{2\pi}\frac{\zeta+z}{\zeta-z}\right)$$

(D.1) Für $R = |\zeta| > r = |z|$ gilt $0 < R - r \le \big|\zeta - z\big| \le R + r$ und daher

$$\frac{1}{2\pi}\frac{R-r}{R+r} \;\le\; P(\zeta,z) \;\le\; \frac{1}{2\pi}\frac{R+r}{R-r}\,. \tag{9}$$

(D.2) Die Gleichung $\displaystyle\int_0^{2\pi} P(\zeta,z)\,d\vartheta = 1$ folgt direkt aus der Poissonschen Integralformel 4.6.2(6) angewendet auf die in $\mathbb{C}$ holomorphe Funktion $f(z) \equiv 1$. Man kann das reelle Integral aber auch direkt berechnen:

$$\begin{aligned}
\int_0^{2\pi} P(\zeta,z)\,d\vartheta \;&=\; \frac{1}{2\pi}\int_0^{2\pi}\frac{R^2-r^2}{R^2+r^2-2Rr\cos(\vartheta-t)}\,d\vartheta \\
&=\; \frac{R^2-r^2}{2\pi}\int_{-t}^{2\pi-t}\frac{ds}{b+c\cos s} \;=\; \frac{R^2-r^2}{2\pi}\int_{-\pi}^{\pi}\frac{ds}{b+c\cos s} \\
&=\; \frac{R^2-r^2}{2\pi}\frac{2}{\sqrt{b^2-c^2}}\arctan\frac{(b-c)\tan s/2}{\sqrt{b^2-c^2}}\Bigg|_{s\to-\pi^+}^{s\to\pi^-} \\
&=\; \frac{R^2-r^2}{2\pi}\frac{2}{R^2-r^2}\pi \;=\; 1\,.
\end{aligned}$$

Dabei wurden zur Abkürzung $b := R^2 + r^2$ und $c := -2Rr$ gesetzt. Es ist $b^2 - c^2 = (R^2 - r^2)^2 > 0$.

Die Reihenentwicklung von $\dfrac{\zeta+z}{\zeta-z}$ liefert einen *3. Beweis:*

$$\frac{\zeta+z}{\zeta-z} \;=\; 1+2\frac{z/\zeta}{1-z/\zeta} \;=\; 1+2\sum_{k=1}^{\infty}(z/\zeta)^k \;=\; 1+2\sum_{k=1}^{\infty}(r/R)^k\;\mathrm{e}^{ik(\vartheta-t)} \tag{10}$$

Also ist $2\pi i P(\zeta,z) = 1 + 2\displaystyle\sum_{k=1}^{\infty}(r/R)^k\cos k(\vartheta-t)$. Gliedweise Integration ist für $R > r$ erlaubt und liefert $\displaystyle\int_0^{2\pi} P(\zeta,z)\,d\vartheta = 1$.

Harnacksches Lemma:

Nach Aufgabe 9.6.D gilt für $\zeta = R\,\mathrm{e}^{i\vartheta}$, $z = r\,\mathrm{e}^{it}$:

$$\frac{1}{2\pi}\frac{R-r}{R+r} \;\le\; P(\zeta,z) \;\le\; \frac{1}{2\pi}\frac{R+r}{R-r}\,. \tag{11}$$

Mit $|z| \le r$ folgt wegen $u \ge 0$:

$$\begin{aligned} u(0) &= \int_0^{2\pi} u(\zeta)\,P(\zeta,z)\,d\vartheta \;\le\; \frac{1}{2\pi}\frac{R+|z|}{R-|z|}\int_0^{2\pi} u(\zeta)\,d\vartheta \\ &\le \frac{R+|z|}{R-|z|}\,u(0) \;\le\; \frac{R+r}{R-r}\,u(0)\,. \end{aligned} \tag{12}$$

Die untere Abschätzung ergibt sich ebenso.

F Sei $h = h(u,v)$ zweimal stetig differenzierbar und $f(z) = u(x,y) + iv(x,y)$ holomorph, Δ wie üblich der Laplace-Operator. $h(u,v)$ sei im Bildgebiet von $f = u + iv$ definiert. Mit der Kettenregel folgt

$$\begin{aligned} \Delta(h\circ f) &= (h\circ f)_{xx} + (h\circ f)_{yy} \\ &= h_{uu}(u_x^2+u_y^2) + h_{vv}(v_x^2+v_y^2) + h_{uv}(2u_xv_x + 2u_yv_y) \\ &= ((\Delta h)\circ f)(u_x^2+v_x^2) \;=\; ((\Delta h)\circ f)|f'|^2 \end{aligned} \tag{13}$$

wegen $\Delta u = \Delta v = 0$ und $u_x = v_y,\ u_y = -v_x$. Insbesondere folgt:

(F.1) Mit $h(u,v) := u^2 + v^2$ ist $\Delta h = h_{uu} + h_{vv} \equiv 4$. Formel (13) liefert

$$\Delta|f(z)|^2 \;=\; \Delta\left[u(x,y)^2 + v(x,y)^2\right] \;=\; 4|f'(z)|^2\,. \tag{14}$$

(F.2) Mit $h(u,v) := \ln(1+u^2+v^2)$ ist

$$\begin{aligned} \Delta h &= h_{uu} + h_{vv} = \frac{\partial}{\partial u}\Big(\frac{2u}{1+u^2+v^2}\Big) + \frac{\partial}{\partial v}\Big(\frac{2v}{1+u^2+v^2}\Big) \\ &= \frac{1}{(1+u^2+v^2)^2}\left(4(1+u^2+v^2) - 4u^2 - 4v^2\right) \;=\; \frac{4}{1+u^2+v^2}\,. \end{aligned}$$

Formel (13) liefert $\quad \Delta\ln(1+|f(z)|^2) \;=\; \dfrac{4|f'(z)|^2}{(1+|f(z)|^2)^2}\,.$

(F.3) Ist $h = h(u,v)$ harmonisch, so ist $\Delta h \equiv 0$ und nach Formel (13) auch $\Delta(h\circ f) \equiv 0$. Also ist $g = g(x,y) = h(u(x,y), v(x,y))$ harmonisch.

G Nach Voraussetzung ist $u(x,y) = u(r\cos\varphi, r\sin\varphi)$ im $\mathbb{R}^2$ zweimal stetig differenzierbar. Mit $r = \sqrt{x^2+y^2}$ und $\tan\varphi = y/x$ gilt

$$\frac{\partial(r,\varphi)}{\partial(x,y)} = \begin{pmatrix} r_x & r_y \\ \varphi_x & \varphi_y \end{pmatrix} = \begin{pmatrix} x/r & y/r \\ -y/r^2 & x/r^2 \end{pmatrix}\,. \tag{15}$$

Nach der Kettenregel folgt in der üblichen Schreibweise:

$$(u_x, u_y) \;=\; (U_r, U_\varphi)\cdot\frac{\partial(r,\varphi)}{\partial(x,y)} \;=\; \left(\frac{U_r}{r}x - \frac{U_\varphi}{r^2}y\,,\ \frac{U_r}{r}y + \frac{U_\varphi}{r^2}x\right) \tag{16}$$

$$u_{xx} = x\left[\left(\frac{U_r}{r}\right)_r \frac{x}{r} - \left(\frac{U_r}{r}\right)_\varphi \frac{y}{r^2}\right] + \frac{U_r}{r} - y\left[\left(\frac{U_\varphi}{r^2}\right)_r \frac{x}{r} - \left(\frac{U_\varphi}{r^2}\right)_\varphi \frac{y}{r^2}\right]$$
$$= \frac{x^2}{r}\left(\frac{U_r}{r}\right)_r - \frac{xy}{r^2}\left(\frac{U_r}{r}\right)_\varphi + \frac{U_r}{r} - \frac{xy}{r}\left(\frac{U_\varphi}{r^2}\right)_r + \frac{y^2}{r^2}\left(\frac{U_\varphi}{r^2}\right)_\varphi$$
$$u_{yy} = y\left[\left(\frac{U_r}{r}\right)_r \frac{y}{r} + \left(\frac{U_r}{r}\right)_\varphi \frac{x}{r^2}\right] + \frac{U_r}{r} + x\left[\left(\frac{U_\varphi}{r^2}\right)_r \frac{y}{r} + \left(\frac{U_\varphi}{r^2}\right)_\varphi \frac{x}{r^2}\right]$$
$$= \frac{y^2}{r}\left(\frac{U_r}{r}\right)_r + \frac{xy}{r^2}\left(\frac{U_r}{r}\right)_\varphi + \frac{U_r}{r} + \frac{xy}{r}\left(\frac{U_\varphi}{r^2}\right)_r + \frac{x^2}{r^2}\left(\frac{U_\varphi}{r^2}\right)_\varphi$$
$$\Delta u = u_{xx} + u_{yy} = U_{rr} + \frac{1}{r}U_r + \frac{1}{r^2}U_{\varphi\varphi}\,. \tag{17}$$

] Sei D offen und (u_n) eine Folge harmonischer Funktionen in D. (u_n) konvergiere in D kompakt (lokal gleichmäßig) gegen $u := \lim u_n$.

Sei $z_0 \in D$ beliebig und $\overline{B} := \overline{B_R}(z_0)$ eine abgeschlossene Kreisscheibe um z_0, die noch ganz in D liegt. Die u_n sind in D harmonisch, also gilt für $|z| = r < R$ die Poissonformel A (4.6.2(6)).

$$u_n(z_0 + z) = \int_0^{2\pi} u_n(z_0 + \zeta)P(\zeta, z)\,d\vartheta \quad (\zeta = R\,\mathrm{e}^{i\vartheta})\,. \tag{18}$$

Die u_n konvergieren in D lokal gleichmäßig, also auf $\partial\overline{B}$ gleichmäßig gegen u. Limes und Integral dürfen also vertauscht werden und Gleichung (18) gilt auch für u statt u_n Also ist u harmonisch. Siehe Poissonformel B (4.6.2(7)).

Gleichung (18) liefert auch die zweite Behauptung:

$$\begin{aligned}\left|\partial_x u_n(z) - \partial_x u(z)\right| &\le \int_0^{2\pi} \left|u_n(\zeta) - u(\zeta)\right| \cdot \left|\partial_x P(\zeta - z_0, z - z_0)\right| d\vartheta \\ &\le 2\pi \|u_n - u\|_{\partial B_R(z_0)} \cdot \|\partial_x P(\zeta, z)\|_{\partial B_R(0)\times\overline{B_r}(0)}\end{aligned} \tag{19}$$

für alle z mit $|z - z_0| \le r < R$. Entsprechendes gilt für $\partial_y, \partial_z, \partial_{\overline{z}}$. Also konvergiert mit (u_n) auch die Folge der Ableitungen lokal gleichmäßig in D und zwar gegen die Ableitung der Grenzfunktion.

] Sei f im gelochten Einheitskreis $\overline{\mathbb{E}}^*$ harmonisch und beschränkt. Nach der Poissonformel (4.6.2(7)) gibt es eine in $\overline{\mathbb{E}}$ stetige, in $\mathbb{E}$ harmonische Funktion g, die auf dem Rand $\partial\mathbb{E}$ die gleichen Werte wie f hat.

Für $\varepsilon > 0$ sei $h_\varepsilon := g - f + \varepsilon \log|z|$. Für hinreichend kleine $\varrho > 0$ ist $h_\varepsilon(z) \le 0$ für alle $|z| \le \varrho$. Auf $\partial\mathbb{E}$ ist $h_\varepsilon \equiv 0$.

h_ε ist im Kreisring $\overline{A} := \{\varrho \le |z| \le 1\}$ stetig und im Inneren A harmonisch. Das Maximumprinzip liefert $h_\varepsilon(z) \le 0$ für alle $|z| \le 1$.

Da $\varepsilon > 0$ beliebig war, folgt $g - f \leq 0$ in $\overline{\mathbb{E}}$. Analog $g - f \geq 0$.

Also ist $f = g$ und f kann in den Nullpunkt harmonisch fortgesetzt werden.

J "$\Longrightarrow$": Ist u eine reelle harmonische Funktionen in einem konvexen Gebiet G (es reicht einfach zusammenhängend), so ist u Realteil einer in G holomorphen Funktion f. Nach der Cauchy-Integralformel haben holomorphe Funktionen die Mittelwerteigenschaft (siehe Abschnitt 4.3), d.h. es gilt

$$f(z_0) = \frac{1}{2\pi i}\int_{|z-z_0|=r}\frac{f(z)}{z-z_0}\,dz = \frac{1}{2\pi}\int_0^{2\pi} f(z_0+re^{it})\,dt \tag{20}$$

falls f in der abgeschlossenen Scheibe $\overline{B_r}(z_0)$ holomorph ist. Dann gilt diese Mittelwertformel aber auch für Real- und Imaginärteil von f. Also besitzen harmonische Funktionen die Mittelwerteigenschaft.

"$\Longleftarrow$": Sei nun umgekehrt $D \subset \mathbb{C}$ offen und $f\colon D \to \mathbb{C}$ eine stetige Funktion, die die Mittelwerteigenschaft besitzt. Sei $z_0 \in D$ beliebig und $r > 0$ so klein, dass $\overline{B} := \overline{B_r}(z_0) \subset D$. Nach der Poissonformel (4.6.2) gibt es eine auf $\overline{B}$ stetige, in B harmonische Funktion g, die auf dem Rand ∂B die gleichen Werte wie f hat. Mit f und g ist auch $f-g$ auf $\overline{B}$ stetig und besitzt die Mittelwerteigenschaft. Also gelten Maximum- und Minimumprinzip für $f-g$ in $\overline{B}$ (siehe Aufgabe 9.3.A). Also nimmt $f-g$ Maximum- und Minimum auf ∂B an. Dort ist aber $f-g \equiv 0$. Also gilt $f \equiv g$ in ganz $\overline{B}$. Also ist f in einer Umgebung von z_0 harmonisch. Da $z_0 \in D$ beliebig war, ist f in D harmonisch.

K **(K.1)** Sei u harmonisch in einer Kreisscheibe $B_{R'} = \{|\zeta| < R'\}$ mit $R' > R$. Dann gibt es eine in $B_{R'}$ holomorphe Funktion f mit $u = \mathsf{Re}\, f$. Nach der Cauchy-Integralformel gilt für $z = r\,e^{it}$, $0 \leq r < R$

$$f(z) = \frac{1}{2\pi i}\int_{|\zeta|=R}\frac{f(\zeta)}{\zeta - z}\,d\zeta\,. \tag{21}$$

$g(\zeta) := \dfrac{\overline{z}f(\zeta)}{R^2 - \overline{z}\zeta}$ ist in der Kreisscheibe $\{|\zeta| < R^2/r\}$ holomorph. Also ist

$$0 = \frac{1}{2\pi i}\int_{|\zeta|=R}\frac{\overline{z}f(\zeta)}{R^2-\overline{z}\zeta}\,d\zeta\,. \tag{22}$$

Mit $\zeta(\vartheta) = R\,e^{i\vartheta}$, $d\zeta = iR\,e^{i\vartheta}\,d\vartheta$ und $\overline{z} = r\,e^{-it}$ folgt damit durch Addition von (21) und (22) :

$$\begin{aligned} f(z) &= \frac{1}{2\pi i}\int_{|\zeta|=R} f(\zeta)\left(\frac{1}{\zeta - z} + \frac{\overline{z}}{R^2 - \overline{z}\zeta}\right)\, d\zeta \\ &= \frac{i}{2\pi i}\int_0^{2\pi} f(\zeta)\left(\frac{R\,e^{i\vartheta}}{R\,e^{i\vartheta} - r\,e^{it}} + \frac{r\,e^{-it}R\,e^{i\vartheta}}{R^2 - rR\,e^{i(\vartheta - t)}}\right)\, d\vartheta \\ &= \frac{1}{2\pi}\int_0^{2\pi} f(\zeta)\left(\frac{R\,e^{i\vartheta}}{R\,e^{i\vartheta} - r\,e^{it}} + \frac{r\,e^{-it}}{R\,e^{-i\vartheta} - r\,e^{-it}}\right)\, d\vartheta \\ &= \frac{1}{2\pi}\int_0^{2\pi} f(\zeta)\frac{R^2 - r^2}{R^2 + r^2 - 2Rr\cos(\vartheta - t)}\, d\vartheta\ . \end{aligned} \tag{23}$$

Übergang zum Realteil liefert die Poissonformel:

$$u(z) = \frac{1}{2\pi}\int_0^{2\pi} u(\zeta)\frac{R^2 - r^2}{R^2 + r^2 - 2Rr\cos(\vartheta - t)}\, d\vartheta\ . \tag{24}$$

(K.2) Subtraktion der Gleichungen (21) und (22) liefert:

$$\begin{aligned} f(z) &= \frac{1}{2\pi i}\int_{|\zeta|=R} f(\zeta)\left(\frac{1}{\zeta - z} - \frac{\overline{z}}{R^2 - \overline{z}\zeta}\right)\, d\zeta \\ &= \frac{1}{2\pi}\int_0^{2\pi} f(\zeta)\left(\frac{R\,e^{i\vartheta}}{R\,e^{i\vartheta} - r\,e^{it}} + \frac{r\,e^{i\vartheta}}{r\,e^{i\vartheta} - R\,e^{it)}}\right)\, d\vartheta \\ &= \frac{1}{2\pi}\int_0^{2\pi} f(\zeta)\left(1 + i\,\frac{2Rr\sin(t - \vartheta)}{R^2 + r^2 - 2Rr\cos(t - \vartheta)}\right)\, d\vartheta\ . \end{aligned} \tag{25}$$

Der Imaginärteil $v = \operatorname{Im} f$ ist die konjugiert harmonische Funktion zu u. Für v gilt die Mittelwertformel $v(0) = \frac{1}{2\pi}\int_0^{2\pi} v(R\,e^{i\vartheta})\, d\vartheta$. Durch Übergang zum Imaginärteil ergibt sich daher

$$v(z) = v(0) + \frac{1}{\pi}\int_0^{2\pi} u(\zeta)\,\frac{Rr\sin(t - \vartheta)}{R^2 + r^2 - 2Rr\cos(t - \vartheta)}\, d\vartheta\ . \tag{26}$$

(K.3) Es ist $\dfrac{\zeta + z}{\zeta - z} = \dfrac{R^2 - r^2 + i2Rr\sin(t - \vartheta)}{R^2 + r^2 - 2Rr\cos(t - \vartheta)}$.
Zusammenfassen der Gleichungen (24) und (26) ergibt daher

$$f(z) = iv(0) + \frac{1}{2\pi}\int_0^{2\pi} \frac{\zeta + z}{\zeta - z}\, u(\zeta)\, d\vartheta\ . \tag{27}$$

] Die Poissonformel löst das Dirichlet-Problem auch für nicht zu unstetige Randfunktionen. Die konkrete Rechnung wird aber (nicht nur für dies Beispiel) unangenehm! Einfacher ist der folgende Weg:

$f(z) := \frac{2}{\pi}\operatorname{Log}\frac{1-z}{1+z}$ bildet den Einheitskreis $\mathbb{E}$ konform ab auf den Parallelstreifen $S := \{|\operatorname{Im} w| < 1\}$. f ist mit Ausnahme der Punkte $z = \pm 1$ auch auf $\overline{\mathbb{E}}$ stetig. Der obere Einheitskreisrand wird dabei auf $\{\operatorname{Im} w = 1\}$, der untere auf $\{\operatorname{Im} w = -1\}$ abgebildet. Siehe dazu Aufgabe 10.1.C.1. Also ist

$$u(z) \;:=\; \operatorname{Im}\left(\frac{2}{\pi}\operatorname{Log}\frac{1+z}{1-z}\right) \;=\; \frac{2}{\pi}\arg\frac{1+z}{1-z} \;=\; \arctan\frac{2r\sin t}{1-r^2} \tag{28}$$

eine Lösung des gegebenen Dirichlet-Problems. Dabei ist $z = r\,\mathrm{e}^{it}$ und damit

$$\frac{1+z}{1-z} \;=\; \frac{1-r^2+2ri\sin t}{|1-z|^2}\,. \tag{29}$$

M **(M.1)** Sei $u\colon \mathbb{R} \to \mathbb{R}$ stetig und beschränkt. Dann ist das uneigentliche Integral

$$U(x+iy) := \frac{1}{\pi}\int_{-\infty}^{\infty} \frac{y}{(x-\xi)^2+y^2}\,u(\xi)\,d\xi \tag{30}$$

für alle $z = x+iy \in H := \{\,z\,;\,\operatorname{Im} z > 0\,\}$ zunächst einmal konvergent. Der 'Kern'

$$\frac{y}{(x-\xi)^2+y^2} \;=\; -\operatorname{Im}\left(\frac{x-\xi-iy}{|z-\xi|^2}\right) \;=\; -\operatorname{Im}\frac{1}{z-\xi} \tag{31}$$

ist in der oberen Halbebene harmonisch. Differentiation und Integration dürfen vertauscht werden. (Warum? Beweis!) Also ist auch U in H harmonisch. Noch zu beweisen ist die Behauptung

$$\lim_{z\to x_0,\,z\in H} U(z) \;=\; u(x_0) \;=:\; u_0 \tag{32}$$

für alle $x_0 \in \mathbb{R}$. Wegen $u_0 = \dfrac{1}{\pi}\displaystyle\int_{-\infty}^{\infty}\frac{y\cdot u_0}{(x-\xi)^2+y^2}\,d\xi$ gilt

$$\bigl|U(z)-u_0\bigr| \;\le\; \frac{1}{\pi}\int_{-\infty}^{\infty}\frac{y}{(x-\xi)^2+y^2}\,|u(\xi)-u_0|\,d\xi\,. \tag{33}$$

Dies Integral wird in zwei Teile zerlegt, die getrennt abgeschätzt werden. Zunächst existiert zu vorgegebenem $\varepsilon > 0$ ein $\delta > 0$ mit $|u(\xi)-u_0| < \varepsilon$ für alle $|\xi - x_0| < \delta$. Für so ein δ gilt

$$I_1 \;:=\; \frac{1}{\pi}\int_{x_0-\delta}^{x_0+\delta}\ldots\,d\xi \;\le\; \frac{\varepsilon}{\pi}\int_{x_0-\delta}^{x_0+\delta}\frac{y}{(x-\xi)^2+y^2}\,d\xi \;\le\; \varepsilon\,. \tag{34}$$

Für das Integral über den Rest erhält man mit $M := \|u\|_{\mathbb{R}}$:

$$I_2 \;:=\; \frac{1}{\pi}\int_{|\xi-x_0|\ge\delta}\ldots\,d\xi \;\le\; \frac{2My}{\pi}\int_{|\xi-x_0|\ge\delta}\frac{d\xi}{(x-\xi)^2+y^2}\,. \tag{35}$$

Für $z \to x_0$ geht $y \to 0$ und das Integral rechts ist für $|z - x_0| < \delta' < \delta$ beschränkt. Also ist auch $I_2 < \varepsilon$ für hinreichend kleines $|z - x_0|$. Fertig.

(M.2) Nach Teil **(1)** dieser Aufgabe wird durch Gleichung (30) eine in $\overline{H}$ stetige, in H harmonische Funktion U definiert mit $U(x) = u(x)$ für alle $x \in \mathbb{R}$.

Durch $z = T(\zeta) = i\frac{1+\zeta}{1-\zeta}$ wird der Einheitskreis $\mathbb{E} = \{|\zeta| < 1\}$ auf H abgebildet. $u^*(\zeta) := u(T(\zeta))$ und $U^*(\zeta) := U(T(\zeta))$ sind also in $\mathbb{E}$ harmonische und beschränkte Funktionen, die auf $\partial\mathbb{E}$ stetig fortgesetzt werden können (bis auf evt $\zeta = 1$) und dort die gleichen Randwerte haben.

Dann ist aber $u^*(\zeta) = U^*(\zeta)$ in $\mathbb{E}$ (warum?) und damit $u(z) = U(z)$ in H. Fertig.

10 Aufgaben zu konformen Abbildungen

10.1 Konforme Abbildungen und Automorphismen

Siehe auch Abschnitt 9.5 für Familien konformer Abbildungen.

A Sei f in einer Umgebung von z_0 holomorph und $f'(z_0) \neq 0$. Beweisen Sie die Winkeltreue von f in z_0.

B Hat f_1 in z_0 eine w_0-Stelle der Ordnung μ_1 und f_2 in w_0 eine a-Stelle der Ordnung μ_2, so hat $f_2 \circ f_1$ in z_0 eine a-Stelle der Ordnung $\mu_1 \cdot \mu_2$.

C Bestimmen Sie eine konforme Abbildung des Einheitskreises $\mathbb{E}$ auf

1) den Streifen $S := \{ z \in \mathbb{C} ; |\mathsf{Im}\, z| < 1 \}$
2) den geschlitzten Einheitskreis $\mathbb{E}^- := \{ z \in \mathbb{C} ; |z| < 1,\ z \notin \mathbb{R}_{\geq 0} \}$
3) den geschlitzten Streifen $S^- := \{ z \in \mathbb{C} ; |\mathsf{Im}\, z| < 1,\ z \notin \mathbb{R}_{\geq 0} \}$

D Zwei nicht-entartete Kreisringe $A := \{0 < r < |z| < R < \infty\}$ können genau dann konform aufeinander abgebildet werden, wenn ihre *Moduln* $\mu(A) := R/r$ übereinstimmen.

E Sei $f\colon G \to G'$ eine konforme Abbildung zwischen zwei Gebieten $G, G' \subset \mathbb{C}$. Die Folge $z_n \in G$ sei eine *Randfolge* in G, d.h. sie hat keinen Häufungspunkt in G. Dann ist auch $f(z_n)$ eine Randfolge in G'.

F Seien $f, g\colon G \to \mathbb{E}$ zwei konforme Abbildungen des Jordangebietes G auf den Einheitskreis. f und g können bekanntlich zu Homöomorphismen $\widehat{f}$ und $\widehat{g}$ zwischen $\overline{G}$ und $\overline{\mathbb{E}}$ fortgesetzt werden. Für drei verschiedene Punkte $z_1, z_2, z_3 \in \partial G$ gelte $\widehat{f}(z_j) = \widehat{g}(z_j)$. Dann ist $f = g$.

G Beweisen Sie das Spiegelungsprinzip 5.2.1.

H Bestimmen Sie die Automorphismen der folgenden Gebiete:

1) Zahlenkugel $\widehat{\mathbb{C}}$
2) Ebene $\mathbb{C}$
3) obere Halbebene $H := \{\mathsf{Im}\, z > 0\}$
4) Einheitskreis $\mathbb{E} := \{|z| < 1\}$
5) gelochte Ebene $\mathbb{C}^* := \mathbb{C} \setminus \{0\}$
6) gelochter Einheitskreis $\mathbb{E}^*$
7) Kreisring $A := \{ z ; r < |z| < R \}$

I Seien $G \subset \mathbb{C}$ ein beschränktes Jordangebiet, $z_1, \ldots, z_n \in G$ und $G^* := G \setminus \{z_1, \ldots, z_n\}$.

Dann lässt sich jeder Automorphismus von G^* zu einem Automorphismus von G fortsetzen. Insbesondere ist $\operatorname{Aut} G^*$ isomorph zu einer Untergruppe von $\operatorname{Aut} G$.

Es gibt Gebiete, die nur die Identität als Automorphismus besitzen.

Es gibt Gebiete mit isomorpher Automorphismengruppe, die nicht konform äquivalent sind.

ungen:

Sei $z = \gamma(t)$, $z_0 = \gamma(t_0)$ ein glatter Weg durch z_0. Dann ist $\gamma'(t_0) \neq 0$ Tangentialvektor an γ in z_0 und $(f \circ \gamma)'(t_0) = f'(z_0)\gamma'(t_0)$ Tangentialvektor an die Bildkurve $f \circ \gamma$ in $w_0 = f(z_0)$.

Der Winkel zwischen zwei durch z_0 laufenden glatten Wegen $\gamma, \widetilde{\gamma}$ ist definiert als der Winkel zwischen den Tangentialvektoren γ' und $\widetilde{\gamma}'$. Der Winkel zwischen zwei komplexen Zahlen $z, w \neq 0$ ist $\sphericalangle(z,w) := |\text{Arg}\,(z/w)|$. Siehe Abschnitt 1.2.2. Also ist

$$\begin{aligned} \sphericalangle\big((f\circ\gamma)'(t_0),(f\circ\widetilde{\gamma})'(t_0)\big) &= \big|\text{Arg}\,(f'(z_0)\gamma'(t_0)/f'(z_0)\widetilde{\gamma}'(t_0))\big| \\ &= \big|\text{Arg}\,(\gamma'(t_0)/\widetilde{\gamma}'(t_0))\big| = \sphericalangle\big(\gamma'(t_0),\widetilde{\gamma}'(t_0)\big) . \end{aligned} \tag{1}$$

Also bleiben die Winkel zwischen sich in z_0 schneidenden glatten Kurven unter der Abbildung f erhalten.

Hat f_1 in z_0 eine w_0-Stelle der Ordnung μ_1, so ist f_1 von der Form

$$w = f_1(z) = w_0 + (z - z_0)^{\mu_1} g(z) . \tag{2}$$

Dabei ist $g(z)$ in einer Umgebung von z_0 holomorph und $g(z_0) \neq 0$. Entsprechend ist f_2 von der Form

$$f_2(w) = a + (w - w_0)^{\mu_2} h(w) \tag{3}$$

mit einer in einer Umgebung von w_0 holomorphen Funktion h mit $h(w_0) \neq 0$. Zusammen erhält man

$$\begin{aligned} f_2 \circ f_1(z) &= a + \big[(z - z_0)^{\mu_1} g(z)\big]^{\mu_2} \cdot h(f_1(z)) \\ &= a + (z - z_0)^{\mu_1 \cdot \mu_2} \cdot \underbrace{(g(z))^{\mu_2} \cdot h(f_1(z))}_{\widetilde{h}(z)} \end{aligned} \tag{4}$$

Dabei ist $\widetilde{h}(z)$ in einer Umgebung von z_0 holomorph und $\widetilde{h}(z_0) \neq 0$. Also hat $f_2 \circ f_1$ in z_0 eine a-Stelle der Ordnung $\mu_1 \cdot \mu_2$.

(C.1) $T(z) := \dfrac{1+z}{1-z}$ bildet $\mathbb{E}$ konform auf die rechte Halbebene $H_r := \{\text{Re}\,\zeta > 0\}$ ab. Der Hauptwert $w = \text{Log}\,\zeta = \ln|\zeta| + i\text{Arg}\,\zeta$ des Logarithmus bildet H_r konform auf den Streifen $\widetilde{S} := \{|\text{Im}\,w| < \frac{\pi}{2}\}$ ab.

Man kann die gesuchte konforme Abbildung $f\colon \mathbb{E} \to S = \{|\text{Im}\,w| < 1\}$ daher wie folgt zusammensetzen:

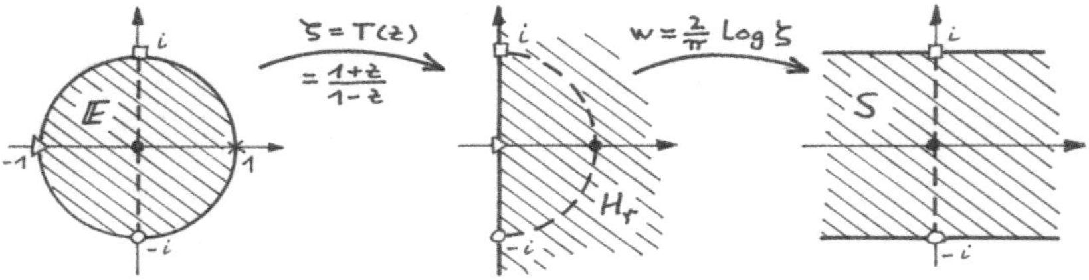

Man erhält $f(z) = \frac{2}{\pi}\mathrm{Log}\,\frac{1+z}{1-z}$.

Jede andere konforme Abbildung $g\colon \mathbb{E} \to S$ ist von der Form $g = f \circ \Phi$, wobei Φ ein Automorphismus von $\mathbb{E}$ ist. Siehe Aufgabe 10.1.H.4 . Insbesondere kann man noch $g(0) \in S$ und die Richtung $\arg g'(0)$ beliebig vorgeben.

(C.2) $w_1 := T(z) := \dfrac{z+i}{iz+1}$ bildet den Einheitskreis $\mathbb{E}$ konform auf die obere Halbebene H ab.

Der Hauptwert der Wurzel $w_2 := \sqrt{w_1}$ bildet H konform auf den ersten Quadranten $Q := \{\, w_2\,;\ \mathsf{Re}\, w_2 > 0,\ \mathsf{Im}\, w_2 > 0 \,\}$ ab.

$w_3 := i \cdot T^{-1}(w_2) = \dfrac{iw_2+1}{-iw_2+1}$ bildet Q konform auf den oberen Halbkreis $K := \{\, w_3\,;\ |w_3| < 1,\ \mathsf{Im}\, w_3 > 0 \,\}$ ab.

Schließlich bildet $w := (w_3)^2$ den oberen Halbkreis K konform auf den geschlitzten Einheitskreis $\mathbb{E}^-$ ab. Man kann die gesuchte Abbildung f daher aus diesen Abbildungen zusammensetzen und erhält

$$w \;=\; f(z) \;=\; \left[\frac{1+i\sqrt{\frac{z+i}{iz+1}}}{1-i\sqrt{\frac{z+i}{iz+1}}}\right]^2 \tag{5}$$

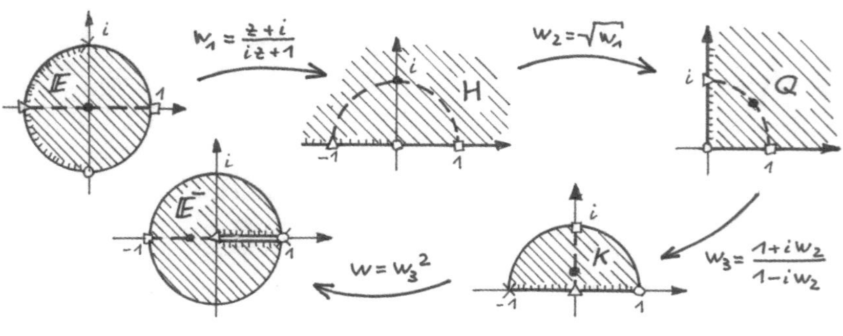

Alle Teilabbildungen können (zumindest chordal) stetig auf den Rand der jeweiligen Gebiete fortgesetzt werden. Der linke Einheitskreisrand geht dabei in den doppelt durchlaufenen Schlitz $[0, 1[$ über.

(C.3) Man kann die Abbildungen der letzten beiden Aufgaben hintereinanderschalten. Die Abbildung $f_1(z) := \frac{2}{\pi}\operatorname{Log}\frac{1+z}{1-z}$ aus Aufgabe 10.1.C.1 bildet $\mathbb{E}$ konform auf den Streifen S ab. Dabei geht das reelle Intervall $[0,1[$ in die Halbachse $\mathbb{R}_{\geq 0}$ über.

Die Abbildung $f_2 := \left[\frac{1+i\sqrt{\frac{z+i}{iz+1}}}{1-i\sqrt{\frac{z+i}{iz+1}}}\right]^2$ aus Aufgabe 10.1.C.2 bildet den Einheitskreis $\mathbb{E}$ konform auf den geschlitzten Einheitskreis $\mathbb{E}^- = \mathbb{E}\setminus[0,1[$ ab.

Also leistet $f := f_1 \circ f_2 \colon \mathbb{E} \to S^-$ das Gewünschte.

Seien $A := \{r < |z| < R\}$ und $A' := \{r' < |z| < R'\}$ zwei nicht-entartete Kreisringe, also $0 < r < R < \infty$ und $0 < r' < R' < \infty$.

Ist $\mu(A) = R/r = \mu(A') = R'/r'$, so ist $f(z) := R'z/R$ eine konforme Abbildung von A auf A'.

Sei nun umgekehrt $f\colon A \to A'$ irgendeine konforme Abbildung von A auf A'. Ist (z_n) eine Folge aus A mit $|z_n| \to r$ oder $|z_n| \to R$, so ist nach Aufgabe 10.1.E auch $w_n = f(z_n)$ eine Randfolge in A'. Dabei gilt entweder

(i) $|z_n| \to r \implies |w_n| \to r'$ und $|z_n| \to R \implies |w_n| \to R'$ oder
(ii) $|z_n| \to r \implies |w_n| \to R'$ und $|z_n| \to R \implies |w_n| \to r'$

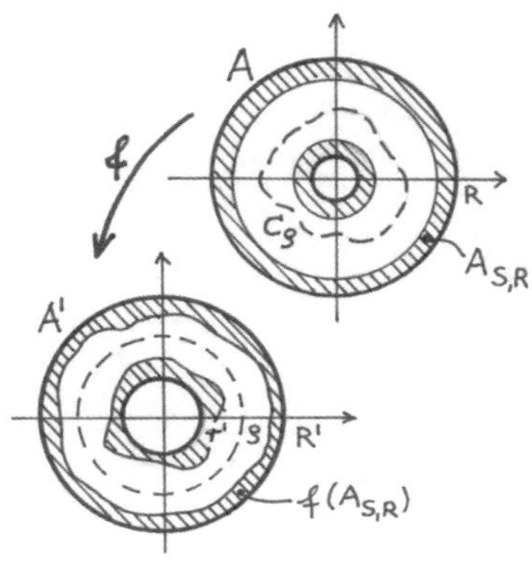

Bew.: Sei $r' < \varrho < R'$, $K'_\varrho := \{|w| = \varrho\}$ und $C_\varrho := f^{-1}(K'_\varrho)$. f und f^{-1} sind Homöomorphismen. Also zerlegt C_ϱ den Kreisring A ebenso in zwei Zusammenhangskomponenten wie K'_ϱ den Kreisring A'.
C_ϱ ist ebenso kompakt wie K'_ϱ, also ist der Abstand $d(C_\varrho, \partial A) > 0$.
Es gibt daher $r < s < S < R$ derart, dass die Ringe $A_{r,s} := \{r < |z| < s\}$ und $A_{S,R} := \{S < |z| < R\}$ die Kurve C_ϱ nicht treffen. Also liegen $f(A_{r,s})$ und $f(A_{S,R})$ in verschiedenen Zusammenhangskomponenten von $A' \setminus K'_\varrho$.

Wir betrachten im folgenden den Fall (i). Der Fall (ii) kann auf den ersten Fall dadurch zurückgeführt werden, dass man hinter f den Automorphismus $T(w) := R'r'/w$ von A' schaltet.

Für jedes $\alpha \in \mathbb{R}$ ist $h_\alpha(z) := f(z)/f(e^{i\alpha}z)$ holomorph und nullstellenfrei in A. Für $z \to \partial A$ gilt $|h_\alpha(z)| \to 1$. Nach Maximum- und Minimumprinzip ist $h_\alpha \equiv const = e^{i\beta}$. Also ist $|f|$ auf Kreisen $\{|z| = \sigma\}$ konstant. Nach Aufgabe 8.7.F.2 ist f von der Form $f(z) = az^n$. Aus der Injektivität von f folgt $n = 1$. Die Voraussetzungen von Fall (i) liefern $f(z) = e^{i\alpha}R'z/R$, also $R'r/R = r'$ und damit $\mu(A') = R'/r' = R/r = \mu(A)$.

E Angenommen $w_n = f(z_n)$ hat einen Häufungswert $w_0 \in G'$. Da $f\colon G \to G'$ konform, insbesondere also bijektiv ist, existiert ein $z_0 \in G$ mit $f(z_0) = w_0$.

f ist topologisch, also existieren beschränkte Umgebungen U von z_0 und V von w_0, mit $\overline{U} \subset G$, $\overline{V} \subset G'$ und $f(U) = V$.

Da w_0 ein Häufungswert von $f(z_n)$ ist, gibt es unendlich viele Indizes n mit $f(z_n) \in V$, also mit $z_n \in U$. Die Teilfolge dieser z_n besitzt einen Häufungswert in der kompakten Menge $\overline{U}$, also in G. Widerspruch! (z_n) sollte eine Randfolge sein.

Beim Beweis wurde nicht die volle Konformität von f benutzt, sondern nur, dass f topologisch ist.

F Seien $f, g\colon G \to \mathbb{E}$ zwei konforme Abbildungen des Jordangebietes G auf den Einheitskreis $\mathbb{E}$. f und g können zu Homöomorphismen $\widehat{f}$ bzw $\widehat{g}$ zwischen $\overline{G}$ und $\overline{\mathbb{E}}$ fortgesetzt werden.

Dann ist $h := \widehat{f} \circ \widehat{g}^{-1}$ ein Automorphismus von $\mathbb{E}$, also eine Möbius-Abbildung (10.1.H). Für die drei verschiedenen Randpunkte $w_j := \widehat{g}(z_j) \in \partial\mathbb{E}$ gilt aber $h(w_j) = w_j$. Also besitzt h drei verschiedene Fixpunkte und ist damit die Identität (10.2.A.1). Also ist $f = g$.

G Sei $\emptyset \neq G \subset \mathbb{C}$ ein zur reellen Achse symmetrisches Gebiet, also $z \in G \Longrightarrow \overline{z} \in G$. Weiter sei $G_+ := \{\, z \in G\,;\, \operatorname{Im} z > 0 \,\}$, $G_- := \{\, z \in G\,;\, \operatorname{Im} z < 0 \,\}$ und $G_0 := G \cap \mathbb{R}$. Sei $f\colon G_+ \cup G_0 \to \mathbb{C}$ stetig, $f|_{G_+}$ holomorph und $f(G_0) \subset \mathbb{R}$.
$\widehat{f}\colon G \to \mathbb{C}$ sei definiert durch

$$\widehat{f}(z) := \begin{cases} f(z) & \text{für } z \in G_+ \cup G_0 \\ \overline{f(\overline{z})} & \text{für } z \in G_- \end{cases}$$

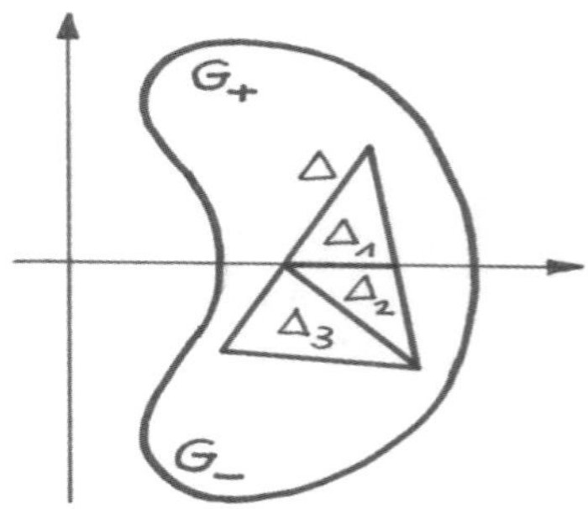

Dann ist $\widehat{f}$ in $G_+ \cup G_-$ holomorph (siehe 8.7.H) und in G stetig.

Jedes Dreieck $\Delta \subset G$ kann in der skizzierten Weise in Teildreiecke Δ_j zerlegt werden, die ganz in $G_+ \cup G_0$ oder ganz in $G_- \cup G_0$ liegen.

Die Kurvenintegrale $\displaystyle\int_{\partial\Delta_j} \widehat{f}(z)\, dz$ veschwinden. Dann gilt auch

$$\int_{\partial\Delta} \widehat{f}(z)\, dz = \sum_j \int_{\partial\Delta_j} \widehat{f}(z)\, dz = 0\,. \tag{6}$$

Nach Morera (4.1.5) ist $\widehat{f}$ in G holomorph.

(H.1) Sei $f\colon \widehat{\mathbb{C}} \to \widehat{\mathbb{C}}$ ein Automorphismus der Kugel $\widehat{\mathbb{C}}$ und $w_0 := f(\infty)$. Für $w_0 \neq \infty$ ist die Möbius-Abbildung $T(w) := \dfrac{1}{w - w_0}$ ein Automorphismus von $\widehat{\mathbb{C}}$. In diesem Fall sei $g := T \circ f$. Ist $w_0 = \infty$, so sei $g := f$.

In beiden Fällen ist g ein Automorphismus von $\widehat{\mathbb{C}}$ mit $g(\infty) = \infty$, also ein Automorphismus von $\mathbb{C}$. Nach 10.1.H.2 ist g von der Form $g(z) = az + b$.

Infolgedessen ist $f = g$ bzw $f = T^{-1} \circ g$ eine Möbiusabbildung. Also ist

$$\operatorname{Aut}(\widehat{\mathbb{C}}) = \left\{ w = \frac{az+b}{cz+d}\,;\, a,b,c,d \in \mathbb{C},\ ad - bc \neq 0 \right\} . \tag{7}$$

(H.2) Sei $f\colon \mathbb{C} \to \mathbb{C}$ ein Automorphismus der Ebene $\mathbb{C}$. Insbesondere ist f eine ganze Funktion.

Wäre f ganz transzendent, so würde f fast alle Werte in $\mathbb{C}$ unendlich oft annehmen (Casorati-Weierstraß). Also muss f ein Polynom sein.

Polynome vom Grad n nehmen jeden Wert in $\mathbb{C}$ n-mal an. Also ist $n = 1$, d.h. f ist von der Form $f(z) = az + b$ mit $a \neq 0$.

Umgekehrt ist jede solche Abbildung ein Automorphismus von $\mathbb{C}$. Also ist

$$\operatorname{Aut}(\mathbb{C}) = \{ w = az + b\,;\, a,b \in \mathbb{C},\ a \neq 0 \} . \tag{8}$$

(H.3) Die Möbius-Abbildung $T(z) := \dfrac{z+i}{iz+1}$ bildet den Einheitskreis $\mathbb{E}$ auf die obere Halbebene H ab. Es ist $T^{-1}(z) := \dfrac{z-i}{-iz+1}$.

Jeder Automorphismus f von H lässt sich darstellen in der Form $f = T \circ g \circ T^{-1}$ mit einem Automorphismus g von $\mathbb{E}$. Die Automorphismen $g \in \operatorname{Aut}(\mathbb{E})$ sind von der Form (Aufgabe 10.1.H.4)

$$g(z) = \frac{az+b}{\overline{b}z + \overline{a}} \quad ; \qquad a, b \in \mathbb{C}\ ,\ |a|^2 - |b|^2 = 1\ . \tag{9}$$

Damit erhält man

$$T \circ g(z) = \left(\frac{az+b}{\overline{b}z+\overline{a}} + i \right) \Big/ \left(i\,\frac{az+b}{\overline{b}z+\overline{a}} + 1 \right) = \frac{(a+i\overline{b})z + (b+i\overline{a})}{(\overline{b}+ia)z + (\overline{a}+ib)} \tag{10}$$

$$\begin{aligned} f(z) = T \circ g \circ T^{-1}(z) &= \frac{(a+i\overline{b})\frac{z-i}{-iz+1} + (b+i\overline{a})}{(\overline{b}+ia)\frac{z-i}{-iz+1} + (\overline{a}+ib)} \\ &= \frac{(a+\overline{a}-i(b-\overline{b}))z + (b+\overline{b}-i(a-\overline{a}))}{(b+\overline{b}+i(a-\overline{a}))z + (a+\overline{a}+i(b-\overline{b}))} \qquad (11) \\ &= \frac{(\operatorname{Re} a + \operatorname{Im} b)z + (\operatorname{Re} b + \operatorname{Im} a)}{(\operatorname{Re} b - \operatorname{Im} a)z + (\operatorname{Re} a - \operatorname{Im} b)} = \frac{\alpha z + \beta}{\gamma z + \delta} . \end{aligned}$$

Dabei sind $\alpha, \beta, \gamma, \delta \in \mathbb{R}$ und $\alpha\delta - \beta\gamma = |a|^2 - |b|^2 = 1$.

Umgekehrt ist auch jede Abbildung dieser Bauart ein Automorphismus von H. Man berechnet nämlich

$$\begin{aligned} 2i \operatorname{Im} f(z) &= f(z) - \overline{f(z)} = \frac{\alpha z + \beta}{\gamma z + \delta} - \frac{\alpha \overline{z} + \beta}{\gamma \overline{z} + \delta} \\ &= \frac{(\alpha\delta - \beta\gamma)(z - \overline{z})}{|\gamma z + \delta|^2} = \frac{2i \operatorname{Im} z}{|\gamma z + \delta|^2} . \end{aligned} \tag{12}$$

f ist als Möbius-Abbildung eine bijektive Abbildung der Zahlenkugel $\widehat{\mathbb{C}}$ auf sich. Damit folgt aus (12), dass f die obere Halbebene auf die obere, die untere auf die untere und $\overline{\mathbb{R}}$ auf $\overline{\mathbb{R}}$ abbildet. Insgesamt also

$$\operatorname{Aut}(H) = \left\{ w = \frac{\alpha z + \beta}{\gamma z + \delta} ; \alpha, \beta, \gamma, \delta \in \mathbb{R},\ \alpha\delta - \beta\gamma > 0 \right\} . \tag{13}$$

(H.4) Sei $f \colon \mathbb{E} \to \mathbb{E}$ ein Automorphismus. Dann ist $z_0 := f(0) \in \mathbb{E}$.

$T(z) := \dfrac{z - z_0}{1 - \overline{z_0} z}$ ist eine Möbius-Abbildung des Einheitskreises auf sich (siehe Aufgabe 10.2.F). Insbesondere ist auch T ein Automorphismus von $\mathbb{E}$.

Dann sind auch $g := T \circ f$ und g^{-1} Automorphismen des Einheitskreises $\mathbb{E}$ und es ist $g(0) = 0 = g^{-1}(0)$.

Nach dem Schwarzschen Lemma (9.3.E) folgt sowohl $|g'(0)| \le 1$ als auch $|(g^{-1})'(0)| = \dfrac{1}{|g'(0)|} \le 1$. Also $|g'(0)| = 1$.

Wiederum nach dem Schwarzschen Lemma folgt, dass $g(z) = e^{i\varphi} z$ ist. Also ist $f = T^{-1} \circ g$ eine Möbius-Abbildung des Einheitskreises auf sich. Nach Aufgabe 10.2.F folgt $f(z) = e^{i\alpha} \dfrac{z - \zeta_0}{\overline{\zeta_0} z - 1}$. Die Automorphismengruppe des Einheitskreises $\mathbb{E} = \{|z| < 1\}$ ist also

$$\begin{aligned} \operatorname{Aut}(\mathbb{E}) &= \left\{ w = e^{i\alpha} \frac{z - \zeta_0}{\overline{\zeta_0} z - 1} ; \zeta_0 \in \mathbb{E},\ \alpha \in \mathbb{R} \right\} \quad \text{bzw.} \\ \operatorname{Aut}(\mathbb{E}) &= \left\{ w = \frac{az + b}{\overline{b} z + \overline{a}} ; a, b \in \mathbb{C},\ |a|^2 - |b|^2 = 1 \right\} . \end{aligned} \tag{14}$$

(H.5) Sei f ein Automorphismus der gelochten Ebene $\mathbb{C}^* = \mathbb{C} \setminus \{0\}$. Dann kann f zu einem Automorphismus der Zahlenkugel $\widehat{\mathbb{C}}$ fortgesetzt werden. Die Fortsetzung bezeichnen wir ebenfalls mit f.

Es gilt entweder $f(0) = 0,\ f(\infty) = \infty$ oder $f(0) = \infty,\ f(\infty) = 0$.

Im ersten Fall ist f eine Drehstreckung $f(z) = az$ (siehe Aufgabe 10.1.H.2). Im zweiten Fall ist $g := 1/f$ eine Drehstreckung, also $f(z) = b/z$. Also ist

$$\operatorname{Aut}(\mathbb{C}^*) \;=\; \{\, w = az\,;\, a \in \mathbb{C},\ a \neq 0 \,\} \cup \{\, w = b/z\,;\, b \in \mathbb{C},\ b \neq 0 \,\} \;. \qquad (15)$$

$\operatorname{Aut}(\mathbb{C}^*)$ wird von den Drehstreckungen und der Inversion $w = 1/z$ erzeugt.

(H.6) Sei f ein Automorphismus des im Nullpunkt gelochten Einheitskreises $\mathbb{E}^* = \mathbb{E}\setminus\{0\} = \{0 < |z| < 1\}$.

Nach Aufgabe 10.1.I kann f zu einem Automorphismus des ganzen Kreises $\mathbb{E}$ fortgesetzt werden, der den Nullpunkt festhält. Nach Aufgabe 10.1.H.4 ist f eine Drehung. Also

$$\operatorname{Aut}(\mathbb{E}^*) \;=\; \left\{\, w = e^{i\alpha} z\,;\, \alpha \in \mathbb{R} \,\right\} \;. \qquad (16)$$

(H.7) Sei $0 < r < R < \infty$ und $A := \{\, z\,;\, r < |z| < R \,\}$. Sei $f \in \operatorname{Aut}(A)$. Wie in Aufgabe 10.1.D überlegt man sich, dass dann für Folgen (z_n) in A gilt entweder

(i) $|z_n| \to r \implies |f(z_n)| \to r$ und $|z_n| \to R \implies |f(z_n)| \to R$ oder
(ii) $|z_n| \to r \implies |f(z_n)| \to R$ und $|z_n| \to R \implies |f(z_n)| \to r$.

Im Fall (i) betrachten wir die Funktion $h(z) := f(z)/z$. Sie ist holomorph und nullstellenfrei in A. Für $z \to \partial A$ gilt $|h(z)| \to 1$. Nach Minimum- und Maximumprinzip ist $h \equiv \mathit{const} = \mathrm{e}^{i\alpha}$, also $f(z) = \mathrm{e}^{i\alpha} z$.

Im Fall (ii) betrachten wir die Funktion $h(z) := zf(z)/rR$. Für sie gilt wie im Fall (i) $h \equiv \mathit{const} = \mathrm{e}^{i\alpha}$, also $f(z) = \mathrm{e}^{i\alpha} rR/z$. Zusammen folgt:

$$\operatorname{Aut}(A) \;=\; \left\{\, w = \mathrm{e}^{i\alpha} z\,;\, \alpha \in \mathbb{R} \,\right\} \cup \left\{\, w = \mathrm{e}^{i\alpha} rR/z\,;\, \alpha \in \mathbb{R} \,\right\} \;. \qquad (17)$$

Entartete Kreisringe werden in den Aufgaben 10.1.H.5 und 6 behandelt.

Sei f ein Automorphismus von $G^* := G \setminus \{z_1, \ldots, z_n\}$. Dann ist f in gelochten Umgebungen von $z_1, \ldots, z_n$ holomorph und beschränkt, kann also in diese Punkte holomorph fortgesetzt werden (Hebbarkeitssatz 6.2.1). Die Fortsetzung bezeichnen wir ebenfalls mit f.

$w_j := f(z_j)$ muss in $\partial G^* = \overline{G}^* \setminus G^*$ liegen, also $w_j \in Z := \{z_1, \ldots, z_n\}$ oder $w_j \in \partial G$. Siehe Aufgabe 10.1.E.

Wäre $w_j \in \partial G$, so würde eine gelochte Kreisumgebung $\dot{U}(z_j) \subset G^*$ auf eine gelochte Umgebung $\dot{U}$ von w_j abgebildet. ∂G ist eine Jordankurve, also enthält jede solche Umgebung $\dot{U}$ auch Punkte aus $\mathbb{C} \setminus G$. Widerspruch zu $f(\dot{U}) \subset G^*$.

Also $f(z_j) \in Z$. Für $z_j \neq z_k$ muss auch $f(z_j) \neq f(z_k)$ sein. Also ist die fortgesetzte Abbildung f ein Automorphismus von G, der die z_j permutiert.

J Sei $G := \mathbb{E} \setminus \{0, \frac{1}{4}, \frac{1}{2}\}$ und $f \in \operatorname{Aut} G$. Nach Aufgabe 10.1.I kann f zu einem Automorphismus von $\mathbb{E}$ fortgesetzt werden, der die drei Punkte $0, \frac{1}{4}, \frac{1}{2}$ permutiert. Die Fortsetzung bezeichnen wir ebenfalls mit f. Nach Aufgabe 10.1.H.4 ist sie von der Form

$$f(z) = e^{i\alpha} \frac{z - \zeta_0}{\overline{\zeta_0} z - 1} \quad \text{mit } z_0 \in \mathbb{E},\ \alpha \in \mathbb{R} . \tag{18}$$

f ist eine Möbiusabbildung, die drei reelle Punkte auf reelle Punkte abbildet. Also ist $f(\overline{\mathbb{R}}) = \overline{\mathbb{R}}$. Außerdem bildet f den Rand $\partial\mathbb{E}$ auf sich ab. Also gilt auch $f(\pm 1) \in \{1, -1\}$.

Fall 1: $f(0) = 0.$ Nach (18) ist f eine Drehung und wegen $f(1/2) > 0$ folgt $f \equiv \text{id}$.

Fall 2: $f(0) = 1/4.$ Widerspruch! Man kann nämlich im Urbildkreis $\mathbb{E}$ auf der reellen Achse von 0 nach -1 laufen, ohne über $1/4$ oder $1/2$ zu kommen. Dagegen kann man in diesem Fall im Bildkreis $\mathbb{E}$ nicht auf der reellen Achse $f(\overline{\mathbb{R}}) = \overline{\mathbb{R}}$ von $f(0) = 1/4$ nach $f(-1) \in \{\pm 1\}$ laufen, ohne über $f(1/4)$ oder $f(1/2)$ zu kommen.

Fall 3: $f(0) = 1/2.$ Dann ist $f(-1) = 1$, $f(1) = -1$, $f(1/4) = 1/4$ und $f(1/2) = 0$. Begründungen ähnlich wie in Fall 2. Aus (18) erhält man $f(z) = \dfrac{z - 1/2}{z/2 - 1}$. Für $z = 1/4$ liefert das einen Widerspruch.

Also ist G ein Gebiet, das nur die Identität als Automorphismus besitzt.

K Ähnlich wie in Aufgabe 10.1.J kann man zwei Gebiete $G := \mathbb{E} \setminus \{0, a, \frac{1}{2}\}$ und $G' := \mathbb{E} \setminus \{0, a', \frac{1}{2}\}$ mit $0 < a, a' < \frac{1}{2}$ und Automorphismengruppe $\operatorname{Aut} G = \operatorname{Aut} G' = \{\text{id}\}$ finden, die nicht konform äquivalent sind.

Ein anderes Beispiel steckt in Aufgabe 10.1.D. Nach Aufgabe 10.1.H.7 haben alle Kreisringe isomorphe Automorphismengruppen. Sie sind aber nach Aufgabe 10.1.D i.a. nicht konform äquivalent.

10.2 Möbius-Abbildungen

1) Zeigen Sie, dass eine Möbius-Abbildung $T(z) := \dfrac{az+b}{cz+d}$, $T \neq \mathrm{id}$ mindestens einen und höchstens zwei Fixpunkte in $\widehat{\mathbb{C}}$ besitzt.
2) Zeigen Sie, dass es zu drei verschiedenen Punkten $z_k \in \widehat{\mathbb{C}}$ und drei verschiedenen Bildpunkten $w_k \in \widehat{\mathbb{C}}$ genau eine Möbius-Abbildung T gibt mit $T(z_k) = w_k$ für $k = 1, 2, 3$.

Bestimmen Sie die Möbius-Abbildungen T mit

1) $T(0) = 1\ ,\ T(1) = i\ ,\ T(2) = -1$
2) $T(\infty) = i\ ,\ T(1+i) = \infty\ ,\ T(0) = 0$
3) $T(z_1) = -1\ ,\ T(z_2) = 0\ ,\ T(z_3) = 1$

Sei $T(z) := \dfrac{z-1}{2z+3}$. Bestimmen Sie $T\left(\{\mathsf{Re}\, z > 1\}\right)$ und $T^{-1}\left(\{|w| < 1\}\right)$.

Seien $0 < m, r_1, r_2 \in \mathbb{R}$, $m + r_2 < r_1$. Man bestimme eine Möbius-Abbildung, die die beiden Kreise $\Gamma_1 := \{\, z\, ;\, |z| = r_1 \,\}$ und $\Gamma_2 := \{\, z\, ;\, |z-m| = r_2 \,\}$ auf konzentrische Kreise um 0 abbildet.

1) Zeigen Sie, dass die sechs Möbius-Abbildungen

$$z\ ,\quad \frac{1}{z}\,,\quad 1-z\ ,\quad \frac{1}{1-z}\,,\quad \frac{z}{1-z}\,,\quad \frac{z-1}{z} \tag{1}$$

bzgl der Hintereinanderausführung eine Gruppe bilden.

2) Bestimmen Sie die Bilder von $G := \left\{\, z\, ;\, |z| < 1,\ \mathsf{Re}\, z > \frac{1}{2} \,\right\}$ unter diesen Abbildungen.
3) Zeigen Sie, dass man mit 4 verschiedenen Punkten aus $\mathbb{C}$ höchstens 6 verschiedene Doppelverhältnisse bilden kann, nämlich die Bilder eines Doppelverhältnisses unter den 6 obigen Abbildungen.

Die Möbius-Abbildungen des Einheitskreises $\mathbb{E}$ auf sich sind von der Form

$$w \;=\; \frac{az+b}{\overline{b}z+\overline{a}} \qquad (a, b \in \mathbb{C},\ |a|^2 - |b|^2 = 1) \quad \text{bzw} \tag{2}$$

$$w \;=\; \mathrm{e}^{i\alpha}\frac{z-z_0}{1-\overline{z_0}z} \qquad (z_0 \in \mathbb{E},\ \alpha \in \mathbb{R})\ . \tag{3}$$

Zeigen Sie, dass Möbius-Abbildungen kreistreu sind.

Beweisen Sie die Invarianz des Doppelverhältnisses unter Möbius-Abbildungen.

I
1) Zeigen Sie, dass Möbius-Abbildungen Spiegelpunkte bzgl eines Kreises auf Spiegelpunkte bzgl des Bildkreises abbilden.

2) Seien $K \subset \mathbb{C}$ ein Kreis, $z \neq z^* \in \mathbb{C}$ und T eine Möbius-Abbildung, die K auf die obere Halbebene abbildet.
Gilt $T(z) = \overline{T(z^*)}$, so gilt $S(z) = \overline{S(z^*)}$ für *jede* Möbius-Abbildung S, die K auf die obere Halbebene abbildet.

J Sei $w = T(z)$ eine Möbius-Abbildung. Man zeige:

1) Hat T genau zwei Fixpunkte $z_1, z_2 \in \mathbb{C}$, so gibt es ein $\mu \in \mathbb{C}$ mit $\dfrac{T(z) - z_1}{T(z) - z_2} = \mu \, \dfrac{z - z_1}{z - z_2}$.

2) Hat T genau die beiden Fixpunkte $z_1 \in \mathbb{C}$ und ∞, so gibt es ein $\mu \in \mathbb{C}$ mit $T(z) - z_1 = \mu \left(z - z_1\right)$.

3) Hat T den Punkt $z_0 \in \mathbb{C}$ als einzigen Fixpunkt in $\widehat{\mathbb{C}}$, so gibt es ein $\lambda \in \mathbb{C}$ mit $\dfrac{1}{T(z) - z_0} = \dfrac{1}{z - z_0} + \lambda$.

4) Hat T den Punkt ∞ als einzigen Fixpunkt in $\widehat{\mathbb{C}}$, so gibt es ein $\lambda \in \mathbb{C}$ mit $T(z) = z + \lambda$.

K
1) Wann ist die Möbius-Abbildung T involutorisch, d.h. wann ist $T \circ T = \mathrm{id}$?

2) Wann gibt es ein $n \in \mathbb{N}$ mit $T^n = \mathrm{id}$?

3) Wann sind zwei Möbius-Abbildungen miteinander vertauschbar?

L
1) Für $|z_0|, |z| < 1$ gilt $\dfrac{\big||z| - |z_0|\big|}{1 - |z_0||z|} \le \left|\dfrac{z - z_0}{1 - \overline{z_0} z}\right| \le \dfrac{\big||z| + |z_0|\big|}{1 + |z_0||z|}$.

2) Für $z, w \in \mathbb{E}$ sei $d(z, w) := \left|\dfrac{z - w}{1 - \overline{z} w}\right|$. Dann gilt $d(z, w) = d(T(z), T(w))$ für alle Möbius-Abbildungen T des Einheitskreises auf sich.

3) Die in Teil 2) definierte Funktion d ist eine Metrik auf $\mathbb{E}$.

Lösungen:

A **(A.1)** Sei $T(z) = \dfrac{az + b}{cz + d}$ eine beliebig vorgegebene Möbius-Abbildung und sei zunächst $c \neq 0$. Dann ist sicherlich $T(\infty) = a/c \neq \infty$. Für $z \in \mathbb{C}$ gilt

$$T(z) \; = \; z \quad \Longleftrightarrow \quad cz^2 + (d - a)z - b \; = \; 0 \; . \tag{4}$$

Dies ist für $c \neq 0$ eine quadratische Gleichung mit höchstens zwei Lösungen in $\mathbb{C}$. Also hat T mindestens einen und höchstens zwei Fixpunkte in $\widehat{\mathbb{C}}$.

Sei nun $c = 0$. Wegen $ad - bc \neq 0$ folgt $d \neq 0$ und daher o.B.d.A. $T(z) = az + b$. Dann ist $T(\infty) = \infty$ und für $z \in \mathbb{C}$ gilt

$$T(z) \; = \; z \quad \Longleftrightarrow \quad (1 - a)z \; = \; b \; . \tag{5}$$

Also gibt es für $a = 1$ keinen und für $a \neq 1$ genau einen Fixpunkt in $\mathbb{C}$. Also hat T auch im Fall $c = 0$ mindestens einen und höchstens zwei Fixpunkte in $\widehat{\mathbb{C}}$.

(A.2) Zunächst die Eindeutigkeit: Angenommen, für zwei Möbius-Abbildungen T_1 und T_2 gilt $T_j(z_k) = w_k$ für $k = 1, 2, 3$ und $j = 1, 2$. Dann hat die Möbius-Abbildung $S := T_1^{-1} \circ T_2$ die drei verschiedenen Fixpunkte z_1, z_2, z_3. Also ist $S = \mathrm{id}$ und damit $T_1 = T_2$.

Jetzt zur Existenz: Die Möbius-Abbildungen

$$S_1(z) \ := \ \frac{z - z_2}{z - z_3} \cdot \frac{z_1 - z_3}{z_1 - z_2} \qquad \text{und} \qquad S_2(w) \ := \ \frac{w - w_2}{w - w_3} \cdot \frac{w_1 - w_3}{w_1 - w_2}$$

bilden die Punkte z_1, z_2, z_3 bzw w_1, w_2, w_3 in dieser Reihenfolge auf $1, 0, \infty$ ab. Also erfüllt die Möbius-Abbildung $T := S_2^{-1} \circ S_1$ die geforderten Bedingungen $T(z_1) = w_1$, $T(z_2) = w_2$; $T(z_3) = w_3$. Man erhält also die gesuchte Möbius-Abbildung $w = T(z)$ durch Auflösen der Gleichung

$$\frac{w - w_2}{w - w_3} \cdot \frac{w_1 - w_3}{w_1 - w_2} \ = \ \frac{z - z_2}{z - z_3} \cdot \frac{z_1 - z_3}{z_1 - z_2} \ . \tag{6}$$

(B.1) Nach Aufgabe 10.2.A.2 kann man die Möbius-Abbildung mit $T(0) = 1$, $T(1) = i$ und $T(2) = -1$ dadurch bestimmen, dass man die der Gleichung (6) entsprechende Gleichung

$$\begin{aligned} \frac{w - i}{w - (-1)} \cdot \frac{1 - (-1)}{1 - i} \ &= \ \frac{z - 1}{z - 2} \cdot \frac{0 - 2}{0 - 1} \qquad \text{bzw} \\ \frac{w - i}{w + 1} \cdot \frac{1}{1 - i} \ &= \ \frac{z - 1}{z - 2} \end{aligned} \tag{7}$$

nach $w = T(z)$ auflöst. Die Rechnung wird hier nicht durchgeführt.

Ein anderer Weg ist, in den allgemeinen Ansatz $T(z) = \frac{az+b}{cz+d}$ die Bedingungen $T(z_j) = w_j$ einzusetzen und die unbekannten Koeffizienten daraus zu berechnen. Diese sind nur bis auf einen gemeinsamen Faktor eindeutig bestimmt. Man hat also noch eine Wahlmöglichkeit. Dies könnte hier wie folgt laufen:

$$\begin{aligned} T(0) \ &= \ \frac{b}{d} \ = \ 1 \quad &\Longleftrightarrow \quad b \ &= \ d \\ T(1) \ &= \ \frac{a + b}{c + d} \ = \ i \quad &\Longleftrightarrow \quad a + b \ &= \ i(c + d) \\ T(2) \ &= \ \frac{2a + b}{2c + d} \ = \ -1 \quad &\Longleftrightarrow \quad 2a + b \ &= \ -2c - d \end{aligned}$$

Setzt man $b := 1$ erhält man $a = \frac{-1}{1+i}$, $c = \frac{-i}{1+i}$ und $d = b$. Also ist

$$w \ = \ T(z) \ = \ \frac{-z + (1 + i)}{-iz + (1 + i)} \tag{8}$$

die gesuchte Möbius-Abbildung.

(B.2) Wegen $T(0)=0$ ist T von der Form $T(z)=\dfrac{az}{cz+d}$.
Wegen $T(1+i)=\infty$ ist T von der Form $T(z)=\dfrac{az}{z-(1+i)}$.
Wegen $T(\infty)=i$ ist $T(z)=\dfrac{iz}{z-(1+i)}$.

(B.3) Wegen $T(z_2)=0$ ist T von der Form $T(z)=\dfrac{z-z_2}{cz+d}$.
Wegen $T(z_3)=1$ ist T von der Form $T(z)=\dfrac{z-z_2}{z_3-z_2}\,\dfrac{z_3-d}{z-d}$.
Wegen $T(z_1)=-1$ leistet $d=\frac{1}{2}(z_1+z_3)$ das Gewünschte. Also ist

$$T(z) \;=\; \frac{z-z_2}{z_3-z_2}\,\frac{z_3-z_1}{2z-z_1-z_3}\,. \tag{9}$$

C **(C.1)** Sei $T(z):=\dfrac{z-1}{2z+3}$ und $H:=\{\mathsf{Re}\,z>1\}$. Gesucht ist $T(H)$.

Möbius-Abbildungen bilden Kreisscheiben bijektiv auf Kreisscheiben ab und zwar so, dass der Randkreis in den Randkreis übergeht. Dabei werden Halbebenen und Geraden ebenfalls als Kreisscheiben bzw Kreislinien aufgefasst. Es ist daher sinnvoll, zunächst das Bild der Randgeraden $\partial H=1+i\mathbb{R}$ zu bestimmen.

Wegen $T(1)=0$ und $T(\infty)=1/2$ geht ∂H in einen Kreis durch 0 und $1/2$ über. T bildet $\mathbb{R}$ auf $\mathbb{R}$ ab, da alle Koeffizienten reell sind. Die Randgerade ∂H steht senkrecht auf $\mathbb{R}$. Wegen der Winkeltreue muss auch der Bildkreis senkrecht auf $\mathbb{R}$ stehen. Also ist $T(\partial H)=\{|z-1/4|=1/4\}$.

Die Halbebene H wird nun auf das Innere oder Äußere dieses Kreises abgebildet und ebenso $\mathbb{C}\setminus H$. Wegen $T(0)=-\frac{1}{3}$ ist $T(\mathbb{C}\setminus H)=\{|z-\frac{1}{4}|>\frac{1}{4}\}$ und daher $T(H)=\{|z-\frac{1}{4}|<\frac{1}{4}\}$.

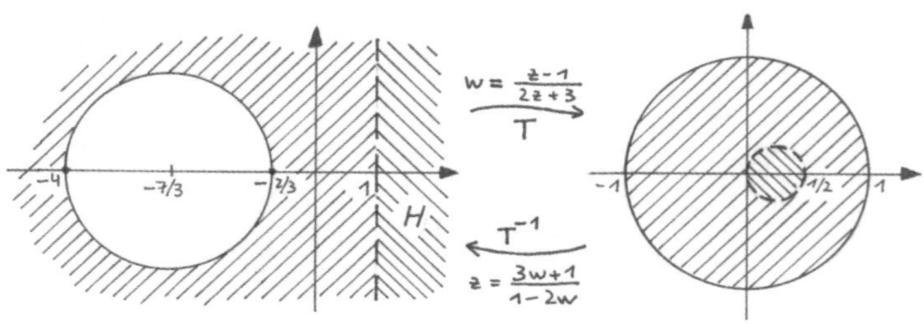

(C.2) Es ist $z=T^{-1}(w)=\dfrac{3w+1}{1-2w}$. Gesucht wird $T^{-1}(\mathbb{E})$.

Es ist $T^{-1}(1)=-4$ und $T^{-1}(-1)=-\frac{2}{3}$. Wegen $T^{-1}(\mathbb{R})=\mathbb{R}$ und wegen der Winkeltreue gilt $T^{-1}(\partial\mathbb{E})=\{|z+\frac{7}{3}|=\frac{5}{3}\}$.

Wegen $T^{-1}(0) = 1$ gilt $T^{-1}(\mathbb{E}) = \{|z + \frac{7}{3}| > \frac{5}{3}\}$.

Die beiden Bildkreise sollen konzentrisch mit Mittelpunkt 0 sein. Dann sind $(0, \infty)$ ein Paar von Spiegelpunkten bzgl beider Bildkreise. Die beiden Urbilder $a := T^{-1}(0)$ und $b := T^{-1}(\infty)$ unter der gesuchten Möbius-Abbildung T müssen daher auch Spiegelpunkte sowohl bzgl Γ_1, als auch bzgl Γ_2 sein. (Möbius-Abbildungen bilden Spiegelpunkte auf Spiegelpunkte ab.)

a und b müssen auf der Geraden durch die beiden Mittelpunkte, also auf der reellen Achse liegen. Die Symmetrie zu Γ_1 und Γ_2 liefert die beiden Gleichungen $ab = 64$ und $(a-5)(b-5) = 1$ mit (z.B.) den Lösungen $a, b = \frac{4}{5}\left(11 \pm \sqrt{21}\right)$.

Die Möbius-Abbildung $T(z) := \dfrac{z-a}{z-b}$ leistet das Gewünschte.

(E.1) Die angegebenen sechs Möbius-Abbildungen $T_1 = \mathrm{id}, \ldots, T_6$ permutieren die drei Elemente $0, 1, \infty \in \widehat{\mathbb{C}}$ in den sechs möglichen verschiedenen Weisen. Da eine Möbius-Abbildung durch die Angabe von drei verschiedenen Bildpunkten zu drei verschiedenen Urbildern eindeutig festgelegt ist, bilden die 6 Abbildungen eine Gruppe. Sie ist isomorph zur Permutationsgruppe S_3.

(E.2) Die Bilder $G_i := \left\{T_i z\,;\, |z| < 1,\ \mathrm{Re}\, z > \frac{1}{2}\right\}$ von $G = G_1$ 'pflastern' die Ebene in der skizzierten Weise:

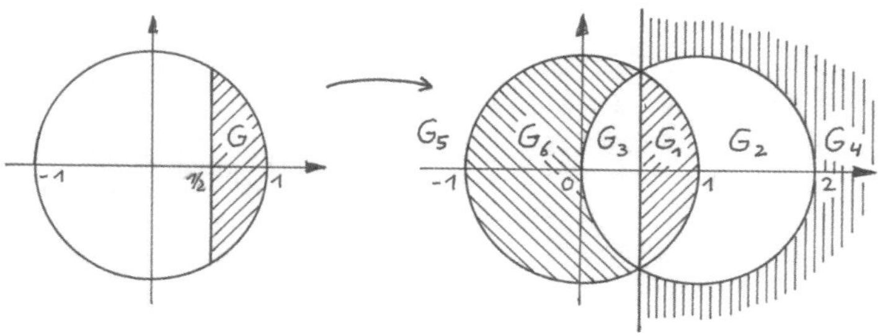

(E.3) Das Doppelverhältnis $DV(z, z_1, z_2, z_3)$ ist das Bild von z unter derjenigen Möbius-Abbildung, die die verschiedenen Punkte z_1, z_2, z_3 in der angegebenen Reihenfolge auf die Punkte $1, 0, \infty$ abbildet.

Die Permutationen $\sigma\colon \{1,2,3\} \to \{1,2,3\}$ liefern daher sechs verschiedene Doppelverhältnisse $DV(z, z_{\sigma(1)}, z_{\sigma(2)}, z_{\sigma(3)})$, nämlich die Bilder unter den sechs Transformationen T_i, die ja den Permutationen von $0, 1, \infty$ entsprechen.

Jede Permutation von 4 verschiedenen Punkten $z_1, \ldots, z_4 \in \mathbb{C}$ kann man als Vertauschung von z_1 mit z_2 gefolgt von einer Permutation der letzten drei Punkte schreiben.

Wegen $DV(z_1, z_2, z_3, z_4) = \dfrac{1}{DV(z_2, z_1, z_3, z_4)}$ erhält man unter allen möglichen Permutationen von vier verschiedenen Punkten keine weiteren Doppelverhältnisse.

F Sei T eine Möbius-Abbildung des Einheitskreises $\mathbb{E}$ auf sich. Dann ist auch T^{-1} eine solche, also ist $z_0 := T^{-1}(0) \in \mathbb{E}$.

Ist $z_0 = 0$, also $T(0) = 0$, so folgt $T(\infty) = \infty$, denn T führt Spiegelpunkte von $\partial\mathbb{E}$ in solche über. Also ist T von der Form $T(z) = az$ und da der Einheitskreis auf sich abgebildet wird, muss $|a| = 1$, also $a = e^{i\alpha}$ mit $\alpha \in \mathbb{R}$ sein.

Umgekehrt ist natürlich eine Abbildung der Form $T(z) = e^{i\alpha}z$ eine Möbius-Abbildung des Einheitskreises auf sich.

Sei nun $z_0 \in \mathbb{E}\setminus\{0\}$ und T die Möbius-Abbildung $w = T(z) = \dfrac{z - z_0}{1 - \overline{z_0}z}$. Man rechnet sofort nach, dass T die Gerade $\{tz_0; t \in \mathbb{R}\}$ in sich abbildet. Der diese Gerade senkrecht schneidende Einheitskreis muss in einen solchen überführt werden. Wegen $T(\pm\frac{z_0}{|z_0|}) = \pm\frac{z_0}{|z_0|}$ kommt dafür nur wieder der Einheitskreis in Frage. Wegen $T(z_0) = 0$ wird auch die Scheibe $\mathbb{E}$ auf sich und nicht etwa auf das Äußere des Einheitskreises abgebildet. T ist also eine Abbildung des Einheitskreises $\mathbb{E}$ auf sich. Eine evt folgende Drehung (Multiplikation mit $e^{i\alpha}$) ändert daran nichts.

Sei umgekehrt T eine Möbius-Abbildung von $\mathbb{E}$ auf sich und $z_0 := T^{-1}(0) \neq 0$. Dann liegen $\frac{z_0}{|z_0|}$ und $T(\frac{z_0}{|z_0|})$ in $\partial\mathbb{E}$, sind also von der Form $\frac{z_0}{|z_0|} = e^{i\beta}$ bzw $T(\frac{z_0}{|z_0|}) = e^{i\gamma}$. Sei $\alpha := \gamma - \beta$.

Beh.: Dann ist T gleich der Möbius-Abbildung $S(z) = e^{i\alpha}\dfrac{z - z_0}{1 - \overline{z_0}z}$.

S und T bilden $\mathbb{E}$ auf sich und z_0 auf 0 ab. Ferner gilt $T(\frac{z_0}{|z_0|}) = e^{i\gamma} = S(\frac{z_0}{|z_0|})$. Die Gerade durch z_0 und 0 schneidet den Einheitskreisrand senkrecht in den Punkten $\pm\frac{z_0}{|z_0|}$. S und T müssen diese Gerade daher auf einen Kreis durch $e^{i\gamma}$ und 0 abbilden, der den Einheitskreisrand senkrecht schneidet. Dies tut nur die Nullpunktsgerade durch $e^{i\gamma}$. Es folgt $T(-\frac{z_0}{|z_0|}) = -e^{i\gamma} = S(-\frac{z_0}{|z_0|})$. Also stimmen S und T in drei verschiedenen Punkten überein. Als Möbius-Abbildungen müssen sie daher gleich sein.

Die andere Darstellung für die Möbius-Abbildungen des Einheitskreises auf sich, nämlich $w = \dfrac{az + b}{\overline{b}z + \overline{a}}$ $(a, b \in \mathbb{C},\ |a|^2 - |b|^2 = 1)$ erhält man durch einfaches Umrechnen.

G Die Kreistreue von Möbius-Abbildungen folgt z.B. daraus, dass man jede Möbius-Abbildung $T(z) := \dfrac{az + b}{cz + d}$ als Hintereinanderausführung von Drehungen, Translationen und Inversionsabbildung $w = 1/z$ ausdrücken kann.

Für $c = 0$ ist $T(z) = \dfrac{a}{d}z + \dfrac{b}{d}$ sicherlich kreistreu, da Drehstreckungen und

Translationen kreistreu sind. Für $c \neq 0$ gilt

$$T(z) := \frac{az+b}{cz+d} = -\frac{ad-bc}{c} \cdot \frac{1}{cz+d} + \frac{a}{c} . \tag{10}$$

Also ist nur noch die Kreistreue der Inversion zu zeigen:

Nach Aufgabe 7.2.C werden Kreise und Geraden in $\mathbb{C}$ durch Gleichungen der Form

$$az\overline{z} + bz + \overline{b}\overline{z} + c = 0 \quad \text{mit } a, c \in \mathbb{R},\ b\overline{b} - ac > 0 \tag{11}$$

beschrieben. Erfüllt z eine solche Gleichung, so erfüllt $w = 1/z$ die Gleichung

$$cw\overline{w} + \overline{b}w + b\overline{w} + a = 0 , \tag{12}$$

die ebenfalls einen Kreis oder eine Gerade beschreibt.

Seien S eine Möbius-Abbildung und $z, z_1, z_2, z_3 \in \widehat{\mathbb{C}}$ paarweise verschieden. Zu zeigen ist

$$DV(S(z), S(z_1), S(z_2), S(z_3)) = DV(z, z_1, z_2, z_3) . \tag{13}$$

Das Doppelverhältnis $DV(z, z_1, z_2, z_3)$ ist der Wert $T(z)$ derjenigen eindeutig bestimmten Möbius-Abbildung T im Punkt z, die z_1, z_2, z_3 in dieser Reihenfolge auf $1, 0, \infty$ abbildet.

$T \circ S^{-1}$ bildet $S(z_1), S(z_2), S(z_3)$ nach $1, 0, \infty$ ab. Also ist

$$DV(S(z), S(z_1), S(z_2), S(z_3)) = T \circ S^{-1}(S(z)) = T(z) . \tag{14}$$

Fertig.

(I.1) Seien z und z^* Spiegelpunkte bzgl eines Kreises $K \subset \widehat{\mathbb{C}}$ und S irgendeine Möbius-Abbildung. Zu zeigen ist, dass dann $S(z)$ und $S(z^*)$ Spiegelpunkte bzgl des Bildkreises $S(K)$ sind.

Da z und z^* Spiegelpunkte bzgl K sind, gibt es eine Möbius-Abbildung T, die K auf die erweiterte reelle Achse $\widehat{\mathbb{R}}$ abbildet und für die $T(z^*) = \overline{T(z)}$ ist.

Dann ist $T \circ S^{-1}$ eine Möbius-Abbildung, die $S(K)$ auf die erweiterte reelle Achse $\widehat{\mathbb{R}}$ abbildet und für die

$$T \circ S^{-1}(S(z^*)) = T(z^*) = \overline{T(z)} = \overline{T \circ S^{-1}(S(z))} . \tag{15}$$

Also sind $S(z)$ und $S(z^*)$ Spiegelpunkte bzgl des Bildkreises $S(K)$.

(I.2) Seien $K \subset \mathbb{C}$ ein Kreis, $z \neq z^* \in \mathbb{C}$ und T eine Möbius-Abbildung, die K auf die obere Halbebene H abbildet und für die gilt $w := T(z) = \overline{T(z^*)}$.

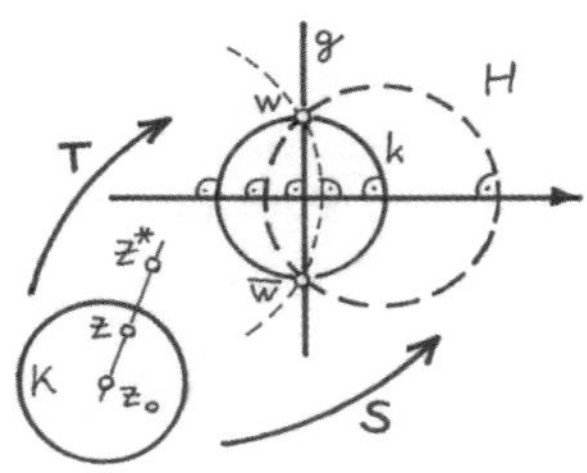

Die Gerade g durch w und $\overline{w}$ ist ein Kreis in $\widehat{\mathbb{C}}$, der die reelle Achse senkrecht schneidet. Der Kreis k durch w und $\overline{w}$ mit Mittelpunkt $\operatorname{Re} w$ schneidet ebenfalls die reelle Achse senkrecht.

Sei nun S eine beliebige Möbius-Abbildung, die K auf H abbildet. Dann bildet $S \circ T^{-1}$ die obere Halbebene H auf H, also $\widehat{\mathbb{R}}$ auf $\widehat{\mathbb{R}}$ ab. Möbius-Abbildungen sind winkeltreu. Also schneiden die Bildkreise $S \circ T^{-1}(g)$ und $S \circ T^{-1}(k)$ die reelle Achse $\widehat{\mathbb{R}}$ ebenfalls senkrecht. Ihre Schnittpunkte $S \circ T^{-1}(w) = S(z)$ und $S \circ T^{-1}(\overline{w}) = S(z^*)$ liegen daher ebenfalls symmetrisch zur reellen Achse.

J **(J.1)** Sei $T(z) = \dfrac{az+b}{cz+d}$ und T habe die beiden Fixpunkte $z_1, z_2 \in \mathbb{C}$. Dann ist $c \neq 0$ und $T(\infty) = a/c$. Es gilt

$$\frac{T(z)-z_1}{T(z)-z_2} = \frac{\frac{a}{c}-z_1}{\frac{a}{c}-z_2} \cdot \frac{z-z_1}{z-z_2} . \tag{16}$$

Auf beiden Seiten stehen nämlich Möbius-Abbildungen, die z_1, z_2, ∞ in dieser Reihenfolge auf $0, \infty$ und $\dfrac{\frac{a}{c}-z_1}{\frac{a}{c}-z_2}$ abbilden. Sie müssen also gleich sein.

Also stimmt die Behauptung mit $\mu = \dfrac{\frac{a}{c}-z_1}{\frac{a}{c}-z_2}$.

(J.2) Sei $T(z) = \dfrac{az+b}{cz+d}$ und T habe die beiden Fixpunkte $z_1 \in \mathbb{C}$ und ∞. Dann ist $c = 0$, $a \neq d$ und der endliche Fixpunkt ist $z_1 = b/(d-a)$.

Dann gilt $T(z) - z_1 = \dfrac{a}{d}(z - z_1)$.

(J.3) Sei $T(z) = \dfrac{az+b}{cz+d}$ eine Möbius-Abbildung, die den Punkt $z_0 \neq \infty$ als einzigen Fixpunkt besitzt. Es ist $c \neq 0$, sonst wäre ∞ Fixpunkt. Es gilt

$$T(z) = z \iff cz^2 + (d-a)z - b = 0 \tag{17}$$

und diese quadratische Gleichung hat genau dann nur eine Lösung in $\mathbb{C}$, wenn $(a-d)^2 + 4bc = 0$. Der einzige Fixpunkt ist dann $z_0 = \dfrac{a-d}{2c}$. Ferner gilt

$$\frac{1}{T(z)-z_0} = \frac{1}{z-z_0} + \frac{2c}{a+d} . \tag{18}$$

Auf beiden Seiten stehen nämlich Möbius-Abbildungen, die $z_0, -\frac{d}{c}, \infty$ in dieser Reihenfolge auf $\infty, 0, \frac{2c}{a+d}$ abbilden. Sie müssen also gleich sein.

Also stimmt die Behauptung mit $\lambda = \dfrac{2c}{a+d}$.

(J.4) Hat $T(z) = \dfrac{az+b}{cz+d}$ den Punkt ∞ als einzigen Fixpunkt, so ist $c = 0$ und $a = d \neq 0$, also $T(z) = z + b/d$.

(K.1) Die Möbius-Abbildung $T(z) = \dfrac{az+b}{cz+d}$ ist genau dann involutorisch, wenn für die zugehörige Matrix $\mathbf{M}_T = \begin{pmatrix} a & b \\ c & d \end{pmatrix}$ gilt

$$\mathbf{M}_T \cdot \mathbf{M}_T = \begin{pmatrix} a^2+bc & b(a+d) \\ c(a+d) & d^2+bc \end{pmatrix} = \lambda \mathbf{E} . \tag{19}$$

Dies wiederum ist genau dann der Fall, wenn $a+d=0$ oder ($b=c=0$ und $a^2=d^2$) ist.

Also ist T involutorisch genau dann, wenn $T = \pm\mathrm{id}$ oder $T(z) = \dfrac{az+b}{cz-a}$.

(K.2) Hat T nur einen Fixpunkt in $\widehat{\mathbb{C}}$, so ist T von der Form $T(z) = z+\lambda$ oder $\dfrac{1}{T(z)-z_0} = \dfrac{1}{z-z_0} + \lambda$ mit $\lambda \neq 0$ (siehe Aufgabe 10.2.J). Dann ist

$$T^n(z) = z + n\lambda \quad \text{oder} \quad \frac{1}{T^n(z)-z_0} = \frac{1}{z-z_0} + n\lambda . \tag{20}$$

In beiden Fällen ist $T^n \neq \mathrm{id}$ für alle $n \in \mathbb{N}$.

Hat T zwei verschiedene Fixpunkte in $\widehat{\mathbb{C}}$, so ist T von der Form

$$\frac{T(z)-z_1}{T(z)-z_2} = \mu\frac{z-z_1}{z-z_2} \quad \text{oder} \quad T(z)-z_1 = \mu(z-z_1) . \tag{21}$$

Siehe dazu Aufgabe 10.2.J. Dann ist

$$\frac{T^n(z)-z_1}{T^n(z)-z_2} = \mu^n \cdot \frac{z-z_1}{z-z_2} \quad \text{oder} \quad T^n(z)-z_1 = \mu^n(z-z_1) . \tag{22}$$

Also ist $T^n = \mathrm{id}$ genau dann, wenn $\mu^n = 1$, also wenn μ eine n-te Einheitswurzel ist.

(K.3) *Beh. 1:* Haben die beiden Möbius-Abbildungen S und T die gleichen Fixpunkte, so sind sie miteinander vertauschbar.

Beweis: 1. Fall: S und T haben beide nur einen Fixpunkt $z_0 \in \widehat{\mathbb{C}}$.

Sei $V(z) := \dfrac{1}{z-z_0}$ bzw $V = \mathrm{id}$ falls $z_0 = \infty$. Dann sind $\widetilde{S} := V \circ S \circ V^{-1}$ und $\widetilde{T} := V \circ T \circ V^{-1}$ zwei lineare Transformationen mit ∞ als einzigem Fixpunkt. Sie sind also von der Form $\widetilde{S}z = z + a$ bzw $\widetilde{T}z = z + b$ mit $a, b \in \mathbb{C} \setminus \{0\}$. Für sie gilt $\widetilde{T} \circ \widetilde{S} = \widetilde{S} \circ \widetilde{T}$. Wegen $S = V^{-1} \circ \widetilde{S} \circ V$ und entsprechend für T folgt wie behauptet $T \circ S = S \circ T$.

2. Fall: S und T haben die beiden verschiedenen Fixpunkte $z_1, z_2 \in \widehat{\mathbb{C}}$.

Sei analog wie oben V eine Möbius-Abbildung, die z_1 auf 0 und z_2 auf ∞ abbildet. Dann haben die entsprechend gebildeten Transformationen $\widetilde{S}$ und $\widetilde{T}$ die Fixpunkte 0 und ∞, sind also von der Form $z \mapsto az$ mit $a \in \mathbb{C} \setminus \{0, 1\}$. Weiter wie oben.

Die Behauptung 1 ist aber nicht umkehrbar. Zum Beispiel sind die beiden Möbius-Abbildungen $T(z) := -z$ und $S(z) := 1/z$ vertauschbar, haben aber nicht die gleichen Fixpunkte.

Beh. 2: Sind S und T miteinander vertauschbar, so haben sie die gleichen Fixpunkte oder S vertauscht die Fixpunkte von T, T die von S und es gilt $S \circ S = T \circ T$.

Beweis: Es gelte $T \circ S = S \circ T$. Dann muss T die Fixpunkte von S auf Fixpunkte von S abbilden und umgekehrt. Ist nämlich $z_0 \in \widehat{\mathbb{C}}$ ein Fixpunkt von S, so folgt $T(z_0) = T(S(z_0)) = S(T(z_0))$, also ist $T(z_0)$ ein Fixpunkt von S.

Besitzt also T genau einen Fixpunkt $z_0 \in \widehat{\mathbb{C}}$, so kann auch S nur einen und zwar denselben besitzen.

Angenommen T hat zwei verschiedene Fixpunkte $z_0, z_1 \in \widehat{\mathbb{C}}$, $z_0 \neq z_1$. Dann muss auch S zwei verschiedene Fixpunkte haben. Für das Bild von z_0 unter S gibt es nur die zwei Möglichkeiten $S(z_0) = z_0$ oder $S(z_0) = z_1$.

Im ersten Fall ist z_0 und damit auch z_1 Fixpunkt von S , d.h. S und T haben die gleichen Fixpunkte.

Im zweiten Fall vertauscht S die beiden Fixpunkte von T und dann auch T die beiden von S. Seien w_1 und w_2 die beiden Fixpunkte von S.

Die vier Punkte z_i und w_j sind in diesem Fall paarweise verschieden und es gilt $T(T(w_1)) = T(w_2) = w_1$. Also hat $T \circ T$ schon drei verschiedene Fixpunkte, also ist $T \circ T = \text{id}$ und analog für S.

L **(L.1)** Für $z = 0$ oder $z_0 = 0$ ist alles trivial. Sei also $0 < r := |z| < 1$ und $0 < |z_0| < 1$. Sei $T(z) := \dfrac{z - z_0}{1 - \overline{z_0}z}$. T bildet nach Aufgabe 10.2.F den Einheitskreis auf sich ab und führt dabei die Gerade g durch z_0 und 0 in sich über, insbesondere ist $T(z_0) = 0$.

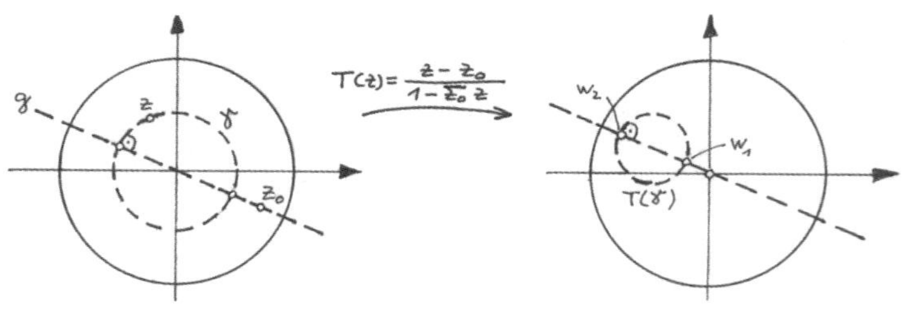

Der Kreisrand $\gamma := \{|\zeta| = r\}$ schneidet die Gerade g senkrecht in den beiden Punkten $\pm r z_0/|z_0|$. Der Bildkreis $T(\gamma)$ schneidet daher $T(g) = g$ senkrecht in den beiden Bildpunkten $w_{1,2} := \dfrac{z_0}{|z_0|} \cdot \dfrac{\pm r - |z_0|}{1 \mp r|z_0|}$. Aus geometrischen Gründen ist der Betrag auf dem Kreisrand $T(\gamma)$ maximal bzw minimal in diesen beiden Punkten. Also gilt

$$|w_1| \;=\; \frac{\big||z| - |z_0|\big|}{1 - |z_0||z|} \;\le\; |T(z)| \;=\; \left|\frac{z - z_0}{1 - \overline{z_0} z}\right| \;\le\; \frac{\big||z| + |z_0|\big|}{1 + |z_0||z|} \;=\; |w_2|$$

für $|z| = r$.

(L.2) Folgt sofort aus dem Lemma von Schwarz-Pick (9.3.G).

(L.3) Symmetrie und positive Definitheit von $d(z, w)$ sind klar. Die Dreiecksungleichung kann man so nachweisen:

Seien t, w, z Punkte aus $\mathbb{E}$ und $T(\zeta) := \dfrac{\zeta - w}{1 - \overline{w}\zeta}$. T lässt nach Teil **(L.2)** die Abstände d invariant. Damit folgt

$$\begin{aligned} d(t,w) + d(w,z) &= d(T(t), T(w)) + d(T(w), T(z)) \\ &= d(T(t), 0) + d(0, T(z)) \;=\; |T(t)| + |T(z)| \\ &\ge \frac{|T(t)| + |T(z)|}{1 + |T(t)||T(z)|} \;\ge\; \left|\frac{T(t) - T(z)}{1 - \overline{T(t)}T(z)}\right| \\ &= d(T(t), T(z)) \;=\; d(t, z) \,. \end{aligned} \tag{23}$$

Dabei folgt die letzte Abschätzung nach Teil 1 dieser Aufgabe.

11 Meromorphe Funktionen

11.1 Isolierte Singularitäten und Residuen

A Bestimmen Sie die Art der Singularitäten, Residuen und Hauptteile von

1) $\dfrac{1-\cos z}{z^2}$

2) $e^{1/z} + \dfrac{1}{z}$

3) $\dfrac{1}{(z^2+1)^n}$

4) $(z+2)\,\sin(\frac{1}{z+2})$

5) $\dfrac{g(z)}{1+z^n}$ (g holomorph)

6) $\dfrac{4z}{\left(z^2+2az+1\right)^2}$ ($a \in \mathbb{R},\ a > 1$)

7) $\dfrac{2\sqrt{z}-\sqrt{z-1}}{3z+1}$

B Beweisen Sie die Rechenregeln 6.4.1.2–5 für die Residuen in Polstellen.

C Sei z_0 eine isolierte Singularität der beiden Funktionen f und g. Was kann man über z_0 als Singularität von $f+g$, fg oder f/g aussagen?

D
1) Die Funktion f habe im Punkt $z_0 \in \mathbb{C}$ einen Pol. g sei eine ganze transzendente Funktion. Dann hat $g \circ f$ in z_0 eine wesentliche Singularität.
2) Sei z_0 eine nicht hebbare isolierte Singularität von f. Dann hat e^f in z_0 eine wesentliche Singularität.

E Die Funktion f habe im Punkt z_0 einen Pol der Ordnung m. Man zeige:
Es gibt eine in einer Umgebung U von z_0 holomorphe Funktion h mit
$h(z_0) = z_0,\ h'(z_0) \neq 0$ und $f(h(z)) = \dfrac{1}{(z-z_0)^m}$ auf U .

F Sei z_0 eine wesentliche Singularität von f und $k \in \mathbb{N}$. Dann ist

$$\lim_{r\to 0} r^k \cdot \sup\,\{\,|f(z)|\,;\,|z-z_0| = r\,\} \;=\; \infty\,. \tag{1}$$

G Man beweise oder widerlege:
Sei $z_0 \in \mathbb{C}$ isolierte Singularität von $f(z)$ derart, dass $\lim\limits_{t\to 0^+} f(z_0+ta) = \infty$ für alle $a \in \mathbb{C}\setminus\{0\}$. Dann ist z_0 eine Polstelle von f.

H Beweisen Sie den in Abschnitt 6.1 formulierten Satz über das Konvergenzverhalten von Laurentreihen.

I Bestimmen Sie die Laurententwicklungen von $f(z) := \dfrac{1}{z^2-5z+6}$ in allen in Frage kommenden Kreisringen um $z_0 = 0$.

] Beweisen Sie den *Satz von Casorati-Weierstraß* :

Ist z_0 eine wesentliche Singularität von f, so kommt f in jeder Umgebung von z_0 jedem Wert $w \in \mathbb{C}$ beliebig nahe.

sungen:

] **(A.1)** $f(z) := (1 - \cos z)/z^2$ ist in ganz $\mathbb{C}$ holomorph, außer evt an der Stelle $z_0 = 0$. Aus der Potenzreihenentwicklung von cos erhält man sofort die Laurentreihe von f in einer gelochten Umgebung von 0, nämlich

$$f(z) = \sum_{k=0}^{\infty}(-1)^k \frac{z^{2k}}{(2k+2)!} \qquad \text{für } 0 < |z| < \infty . \tag{2}$$

Also ist f bei $z_0 = 0$ durch $f(0) := \frac{1}{2}$ holomorph ergänzbar, d.h. 0 ist eine hebbare Singularität von f und der Hauptteil von f in 0 verschwindet.

(A.2) $f(z) := \mathrm{e}^{1/z} + \frac{1}{z}$ ist holomorph in $\mathbb{C}$ bis auf eine wesentliche Singularität in $z_0 = 0$. Dies folgt aus der Laurententwicklung von f um 0

$$f(z) = 1 + \frac{2}{z} + \sum_{k=2}^{\infty} \frac{1}{k!}\,\frac{1}{z^k} \qquad \text{für } 0 < |z| < \infty , \tag{3}$$

die man sofort aus der Exponentialreihe erhält.

Übrigens ist hier der radiale Limes $\lim\limits_{r \to 0^+} f(r\,\mathrm{e}^{i\varphi}) = \infty$ für alle Winkel φ. Trotzdem hat f in 0 keinen Pol. Siehe dazu Aufgabe 11.1.G.

Das Residuum von f in 0 ist $\operatorname{res}(f;0) = 2$ und der Hauptteil ist $f(z) - 1$. Dies kann man aus der Laurententwicklung (3) ablesen.

(A.3) $f(z) := \dfrac{1}{(z^2+1)^n}$ hat in den Punkten $\pm i$ einen n-fachen Pol. Die entsprechenden Residuen sind

$$\begin{aligned}
\operatorname{res}(f;i) &= \lim_{z \to i} \frac{d^{n-1}}{dz^{n-1}} \left(\frac{1}{(z+i)^n} \right) \\
&= \lim_{z \to i} \frac{1}{(n-1)!} \cdot \frac{(-1)^{n-1} n(n+1)(n+2) \cdot \ldots \cdot (2n-2)}{(z+i)^{2n-1}} \\
&= \frac{(i^2)^{n-1}}{(n-1)!} \cdot \frac{n(n+1)(n+2) \cdot \ldots \cdot (2n-2)}{(2i)^{2n-1}} \;=\; -i \binom{2n-2}{n-1} \cdot \frac{1}{2^{2n-1}}
\end{aligned}$$

$$\operatorname{res}(f;-i) = \overline{\operatorname{res}(f;i)} = -\operatorname{res}(f;i) .$$

Die Hauptteile erhält man aus $f(z) = (z-i)^{-n}(z+i)^{-n}$, indem man $(z \pm i)^{-n}$ in eine Potenzreihe um $\mp i$ entwickelt.

(A.4) $f(z) := (z+2)\sin(\frac{1}{z+2})$ ist in $\mathbb{C} \setminus \{-2\}$ holomorph. In -2 hat f eine wesentliche Singularität mit dem Hauptteil $\sum_{n=1}^{\infty} \frac{(-1)^n}{(2n+1)!}(z+2)^{-2n}$.

Das Residuum ist $\operatorname{res}(f;-2) = 0$.

Man erhält dies sofort aus der Laurentreihe von f um $z_0 = -2$, die man wiederum direkt aus der Sinusreihe $\sin t = \sum_{n=0}^{\infty} \frac{(-1)^n}{(2n+1)!} t^{2n+1}$ erhält.

(A.5) Die Funktion $h(z) := 1 + z^n$ hat einfache Nullstellen in den Punkten $z_k := e^{i\pi(2k+1)/n}$, $(k = 0, \ldots, n-1)$. $f = 1/h$ besitzt in den z_k einfache Pole. Nach der Rechenregel 6.4.1.3 erhält man das Residuum

$$\operatorname{res}(f;z_k) \;=\; \frac{g(z_k)}{h'(z_k)} \;=\; \frac{g(z_k)}{n z_k^{n-1}} \;=\; -\frac{z_k}{n}\, g(z_k)\,. \tag{4}$$

(A.6) $f(z) := \dfrac{4z}{(z^2+2az+1)^2}$ hat doppelte Pole in $z_1 := -a + \sqrt{a^2-1}$ und $z_2 := -a - \sqrt{a^2-1}$. Nach Rechenregel 6.4.1.5 erhält man

$$\begin{aligned} \operatorname{res}(f;z_1) \;&=\; \frac{d}{dz}\left[(z-z_1)^2 f(z)\right]\Big|_{z=z_1} \;=\; \frac{d}{dz}\,\frac{4z}{(z-z_2)^2}\Big|_{z=z_1} \\ &=\; \frac{4(z_1-z_2)-8z_1}{(z_1-z_2)^3} \;=\; \frac{a}{(a^2-1)^{3/2}}\,. \end{aligned} \tag{5}$$

Da der Zählergrad von f um 3 größer als der Nennergrad von f ist, folgt

$$\operatorname{res}(f;z_2) \;=\; -\operatorname{res}(f;z_1) \tag{6}$$

(siehe Aufgabe 11.2.D). Man kann das aber auch wie in (5) ausrechnen.

(A.7) $f(z) := \dfrac{2\sqrt{z} - \sqrt{z-1}}{3z+1}$ hat Verzweigungspunkte in $z_1 = 0$ und $z_2 = 1$. Dies sind keine isolierten Singularitäten von f, da f nicht in einer gelochten Umgebung dieser Punkte holomorph erklärt werden kann. Z.B. geht $\sqrt{z}$ bei einmaligem Umlauf um 0 in $-\sqrt{z}$ über.

$z_0 := -1/3$ ist dagegen eine isolierte Singularität von f.

In Kreisscheiben, die von diesen Punkten wegbleiben, gibt es insgesamt vier verschiedene Zweige von f. Etwa in $z = -1$ haben diese 4 Zweige die Werte

$$\begin{aligned} f_1(-1) \;&=\; i(-1+1/\sqrt{2}) \quad ; \qquad f_3(-1) \;=\; i(-1-1/\sqrt{2})\;; \\ f_2(-1) \;&=\; i(1-1/\sqrt{2}) \quad ; \qquad f_4(-1) \;=\; i(1+1/\sqrt{2})\,. \end{aligned} \tag{7}$$

Setzt man die vier Zweige längs $\mathbb{R}$ von -1 nach $-1/3$ fort, so sieht man

$$\lim_{z\to -1/3}(z+1/3)\cdot f_1(z) = 0 \quad ; \qquad \lim_{z\to -1/3}(z+1/3)\cdot f_3(z) = -\frac{4i}{3\sqrt{3}} .$$
$$\lim_{z\to -1/3}(z+1/3)\cdot f_2(z) = 0 \quad ; \qquad \lim_{z\to -1/3}(z+1/3)\cdot f_4(z) = \frac{4i}{3\sqrt{3}} .$$

Der Punkt $z_0 := -1/3$ ist also nur für den 3. und 4. Zweig ein einfacher Pol mit den Residuen $\mp 4i/3\sqrt{3}$.

Der 1. und 2. Zweig haben in z_0 eine hebbare Singularität. Sie können durch $f_1(-1/3) := -i\sqrt{3}/4$ bzw $f_4(-1/3) := i\sqrt{3}/4$ holomorph nach z_0 fortgesetzt werden.

(B.1) *Beweis von Regel 6.4.1.2 :* Ist z_0 ein einfacher Pol von f, so gibt es eine in einer Umgebung von z_0 holomorphe Funktion $g(z)$ derart, dass $f(z) = \dfrac{g(z)}{z-z_0}$ und $g(z_0) \neq 0$. Die Taylorreihe von g um z_0 konvergiert in einer Umgebung von z_0 . Sie ist

$$g(z) = g(z_0) + g'(z_0)(z-z_0) + \ldots + \frac{g^{(n)}(z_0)}{n!}(z-z_0)^n + \ldots . \tag{8}$$

Die Laurententwicklung von $f(z) = g(z)/(z-z_0)$ um z_0 ist daher

$$f(z) = \frac{g(z_0)}{z-z_0} + g'(z_0) + \frac{g''(z_0)}{2}(z-z_0) + \ldots . \tag{9}$$

Daraus folgt

$$\operatorname{res}(f;z_0) = \lim_{z\to z_0}(z-z_0)f(z) = g(z_0) . \tag{10}$$

(B.2) *Beweis von Regel 6.4.1.3 :* g und h seien in einer Umgebung von z_0 holomorph. h habe eine einfache Nullstelle in z_0, d.h. es ist $h(z_0) = 0$ und $h'(z_0) \neq 0$. Ferner sei $g(z_0) \neq 0$. z_0 ist also ein einfacher Pol von g/h .

Dann gilt nach Aufgabe 11.1.B.1:

$$\operatorname{res}\left(\frac{g}{h};z_0\right) = \lim_{z\to z_0}\frac{g(z)}{h(z)} = \lim_{z\to z_0}\frac{z-z_0}{h(z)-h(z_0)}\,g(z) = \frac{g(z_0)}{h'(z_0)} . \tag{11}$$

(B.3) *Beweis von Regel 6.4.1.4 :* g sei in z_0 holomorph und h habe in z_0 einen Pol erster Ordnung. Für $g(z_0) \neq 0$ ist z_0 auch ein Pol erster Ordnung von gh und nach Regel 6.4.1.2 gilt:

$$\operatorname{res}(gh;z_0) = \lim_{z\to z_0} g(z)\left[(z-z_0)h(z)\right] = g(z_0)\operatorname{res}(h;z_0) . \tag{12}$$

Für $g(z_0) = 0$ gilt das auch.

(B.4) *Beweis von Regel 6.4.1.5 :* Sei z_0 ein m-facher Pol von f. Dann ist $g(z) := (z-z_0)^m f(z)$ in z_0 holomorph ergänzbar mit $g(z_0) \neq 0$, besitzt also eine in einer Umgebung von z_0 konvergente Potenzreihenentwicklung $g(z) = \sum_{k=0}^{\infty} b_k (z-z_0)^k$ mit $b_0 = g(z_0) \neq 0$. Die Laurent-Entwicklung von f um z_0 ist daher von der Form

$$f(z) \;=\; \frac{b_0}{(z-z_0)^m} + \ldots + \frac{b_{m-1}}{z-z_0} + b_m + b_{m+1}(z-z_0) + \ldots \,. \tag{13}$$

Also ist

$$\operatorname{res}(f;z_0) \;=\; b_{m-1} \;=\; \frac{g^{(m-1)}(z_0)}{(m-1)!} \;=\; \frac{1}{(m-1)!}\,\frac{d^{m-1}}{dz^{m-1}}\left[(z-z_0)^m f(z)\right]\Big|_{z=z_0} \,.$$

C Man kann das Verhalten von $f+g$ und $f \cdot g$ mit Hilfe des *Divisors* $D_f(z_0)$ von f in z_0 beschreiben. Sei f holomorph in einer gelochten Umgebung $\dot{U}$ von z_0. Ist z_0 eine hebbare Singularität, so kann f nach z_0 holomorph fortgesetzt werden. Die Fortsetzung bezeichnen wir ebenfalls mit f. Dann definiert man

$$D_f(z_0) \;:=\; \begin{cases} -\infty & \text{falls } f \text{ in } z_0 \text{ eine wesentliche Singularität hat} \\ -m & \text{falls } f \text{ in } z_0 \text{ einen Pol der Ordnung } m>0 \text{ hat} \\ 0 & \text{falls } z_0 \text{ hebbar mit } f(z_0)\neq 0 \\ m & \text{falls } f \text{ in } z_0 \text{ eine Nullstelle der Ordnung } m>0 \text{ hat} \\ \infty & \text{falls } f \equiv 0 \end{cases}$$

Sind nun f und g in einer gelochten Umgebung von z_0 holomorph, so gilt mit den üblichen Vereinbarungen über das Rechnen mit ∞:

1) $D_{f+g}(z_0) \;\geq\; \min\{D_f(z_0), D_g(z_0)\}$
2) $D_{f+g}(z_0) \;=\; \min\{D_f(z_0), D_g(z_0)\}$ falls $D_f(z_0) \neq D_g(z_0)$
3) $D_{f\cdot g}(z_0) \;=\; D_f(z_0) + D_g(z_0)$
4) $D_{f/g}(z_0) = D_f(z_0) - D_g(z_0)$. falls $D_g(z_0) \neq \infty$.

Die Aussagen über $f+g$ beweist man zweckmäßig mit Hilfe der Laurent-Entwicklungen von f und g um z_0. Beim Produkt $f \cdot g$ helfen die Faktorisierungen vom Typ $h(z) = (z-z_0)^m \widehat{h}(z)$ mit $\widehat{h}(z_0) \neq 0, \infty$.

Man beachte die trivialen Beispiele $f = -g$ oder $g \equiv 0$!

D **(D.1)** Ganze Funktionen g, die keine Polynome sind, haben in $z_0 = \infty$ eine wesentliche Singularität. Sie kommen also in jeder Umgebung von ∞ jedem Wert $w_0 \in \mathbb{C}$ beliebig nahe (Casorati-Weierstraß).

Da f in z_0 einen Pol hat, bildet f jede Umgebung von z_0 auf eine von ∞ ab. Also kommt auch $g \circ f$ in jeder Umgebung von z_0 jedem Wert w_0 beliebig nahe. Also hat $g \circ f$ in z_0 eine wesentliche Singularität.

(D.2) Ist z_0 eine Polstelle von f, so hat e^f in z_0 eine wesentliche Singularität nach Teil 1) dieser Aufgabe.

Ist z_0 eine wesentliche Singularität von f, so besitzt f in jeder Umgebung von z_0 Funktionswerte mit $\operatorname{Re} f(z) < -1$ und solche mit $\operatorname{Re} f(z) > 1$. Für diese ist aber $\left|\mathrm{e}^{f(z)}\right| < 1/\mathrm{e}$ bzw $\left|\mathrm{e}^{f(z)}\right| > \mathrm{e}$. Also kann e^f in z_0 keinen chordalen Grenzwert besitzen. Also hat e^f in z_0 eine wesentliche Singularität.

Natürlich hat e^f in z_0 eine hebbare Singularität, wenn f dort eine hat.

Die Funktion f habe im Punkt z_0 einen Pol der Ordnung m.
Dann hat $g(z) := 1/f(z)$ in z_0 eine Nullstelle der Ordnung m. Nach dem Satz über das lokale Abbildungsverhalten (Abschnitt 5.1.2) gibt es eine Umgebung V von z_0 und eine auf V injektive holomorphe Funktion h_1 mit $g(z) = \big(h_1(z)\big)^m$ für alle $z \in U$. Sei $h_2(z) := h_1(z) + z_0$ und h die in einer Umgebung U von $h_2(z_0) = z_0$ existierende Umkehrfunktion $h := h_2^{-1}$.

Wegen $g(z) = (h_2(z) - z_0)^m$ folgt $g(h(z)) = (z - z_0)^m$ und daher $f(h(z)) = (z - z_0)^{-m}$.

Sei z_0 eine wesentliche Singularität von f und $k \in N$.

Annahme: $\lim\limits_{r \to 0} r^k \sup \{\, |f(z)|\,;\, |z - z_0| = r \,\} \neq \infty$.

Dann existiert eine Konstante $K > 0$ und eine Folge von Radien $r_1 > r_2 > \ldots$ mit $r_n \to 0^+$ und $r_n^k \sup \{\, |f(z)|\,;\, |z - z_0| = r_n \,\} \leq K$.

Nach dem Maximumprinzip 4.2.8 gilt dann $|z - z_0|^k |f(z)| \leq K$ für alle z aus den Kreisringen $A_n := \{\, z\,;\, r_{n+1} \leq |z - z_0| \leq r_n \,\}$.

Also ist $(z - z_0)^k f(z)$ in einer gelochten Umgebung von z_0 beschränkt und kann nach dem Riemannschen Hebbarkeitssatz holomorph nach z_0 fortgesetzt werden. Dann hat aber f in z_0 höchstens einen Pol k–ter Ordnung. Widerspruch.

Also ist $\lim M(r, f) := \lim\limits_{r \to 0} r^k \sup \{\, |f(z)|\,;\, |z - z_0| = r \,\} = \infty$.

Diese Aussage ist falsch. Ein Gegenbeispiel ist die Funktion $f(z) := \mathrm{e}^{1/z} + \frac{1}{z}$ aus Aufgabe **(A.2)**. Sie hat in $z_0 = 0$ eine wesentliche Singularität.

Für sie ist aber $\lim\limits_{t \to 0^+} f(z_0 + ta) = \infty$ für alle $a \in \mathbb{C} \setminus \{0\}$.

Ist nämlich $\operatorname{Re} a \leq 0$, so ist auch $\operatorname{Re}(1/ta) \leq 0$. Also ist $|\mathrm{e}^{1/ta}| \leq 1$ für $t > 0$ und wegen $1/ta \to \infty$ folgt die Behauptung.

Für $\mathsf{Re}\,a > 0$ folgt die Behauptung aus Aufgabe 8.4.B. In diesem Fall geht nämlich $ta\,\mathrm{e}^{1/ta} \to \infty$ für $1/ta \to \infty$ in einem passenden Winkelraum $W_\alpha = \{|\arg z| \le \alpha\}$ mit $0 < \alpha < \pi/2$.

H Wir nehmen an, dass $z_0 = 0$ und betrachten die Laurentreihe $\sum\limits_{k=-\infty}^{\infty} a_k z^k$. Sie konvergiert in einem Punkt $z \in \mathbb{C}$ genau dann, wenn dort Haupt- und Nebenteil konvergieren.

Ihr Nebenteil $\sum\limits_{k=0}^{\infty} a_k (z-z_0)^k$ ist eine normale Potenzreihe. Cauchy-Hadamard liefert für ihren Konvergenzradius R_2 :

$$R_2 \;=\; \left(\limsup_{k\to\infty} \sqrt[k]{|a_k|}\right)^{-1} . \tag{14}$$

Der Nebenteil konvergiert normal und damit auch absolut und kompakt für $|z| < R_2$. Auf dem Rand $|z| = R_2$ kann Divergenz oder Konvergenz oder auch beides vorliegen.

Der Hauptteil $\sum\limits_{k=1}^{\infty} a_{-k} z^{-k}$ ist eine Potenzreihe in $w = 1/z$.

Sei $1/R_1$ der Konvergenzradius der Reihe $\sum\limits_{k=1}^{\infty} a_{-k} w^k$, also

$$\frac{1}{R_1} \;=\; \left(\limsup_{k\to\infty} \sqrt[k]{|a_{-k}|}\right)^{-1} \quad \text{bzw} \quad R_1 \;=\; \limsup_{k\to\infty} \sqrt[k]{|a_{-k}|}\,. \tag{15}$$

Der Hauptteil konvergiert normal und damit auch absolut und kompakt für $|1/z| < 1/R_1$ bzw für $|z| > R_1$. Auf dem Rand $|z| = R_1$ kann Divergenz oder Konvergenz oder auch beides vorliegen.

I $f(z) := \dfrac{1}{z^2 - 5z + 6} = \dfrac{1}{z-3} - \dfrac{1}{z-2}$ ist holomorph in den Kreisringen

$$A_1 := \{\, z\,;\, 0 \le |z| < 2 \,\}\;, \quad A_2 := \{\, z\,;\, 2 < |z| < 3 \,\}\;, \quad A_3 := \{\, z\,;\, 3 < |z| \,\}\;.$$

Aus der geometrischen Summenformel erhält man die Reihenentwicklungen:

$$\begin{aligned}
\frac{1}{z-3} \;&=\; -\frac{1}{3}\,\frac{1}{1-z/3} \;=\; -\sum_{k=0}^{\infty} \frac{1}{3^{k+1}} z^k \qquad \text{für } |z| < 3 \\
&=\; \frac{1}{z}\,\frac{1}{1-3/z} \;\;=\; -\sum_{k=1}^{\infty} 3^{k-1} \frac{1}{z^k} \qquad \text{für } |z| > 3 \quad \text{, sowie}
\end{aligned}$$

$$\begin{aligned}\frac{1}{z-2} &= -\frac{1}{2}\frac{1}{1-z/2} = -\sum_{k=0}^{\infty}\frac{1}{2^{k+1}}z^k && \text{für } |z|<2\\ &= \frac{1}{z}\frac{1}{1-2/z} = -\sum_{k=1}^{\infty}2^{k-1}\frac{1}{z^k} && \text{für } |z|>2\,.\end{aligned}$$

Daraus ergeben sich die Laurentreihen:

$$\begin{aligned}f(z) &= \sum_{k=0}^{\infty}\left(\frac{1}{2^{k+1}}-\frac{1}{3^{k+1}}\right)z^k && \text{in } A_1 := \{\,z\,;\,0<|z|<2\,\}\\ f(z) &= -\sum_{k=1}^{\infty}2^{k-1}\frac{1}{z^k}-\sum_{k=0}^{\infty}\frac{1}{3^{k+1}}z^k && \text{in } A_2 := \{\,z\,;\,2<|z|<3\,\}\\ f(z) &= \sum_{k=1}^{\infty}\left(3^{k-1}-2^{k-1}\right)\frac{1}{z^k} && \text{in } A_3 := \{\,z\,;\,3<|z|\,\}\,.\end{aligned}$$

Beweis indirekt: Angenommen, es gibt einen Wert $w_0 \in \mathbb{C}$, dem f nicht in jeder Umgebung von z_0 beliebig nahe kommt. Dann gibt es eine gelochte Umgebung $\dot{U}$ von z_0 und eine Kreisscheibe $B_r(w_0)$ mit $f(\dot{U}) \cap B_r(w_0) = \emptyset$. Dann ist $g(z) := \dfrac{1}{f(z)-w_0}$ in einer gelochten Umgebung von z_0 beschränkt, hat also eine hebbare Singularität in z_0. Dann hat aber $f(z) = w_0 + \dfrac{1}{g(z)}$ eine hebbare Singularität oder einen Pol, auf jeden Fall keine wesentliche Singularität in z_0.

11.2 Residuensatz und Satz von Rouché

A Berechnen Sie die folgenden Integrale mit Hilfe des Residuensatzes:

1) $\displaystyle\int_{|z|=3} \frac{e^{zt}}{z^2(z^2+2z+2)}\,dz$

2) $\displaystyle\int_{|z|=5} \frac{e^{z}}{\cosh z}\,dz$

3) $\displaystyle\int_{\Gamma} \frac{2+3\sin \pi z}{z(z-1)^2}\,dz$ $\qquad \Gamma =$ Rand des Quadrates mit den Ecken $\pm(3\pm 3i)$

B Welchen Wert kann das Integral $\displaystyle\int_\gamma \frac{dz}{1+z^2}$ annehmen, wenn γ ein beliebiger geschlossener Integrationsweg ist, auf dessen Träger $|\gamma| \subset \mathbb{C}$ keine Singularität des Integranden liegt.

C Sei f im Gebiet $G \subset \mathbb{C}$ meromorph und nicht konstant. Seien $a_1, a_2, \ldots$ die Nullstellen und $b_1, b_2, \ldots$ die Polstellen von f in G, jeweils mit der Vielfachheit $\nu(a_k)$ bzw $\nu(b_k)$. Sei Γ ein nullhomologer Zyklus in G, der durch keine dieser Stellen geht, und g holomorph in G. Dann gilt

$$\frac{1}{2\pi i}\int_\Gamma \frac{f'(z)}{f(z)}\cdot g(z)\,dz \;=\; \sum_k n(\Gamma,a_k)\,\nu(a_k)\,g(a_k) - \sum_j n(\Gamma,b_j)\,\nu(b_j)\,g(b_j)\;.$$

D 1) Seien $f = p/q$ rational und p, q Polynome derart, dass der Nennergrad um mindestens 2 größer ist als der Zählergrad.
Dann ist f in ∞ holomorph und $\operatorname{res}(f;\infty) = 0 = \sum_{z\in\mathbb{C}} \operatorname{res}(f;z)$.

2) Ist f auf der Zahlenkugel $\widehat{\mathbb{C}}$ holomorph bis auf isolierte Singularitäten, so verschwindet die Summe der (endlich vielen) Residuen von f auf $\widehat{\mathbb{C}}$.

E Man beweise die folgende Verschärfung des Satzes von Rouché:

Seien $G \subset \mathbb{C}$ offen, f, g holomorph in G und Γ Randzyklus eines relativkompakten Teilbereichs $B \Subset G$.
Es gelte $|f(z)-g(z)| < |f(z)| + |g(z)|$ für alle $z \in |\Gamma|$.

Dann haben f und g (mit Vielfachheit) gleich viele Nullstellen in B.

F Man beweise den Fundamentalsatz der Algebra aus dem Satz von Rouché.

G Man beweise den Satz von Hurwitz (4.5.1) mit Hilfe des Satzes von Rouché.

H Seien $f_n\colon \mathbb{E} \to \mathbb{C}$ holomorph und $\zeta \in \mathbb{E}$. Die Folge (f_n) konvergiere in $\mathbb{E}$ kompakt gegen die nicht-konstante Grenzfunktion f. Dann ist $f(\zeta) = 0$ genau dann, wenn es einen Index n_ζ und eine Folge $(z_n)_{n\geq n_\zeta}$ in $\mathbb{E}$ gibt mit $z_{n_k} \to \zeta$ und $f_{n_k}(z_{n_k}) = 0$.

] Die Folge $(a_n) \in]0,\infty[^{\mathbb{N}}$ konvergiere streng monoton fallend gegen 0.

Dann ist $f(z) := \sum_{k=0}^{\infty} a_k z^k$ in $\mathbb{E}$ holomorph und hat dort keine Nullstelle.

] Sei h holomorph in einer Umgebung des abgeschlossenen Einheitskreises $\overline{\mathbb{E}}$ und es gelte $|h(z)| < 1$ für $|z| = 1$.

Dann gibt es genau ein $z \in \mathbb{E}$ mit $h(z) = z$.

] Wie viele Nullstellen besitzt das Polynom $p(z) = z^8 - 5z^5 - 2z + 1$ in $\mathbb{E}$?

] Es seien $f := \frac{p}{q}$, p, q teilerfremde Polynome und $\mu := \max\{\operatorname{grad} p, \operatorname{grad} q\}$. Schließlich sei $\nu(z)$ die Vielfachheit des Wertes $f(z)$ im Punkt $z \in \widehat{\mathbb{C}}$. Man beweise die sog. *Riemannsche Formel:* $\sum_{z\in\widehat{\mathbb{C}}} (\nu(z) - 1) = 2(\mu - 1)$.

sungen:

] **(A.1)** Der Integrand $f(z) := \dfrac{e^{zt}}{z^2(z^2+2z+2)}$ ist holomorph in $\mathbb{C}$ bis auf einen doppelten Pol in $z_0 = 0$ und zwei einfache Pole in $z_{1,2} = -1 \pm i$, die alle innerhalb des Integrationsweges $|z| = 3$ liegen. Für die Residuen erhält man:

$$\begin{aligned} \operatorname{res}(f; z_0) &= \frac{1}{1!}\frac{d}{dz}\left(\frac{e^{zt}}{(z^2+2z+2)}\right)\Bigg|_{z=0} \\ &= \frac{e^{zt}(tz^2 + 2z(t-1) + 2(t-1))}{(z^2+2z+2)^2} = \frac{t-1}{2} . \qquad (1) \\ \operatorname{res}(f; z_1) &= \left(\frac{e^{zt}}{z^2(z-z_2)}\right)\Bigg|_{z=z_1} = \frac{e^{(-1+i)t}}{(-1+i)^2}\cdot\frac{1}{2i} = \frac{e^{(-1+i)t}}{4} \end{aligned}$$

und $\operatorname{res}(f; z_2) = \overline{\operatorname{res}(f; z_1)} = \dfrac{e^{(-1-i)t}}{4}$. Zusammen ergibt sich

$$\frac{1}{2\pi i}\int_{|z|=3} \frac{e^{zt}}{z^2(z^2+2z+2)}\,dz = \sum_{j=0}^{2} \operatorname{res}(f; z_j) = \frac{t-1}{2} + \frac{1}{2}e^{-t}\cos t . \qquad (2)$$

(A.2) Es ist $\cosh z = \cos iz$ und $\sinh z = -i \sinh iz$.

Der Hyperbel-Cosinus hat einfache Nullstellen in den Punkten $\frac{(2k+1)\pi i}{2}$ mit $k \in \mathbb{Z}$. Also hat der Integrand $f(z) := e^z / \cosh z$ innerhalb des Integrationsweges $\{|z| = 5\}$ die einfachen Pole $\pm\frac{i\pi}{2}$ und $\pm\frac{3i\pi}{2}$. Die Residuen sind

$$\operatorname{res}(f; \tfrac{i\pi}{2}) = \lim_{z\to i\pi/2} \frac{(z - \frac{i\pi}{2})\,e^z}{\cosh z} = \frac{e^{i\pi/2}}{\cosh' \frac{i\pi}{2}} = \frac{i}{-i\sin(-\frac{\pi}{2})} = 1$$

und $\operatorname{res}(f; -\frac{i\pi}{2}) = \overline{\operatorname{res}(f; \frac{i\pi}{2})} = 1$. Analog erhält man

$$\begin{aligned}\operatorname{res}(f; \tfrac{3i\pi}{2}) &= \lim_{z\to 3i\pi/2} \frac{(z-3i\pi/2)\,\mathrm{e}^z}{\cosh z} = \frac{\mathrm{e}^{3i\pi/2}}{\sinh 3i\pi/2} = \frac{-i}{-i\sin(-3\pi/2)} \\ &= 1 = \operatorname{res}(f; -\tfrac{3i\pi}{2})\ .\end{aligned}$$

Zusammen erhält man $\displaystyle\int_{|z|=5} \frac{\mathrm{e}^z}{\cosh z}\, dz = 4\cdot 2\pi i = 8\pi i$.

(A.3) Der Integrand $f(z) := \dfrac{2+3\sin\pi z}{z(z-1)^2}$ hat innerhalb von Γ den einfachen Pol $z_0 = 0$ und den doppelten Pol $z_1 = 1$. Für die Residuen erhält man

$$\operatorname{res}(f; z_0) = \left.\frac{2+3\sin\pi z}{(z-1)^2}\right|_{z=0} = 2 \qquad \text{und} \tag{3}$$

$$\operatorname{res}(f; z_1) = \left.\left(\frac{2+3\sin\pi z}{z}\right)'\right|_{z=1} = \frac{-2}{z^2} + 3\left.\frac{\pi z\cos\pi z - \sin\pi z}{z^2}\right|_{z=1} = 2 - 3\pi\ .$$

Zusammen ergibt sich $\displaystyle\int_\Gamma \frac{2+3\sin\pi z}{z(z-1)^2}\, dz = -6\pi^2 i$.

B Der Integrand hat einfache Pole in den Punkten $\pm i$ mit den Residuen $\pm 1/2i$. Daher gilt

$$\int_\gamma \frac{dz}{1+z^2} = 2\pi i\,\frac{k}{2i} = k\pi \tag{4}$$

für ein $k\in\mathbb{Z}$, je nachdem wie oft γ um i bzw $-i$ rumläuft.

C Diese leichte Verallgemeinerung des Argumentprinzips folgt ebenfalls sofort aus dem Residuensatz. Sei nämlich f bei z_0 von der Form $f(z) = (z-z_0)^n\widetilde{f}(z)$ mit holomorphem $\widetilde{f}$ und $f(z_0) \neq 0, \infty$. Dann hat

$$\frac{f'(z)}{f(z)}\cdot g(z) = \frac{n(z-z_0)^{n-1}\widetilde{f}(z) + (z-z_0)^n\widetilde{f}'(z)}{(z-z_0)^n\widetilde{f}(z)}\cdot g(z) = \frac{ng(z)}{z-z_0} + \widetilde{f}'(z)g(z)$$

in z_0 einen einfachen Pol mit dem Residuum $ng(z_0)$.

D **(D.1)** Zur Definition des Residuums bei ∞ siehe Abschnitt 6.4.2.

Wegen $\operatorname{grad} q \geq \operatorname{grad} p + 2$ gilt $\left|\dfrac{p(z)}{q(z)}\right| \leq \dfrac{c}{|z|^2}$ für eine Konstante $c > 0$ und hinreichend große $|z|$. Insbesondere ist $f = p/q$ in ∞ durch $f(\infty) := 0$ stetig und holomorph ergänzbar.

Für hinreichend großes r liegen außerdem alle Pole im Kreis $B_r = \{|z| < r\}$ und es gilt:

$$\begin{aligned} \Big|\sum_{z\in\mathbb{C}} \operatorname{res}(f;z)\Big| &= \Big|\frac{1}{2\pi i}\int_{\partial B_r} f(\zeta)\,d\zeta\Big| = \big|\operatorname{res}(f;\infty)\big| \\ &\le \frac{1}{2\pi}\cdot 2\pi r\cdot\frac{c}{r^2} \to 0 \quad \text{für } r\to\infty\,. \end{aligned} \tag{5}$$

(D.2) Dies folgt sofort aus dem Residuensatz und der Definition des Residuums im Punkt ∞ (6.4.2):

Die Zahlenkugel $\widehat{\mathbb{C}}$ ist kompakt. Ist also eine Funktion f auf $\widehat{\mathbb{C}}$ bis auf isolierte Singularitäten holomorph, so besitzt sie höchstens endlich viele Singularitäten. Insbesondere gibt es einen hinreichend großen Kreisrand γ, der bis auf ∞ alle Singularitäten von f im Inneren enthält. Dann ist $2\pi i\int_\gamma f(z)dz$ sowohl die Summe der Residuen im Inneren, als auch das negative Residuum in ∞.

] Seien $G\subset\mathbb{C}$ offen, f,g holomorph in G und Γ Randzyklus eines relativkompakten Teilbereichs $B \Subset G$. Wegen $|f(z)-g(z)| < |f(z)|+|g(z)|$ gilt $f(z), g(z)\neq 0$ auf dem Träger $|\Gamma|$.

Außerdem nimmt $h := f/g$ auf $|\Gamma|$ keinen reellen Wert ≤ 0 an. Es ist $h(|\Gamma|)$ kompakt, hat also einen positiven Abstand von der negativ-reellen Achse $\mathbb{R}_{\le 0}$.

Also gibt es eine offene Umgebung U von $|\Gamma|$ mit $h(U)\subset\mathbb{C}\setminus\mathbb{R}_{\le 0}$.
Damit ist $\log h$ wohldefiniert auf U und dort eine Stammfunktion von $h'/h = f'/f - g'/g$. Also ist

$$0 = \frac{1}{2\pi i}\int_\Gamma \frac{f'(z)}{f(z)}\,dz - \frac{1}{2\pi i}\int_\Gamma \frac{g'(z)}{g(z)}\,dz\,. \tag{6}$$

Nach dem Argumentprinzip 6.5.1 liefern die Integrale die Anzahl der Nullstellen von f bzw g im von Γ berandeten Bereich B (mit Vielfachheit). Also haben f und g gleich viele Nullstellen in B.

] Sei $f(z) = z^n + a_{n-1}z^{n-1} + \ldots + a_1 z + a_0$ ein normiertes Polynom vom Grad $n\ge 1$ und $g(z) := z^n$. g hat nur eine und zwar eine n–fache Nullstelle in der Kreisscheibe $B_r = \{|z|<r\}$. Für hinreichend großes r gilt

$$|f(z)-g(z)| = |a_{n-1}z^{n-1}+\ldots+a_1 z + a_0| < |g(z)| = r^n \tag{7}$$

auf dem Rand ∂B_r. Siehe Wachstumslemma 2.3. Nach Rouché hat f ebenfalls n Nullstellen in B_r (mit Vielfachheit).

] Sei $D\subset\mathbb{C}$ offen, (f_n) eine auf D kompakt konvergente Folge holomorpher Funktionen mit nicht konstantem Limes $f = \lim f_n$. Die Grenzfunktion f habe in $z_0\in D$ eine μ-fache w_0-Stelle.

Zu zeigen ist, dass es beliebig kleine Umgebungen U von z_0 gibt, so dass fast alle f_n den Wert w_0 in U mit Vielfachheit gezählt genau μ-mal annehmen.

Wir können o.B.d.A. $w_0 = 0$ annehmen. Sonst geht man zu $f_n - w_0$ und $f - w_0$ über. Man wähle $r > 0$ so klein, dass $\overline{B_r} := \{z - z_0\} \subset D$ und so klein, dass f in $\overline{B_r}$ außer z_0 keine weitere Nullstelle hat.

Dann ist $\varepsilon := \min\{\,|f(z)|\,;\, z \in \partial B_r\,\} > 0$. Zu diesem ε existiert ein n_0 mit $\|f_n - f\|_{\partial B_r} < \varepsilon$ für alle $n \geq n_0$. Für alle $z \in \partial B_r$ und $n \geq n_0$ gilt nun $|f_n(z) - f(z)| < |f(z)|$. Nach Rouché haben f und f_n gleich viele Nullstellen in B_r. Fertig.

H Eine entsprechende Aussage gilt für jeden Funktionswert $\omega = f(\zeta)$.

"$\Longleftarrow$": Annahme $f(z_0) \neq 0$, etwa $|f(z_0| =: \varepsilon > 0$.

Dann existiert eine kompakte Umgebung $\overline{U} \subset \mathbb{E}$ von ζ mit $|f(z)| \geq 2\varepsilon/3$ für alle $z \in \overline{U}$. Wegen der kompakten Konvergenz von (f_n) gegen f gibt es ein n_0 derart, dass $|f_n(z) - f(z)| \leq \varepsilon/3$ für alle $z \in \overline{U}$ und $n \geq n_0$.

Also gilt $|f_n(z)| \geq \varepsilon/3$ für alle $z \in \overline{U}$ und $n \geq n_0$. Widerspruch zu $z_{n_k} \to \zeta$ und $f_{n_k}(z_{n_k}) = 0$.

"$\Longrightarrow$": Diese Richtung folgt sofort aus dem Satz von Hurwitz.

I Die Koeffizienten a_k bilden eine streng monoton fallende Nullfolge. Also gilt $0 < a_k < 1$ ab einem Index k_0. Infolgedessen ist $\limsup \sqrt[k]{|a_k|} \leq 1$ und nach Cauchy-Hadamard (2.5.5) hat die Potenzreihe $\sum a_k z^k$ einen Konvergenzradius ≥ 1 . Also ist f im Einheitskreis $\mathbb{E}$ holomorph.

Nach Aufgabe 8.1.G haben die Taylorpolynome $T_n(z) := a_n z^n + \ldots + a_1 z + a_0$ von f keine Nullstelle im Einheitskreis.

Die Behauptung folgt nun aus dem Satz von Hurwitz 4.5.1 (Beweis in Aufgabe 11.2.G).

J Setze $f(z) := h(z) - z$ und $g(z) := -z$. Die Nullstellen von f sind die Fixpunkte von h. Es gilt

$$|f(z) - g(z)| \;=\; |h(z)| \;<\; 1 \;=\; |g(z)| \quad \text{für alle } |z| = 1 \,. \tag{8}$$

Nach Rouché haben f und g gleich viele Nullstellen in $\mathbb{E}$. g hat nur die einfache Nullstelle $z_0 = 0$. Also hat h genau einen Fixpunkt in $\mathbb{E}$.

K Sei $f(z) := 1 - 5z^5$ und $g(z) := z^8 - 2z$. Beide Funktionen sind holomorph auf dem abgeschlossenen Einheitskreis $\overline{\mathbb{E}}$ und $\neq 0$ auf dem Rand $\partial\mathbb{E}$. Auf $\partial\mathbb{E}$ gilt $|g(z)| \leq |z|^8 + 2|z| = 3$ und $|f(z)| = |1 - 5z^2| \geq 5|z|^5 - 1 = 4$.

Also ist $|g(z)| < |f(z)|$ auf $\partial\mathbb{E} = \{|z| = 1\}$. Nach Rouché haben f und $p = f + g$ in $\overline{\mathbb{E}}$ gleich viele Nullstellen. f hat dort 5 Stück, also auch p.

Sei o.B.d.A $f(\infty) = 0$, also $\operatorname{grad} p < \operatorname{grad} q = \mu$. Sonst gehe man über zu $f(z) - f(\infty)$ bzw $1/f(z)$ (ohne μ oder ν zu verändern). Es gilt

1) $a \in \mathbb{C}$ ist Pol von f der Ordnung $\nu(a) \iff a$ ist Pol von f' der Ordnung $\nu(a) + 1$
2) $a \in \mathbb{C}$ ist w-Stelle von f der Ordnung $\nu(a) \iff a$ ist Nullstelle von f' der Ordnung $\nu(a) - 1$
3) ∞ ist Nullstelle von f der Ordnung $\nu(\infty) \iff \infty$ ist Nullstelle von f' der Ordnung $\nu(\infty) + 1$

Sei N die Summe der Polstellenordnungen der Ableitung f' in $\widehat{\mathbb{C}}$. Dann hat f' als rationale Funktion auch N Nullstellen (mit Vielfachheit). Zusammen folgt:

$$N = \underbrace{\sum_{\substack{z\in\mathbb{C}\\ f(z)=\infty}} (\nu(z)+1)}_{Polstellenordnungen} = \underbrace{\nu(\infty) + 1 + \sum_{\substack{z\in\mathbb{C}\\ f'(z)=0}} (\nu(z)-1)}_{Nullstellenordnungen} . \tag{9}$$

Damit wiederum:

$$\begin{aligned}
\sum_{z\in\widehat{\mathbb{C}}}(\nu(z)-1) &= \sum_{\substack{z\in\mathbb{C}\\ f(z)\neq\infty}} (\nu(z)-1) + \sum_{\substack{z\in\mathbb{C}\\ f(z)=\infty}} (\nu(z)-1) + (\nu(\infty)-1) \\
&= \sum_{\substack{z\in\mathbb{C}\\ f'(z)=0}} (\nu(z)-1) + \sum_{\substack{z\in\mathbb{C}\\ f(z)=\infty}} (\nu(z)-1) + (\nu(\infty)-1) \\
&= \sum_{\substack{z\in\mathbb{C}\\ f(z)=\infty}} (\nu(z)+1) - \nu(\infty) - 1 + \sum_{\substack{z\in\mathbb{C}\\ f(z)=\infty}} (\nu(z)-1) + (\nu(\infty)-1) \\
&= 2\Big(\sum_{\substack{z\in\mathbb{C}\\ f(z)=\infty}} \nu(z)\Big) - 2 = 2(\mu-1) .
\end{aligned}$$

11.3 Berechnung reeller Integrale

Für die Lösungsmethoden und weitere Beispiele siehe Abschnitt 6.6, weitere Aufgaben auch 9.1 und 9.2.A.

A Beweisen Sie die in Abschnitt 6.6 angegebenen Methoden zur Berechnung reeller Integrale.

B Berechnen Sie die folgenden Integrale:

$$1)\ \int_0^{2\pi} \frac{\cos 3t}{5-4\cos t}\,dt = \frac{\pi}{12}$$

$$2)\ \int_0^{2\pi} \frac{dt}{(a+b\cos t)^2} = \int_0^{2\pi} \frac{dt}{(a+b\sin t)^2} = \frac{2\pi a}{(a^2-b^2)^{3/2}} \qquad (a>|b|)$$

$$3)\ \int_0^{2\pi} \frac{dt}{1-2a\cos t+a^2} = \frac{2\pi}{1-a^2} \qquad (|a|<1)$$

$$4)\ \int_0^{2\pi} \frac{dt}{a^2\cos^2 t + b^2\sin^2 t} = \frac{2\pi}{ab} \qquad (a,b\neq 0)$$

C Berechnen Sie die folgenden uneigentlichen Integrale:

$$1)\ \int_{-\infty}^{\infty} \frac{dx}{(x^2+1)(x^2+4)} = \frac{\pi}{6}$$

$$2)\ \int_0^{\infty} \frac{x^2}{x^4+6x^2+5}\,dx = \frac{\pi}{8}\left(\sqrt{5}-1\right)$$

$$3)\ \int_{-\infty}^{\infty} \frac{dx}{(a+bx^2)^n} = \frac{2}{a^n}\sqrt{\frac{a}{b}}\,\frac{\pi}{2^{2n-1}}\binom{2n-2}{n-1} \qquad (a,b>0,\ n\geq 1)$$

D Man beweise:

$$1)\ \int_0^{\infty} \frac{x^m}{1+x^n}\,dx = \frac{\pi}{n\sin(\pi(m+1)/n)} \qquad (m,n\in\mathbb{N},\ 0<m+2\leq n)$$

$$2)\ \int_0^{\infty} \frac{\sqrt{x}}{16+x^2}\,dx = \frac{\pi\sqrt{2}}{4}$$

E Man berechne:

$$1)\ \int_0^{\infty} \frac{b\cos ax}{x^2+b^2}\,dx = \int_0^{\infty} \frac{x\sin ax}{x^2+b^2}\,dx = \frac{\pi}{2}\,\mathrm{e}^{-ab} \quad (a>0,\ b\in\mathbb{C},\ \operatorname{Re} b>0)$$

$$2)\ \int_{-\infty}^{\infty} \frac{\cos x}{(x^2+a^2)(x^2+b^2)}\,dx = \frac{\pi}{a^2-b^2}\left(\frac{\mathrm{e}^{-b}}{b}-\frac{\mathrm{e}^{-a}}{a}\right) \quad (a,b>0,\ a\neq b)$$

$$3)\ \int_0^{\infty} \frac{\cos x}{(x^2+1)^3}\,dx = \frac{7\pi}{16\,\mathrm{e}}$$

] Beweisen Sie

$$1)\quad \int_0^\infty \frac{\log x}{(x^2+1)\sqrt{x}}\,dx \;=\; \frac{-\pi^2}{2\sqrt{2}}$$

$$2)\quad \int_0^\infty \frac{\log(x^2+1)}{x^2+1}\,dx \;=\; \pi\log 2$$

$$3)\quad \int_0^\infty \frac{\cosh ax}{\cosh x}\,dx \;=\; \frac{\pi}{2\cos(\pi a/2)} \qquad (0 \le a < 1)$$

$$4)\quad \int_{-\infty}^\infty e^{-x^2}\,dx \;=\; \sqrt{\pi}$$

sungen:

] **(A.1)** *Beweis von Formel (5) aus 6.6.B:*
Wir integrieren $f(z)$ über den Rand des rechts skizzierten Halbkreises K_R. Nach Residuensatz gilt für hinreichend großes R

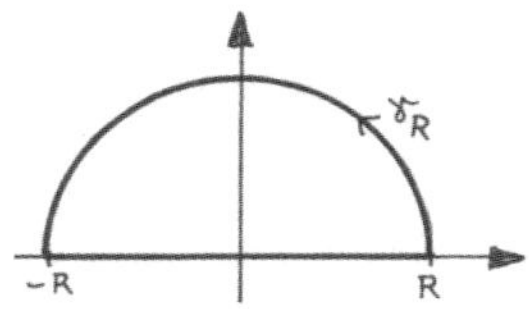

$$\int_{\partial K_R} f(z)\,dz \;=\; \int_{-R}^{R} f(x)\,dx + \int_{\gamma_R} f(z)\,dz \;=\; 2\pi i \sum_{\operatorname{Im} w>0} \operatorname{res}(f;w)\;. \tag{1}$$

Wegen $zf(z) \to 0$ für $|z| \to \infty$ folgt

$$\left|\int_{\gamma_R} f(z)\,dz\right| \;\le \pi R \max_{z\in\gamma_R} |f(z)| \;\to\; 0 \quad \text{für } R \to \infty\;. \tag{2}$$

Da das uneigentliche Integral existiert, gilt $\displaystyle\int_{-\infty}^{\infty} f(x)\,dx = \lim_{R\to\infty}\int_{-R}^{R} f(x)\,dx$.
$R \to \infty$ liefert die Behauptung.

(A.2) *Beweis von Formel (6) aus 6.6.C:*
Sei $\alpha > 0$. Die Konvergenz des uneigentlichen Integrals $\displaystyle\int_{-\infty}^{\infty} e^{i\alpha} f(x)\,dx$ ist nicht offensichtlich. Sie ergibt sich ebenfalls aus dem folgenden Beweis.
Seien $r, s > 0$ und Q das rechts skizzierte Quadrat. Nach Residuensatz gilt für hinreichend große r, s

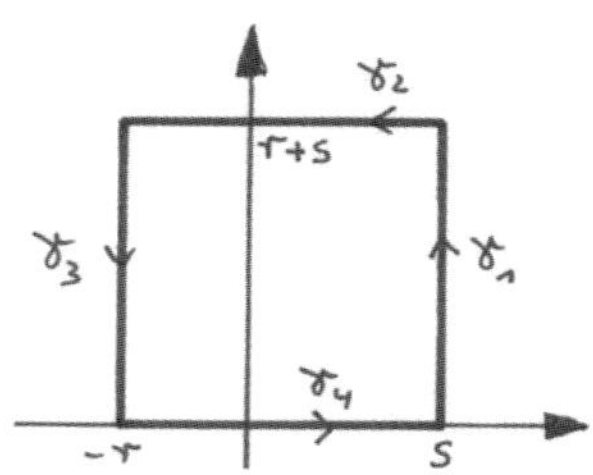

$$\int_{\partial Q} f(z)\,e^{i\alpha z}\,dz \;=\; \int_{\gamma_1} + \int_{\gamma_2} + \int_{\gamma_3} + \int_{\gamma_4} \;=\; 2\pi i \sum_{\operatorname{Im} w>0} \operatorname{res}(f(z)\,e^{i\alpha z};w)\;.$$

Das Integral über γ_1 schätzt man mit dem erweiterten 1. Mittelwertsatzes der Integralrechnung [RA1 5.1.9.b] ab. Mit $f(z) \to 0$ für $z \to \infty$ folgt:

$$\left| \int_{\gamma_1} f(z)\, \mathrm{e}^{i\alpha z}\, dz \right| = \left| \int_0^{r+s} f(s+it)\, \mathrm{e}^{i\alpha(s+it)}\, dt \right| \le \int_0^{r+s} |f(s+it)|\, \mathrm{e}^{-\alpha t}\, dt$$

$$\le \|f\|_{\gamma_1} \int_0^{r+s} \mathrm{e}^{-\alpha t}\, dt \le \frac{1}{\alpha} \|f\|_{\gamma_1} \to 0 \quad \text{für } s \to \infty\,.$$

Ebenso erhält man $\left| \int_{\gamma_3} f(z)\, \mathrm{e}^{i\alpha z}\, dz \right| \to 0$ für $r \to \infty$.

Mit der Standardabschätzung $|\int_{\gamma} f\, dz| \le L(\gamma) \cdot \|f\|_{\gamma}$ erhält man

$$\left| \int_{\gamma_2} f(z)\, \mathrm{e}^{i\alpha z}\, dz \right| = \left| - \int_{-r}^{s} f(t + i(r+s))\, \mathrm{e}^{i\alpha(t+i(r+s))}\, dt \right|$$

$$\le \|f\|_{\gamma_2}\, \mathrm{e}^{-\alpha(r+s)} \to 0 \quad \text{für } r, s \to \infty\,.$$

Der Grenzübergang $r, s \to \infty$ liefert die Behauptung.

Im Fall $\alpha < 0$ arbeitet man mit einem Quadrat in der unteren Halbebene.

(A.3) *Beweis von Formel (9) aus 6.6.E:* Sei $0 < \varepsilon < r < R$ und $G = G(\varepsilon, r, R)$ das rechts skizzierte Gebiet. Für $a \in \mathbb{C}$ ist $z^a = \mathrm{e}^{a \log|z| + ia \arg z}$ mit $0 < \arg z < 2\pi$ in G holomorph. Für reelle $z = x > 0$ gilt $x^a = \mathrm{e}^{a \log x}$. Nach dem Residuensatz gilt für hinreichend kleine ε, r und hinreichend großes R

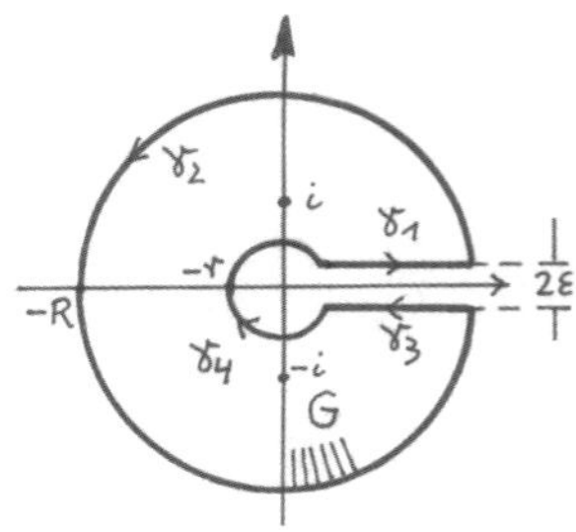

$$\int_{\partial G} f(z)\, z^{a-1}\, dz = \int_{\gamma_1} + \int_{\gamma_2} + \int_{\gamma_3} + \int_{\gamma_4} = 2\pi i \sum_{w \in \mathbb{C}\setminus\{0\}} \operatorname{res}(f(z) z^{a-1}; w)\,.$$

Für das Integral über γ_2 gilt unabhängig von ε:

$$\left| \int_{\gamma_2} f(z)\, z^{a-1}\, dz \right| \le 2\pi R\, \|z^{a-1} f(z)\|_{\gamma_2} = 2\pi\, \|z^a f(z)\|_{\gamma_2}\,. \tag{3}$$

Analog für γ_4. Wegen $\lim\limits_{z\to\infty} z^a f(z) = 0$ und $\lim\limits_{z \to 0} z^a f(z) = 0$ folgt

$$\lim_{R\to\infty} \lim_{\varepsilon\to 0} \int_{\gamma_2} f(z) z^{a-1}\, dz = 0 \quad ; \qquad \lim_{r\to 0} \lim_{\varepsilon \to 0} \int_{\gamma_4} f(z) z^{a-1}\, dz = 0 \tag{4}$$

Für $x \in \mathbb{R}_{>0}$ und $a \in \mathbb{C}$ gilt

$$\lim_{\varepsilon \to 0^+} (x + i\varepsilon)^a = x^a \quad ; \qquad \lim_{\varepsilon \to 0^+} (x - i\varepsilon)^a = x^a \, \mathrm{e}^{2\pi i a} \tag{5}$$

und zwar gleichmäßig auf kompakten Intervallen $[r, R] \subset \mathbb{R}_{>0}$. Also ist

$$\begin{aligned} \lim_{\varepsilon \to 0^+} \int_{\gamma_1} f(z)\, z^{a-1}\, dz &= \int_r^R f(x)\, x^{a-1}\, dx \quad \text{und} \\ \lim_{\varepsilon \to 0^+} \int_{\gamma_3} f(z)\, z^{a-1}\, dz &= -\,\mathrm{e}^{2\pi i a} \int_r^R f(x)\, x^{a-1}\, dx \,. \end{aligned} \tag{6}$$

Grenzübergang $\varepsilon, r \to 0^+$ und $R \to \infty$ liefert:

$$\int_0^\infty f(x)\, x^{a-1}\, dx = \frac{2\pi i}{1 - \mathrm{e}^{2\pi i a}} \sum_{w \in \mathbb{C}\setminus\{0\}} \operatorname{res}(f(z) z^{a-1}; w) \,. \tag{7}$$

(A.4) *Beweis von Formel (12) aus 6.6.F:*

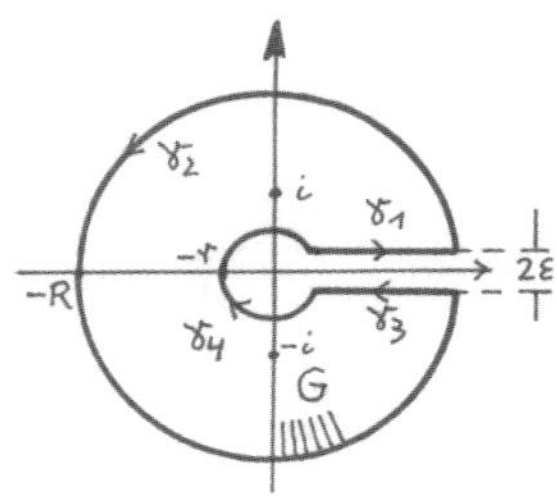

Diesmal integriert man $f(z) \log z$ über den Rand des Gebietes $G = G(\varepsilon, r, R)$.
Dabei sei $\log z = \log|z| + i \arg z$ mit $0 < \arg z < 2\pi$.
Nach dem Residuensatz gilt für hinreichend kleine ε, r und hinreichend großes R

$$\int_{\partial G} f(z) \log z\, dz = \int_{\gamma_1} + \int_{\gamma_2} + \int_{\gamma_3} + \int_{\gamma_4} = 2\pi i \sum_{w \in \mathbb{C}} \operatorname{res}(f(z) \log z; w) \,.$$

Die Integrale über die Kreisbögen gehen wieder gegen Null. Für $x \in \mathbb{R}_{>0}$ gilt

$$\lim_{\varepsilon \to 0^+} \log(x + i\varepsilon) = \log x \quad ; \qquad \lim_{\varepsilon \to 0^+} \log(x - i\varepsilon) = \log x + 2\pi i \tag{8}$$

und zwar gleichmäßig auf kompakten Intervallen $[r, R] \subset \mathbb{R}_{>0}$. Also ist

$$\lim_{\varepsilon \to 0^+} \int_{\gamma_3} f(z) \log z\, dz = -\lim_{\varepsilon \to 0^+} \int_{\gamma_1} f(z)\, (\log z + 2\pi i)\, dz \,. \tag{9}$$

Grenzübergang $\varepsilon, r \to 0^+$ und $R \to \infty$ liefert die Behauptung

$$\int_0^\infty f(x)\, dx = -\sum_{w \in \mathbb{C}} \operatorname{res}\big(f(z) \log z; w\big) \,. \tag{10}$$

(A.5) *Beweis von Formel (14) aus 6.6.G:*

Der Beweis ergibt sich analog wie in der letzten Aufgabe. Man integriert $f(z)\log^2 z$ längs des Randes des obigen Gebietes $G = G(\varepsilon, r, R)$. Jetzt gilt

$$\lim_{\varepsilon\to 0+} \int_{\gamma_3} f(z)\,\log^2 z\,dz \;=\; -\lim_{\varepsilon\to 0+} \int_{\gamma_1} f(z)\,(\log z + 2\pi i)^2\,dz\ . \tag{11}$$

B Dies sind Beispiele für Integrale vom Typ 6.6.A.

(B.1) Mit $z = \mathrm{e}^{it}$ ist $\cos t = \dfrac{z+z^{-1}}{2}$, $\cos 3t = \dfrac{z^3+z^{-3}}{2}$, $dz = iz\,dt$. Damit wird

$$\int_0^{2\pi} \frac{\cos 3t}{5-4\cos t}\,dt \;=\; -\frac{1}{2i}\int_{\partial\mathbb{E}} \underbrace{\frac{z^6+1}{z^3(2z-1)(z-2)}}_{=:f(z)}\,dz\ . \tag{12}$$

In $\overline{\mathbb{E}}$ besitzt der Integrand $f(z)$ einen dreifachen Pol in $z_0 = 0$, einen einfachen Pol in $z_1 = 1/2$ und ist sonst holomorph. Das Residuum des Integranden in $z_0 = 0$ ist

$$\begin{aligned} \operatorname{res}(f;0) &= \lim_{z\to 0}\frac{1}{2!}\frac{d^2}{dz^2}\left(z^3\frac{z^6+1}{z^3(2z-1)(z-2)}\right) = \frac{21}{8}\ .\\ \operatorname{res}(f;\tfrac12) &= \lim_{z\to\frac12}\,(z-\tfrac12)\frac{z^6+1}{z^3(2z-1)(z-2)} = -\frac{65}{24}\ . \end{aligned} \tag{13}$$

Nach Residuensatz folgt wie behauptet

$$\int_0^{2\pi}\frac{\cos 3t}{5-4\cos t}\,dt \;=\; -\frac{1}{2i}\int_{\partial\mathbb{E}} f(z)\,dz \;=\; -\frac{2\pi i}{2i}\left(\frac{21}{8}-\frac{65}{24}\right) \;=\; \frac{\pi}{12}$$

(B.2) In dem Beispiel in 6.6.A wurde gezeigt, dass

$$\int_0^{2\pi}\frac{dt}{a+\cos t} \;=\; \frac{2\pi}{\sqrt{a^2-1}} \quad \text{für } a>1\ . \tag{14}$$

Differenzieren nach a liefert:

$$\begin{aligned} \frac{d}{da}\int_0^{2\pi}\frac{dt}{a+\cos t} &= \int_0^{2\pi}\frac{\partial}{\partial a}\left(\frac{1}{a+\cos t}\right)dt = \int_0^{2\pi}\frac{-dt}{(a+\cos t)^2}\\ &= \frac{d}{da}\frac{2\pi}{\sqrt{a^2-1}} = \frac{-2\pi a}{(a^2-1)^{3/2}}\ . \end{aligned}$$

Die Behauptung folgt durch elementare Umformungen. Vertauschen von Ableitung und Integral ist erlaubt z.B. nach 3.3.1 (10).

Man kann dies Ergebnis auch direkt mit der Residuenmethode ohne Rückgriff auf das Beispiel aus 6.6.A beweisen:

Mit $R(\cos t, \sin t) = \frac{1}{(a+\cos t)^2}$ erhält man

$$\begin{aligned}\widetilde{R}(z) &= \tfrac{1}{z}R\left(\tfrac{1}{2}(z+\tfrac{1}{z}), \tfrac{1}{2i}(z-\tfrac{1}{z})\right) = \frac{1}{z\left[a+(z+1/z)/2\right]^2} \\ &= \frac{4z}{\left[1+2az+z^2\right]^2} = \frac{4z}{\left[\left(z+a+\sqrt{a^2-1}\right)\left(z+a-\sqrt{a^2-1}\right)\right]^2}\end{aligned}$$

Für $a > 1$ hat der Nenner in $\mathbb{E}$ nur die Nullstelle $z_1 := -a+\sqrt{a^2-1}$ (doppelt). Nach Regel 6.4.1.5 ist $\operatorname{res}(\widetilde{R}; z_1) = \dfrac{a}{(a^2-1)^{3/2}}$. Also folgt

$$\int_0^{2\pi} \frac{dt}{(a+\cos t)^2} = \frac{2\pi a}{(a^2-1)^{3/2}} \quad \text{für } a > 1 \ . \tag{15}$$

Wegen der Periodizität von cos und sin und wegen $\cos t = \sin(t+\pi/2)$ folgt:

$$\int_0^{2\pi} \frac{dt}{(a+b\sin t)^2} = \int_0^{2\pi} \frac{dt}{(a+b\cos t)^2} = \frac{1}{b^2}\cdot\frac{2\pi a/b}{((a/b)^2-1)^{3/2}} = \frac{2\pi a}{(a^2-b^2)^{3/2}} \ .$$

(B.3) Sei $0 < |a| \neq 1$. Für $R(\cos t, \sin t) = \dfrac{1}{1-2a\cos t + a^2}$ ist

$$\begin{aligned}\widetilde{R}(z) &= \tfrac{1}{z}R\left(\tfrac{1}{2}(z+\tfrac{1}{z}), \tfrac{1}{2i}(z-\tfrac{1}{z})\right) = \frac{-1/a}{1-(\frac{1}{a}+a)z+z^2} \\ &= \frac{-1/a}{(z-a)(z-1/a)} \ .\end{aligned} \tag{16}$$

Es ist $\operatorname{res}(\widetilde{R}; a) = \dfrac{1}{1-a^2}$ und $\operatorname{res}(\widetilde{R}; 1/a) = \dfrac{1}{a^2-1}$. Also

$$\int_0^{2\pi} \frac{dt}{1-2a\cos t+a^2} = \begin{cases} \frac{2\pi}{1-a^2} & \text{falls } |a| < 1 \\ \frac{2\pi}{a^2-1} & \text{falls } |a| > 1 \end{cases} \tag{17}$$

(B.4) Sei zunächst $a, b \in \mathbb{R} \setminus \{0\}$. Wir arbeiten nicht mit Formel 6.6.A, sondern integrieren $1/z$ längs des Ellipsenrandes $\gamma(t) = a\cos t + ib\sin t$.

Der Residuensatz liefert $\displaystyle\int_\gamma \frac{1}{z}\,dz = 2\pi i$. Andererseits ist:

$$
\begin{aligned}
\int_\gamma \frac{1}{z}\,dz &= \int_0^{2\pi} \frac{1}{a\cos t + ib\sin t}\,\big(-a\sin t + ib\cos t\big)\,dt \\
&= \int_0^{2\pi} \frac{-a\sin t + ib\cos t}{a\cos t + ib\sin t}\,\frac{a\cos t - ib\sin t}{a\cos t - ib\sin t}\,dt \\
&= \int_0^{2\pi} \frac{iab}{a^2\cos^2 t + b^2\sin^2 t}\,dt \;+\; \underbrace{\int_0^{2\pi} \frac{b^2\sin t\cos t - a^2\sin t\cos t}{a^2\cos^2 t + b^2\sin^2 t}\,dt}_{=0}
\end{aligned}
\tag{18}
$$

Das zweite Integral verschwindet, da der Integrand 2π-periodisch und ungerade ist. Also ist

$$\int_0^{2\pi} \frac{dt}{a^2\cos^2 t + b^2\sin^2 t} = \frac{2\pi}{ab}\,. \tag{19}$$

Diese Formel gilt wegen des Identitätssatzes dann aber auch für $a, b \in \mathbb{C}\setminus\{0\}$,

C **(C.1)** $f(z) := \dfrac{1}{(z^2+1)(z^2+4)}$ ist in einer Umgebung der abgeschlossenen oberen Halbebene holomorph bis auf die einfachen Pole i und $2i$. Für die Residuen ergibt sich

$$
\begin{aligned}
\operatorname{res}(f;i) &= \lim_{z\to i}(z-i)f(z) = \left.\frac{1}{(z+i)(z^2+4)}\right|_{z=i} = -\frac{i}{6} \\
\operatorname{res}(f;2i) &= \left.\frac{1}{(z^2+1)(z+2i)}\right|_{z=2i} = \frac{i}{12}
\end{aligned}
\tag{20}
$$

Also ist $\displaystyle\int_{-\infty}^{\infty} \frac{dx}{(x^2+1)(x^2+4)} = 2\pi i(-\frac{i}{6}+\frac{i}{12}) = \frac{\pi}{6}$.

(C.2) $f(z) := \dfrac{z^2}{z^4+6z^2+5} = \dfrac{z^2}{(z^2+1)(z^2+5)}$ ist in einer Umgebung der abgeschlossenen oberen Halbebene holomorph bis auf die einfachen Pole i und $i\sqrt{5}$. Für die Residuen ergibt sich

$$
\begin{aligned}
\operatorname{res}(f;i) &= \lim_{z\to i}(z-i)\,f(z) = \left.\frac{z^2}{(z+i)(z^2+5)}\right|_{z=i} = \frac{i}{8} \\
\operatorname{res}(f;i\sqrt{5}) &= \left.\frac{z^2}{(z^2+1)(z+i\sqrt{5})}\right|_{z=i\sqrt{5}} = -\frac{i\sqrt{5}}{8}
\end{aligned}
\tag{21}
$$

Also ist $\displaystyle\int_0^{\infty} \frac{x^2}{x^4+6x^2+5}\,dx = \frac{\pi}{8}\left(\sqrt{5}-1\right)$.

(C.3) Mit der Substitution $x = \sqrt{a/b}\,u,\ dx = \sqrt{a/b}\,du$ ist

$$\int_{-\infty}^{\infty} \frac{dx}{(a+bx^2)^n} = \frac{1}{a^n}\sqrt{\frac{a}{b}} \int_{-\infty}^{\infty} \frac{du}{(1+u^2)^n} . \tag{22}$$

$f(z) := \dfrac{1}{(1+z^2)^n}$ ist in einer Umgebung der abgeschlossenen oberen Halbebene holomorph bis auf die n–fache Polstelle i . Für das Residuum ergibt sich nach Regel 6.4.1.5:

$$\begin{aligned} \operatorname{res}(f;i) &= \frac{1}{(n-1)!}\,\frac{d^{n-1}}{dz^{n-1}}\,\frac{1}{(z+i)^n}\bigg|_{z=i} \qquad (23)\\ &= \frac{n(n+1)\cdot\ldots\cdot(2n-2)}{(n-1)!}\;\frac{(-1)^{n-1}}{(z+i)^{2n-1}}\bigg|_{z=i} = \frac{(2n-2)!}{\big((n-1)!\big)^2}\,\frac{-i}{2^{2n-1}} . \end{aligned}$$

Also ist $\displaystyle \int_{-\infty}^{\infty} \frac{dx}{(a+bx^2)^n} = \frac{1}{a^n}\sqrt{\frac{a}{b}}\,\frac{\pi}{2^{2n-2}}\binom{2n-2}{n-1} .$

(D.1) Wegen $0 < m+2 \le n$ konvergiert das uneigentliche Integral

$$I_{m,n} := \int_0^{\infty} \frac{x^m}{1+x^n}\,dx .$$

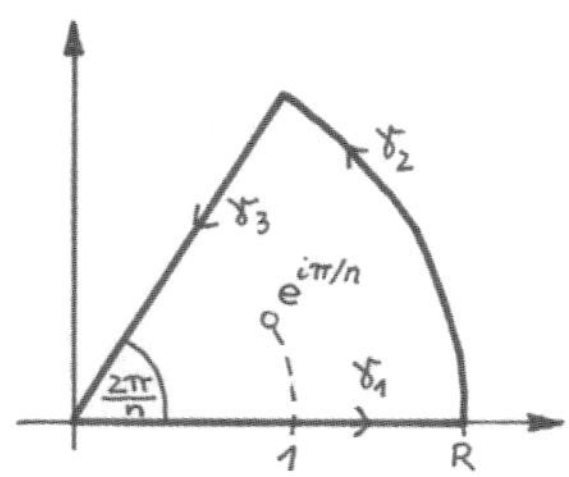

Zur Berechnung wenden wir nicht direkt Formel 6.6.B an, sondern integrieren $f(z) := \dfrac{z^m}{1+z^n}$ längs des skizzierten Weges $\Gamma = \gamma_1 + \gamma_2 + \gamma_3$.

Das komplexe Kurvenintegral $\int_\Gamma f(z)\,dz$ wird in die einzelnen Teilintegrale zerlegt. Für diese gilt für $R \to \infty$:

$$\begin{aligned} \int_{\gamma_1} f(z)\,dz &= \int_0^R \frac{x^m}{1+x^n}\,dx \to \int_0^{\infty} \frac{x^m}{1+x^n}\,dx \\ \left|\int_{\gamma_2} f(z)\,dz\right| &= \left|\int_0^{2\pi/n} \frac{(R\,e^{it})^m}{1+(R\,e^{it})^n}\,R\,i\,e^{it}\,dt\right| \le \frac{R^{m+1}}{R^n-1}\,\frac{2\pi}{n} \to 0 \\ \int_{\gamma_3} f(z)\,dz &= -\int_0^R \frac{t^m\,e^{2\pi i m/n}}{1+(t\,e^{2\pi i/n})^n}\,e^{2\pi i/n}\,dt \\ &= -\,e^{2\pi i(m+1)/n}\int_0^R \frac{t^m}{1+t^n}\,dt \to -\,e^{2\pi i(m+1)/n}\,I_{m,n} . \end{aligned}$$

Im Innengebiet von Γ ist der Integrand holomorph bis auf die einfache Polstelle $z_0 := \mathrm{e}^{i\pi/n}$ mit dem Residuum $\operatorname{res}(f;z_0) = -\dfrac{\mathrm{e}^{i\pi(m+1)/n}}{n}$ (siehe Aufgabe 11.1.A.5) .

Nach Residuensatz (oder auch Cauchy-Integralformel) folgt:

$$\begin{aligned}\int_\Gamma f(z)\,dz &= -2\pi i\,\frac{\mathrm{e}^{i\pi(m+1)/n}}{n} = \lim_{R\to\infty}\left(\int_{\gamma_1}+\int_{\gamma_2}+\int_{\gamma_3}\right)\\ &= \left(1-\mathrm{e}^{2\pi i(m+1)/n}\right)\int_0^\infty \frac{x^m}{1+x^n}\,dx\end{aligned}$$

und daraus

$$\begin{aligned}\int_0^\infty \frac{x^m}{1+x^n}\,dx &= \frac{2\pi i}{n}\,\frac{\mathrm{e}^{\pi i(m+1)/n}}{\mathrm{e}^{2\pi i(m+1)/n}-1} = \frac{2\pi i}{n}\,\frac{1}{\mathrm{e}^{(m+1)\pi i/n}-\mathrm{e}^{-(m+1)\pi i/n}}\\ &= \frac{2\pi i}{n}\,\frac{1}{2i\sin((m+1)\pi/n)} = \frac{\pi}{n\sin(\pi(m+1)/n)}\ .\end{aligned}$$

(D.2) Mit der Substitution $x = 4t^2,\ dx = 8t\,dt$ ergibt sich

$$\int_0^\infty \frac{\sqrt{x}}{16+x^2}\,dx = \int_0^\infty \frac{2t}{16+16t^4}\,8t\,dt = \int_0^\infty \frac{t^2}{1+t^4}\,dt\ .$$

Mit Aufgabe 11.3.D.1 ergibt sich: $\displaystyle\int_0^\infty \frac{\sqrt{x}}{16+x^2}\,dx = \frac{\pi\sqrt{2}}{4}$.

E Dies sind Integrale vom Typ 6.6.C oder 6.6.D. Man erhält:

(E.1) In Abschnitt 6.6.C wurde für $a>0,\ b\in\mathbb{C}$ mit $\operatorname{Re} b>0$ bewiesen:

$$\frac{1}{2\pi i}\int_{-\infty}^\infty \frac{\mathrm{e}^{iax}}{x-ib}\,dx = \mathrm{e}^{-ab}\quad;\quad \int_{-\infty}^\infty \frac{\mathrm{e}^{iax}}{x+ib}\,dx = 0\ . \tag{24}$$

Es ist $\dfrac{\mathrm{e}^{iax}}{x-ib}+\dfrac{\mathrm{e}^{iax}}{x+ib} = \dfrac{2x\,\mathrm{e}^{iax}}{x^2+b^2}$ und $\dfrac{\mathrm{e}^{iax}}{x-ib}-\dfrac{\mathrm{e}^{iax}}{x+ib} = \dfrac{2ib\,\mathrm{e}^{iax}}{x^2+b^2}$.

$x\cos ax$ und $\sin ax$ sind ungerade Funktionen. Addition bzw Subtraktion der Integrale (24) liefert daher:

$$\int_0^\infty \frac{b\cos ax}{x^2+b^2}\,dx = \frac{\pi}{2}\,\mathrm{e}^{-ab} = \int_0^\infty \frac{x\sin ax}{x^2+b^2}\,dx\ . \tag{25}$$

(E.2) Seien $a,b>0,\ a\neq b$. Dann liefert die Formel (7) aus 6.6.D

$$\int_{-\infty}^\infty \frac{\cos x}{(x^2+a^2)(x^2+b^2)}\,dx = -2\pi\operatorname{Im}\left(\operatorname{res}(g;ia)+\operatorname{res}(g;ib)\right) \tag{26}$$

mit $g(z) := \dfrac{e^{iz}}{(z^2+a^2)(z^2+b^2)} = \dfrac{e^{iz}}{(z-ia)(z+ia)(z-ib)(z+ib)}$. Es ist

$$\operatorname{res}(g;ia) \;=\; \frac{i\,e^{-a}}{2a(a^2-b^2)} \quad \text{und} \quad \operatorname{res}(g;ib) \;=\; \frac{i\,e^{-b}}{2b(b^2-a^2)} \;. \tag{27}$$

Gleichung (26) liefert

$$\int_{-\infty}^{\infty} \frac{\cos x}{(x^2+a^2)(x^2+b^2)}\,dx \;=\; \frac{\pi}{a^2-b^2}\left(\frac{e^{-b}}{b} - \frac{e^{-a}}{a}\right) . \tag{28}$$

Lässt man hierin $a \to b$ gehen, so erhält man das (richtige!) Ergebnis

$$\int_{-\infty}^{\infty} \frac{\cos x}{(x^2+b^2)^2}\,dx \;=\; \frac{\pi(b+1)}{2b^3}\cdot e^{-b} \quad \text{für } b>0\;. \tag{29}$$

Darf man das so einfach machen?

(E.3) Formel (7) aus 6.6.D liefert

$$\int_0^{\infty} \frac{\cos x}{(x^2+1)^3}\,dx \;=\; -\pi \operatorname{Im}\operatorname{res}(g;i) \quad \text{mit} \quad g(z) \;:=\; \frac{e^{iz}}{(z^2+1)^3} \;. \tag{30}$$

Man berechnet

$$\operatorname{res}(g;i) \;=\; \frac{d^2}{dz^2}\frac{e^{iz}}{(z+i)^3}\bigg|_{z=i} \;=\; -\frac{7i}{16\,e} \;. \tag{31}$$

und erhält

$$\int_0^{\infty} \frac{\cos x}{(x^2+1)^3}\,dx \;=\; \frac{7\pi}{16\,e} \;. \tag{32}$$

(F.1) Ähnlich wie in Aufgabe 11.3.A.3 beim Beweis von Formel (9) aus 6.6.E integrieren wir $f(z) := \frac{\log z}{(z^2+1)\sqrt{z}}$ über den Rand des rechts skizzierten Gebietes $G = G(\varepsilon, r, R)$. Der Integrand ist in G holomorph bis auf einfache Pole in $\pm i$ mit den Residuen

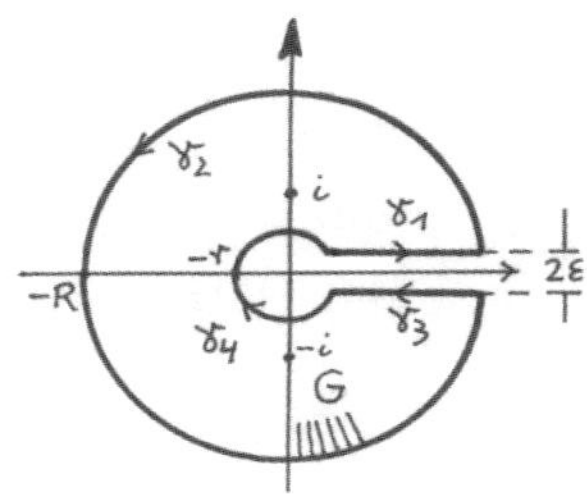

$$\begin{aligned} \operatorname{res}(f;i) \;&=\; \frac{\log z}{(z+i)\sqrt{z}}\bigg|_{z=i} \;=\; \frac{i\pi/2}{2i\,e^{i\pi/4}} \;=\; \frac{\pi(1-i)}{4\sqrt{2}} \\ \operatorname{res}(f;-i) \;&=\; \frac{\log z}{(z-i)\sqrt{z}}\bigg|_{z=-i} \;=\; \frac{i3\pi/2}{-2i\,e^{i3\pi/4}} \;=\; \frac{3\pi(1+i)}{4\sqrt{2}} \end{aligned} \tag{33}$$

Residuensatz liefert

$$\int_{\partial G} \frac{\log z}{(z^2+1)\sqrt{z}}\,dz = \int_{\gamma_1} + \int_{\gamma_R} + \int_{\gamma_3} + \int_{\gamma_r} \\ = 2\pi i\left(\operatorname{res}(f;i) + \operatorname{res}(f;-i)\right) = \frac{\pi^2}{\sqrt{2}}(-1+2i)\ . \tag{34}$$

Mit $z = x+iy \in |\gamma_1|$ ist $\overline{z} = x-iy \in |\gamma_3|$. Für die Hauptwerte gilt $\sqrt{z} \to \sqrt{x}$, $\sqrt{\overline{z}} \to -\sqrt{x}$, $\log z \to \log x$, $\log \overline{z} \to \log x + 2\pi i$ für $y \to 0^+$. Also

$$\int_{\gamma_1} f(z)\,dz + \int_{\gamma_3} f(z)\,dz \;\to\; 2\int_0^\infty \frac{\log x}{(x^2+1)\sqrt{x}}\,dx + 2\pi i \int_0^\infty \frac{dx}{(x^2+1)\sqrt{x}}$$

für $\varepsilon, r \to 0$ und $R \to \infty$. Die Integrale über γ_R und γ_r gehen gegen Null.

Der Realteil liefert die Behauptung $\displaystyle\int_0^\infty \frac{\log x}{(x^2+1)\sqrt{x}}\,dx = \frac{-\pi^2}{2\sqrt{2}}$.

Der Imaginärteil ergibt $\displaystyle\int_0^\infty \frac{dx}{\sqrt{x}(x^2+1)} = \frac{\pi}{\sqrt{2}}$.

(F.2) Man integriere $f(z) := \dfrac{\log(z+i)}{z^2+1}$ über den Rand des rechts skizzierten Halbkreises K_R . Der (Hauptwert des) Logarithmus $\log(z+i)$ ist in der oberen Halbebene holomorph. $z_0 := i$ ist die einzige Singularität von f in K_R. Das Residuum ist

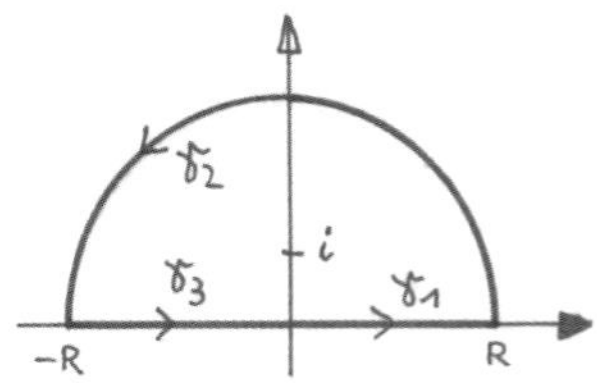

$$\operatorname{res}(f;i) = \left.\frac{\log(z+i)}{z+i}\right|_{z=i} = \frac{\log 2 + i\pi/2}{2i}\ . \tag{35}$$

Also ist

$$\int_{\partial K_R} \frac{\log(z+i)}{z^2+1}\,dz = \int_{\gamma_1} + \int_{\gamma_2} + \int_{\gamma_3} = 2\pi i \operatorname{res}(f;i) = \pi\log 2 + i\pi^2/2\ .$$

Das Integral über den Halbkreisbogen γ_2 geht mit $R \to \infty$ gegen Null. Für den Hauptwert des Logarithmus und $x \in \mathbb{R}_{\geq 0}$ gilt

$$\log(i+x) + \log(i-x) = \log(-x^2-1) = \log(x^2+1) + i\pi\ . \tag{36}$$

Damit folgt

$$\int_{\gamma_1} + \int_{\gamma_3} = \int_0^R \frac{\log(x+i)}{x^2+1}\,dx - \int_0^R \frac{\log(-x+i)}{x^2+1}\,dx \\ = \int_0^R \frac{\log(x^2+1)}{x^2+1}\,dx + i\pi\int_0^R \frac{dx}{x^2+1}\ . \tag{37}$$

Der Realteil und $R \to \infty$ liefert $\displaystyle\int_0^\infty \frac{\log(x^2+1)}{x^2+1}\,dx = \pi\log 2$ wie behauptet.

Der Imaginärteil liefert $\displaystyle\int_0^\infty \frac{dx}{x^2+1} = \pi/2$. Das erhält man schneller direkt.

(F.3) Wegen $0 \le a < 1$ konvergiert das Integral. Man integriert $f(z) := \dfrac{e^{az}}{\cosh z}$ über den Rand des rechts skizzierten Rechtecks. $f(z)$ ist in $\mathbb{C}$ holomorph bis auf einfache Pole in den Punkten $z_n = i\pi(n+\frac{1}{2})$. Die einzige Polstelle im Inneren des Integrationsweges ist $z_0 = \frac{i\pi}{2}$. Das Residuum von f in z_0 ist

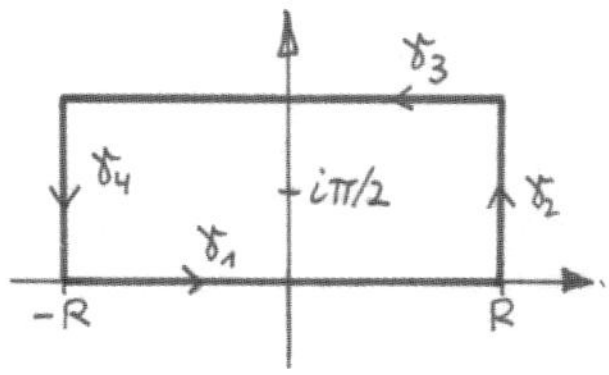

$$\operatorname{res}(f(z); \tfrac{i\pi}{2}) \;=\; \lim_{z\to i\pi/2} (z - \tfrac{i\pi}{2})\,\frac{e^{az}}{\cosh z} \;=\; \frac{e^{ai\pi/2}}{\sinh\frac{i\pi}{2}} \;=\; -i\,e^{ai\pi/2}\;.$$

Die Integrale über γ_2 und γ_4 streben für $R \to \infty$ gegen Null.
Wegen $\cosh(x+i\pi) = -\cosh x$ folgt

$$\lim_{R\to\infty} \Big(\int_{\gamma_1} + \int_{\gamma_3}\Big) \;=\; (1+e^{a\pi i}) \int_{-\infty}^{\infty} \frac{e^{ax}}{\cosh x}\,dx \;=\; 2\pi\,e^{ai\pi/2}\;. \qquad (38)$$

Mit $2\cosh ax = e^{ax} + e^{-ax}$ folgt daraus die Behauptung.

(F.4) Wir integrieren die Hilfsfunktion

$$g(z) := \frac{e^{-z^2}}{1+e^{-2az}}\;; \qquad a := \sqrt{\pi}\,e^{i\pi/4}$$

über den Rand Γ des Rechtecks $Q_{r,s}$.
Es ist $\quad g(z) - g(z+a) = e^{-z^2}$.

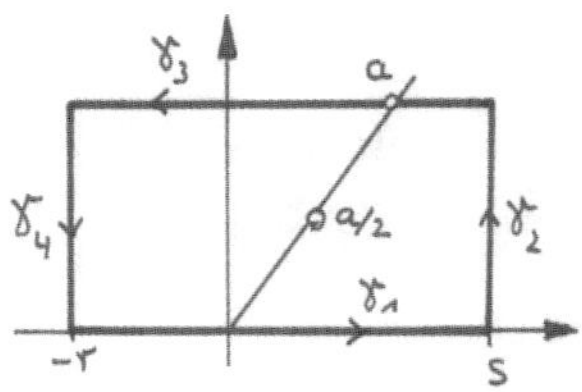

g hat an den Stellen $\frac{(2n-1)a}{2}$ einfache Pole und ist sonst holomorph. Von den Polstellen liegt für $r, s \to \infty$ nur $z_1 := \frac{a}{2}$ im Inneren von $Q_{r,s}$. Es ist

$$\operatorname{res}(g; z_1) \;=\; \frac{e^{-a^2/4}}{-2a\,e^{-a^2}} \;=\; -\frac{i}{2\sqrt{\pi}}\;. \qquad (39)$$

Residuensatz liefert

$$\int_\Gamma g(z)\,dz = \int_{-r}^{s} e^{-x^2}\,dx + \int_{\gamma_2} g(z)\,dz + \int_{\gamma_4} g(z)\,dz = 2\pi i\operatorname{res}(g; z_1) = \sqrt{\pi}\;.$$

Die Integrale über γ_2 und γ_4 konvergieren für $r, s \to \infty$ gegen Null. Beweis?
Damit folgt die Behauptung $\displaystyle\int_{-\infty}^{\infty} e^{-x^2}\,dx \;=\; \sqrt{\pi}$.

11.4 Partialbruchzerlegungen und Produktdarstellungen

A Sei p ein Polynom mit $\operatorname{grad} p \geq 2$ und ohne Nullstellen in $\mathbb{Z}$. Man beweise:

1) $$\sum_{k=-\infty}^{\infty} \frac{1}{p(k)} = -\pi \sum_{w\in\mathbb{C}\setminus\mathbb{Z}} \operatorname{res}\left(\frac{1}{p(z)\,\tan\pi z}; w\right)$$

2) $$\sum_{k=-\infty}^{\infty} \frac{(-1)^k}{p(k)} = -\pi \sum_{w\in\mathbb{C}\setminus\mathbb{Z}} \operatorname{res}\left(\frac{1}{p(z)\,\sin\pi z}; w\right).$$

3) Wenden Sie diese Ergebnisse an auf $p(z) := z^2 + a^2$, $ia \notin \mathbb{Z}$.

B Beweisen Sie die folgenden Partialbruchzerlegungen meromorpher Funktionen:

1) $$\pi\cot\pi z = \frac{1}{z} + \sum_{k=1}^{\infty} \frac{2z}{z^2-k^2}$$

2) $$\frac{\pi}{\sin\pi z} = \frac{1}{z} + \sum_{k=1}^{\infty}(-1)^k \frac{2z}{z^2-k^2} = \sum_{k=-\infty}^{\infty} \frac{(-1)^k}{z+k}$$

3) $$\pi^3\,\frac{\cot\pi z}{\sin^2\pi z} = \sum_{k=-\infty}^{\infty} \frac{1}{(z+k)^3}$$

C Man beweise die Partialbruchentwicklung $\displaystyle\frac{\pi^2}{\sin^2\pi z} = \sum_{k=-\infty}^{\infty}\frac{1}{(z+k)^2}$ und berechne mit ihrer Hilfe die Integrale $\displaystyle\int_0^{\infty}\frac{\sin^n x}{x^n}\,dx$ für $n = 1, 2, 4$.

D *Eulersche Formeln* für $\zeta(2m)$: Für $m \in \mathbb{N}$ gilt

$$\zeta(2m) := \sum_{k=1}^{\infty}\frac{1}{k^{2m}} = (-1)^{m+1}\frac{2^{2m-1}}{(2m)!}B_{2m}\pi^{2m} . \tag{1}$$

Dabei sind die B_j die sog. *Bernoulli-Zahlen* (siehe Aufgabe 8.6.A).

E Beweisen Sie die Produktdarstellung

$$\sin\pi z = \pi z\prod_{k\neq 0}\left(1-\frac{z}{k}\right)e^{z/k} = \pi z\prod_{k=1}^{\infty}\left(1-\frac{z^2}{k^2}\right) \tag{2}$$

und leiten Sie daraus eine Produktdarstellung für $\cos\pi z$ her.

F Beweisen Sie die Produktdarstellung

$$\frac{\tan z}{z} = \prod_{k=1}^{\infty}\left(1-\frac{z^2}{k^2\pi^2}\right)\Big/\prod_{k=1}^{\infty}\left(1-\frac{4z^2}{(2k-1)^2\pi^2}\right) \tag{3}$$

Sei (a_k) eine Folge komplexer Zahlen im Einheitskreis $\mathbb{E} = \{|z| < 1\}$. Dann heißt

$$b(z) \;=\; \prod_{k\in\mathbb{N}} \overline{a_k}\,\frac{z-a_k}{\overline{a_k}z-1} \tag{4}$$

das zur Folge (a_k) gehörende *Blaschke-Produkt.* Es ist genau dann in $\mathbb{E}$ kompakt konvergent, wenn die Reihe $\sum(1-|a_k|) < \infty$ ist.

Achtung: In manchen Büchern werden die Faktoren der Blaschke-Produkte $\frac{|a_k|}{a_k}\,\frac{z-a_k}{\overline{a_k}z-1}$ gesetzt. Die obige Aussage bleibt gültig.

1) Jede nicht leere Teilmenge von $\mathcal{O}(\mathbb{C})$ besitzt einen ggT.
2) *Lemma von Wedderburn:* Sind $f_1, f_2 \in \mathcal{O}(\mathbb{C})$ teilerfremd, so gibt es $g_1, g_2 \in \mathcal{O}(\mathbb{C})$ mit $1 \equiv f_1g_1 + f_2g_2$.
3) Seien $f, f_1, \ldots, f_n \in \mathcal{O}(\mathbb{C})$ und $f = ggT(f_1, \ldots, f_n)$.
   Dann gibt es $g_k \in \mathcal{O}(\mathbb{C})$ mit $f \equiv f_1g_1 + \ldots + f_ng_n$.
4) Jedes endlich erzeugte Ideal in $\mathcal{O}(\mathbb{C})$ ist ein Hauptideal.

sungen:

(A.1) $f(z) := \big[p(z)\tan\pi z\big]^{-1}$ wird über den Rand des Quadrates

$$Q_n := \{\, x+iy\,;\; |x|, |y| < n+1/2 \,\}$$

integriert.
Ist n hinreichend groß, so liegen sämtliche Nullstellen von p innerhalb des Quadrats Q_n und es gilt

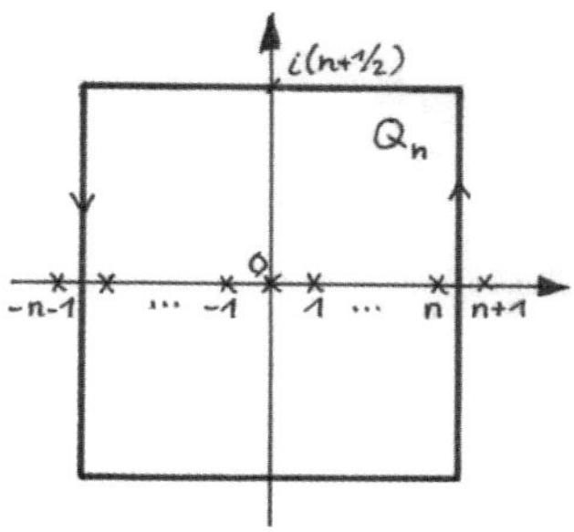

$$\int_{\partial Q_n} \frac{dz}{p(z)\tan\pi z} \;=\; 2\pi i \sum_{|w|<n+1/2} \operatorname{res}\left(\frac{1}{p(z)\tan\pi z}; w\right) . \tag{5}$$

Sei $d := \operatorname{grad} p \geq 2$. Dann existiert eine Konstante $K > 0$ mit $|p(z)| > K|z|^d$ für hinreichend große $|z|$.

Auf den Seiten des Quadrats ist $|z| \geq n + \frac{1}{2}$, also $|p(z)| > K\left(n+\frac{1}{2}\right)^d$ für hinreichend große n. Ferner gilt für $t \in \mathbb{R}$:

$$\begin{aligned} \big|\tan\pi(\pm(n+\tfrac{1}{2})+it)\big| \;&=\; \left|\frac{\cosh\pi t}{\sinh\pi t}\right| \;\geq\; 1 \\ \big|\tan\pi(t\pm i(n+\tfrac{1}{2}))\big|^2 \;&=\; \frac{\cosh^2\pi(n+\frac{1}{2})-\cos^2\pi t}{\cosh^2\pi(n+\frac{1}{2})-\sin^2\pi t} \;\geq\; \frac{1}{2} . \end{aligned} \tag{6}$$

Also gilt für $n \to \infty$:

$$\left| \int_{\gamma_j} \frac{dz}{p(z) \tan \pi z} \right| \leq 2 \frac{2n+1}{K(n+1/2)^d} \to 0 . \tag{7}$$

Das Integral über den Rand ∂Q_n geht also gegen Null und man erhält

$$0 = \sum_{w \in \mathbb{C}} \operatorname{res}\left(\frac{1}{p(z) \tan \pi z}; w\right) = \sum_{w \in \mathbb{Z}} \operatorname{res}(\dots) + \underbrace{\sum_{w \in \mathbb{C} \setminus \mathbb{Z}} \operatorname{res}(\dots)}_{\text{endliche Summe}} . \tag{8}$$

In den Stellen $z = k \in \mathbb{Z}$ ist $p(z) \neq 0$ und $\tan \pi z$ hat dort einfache Nullstellen. Also gilt: (siehe Formel (2) aus 6.4.1.3)

$$\operatorname{res}\left(\frac{1}{p(z) \tan \pi z}; k\right) = \frac{1}{p(k)} \frac{1}{\pi(1 + \tan^2 \pi k)} = \frac{1}{\pi\, p(k)} . \tag{9}$$

Wegen $\operatorname{grad} p \geq 2$ konvergiert die Reihe $\sum_k \frac{1}{p(k)}$. Also folgt wie behauptet

$$\sum_{k \in \mathbb{Z}} \frac{1}{p(k)} = -\pi \sum_{w \in \mathbb{C} \setminus \mathbb{Z}} \operatorname{res}\left(\frac{1}{p(z) \tan \pi z}; w\right) . \tag{10}$$

(A.2) Diese Formel wird völlig analog bewiesen, indem man $f(z) := \left[p(z) \sin \pi z\right]^{-1}$ über den Rand des gleichen Quadrates Q_n integriert.

(A.3) In dem Beispiel ist $p(z) := z^2 + a^2$ und $ia \notin \mathbb{Z}$. Formel (10) ergibt:

$$\operatorname{res}\left(\frac{1}{p(z) \tan \pi z}; \pm ia\right) = \frac{1}{(\pm \tan i\pi a)(\pm 2ia)} = -\frac{1}{2a} \frac{\cosh \pi a}{\sinh \pi a} . \tag{11}$$

Man erhält damit die Partialbruchreihen von cot und coth :

$$-\frac{\pi}{ia} \cot i\pi a = \frac{\pi}{a} \coth \pi a = \frac{\pi}{a} \frac{\cosh \pi a}{\sinh \pi a} = \sum_{k \in \mathbb{Z}} \frac{1}{a^2 + k^2} . \tag{12}$$

Das andere Ergebnis liefert entsprechend

$$\frac{\pi}{ia \sin i\pi a} = \sum_{k \in \mathbb{Z}} \frac{(-1)^k}{a^2 + k^2} \quad \text{bzw} \quad \frac{\pi}{\sin \pi z} = \frac{1}{z} + \sum_{k=1}^{\infty} \frac{(-1)^k 2z}{z^2 - k^2} \tag{13}$$

B **(B.1)** Ein Beweis der Partialbruchreihe des Cotangens steht in Aufgabe **A.3**. Formel (12) liefert für $z = ia$:

$$\pi \cot \pi z = \frac{1}{z} + \sum_{k=1}^{\infty} \frac{2z}{z^2 - k^2} . \tag{14}$$

Wir führen noch einen anderen Beweis vor:
Die Funktionen $g(z) := \pi \cot \pi z$ und $h(z) := \frac{1}{z} + \sum_{k=1}^{\infty} \frac{2z}{z^2-k^2}$ sind beide in $\mathbb{C} \setminus \mathbb{Z}$ holomorph und ungerade.
In den Polstellen $k \in \mathbb{Z}$ besitzen beide den Hauptteil $(z-k)^{-1}$.
Also ist $f(z) := g(z) - h(z)$ in $\mathbb{C}$ holomorph und ungerade.
Für g gilt die sog. Verdoppelungsformel (siehe Aufgabe 8.5.D.2)

$$2g(2z) = g(z) + g(z+1/2) \tag{15}$$

Für die Partialsumme $S_n(z) := \frac{1}{z} + \sum_{k=1}^{n} \frac{2z}{z^2-k^2}$ der Reihe $h(z)$ rechnet man nach, dass

$$S_n(z) + S_n(z+1/2) = 2S_{2n}(2z) + \frac{2}{2z+2n+1}\,. \tag{16}$$

$n \to \infty$ liefert die Verdoppelungsformel (15) für $h(z)$ und damit auch für $f = g - h$.
Es ist $f(0) = 0$. Wäre $f \not\equiv 0$, so gibt es nach dem Maximumprinzip ein $z_0 \in \overline{B_2}$ mit $|f(z)| < |f(z_0)|$ für alle $z \in B_2 = \{|z| < 2\}$. Aus $|z_0| \leq 2$ folgt $|\frac{1}{2}z_0|, |\frac{1}{2}(z_0+1)| < 2$. Also

$$\left|f\left(\tfrac{1}{2}z_0\right) + f\left(\tfrac{1}{2}(z_0+1)\right)\right| \leq \left|f\left(\tfrac{1}{2}z_0\right)\right| + \left|f\left(\tfrac{1}{2}(z_0+1)\right)\right| < 2|f(z_0)| \tag{17}$$

und das ist ein Widerspruch zur Verdoppelungsformel (15) für $f(z)$. Also ist $g(z) \equiv h(z)$.

(B.2) Es ist $\pi \tan \frac{\pi z}{2} = \cot \frac{\pi z}{2} - 2\pi \cot \pi z$. Aus der Partialbruchreihe (14) des Cotangens erhält man damit auch die des Tangens:

$$\pi \tan \frac{\pi z}{2} = \sum_{k=0}^{\infty} \frac{4z}{(2k+1)^2 - z^2}\,. \tag{18}$$

Mit $\frac{\pi}{\sin \pi z} = \pi \cot \pi z + \pi \tan \frac{\pi z}{2}$ erhält man daraus

$$\frac{\pi}{\sin \pi z} = \frac{1}{z} + \sum_{k=1}^{\infty} (-1)^k \frac{2z}{z^2-k^2} = \sum_{k=-\infty}^{\infty} \frac{(-1)^k}{z+k}\,. \tag{19}$$

Mit $\cos \pi z = \sin \pi(z + \frac{1}{2})$ und gliedweiser Differentiation erhält man daraus

$$\begin{aligned} \frac{\pi}{\cos \pi z} &= 2\sum_{k=0}^{\infty} (-1)^k \frac{k+\frac{1}{2}}{(k+\frac{1}{2})^2 - z^2} \\ \pi^2 \frac{\sin \pi z}{\cos^2 \pi z} &= \sum_{k=-\infty}^{\infty} \frac{(-1)^k}{(z+k-\frac{1}{2})^2}\,. \end{aligned} \tag{20}$$

(B.3) Die Formel folgt durch gliedweise Differentiation der Reihenentwicklung (22) von $(\sin \pi z)^{-2}$.

C Die Partialbruchreihe (14) des Cotangens kann man auch in der Form

$$\pi \cot \pi z = \frac{1}{z} + \sum_{k \neq 0} \left(\frac{1}{z+k} - \frac{1}{k} \right) \tag{21}$$

schreiben. Diese Reihe ist normal konvergent und kann daher gliedweise differenziert werden. Mit $(\cot z)' = \dfrac{-1}{\sin^2 z}$ erhält man

$$\frac{\pi^2}{\sin^2 \pi z} = \sum_{k=-\infty}^{\infty} \frac{1}{(z+k)^2} . \tag{22}$$

Übergang von πz zu z und Multiplikation mit $\sin^2 z$ liefert

$$1 = \sin^2 z \sum_{k=-\infty}^{\infty} \frac{1}{(z+k\pi)^2} = \sum_{k=-\infty}^{\infty} \frac{\sin^2(z+k\pi)}{(z+k\pi)^2} . \tag{23}$$

Gliedweise Integration im Intervall $[0, \pi]$ ergibt

$$\begin{aligned} \pi &= \sum_{k=-\infty}^{\infty} \int_0^{\pi} \frac{\sin^2(x+k\pi)}{(x+k\pi)^2}\, dx = \sum_{k=-\infty}^{\infty} \int_{k\pi}^{(k+1)\pi} \frac{\sin^2 x}{x^2}\, dx \\ &= \int_{-\infty}^{\infty} \frac{\sin^2 x}{x^2}\, dx . \end{aligned} \tag{24}$$

Partielle Integration liefert für $R > 0$:

$$\begin{aligned} \int_0^R \frac{\sin^2 x}{x^2}\, dx &= - \left. \frac{\sin^2 x}{x} \right|_0^R + \int_0^R \frac{\sin 2x}{x}\, dx \\ &= - \frac{\sin^2 R}{R} + \int_0^{2R} \frac{\sin x}{x}\, dx . \end{aligned} \tag{25}$$

$R \to \infty$ ergibt wegen (24)

$$\int_0^{\infty} \frac{\sin x}{x}\, dx = \int_0^{\infty} \frac{\sin^2 x}{x^2}\, dx = \frac{\pi}{2} . \tag{26}$$

Für einen anderen Beweis siehe Aufgabe 9.1.G. Schreibt man $2x$ statt x in (24) und benutzt $\sin^2 2x = 4(\sin^2 x - \sin^4 x)$, so erhält man

$$\int_0^{\infty} \frac{\sin^2 x - \sin^4 x}{x^2}\, dx = \frac{\pi}{4} \quad ; \qquad \int_0^{\infty} \frac{\sin^4 x}{x^2}\, dx = \frac{\pi}{4} \tag{27}$$

und daraus durch partielle Integration

$$\begin{aligned}\int_0^\infty \frac{\sin^4 x}{x^4}\,dx &= \frac{4}{3}\int_0^\infty \frac{\sin^3 x\cos x}{x^3}\,dx \\ &= \frac{2}{3}\int_0^\infty \frac{3\sin^2 x\cos^2 x-\sin^4 x}{x^2}\,dx = \frac{\pi}{3}\,.\end{aligned} \tag{28}$$

Die Funktion $f(z)=\pi z\cot\pi z-1$ ist in einer Umgebung von $z_0=0$ holomorph. Für ihre Potenzreihe um Null erhält man mit Hilfe der Partialbruchreihe (14) des Cotangens

$$\begin{aligned}f(z) &= 2z^2\sum_{k=1}^\infty \frac{1}{z^2-k^2} = 2z^2\sum_{k=1}^\infty\left(-\frac{1}{k^2}\sum_{n=0}^\infty\left(\frac{z}{k}\right)^{2n}\right) \\ &= -2\sum_{m=1}^\infty\left(\sum_{k=1}^\infty\frac{1}{k^{2m}}\right)z^{2m}\,.\end{aligned} \tag{29}$$

Dabei durfte die Summationsreihenfolge vertauscht werden. Andererseits wurde in Aufgabe 8.6.A.4 bewiesen, dass

$$\pi z\cot\pi z-1 = \sum_{n=1}^\infty(-1)^n\frac{2^{2n}}{(2n)!}\,\pi^{2n}\,B_{2n}\,z^{2n}\,. \tag{30}$$

Koeffizientenvergleich liefert

$$\sum_{k=1}^\infty\frac{1}{k^{2m}} = (-1)^{m+1}\frac{2^{2m-1}}{(2m)!}B_{2m}\pi^{2m}\,. \tag{31}$$

Insbesondere gilt

$$\sum_{k=1}^\infty\frac{1}{k^2}=\frac{\pi^2}{6}\quad,\quad\sum_{k=1}^\infty\frac{1}{k^4}=\frac{\pi^4}{90}\quad,\quad\sum_{k=1}^\infty\frac{1}{k^6}=\frac{\pi^6}{945} \tag{32}$$

Für $f_k := 1-z^2/k^2$ gilt $\dfrac{f_k'}{f_k}=\dfrac{2z}{z^2-k^2}$. Für $f(z):=\pi z\prod_{k=1}^\infty f_k$ gilt daher

$$\frac{f'(z)}{f(z)} = \frac{1}{z}+\sum_{k=1}^\infty\frac{f_k'(z)}{f_k(z)} = \frac{1}{z}+\sum_{k=1}^\infty\frac{2z}{z^2-k^2} = \pi\cot\pi z = \frac{(\sin\pi z)'}{\sin\pi z}\,.$$

Also haben $f(z)$ und $\sin\pi z$ im Gebiet $\mathbb{C}\backslash\mathbb{Z}$ die gleiche logarithmische Ableitung. Es folgt $f(z)=c\sin\pi z$ mit konstantem $c\neq 0$.

Wegen $\lim\limits_{z\to 0} \dfrac{f(z)}{\pi z} = 1 = \lim\limits_{z\to 0} \dfrac{\sin \pi z}{\pi z}$ folgt $c = 1$ und damit die Behauptung

$$\sin \pi z \;=\; \pi z \prod_{k=1}^{\infty} \left(1 - \frac{z^2}{k^2}\right) \;=\; \pi z \prod_{k\neq 0} \left(1 - \frac{z}{k}\right) \mathrm{e}^{z/k} \,. \tag{33}$$

Die Konvergenz des zweiten Produkts ist nicht offensichtlich. Sie folgt wegen $\left|(1 - \frac{z}{k})\,\mathrm{e}^{z/k} - 1\right| \leq \frac{z^2}{k^2}$ für $|\frac{z}{k}| \leq 1$ aus 1.6.7.5. Übungsaufgabe! Das Produkt $\prod_{k\neq 0}(1 - \frac{z}{k})$ ohne die konvergenzerzeugenden Faktoren $\mathrm{e}^{z/k}$ ist divergent!

Für $z = \frac{1}{2}$ ergibt sich das Wallisprodukt (siehe dazu auch [RA1 5.3.2.B])

$$\frac{\pi}{2} \;=\; \lim_{n\to\infty} \prod_{k=1}^{n} \frac{4k^2}{4k^2 - 1} \;=\; \lim_{n\to\infty} \frac{4^n}{2n+1} \frac{(n!)^4}{((2n)!)^2} \,. \tag{34}$$

Für $z = 1$ ergibt sich (nach Umformung und Grenzübergang) die auch elementar beweisbare Formel $\dfrac{1}{2} = \displaystyle\prod_{k=2}^{\infty} \left(1 - \frac{1}{k^2}\right)$.

Für $z = i$ ergibt sich $\displaystyle\prod_{k=1}^{\infty} \left(1 + \frac{1}{k^2}\right) \;=\; \frac{\mathrm{e}^{\pi} - \mathrm{e}^{-\pi}}{2\pi}$.

Mit $\sin z \cos z = \frac{1}{2} \sin 2z$ folgt

$$\begin{aligned} \sin \pi z \cos \pi z \;&=\; \pi z \prod_{k=1}^{\infty} \left(1 - \left(\frac{2z}{k}\right)^2\right) \\ &=\; \pi z \prod_{k=1}^{\infty} \left(1 - \left(\frac{2z}{2k}\right)^2\right) \pi z \prod_{k=1}^{\infty} \left(1 - \left(\frac{2z}{2k-1}\right)^2\right) \\ \cos \pi z \;&=\; \prod_{k=1}^{\infty} \left(1 - \frac{4z^2}{(2k-1)^2}\right) \,. \end{aligned} \tag{35}$$

F Die Partialbruchreihe (19) liefert

$$\frac{1}{\sin \zeta} \;=\; \frac{1}{\zeta} + \sum_{k=1}^{\infty} (-1)^k \frac{2\zeta}{\zeta^2 - k^2\pi^2} \,. \tag{36}$$

Die normal konvergente Reihe kann gliedweise integriert werden. Dies ergibt

$$\log \tan \zeta/2 \;=\; \log C + \log \zeta/2 + \sum_{k=1}^{\infty} (-1)^k \log \left(1 - \frac{\zeta^2}{k^2\pi^2}\right) \tag{37}$$

bzw

$$\tan\zeta/2 \;=\; \frac{C\zeta}{2}\prod_{k=1}^{\infty}\left(\frac{1-\zeta^2/(4k^2\pi^2)}{1-\zeta^2/((2k-1)^2\pi^2)}\right)\,. \tag{38}$$

$\zeta \to 0$ ergibt für die Integrationskonstante $C = 1$. Für $z = \zeta/2$ erhält man

$$\frac{\tan z}{z} \;=\; \prod_{k=1}^{\infty}\left(1-\frac{z^2}{k^2\pi^2}\right)\Big/\prod_{k=1}^{\infty}\left(1-\frac{4z^2}{(2k-1)^2\pi^2}\right)\,. \tag{39}$$

"$\Longleftarrow$": Sei (a_k) eine Folge in $\mathbb{E}^* = \{0 < |z| < 1\}$ mit $\sum(1-|a_k|) < \infty$ und $A := \{\, a_k\,;\ k \in \mathbb{N}\,\}$. Für $a \in \mathbb{E}^*$ gilt

$$\left|\overline{a}\,\frac{z-a}{\overline{a}z-1} - 1\right| \;=\; \frac{1-|a|^2}{|\overline{a}||z-1/\overline{a}|} \;\le\; \frac{2}{|a|}\cdot\frac{1-|a|}{|\overline{a}||z-1/\overline{a}|}\,. \tag{40}$$

Sei K ein beliebiges Kompaktum in $\mathbb{E}$. Es gibt ein k_0 derart, dass $a_k \notin K$ für alle $k \ge k_0$. O.B.d.A. sei $k_0 = 0$ (endlich viele Faktoren darf man abspalten). Dann ist $d := d(K, A) > 0$. Sei $m := d(0, A) = \min\{\, |a_k|\,;\ k \in \mathbb{N}\,\}$. Dann gilt

$$\sum_{k=0}^{\infty}\left\|\overline{a_k}\,\frac{z-a_k}{\overline{a_k}z-1} - 1\right\|_K \;\le\; \frac{2d}{m}\sum_{k=0}^{\infty}\big|1-|a_k|\big| \;<\; \infty\,. \tag{41}$$

Nach 6.8.1 folgt daraus die kompakte Konvergenz des Blaschke-Produkts.

"$\Longrightarrow$": Das Blaschke-Produkt $b(z) := \prod_{k\in\mathbb{N}} \overline{a_k}\,\dfrac{z-a_k}{\overline{a_k}z-1}$ sei konvergent. Dann ist $b(0) \ne 0$. Nach Aufgabe 9.3.F gilt $|b(0)| \le |a_1 \cdot \ldots \cdot a_n| \cdot \|b\|_{\mathbb{E}}$.

Wäre nun $\sum(1-|a_k|) = \infty$, so wäre das Produkt $\prod |a_k|$ divergent, also $\lim_{n\to\infty}|a_1 \cdot \ldots \cdot a_n| = 0$. Dann folgt aber $b(0) = 0$. Widerspruch.

Man kann mit Hilfe von Blaschke-Produkten holomorphe Funktionen im Einheitskreis konstruieren, die nicht identisch verschwinden, aber deren Nullstellen sich gegen jeden Randpunkt häufen. Solche Funktionen lassen sich garantiert nicht über den Rand des Einheitskreises hinaus holomorph fortsetzen.

(H.1) Sei $\emptyset \ne S \subset \mathcal{O}(\mathbb{C})$. O.B.d.A. sei $S \ne \{0\}$.

Ist $h \in \mathcal{O}(\mathbb{C})$, so ist $D_h(z) \ge 0$ der Hauptdivisor von h (siehe Abschnitt 6.8.3). h ist ein Teiler von S genau dann, wenn $D_h \le D_f$ für alle $f \in S$ (siehe Aufgabe 9.4.F).

Die Abbildung $D\colon \mathbb{C} \to \mathbb{Z}$ sei definiert durch $D(z) := \min\{\, D_f(z)\,;\ f \in S\,\}$. Da alle $D_f \ge 0$ sind, ist auch $D(z) \ge 0$ für alle $z \in \mathbb{C}$.

D ist ein Divisor, d.h. sein Träger $|D| := \{\, z\,;\ D(z) \ne 0\,\}$ ist diskret. Nach dem Weierstraß'schen Produktsatz gibt es eine ganze Funktion $g \in \mathcal{O}(\mathbb{C})$ mit $D_g = D$.

Dann ist g ein Teiler von S und jeder andere Teiler h von S ist ein Teiler von g, d.h. g ist ein größter gemeinsamer Teiler (ggT) von S.

(H.2) Seien $f_1, f_2 \in \mathcal{O}(\mathbb{C})$ teilerfremd. Dann sind beide $\not\equiv 0$ und besitzen keine gemeinsamen Nullstellen. Sei N_j die Nullstellenmenge von f_j.

Die meromorphe Funktion $1/(f_1 f_2)$ besitzt nach Mittag-Leffler (6.7.2) eine normal konvergente Partialbruchentwicklung. Man kann diese in zwei Teilreihen $\dfrac{1}{f_1 f_2} = h_1 + h_2$ derart zerlegen, dass die meromorphen Funktionen h_j genau in den Punkten $z \in N_j$ Pole haben und deren Polordnung gerade die entsprechende Nullstellenordnung von f_j ist.

Dann sind $g_j := f_j h_j$ holomorph in $\mathbb{C}$ und es gilt $1 \equiv f_1 g_1 + f_2 g_2$.

(H.3) Beweis durch Induktion nach n. Der Induktionsanfang $n = 1$ ist klar. Sei $n > 1$ und $\widetilde{f} := ggT(f_2, \ldots, f_n)$. Nach Induktionsvoraussetzung existieren $g_2, \ldots, g_n$ mit $\widetilde{f} := f_2 g_2 + \ldots + f_n g_n$.

Wegen $f = ggT(f_1, \ldots, f_n) = ggT(f_1, \widetilde{f})$ sind $h_1 := f_1/f$ und $h_2 := \widetilde{f}/f$ holomorph in $\mathbb{C}$ und teilerfremd.

Nach der letzten Teilaufgabe gibt es $\widetilde{g}_j \in \mathcal{O}(\mathbb{C})$ mit $1 \equiv \widetilde{g}_1 h_1 + \widetilde{g}_2 h_2$. Es folgt $f = \widetilde{g}_1 f_1 + \widetilde{g}_2 (g_2 f_2 + \ldots g_n f_n)$. Fertig.

(H.4) Sei $I \subset \mathcal{O}(\mathbb{C})$ ein Ideal, das von $f_1, \ldots, f_n$ erzeugt wird.
Sei $f := ggT(f_1, \ldots, f_n)$. Der ggT existiert nach Teil (a) dieser Aufgabe. Das von f erzeugte Hauptideal (f) enthält alle Vielfachen von f, also auch alle f_k und damit auch I.

Andererseits gibt es nach **(H.3)** Funktionen $g_k \in \mathcal{O}(\mathbb{C})$ mit $f \equiv \sum g_k f_k$. Also ist $(f) \subset I$. Fertig.

11.5 Gamma-Funktion

Beweisen Sie die Produktdarstellung $\Gamma(z) = \lim\limits_{m\to\infty} \dfrac{m! \cdot m^z}{(z+1)\cdot \ldots \cdot (z+m)}$

und den Grenzwert $\lim\limits_{n\to\infty} \dfrac{\Gamma(z+n)}{n^z\Gamma(n)} = 1$.

Man beweise:

$$\Gamma(z)\Gamma(1-z) = \frac{\pi}{\sin \pi z} \quad \text{und} \quad \Gamma(\tfrac{1}{2}+z)\,\Gamma(\tfrac{1}{2}-z) = \frac{\pi}{\cos \pi z}$$

Man beweise: $\Gamma(m+\frac{1}{2}) = \sqrt{\pi} \prod\limits_{k=0}^{m-1} \left(k+\frac{1}{2}\right)$ für $m = 0, 1, 2, \ldots$.

Man beweise:

1) $|\Gamma(iy)|^2 = \dfrac{\pi}{y \sinh \pi y}$

2) $|\Gamma(\frac{1}{2}+iy)|^2 = \dfrac{\pi}{y \cosh \pi y}$

3) $\displaystyle\int_0^1 \log \Gamma(t)\, dt = \log \sqrt{2\pi}$

Man beweise $\displaystyle\int_0^\infty t^{z-1}\, \mathrm{e}^{-it}\, dt = \mathrm{e}^{-i\pi z/2}\, \Gamma(z)$ für $0 < \mathrm{Re}\, z < 1$ und berechne so die *Fresnel-Integrale:* $\displaystyle\int_0^\infty \sin t^2\, dt = \int_0^\infty \cos t^2\, dt = \sqrt{\pi/8}$.

Man beweise: $\displaystyle\int_0^\infty \mathrm{e}^{-x^\beta}\, dx = \frac{1}{\beta}\Gamma(\frac{1}{\beta})$ und $\displaystyle\int_0^\infty x^{2n}\, \mathrm{e}^{-x^2}\, dx = \frac{1}{2}\Gamma(n+\frac{1}{2})$.

Beweisen Sie den folgenden Eindeutigkeitssatz für die Gamma-Funktion:

Sei f holomorph in der rechten Halbebene $H_r := \{\, z\, ;\, \mathrm{Re}\, z > 0\,\}$ und im Streifen $S := \{\, z\, ;\, 1 \le \mathrm{Re}\, z \le 2\,\}$ beschränkt. Ferner erfülle f die Funktionalgleichung $f(z+1) = zf(z)$.

Dann ist $f(z) = f(1)\Gamma(z)$.

Beweisen Sie den folgenden Eindeutigkeitssatz für die Gamma-Funktion:

Sei f holomorph in $\mathbb{C} \setminus \{0, -1, -2, \ldots\}$ und es gelte

$$f(1) = 1\ ; \quad zf(z) = f(z+1)\ ; \quad \lim_{n\to\infty} \frac{f(z+n)}{n^z f(n)} = 1\ .$$

Dann ist $f(z) = \Gamma(z)$.

Lösungen:

A Die Eulersche Produktdarstellung der Gamma-Funktion ist

$$\Gamma(z) = \frac{e^{-Cz}}{z} \cdot \prod_{k=1}^{\infty} \left(1 + \frac{z}{k}\right)^{-1} e^{z/k} \tag{1}$$

Mit $n^z = e^{z \log n}$ und nach Definition der Mascheroni-Konstanten folgt

$$\begin{aligned} \Gamma(z) &= \frac{e^{-Cz}}{z} \cdot \lim_{m\to\infty} \frac{m!\, m^z}{z(z+1)\cdot\ldots\cdot(z+m)} \cdot \exp\left[z\left(\sum_{k=1}^{m} \tfrac{1}{k} - \log m\right)\right] \\ &= \lim_{m\to\infty} \frac{m! \cdot m^z}{(z+1)\cdot\ldots\cdot(z+m)} \end{aligned} \tag{2}$$

Daraus und wegen $\Gamma(z+n) = z(z+1)\cdot\ldots\cdot(z+n-1)\cdot\Gamma(z)$ folgt

$$\lim_{n\to\infty} \frac{\Gamma(z+n)}{n^z\Gamma(n)} = 1 . \tag{3}$$

B Aus der Produktdarstellung (1) der Gamma-Funktion folgt

$$\Gamma(z)\cdot\Gamma(-z) = -\frac{1}{z^2} \prod_{k=1}^{\infty} \left(1 - \frac{z^2}{k^2}\right)^{-1} = \frac{-\pi}{z \sin \pi z} . \tag{4}$$

Zur Produktdarstellung von $\sin \pi z$ siehe z.B. Aufgabe 11.4.E. Mit der Funktionalgleichung der Gamma-Funktion folgt die Behauptung

$$\Gamma(z)\cdot\Gamma(1-z) = \frac{\pi}{\sin \pi z} . \tag{5}$$

Die Formel

$$\Gamma(\tfrac{1}{2}+z)\cdot\Gamma(\tfrac{1}{2}-z) = \frac{\pi}{\cos \pi z} \tag{6}$$

folgt direkt aus (5) durch Übergang von z zu $z + \frac{1}{2}$.

C Beweis durch Induktion über m. Mit der Substitution $t = u^2,\ dt = 2u\, du$ erhält man

$$\Gamma(\tfrac{1}{2}) = \int_0^\infty e^{-t} t^{-1/2}\, dt = 2\int_0^\infty e^{-u^2}\, du = \sqrt{\pi} . \tag{7}$$

Da leere Produkte definitionsgemäß gleich 1 sind, ist dies der Induktionsanfang für $m = 0$. $\Gamma(\frac{1}{2}) = \sqrt{\pi}$ folgt natürlich auch für $z = \frac{1}{2}$ aus der Formel (5).

Zum Fehlerintegral $\int_{-\infty}^{\infty} e^{-u^2}\, du = \sqrt{\pi}$ siehe z.B. Aufgabe 11.3.F.4.

Der Induktionsschluss ergibt sich direkt aus der Funktionalgleichung der Gammafunktion:

$$\begin{aligned}\Gamma(m+1+\tfrac{1}{2}) &= (m+\tfrac{1}{2})\cdot\Gamma(m+\tfrac{1}{2}) = (m+\tfrac{1}{2})\sqrt{\pi}\prod_{k=0}^{m-1}(k+\tfrac{1}{2}) \\ &= \sqrt{\pi}\prod_{k=0}^{m}(k+\tfrac{1}{2})\,.\end{aligned} \tag{8}$$

(D.1) Aus (4) folgt wegen $\Gamma(\overline{z}) = \overline{\Gamma(z)}$:

$$\Gamma(iy)\cdot\Gamma(-iy) = |\Gamma(iy)|^2 = \frac{-\pi}{iy\sin i\pi y} = \frac{\pi}{y\sinh\pi y} \tag{9}$$

(D.2) Aus (6) folgt analog:

$$\Gamma(\tfrac{1}{2}+iy)\cdot\Gamma(\tfrac{1}{2}-iy) = |\Gamma(\tfrac{1}{2}+iy)|^2 = \frac{\pi}{\cos i\pi y} = \frac{\pi}{\cosh\pi y} \tag{10}$$

(D.3) Aus der Verdoppelungsformel $\sin 2\pi z = 2\sin\pi z\,\sin\pi(z+\tfrac{1}{2})$ folgt

$$\int_0^{1/2}\log\sin 2\pi t\,dt = \tfrac{1}{2}\log 2 + \int_0^{1/2}\log\sin\pi t\,dt + \int_0^{1/2}\log\sin\pi(t+\tfrac{1}{2})\,dt\,. \tag{11}$$

Man überlege sich, dass diese uneigentlichen Integrale alle existieren!
Mit den Substitutionen $u = 2t$ bzw $u = t+\frac{1}{2}$ folgt

$$\tfrac{1}{2}\int_0^{1}\log\sin\pi u\,du = \tfrac{1}{2}\log 2 + \int_0^{1/2}\log\sin\pi t\,dt + \int_{1/2}^{1}\log\sin\pi u\,du \tag{12}$$

und damit $\displaystyle\int_0^1\log\sin\pi t\,dt = -\log 2$. Mit (5) folgt:

$$\int_0^1\log\Gamma(t)\,dt + \int_0^1\log\Gamma(1-t)\,dt = \log\pi - \int_0^1\log\sin\pi t\,dt = \log 2\pi\,. \tag{13}$$

Da die beiden Integrale links gleich sind, folgt die Behauptung.

Wir integrieren $g(\zeta) := \zeta^{z-1}\,\mathrm{e}^{-\zeta}$ über den Rand des rechts skizzierten Kreisringsektors S. g ist holomorph in der geschlitzten Ebene $\mathbb{C}\setminus\mathbb{R}_{\le 0}$. Also ist $\displaystyle\int_{\partial S} g(\zeta)\,d\zeta = 0$.
Die Integrale über die Viertelkreise γ_R und γ_δ gehen gegen Null für $R\to\infty$ bzw $\delta\to 0^+$.
Für $z = x+iy$ und $\zeta = r\,\mathrm{e}^{i\varphi}$ gilt nämlich $|g(\zeta)| \le \mathrm{e}^{\pi|y|}\,r^{x-1}\,\mathrm{e}^{-r\cos\varphi}$. Es folgt

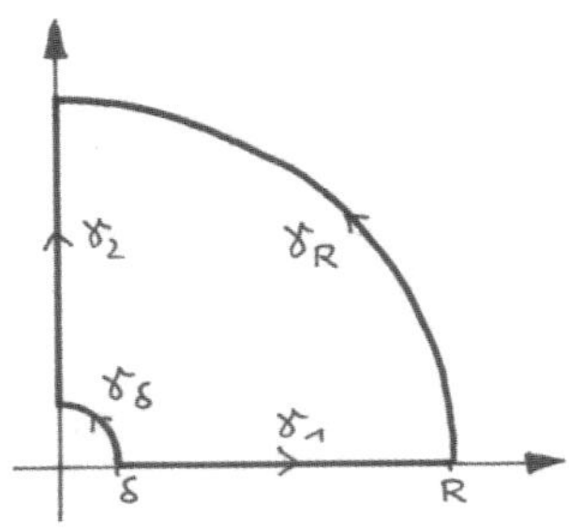

$$\begin{aligned} \left| \int_{\gamma_\delta} g(\zeta)\,d\zeta \right| &= \left| \int_0^{\pi/2} g(\delta\,\mathrm{e}^{it}) i\delta\,\mathrm{e}^{it}\,dt \right| \\ &\leq \mathrm{e}^{\pi|y|}\delta^x \int_0^{\pi/2} \mathrm{e}^{-\delta\cos t}\,dt \;\leq\; \tfrac{1}{2}\pi\,\mathrm{e}^{\pi|y|}\delta^x \;\to\; 0 \end{aligned} \tag{14}$$

für $x > 0,\ \delta \to 0^+$. Wegen $\cos\varphi \geq 1 - \frac{2}{\pi}\varphi$ in $[0, \frac{\pi}{2}]$ gilt andererseits

$$\begin{aligned} \left| \int_{\gamma_R} g(\zeta)\,d\zeta \right| &\leq \mathrm{e}^{\pi|y|} R^x \int_0^{\pi/2} \mathrm{e}^{-R\cos t}\,dt \\ &\leq \mathrm{e}^{\pi|y|} R^x \int_0^{\pi/2} \mathrm{e}^{-R+2Rt/\pi}\,dt \;\leq\; \mathrm{e}^{\pi|y|} R^x \left[\mathrm{e}^{-R}\frac{\pi}{2R}\,\mathrm{e}^{2Rt/\pi} \right]_{t=0}^{\pi/2} \\ &< \mathrm{e}^{\pi|y|} R^x \frac{\pi}{2R} \;=\; \tfrac{1}{2}\pi\,\mathrm{e}^{\pi|y|} R^{x-1} \;\to\; 0 \end{aligned} \tag{15}$$

für $x < 1,\ R \to \infty$. Also ist $\lim\limits_{R\to\infty,\delta\to 0^+} \int_{\gamma_1} g(\zeta)\,d\zeta = \lim\limits_{R\to\infty,\delta\to 0^+} \int_{\gamma_2} g(\zeta)\,d\zeta$ und das ist die behauptete Gleichung

$$\int_0^\infty t^{z-1}\,\mathrm{e}^{-it}\,dt \;=\; \mathrm{e}^{-i\pi z/2} \int_0^\infty t^{z-1}\,\mathrm{e}^{-t}\,dt \;=\; \mathrm{e}^{-i\pi z/2}\,\Gamma(z)\ . \tag{16}$$

Für reelle $z = x \in]0, 1[$ erhält man daraus

$$\int_0^\infty t^{x-1}\cos t\,dt \;=\; \cos(\tfrac{\pi x}{2})\,\Gamma(x)\ ; \quad \int_0^\infty t^{x-1}\sin t\,dt \;=\; \sin(\tfrac{\pi x}{2})\,\Gamma(x) \tag{17}$$

Für $x = \frac{1}{2}$ erhält man die *Fresnel-Integrale* mit der Substitution $u^2 = t$:

$$\int_0^\infty \cos^2 u\,du \;=\; \int_0^\infty \sin^2 u\,du \;=\; \tfrac{\sqrt{2}}{2}\,\Gamma(\tfrac{1}{2}) \;=\; \sqrt{\tfrac{\pi}{8}}\ . \tag{18}$$

F Die Gleichung $\int_0^\infty \mathrm{e}^{-x^\beta}\,dx \;=\; \frac{1}{\beta}\Gamma(\frac{1}{\beta})$ beweist man mit der Substitution $x = t^{1/\beta},\ dx = \frac{1}{\beta}t^{1/\beta-1}\,dt$.

Die Gleichung $\int_0^\infty x^{2n}\,\mathrm{e}^{-x^2}\,dx \;=\; \frac{1}{2}\Gamma(n+\frac{1}{2})$ folgt daraus induktiv durch partielle Integration.

Sei $g(z) := f(z) - f(1)\Gamma(z)$. Dann ist auch g in der rechten Halbebene holomorph und erfüllt die Funktionalgleichung $g(z+1) = zg(z)$. Infolgedessen kann g meromorph auf ganz $\mathbb{C}$ fortgesetzt werden. Pole hat g höchstens in den Stellen $0, -1, -2, \ldots$ und zwar mit dem Residuum

$$\begin{aligned}\operatorname{res}(g; -n) &= \lim_{z \to -n} \frac{g(z+n+1)}{z \cdot (z+1) \cdot \ldots \cdot (z+n-1)} \\ &= \frac{g(1)}{(-n) \cdot (-n+1) \cdot \ldots \cdot (-1)} = \frac{(-1)^n g(1)}{n!} .\end{aligned} \tag{19}$$

Wegen $g(1) = 0$ ist g auch in den Punkten $-n$ $(n \in \mathbb{N}_0)$ holomorph.

Γ und f sind in dem Streifen $S := \{\, z\,;\, 1 \le \operatorname{Re} z \le 2 \,\}$ beschränkt, also auch g. Dann ist g auch in dem abgeschlossenen Streifen $S_0 := \{0 \le \operatorname{Re} z \le 1\}$ beschränkt. Im Rechteck $S_0 \cap \{|\operatorname{Im} z| \le 1\}$ folgt dies aus der Stetigkeit von g. Für $|\operatorname{Im} z| > 1$ folgt dies aus $g(z) = g(z+1)/z$.

Mit $g(z)$ ist auch $g(1-z)$ und damit auch $h(z) := g(z)g(1-z)$ in S_0 beschränkt. Außerdem gilt $h(z+1) = -h(z)$. Also ist h in ganz $\mathbb{C}$ beschränkt. h ist holomorph in $\mathbb{C}$, also nach Liouville konstant.

Wegen $h(0) = g(1) \cdot g(0) = 0$ folgt $h(z) \equiv 0$ und damit $g(z) \equiv 0$.

Also ist $f(z) = f(1)\Gamma(z)$.

Aus $f(1) = 1$ und $zf(z) = f(z+1)$ folgt

$$f(z) = \frac{(n-1)!}{z \cdot (z+1) \cdot \ldots \cdot (z+n-1)} \cdot \frac{f(z+n)}{f(n)} \tag{20}$$

und mit (3) : $\displaystyle\lim_{n\to\infty} \frac{f(z+n)}{n^z f(n)} = 1$ folgt daraus

$$f(z) = \lim_{n \to \infty} \frac{n^z (n-1)!}{z \cdot (z+1) \cdot \ldots \cdot (z+n-1)} = \Gamma(z) . \tag{21}$$

Literaturverzeichnis

AS L. V. Ahlfors, *Complex Analysis*, McGraw-Hill 1966 (1953)

BS H. Behnke / F.Sommer, *Theorie der analytischen Funktionen einer komplexen Veränderlichen*, Springer 1972 (1955)

CP E.T. Copson, *An Introduction to the Theory of Functions of a Complex Variable*, Oxford 1978 (1935)

CW J.B. Conway, *Functions of one Complex Variable* Springer 1973

FB E. Freitag / R. Busam, *Funktionentheorie* Springer 1995

FL W. Fischer / I. Lieb, *Funktionentheorie* Vieweg 1980

HI E. Hille, *Analytic Function Theory 1,2* Ginn & Co 1959

KN K. Knopp, *Funktionentheorie* (5 Bände, davon 2 mit Aufgaben) Göschen 1949

KR J.G. Krzyz, *Problems in Complex Variable Theory* Elsevier 1971

NP R. Nevanlinna / V. Paatero, *Einführung in die Funktionentheorie* Birkhäuser Verlag 1965

PS G. Pólya / G. Szegö, *Aufgaben und Lehrsätze aus der Analysis* Springer 1970 (1924)

RA S.Timmann, *Repetitorium der Analysis I,II*, Binomi Verlag 1993

RR R. Remmert, *Funktionentheorie I,II* Springer 1989

RÜ F. Rühs, *Funktionentheorie* Dt.Verl.d.Wiss. 1976

SG G. Sansone / J. Gerretsen, *Lectures on the Theory of Functions of a Complex Variable I,II*, Noordhoff 1960

SP M.R. Spiegel, *Theory and Problems of Complex Variables* Schaum's Outline Series, McGraw-Hill 1964

Partialbruchzerlegungen

$$\frac{\pi}{\sin \pi z} = \frac{1}{z} + \sum_{k=1}^{\infty}(-1)^k \frac{2z}{z^2-k^2} = \frac{1}{z} + \sum_{k=-\infty}^{\infty}{}' (-1)^k \left(\frac{1}{z-k}+\frac{1}{k}\right)$$

$$\begin{aligned}\frac{\pi}{\cos \pi z/2} &= 4\sum_{k=1}^{\infty}(-1)^k \frac{2k+1}{(2k+1)^2-z^2}\\ &= \pi + \sum_{k=-\infty}^{\infty}(-1)^k\left(\frac{2}{2z-2k+1}+\frac{2}{2k-1}\right)\end{aligned}$$

$$\pi \cot \pi z = \frac{1}{z} + 2z\sum_{k=1}^{\infty}\frac{1}{z^2-k^2} = \frac{1}{z} + \sum_{k=-\infty}^{\infty}{}' \left(\frac{1}{z-k}+\frac{1}{k}\right)$$

$$\begin{aligned}\pi \tan \pi z &= -8z\sum_{k=1}^{\infty}\frac{1}{4z^2-(2k-1)^2}\\ &= -\sum_{k=-\infty}^{\infty}\left(\frac{2}{2z-2k+1}+\frac{2}{2k-1}\right)\end{aligned}$$

$$\frac{\pi}{\sinh \pi z} = \frac{1}{z} + \sum_{k=1}^{\infty}(-1)^k \frac{2z}{z^2+k^2}$$

$$\frac{\pi}{\cosh \pi z/2} = 4\sum_{k=1}^{\infty}(-1)^k \frac{2k+1}{(2k+1)^2+z^2}$$

$$\pi \coth \pi z = \frac{1}{z} + \sum_{k=1}^{\infty}\frac{2z}{z^2+k^2}$$

$$\pi \tanh \pi z = \sum_{k=1}^{\infty}\frac{2z}{z^2+k^2}$$

$$\frac{\pi^2}{\sin^2 \pi z} = \sum_{k=-\infty}^{\infty}\frac{1}{(z+k)^2}$$

$$\frac{\pi^2}{\cos^2 \pi z} = \sum_{k=-\infty}^{\infty}\frac{4}{(2z+2k+1)^2}$$

$$\begin{aligned}
\frac{1}{e^z-1} &= -\frac{1}{2}+\frac{1}{z}+2z\sum_{k=1}^{\infty}\frac{1}{z^2+4k^2\pi^2}\\
&= -\frac{1}{2}+\frac{1}{z}+\sum_{k=-\infty}^{\infty}{}'\left(\frac{1}{z-2k\pi i}+\frac{1}{2k\pi i}\right)\\
\frac{e^{az}}{e^z-1} &= \frac{1}{z}+2z\sum_{k=1}^{\infty}\frac{2z\cos 2k\pi a-4ki\sin 2k\pi a}{z^2+4k^2\pi^2} \qquad (0<a<1)\\
\frac{\Gamma'(z)}{\Gamma(z)} &= -C-\frac{1}{z}-\sum_{k=1}^{\infty}\left(\frac{1}{z+k}-\frac{1}{k}\right)\\
\left(\frac{\Gamma'(z)}{\Gamma(z)}\right)' &= \sum_{k=0}^{\infty}\frac{1}{(z+k)^2}
\end{aligned}$$

Produktdarstellungen

$$\begin{aligned}
\sin\pi z &= \pi z\prod_{k\neq 0}\left(1-\frac{z}{k}\right)e^{z/k} = \pi z\prod_{k=1}^{\infty}\left(1-\frac{z^2}{k^2}\right)\\
\cos\pi z &= \prod_{k=1}^{\infty}\left(1-\frac{4z^2}{(2k-1)^2}\right) = \prod_{k=-\infty}^{\infty}\left(1-\frac{2z}{a_k}\right)e^{2z/a_k} \qquad (a_k := 2k-1)\\
\sinh\pi z &= \pi z\prod_{k\neq 0}\left(1+\frac{z}{k}\right)e^{z/k} = \pi z\prod_{k=1}^{\infty}\left(1+\frac{z^2}{k^2}\right)\\
\pi\cot\pi z &= \frac{1}{z}+\sum_{k=-\infty}^{\infty}\left(\frac{1}{z+k}-\frac{1}{k}\right)\\
\cosh\pi z &= \prod_{k=1}^{\infty}\left(1+\frac{4z^2}{(2k-1)^2}\right) = \prod_{k\in\mathbb{Z}}\left(1+\frac{z}{a_k}\right)e^{z/a_k} \qquad (a_k := k+\tfrac{1}{2})\\
\frac{1}{\Gamma(z)} &= z\,e^{Cz}\prod_{k=1}^{\infty}\left(1+\frac{z}{k}\right)e^{-z/k} \qquad (C = \text{ Mascheroni-Konstante})
\end{aligned}$$

Bezeichnungen

$\mathbb{N}$	natürliche Zahlen	$\mathbb{N}_0$	$= \mathbb{N} \cup \{0\}$
$\mathbb{R}$	reelle Zahlen	$\mathbb{C}^*$	$= \mathbb{C} \setminus \{0\}$
$\mathbb{C}$	komplexe Zahlen 11	$\widehat{\mathbb{R}}$, $\widehat{\mathbb{C}}$	18
$\mathbb{C}[z]$	Polynome 48	$\mathbb{C}^X$	42
$\mathsf{Re}\, z$, $\mathsf{Im}\, z$	11	$\mathsf{Re}\, f$, $\mathsf{Im}\, f$	42
$\overline{z}$, $\overline{f}$	12, 42	$\overline{z, w}$	28
$\sphericalangle(z, w)$	$:= \lvert \mathrm{Arg}\,(z/w) \rvert$ 14	$\arg z$, $\lvert z \rvert$	13f
M^0	Inneres von M 22	$\overline{M}$, M'	23
∂M	Rand von M 24	$\Subset$	26
D	offener Bereich 22	$\mathcal{O}(D)$	81
G	Gebiet 28	$\mathcal{M}(D)$	117
$\lVert f \rVert_D$	Supremumsnorm 53	$\mathrm{res}(f; z)$	118
D, D_f	Divisoren 134	$\lvert D \rvert$	134
$B_r(z_0)$	$= \{\lvert z - z_0 \rvert < r\}$ 17	$B_r(0)$	$= B_r$ 22
$\dot{B}_r$	$= \{0 < \lvert z - z_0 \rvert < r\}$	$B_\varepsilon(M)$	22
$\mathbb{E}$	Einheitskreis 17	$A(z_0, r, R)$	17
γ, Γ	Integrationsweg, Kette 28, 29	$\lvert\gamma\rvert$, $\lvert\Gamma\rvert$	29, 30
$\mathrm{Int}\,\gamma$	von γ berandetes Gebiet 29	$\sqrt{z}$	15
$n(\Gamma, z)$	Umlaufzahl 30	z^α	65
$\Gamma(z)$	Gammafunktion 135, 337	$J_n(w)$	220
$B(z, w)$	Betafunktion 138	$GL(2, \mathbb{C})$	107
$P(\zeta, z)$	Poissonkern 92	$\mathrm{Aut}\,(G)$	104
σ	stereogr. Projektion 18f	$DV(\ldots)$	107f
C	Mascheroni-Konstante 135	f_z, $f_{\overline{z}}$	73
$\mathcal{L}$	Möbius-Abbildungen 106	∂, $\overline{\partial}$	73
Δ	Laplace-Operator 90	$\varphi_{\mathbf{M}}$, $\mathbf{M}_\varphi$	47
ϱ	Konvergenzradius	$\widehat{\mathcal{T}}$, $\mathcal{T}_d$	18, 22
$\chi(z, w)$	chordale Metrik 20	$d(x, y)$, diam	21f
$\displaystyle\sum_{k=-\infty}^{\infty}{}'$	Summe ohne $k = 0$	$\displaystyle\int f(z)\, dz$	76

Index